"十三五"国家重点出版物出版规划项目　现代机械工程系列精品教材
普通高等教育"十一五"国家级规划教材

Fundamentals of Mechanical Design

机械设计基础

第 4 版

主　编　朱东华　姜　雪　李乃根　王秀叶
参　编　吴　健　白争锋　王　瑞　王　琳
主　审　吴宗泽

机 械 工 业 出 版 社

本书的主要内容包括：机械零件设计概论、平面机构、凸轮机构、带传动与链传动、齿轮传动、蜗杆传动、螺纹连接、滑动轴承和离合器等。

本书力求做到概念把握准确，叙述深入浅出，主、次与薄、厚处理得当，辞章规范；强调“能比较”“能选择”“能设计”的基本能力的培养，并在启迪学生现代机构设计的思维和理念、提高读解能力和设计能力方面有所突破。

本书适合于70学时教学。

本书可供高等院校本科近机类、非机类各专业以及专科机械类各专业学习与参考。

图书在版编目（CIP）数据

机械设计基础/朱东华等主编. —4版. —北京：机械工业出版社，2023.11（2025.1重印）

“十三五”国家重点出版物出版规划项目　现代机械工程系列精品教材

普通高等教育“十一五”国家级规划教材

ISBN 978-7-111-75132-8

Ⅰ.①机…　Ⅱ.①朱…　Ⅲ.①机械设计-高等学校-教材　Ⅳ.①TH122

中国国家版本馆CIP数据核字（2024）第031964号

机械工业出版社（北京市百万庄大街22号　邮政编码100037）

策划编辑：赵亚敏　　责任编辑：赵亚敏

责任校对：刘雅娜　　封面设计：张　静

责任印制：郜　敏

三河市骏杰印刷有限公司印刷

2025年1月第4版第3次印刷

184mm×260mm · 16.25印张 · 402千字

标准书号：ISBN 978-7-111-75132-8

定价：49.80元

第 4 版前言

本书根据教育部高等学校机械基础课程教学指导委员会关于“机械设计基础”课程教学基本要求的精神进行了修订。

“机械设计基础”是近机类专业必修的一门专业技术基础课，它在整个教学流程中起着承上启下、举足轻重的作用。本课程主要研究组成机械的一些通用零部件、常用机构等机械传动装置的工作原理、结构特点及基本的设计理论和方法。通过本课程的学习，使近机类学生能够认识并了解机械，分析和掌握机械设计的基本方法，并初步具备分析和设计零部件的能力，从而培养学生的机械设计能力和创新意识。

本教材为新形态教材，配套有教学课件、课程设计指导及部分典型机构的视频和动画等课程资源，便于教师教学和学生自学。同时为全面贯彻党的教育方针，落实立德树人根本任务，教材中引入了“中国创造”“风力发电”“轨道上的交通”等视频素材，以培养学生的自主创新和自立自强意识。

本书由朱东华、姜雪、李乃根、王秀叶担任主编，参加编写的还有吴健、白争锋、王瑞、王琳。本书由清华大学吴宗泽教授担任主审。在此，谨对本教材主审以及使用院校提出的宝贵意见和建议表示衷心的感谢！

限于编者水平，修订后的教材难免还存在疏漏与不足，再次希望广大读者给予斧正。

编　者

2023 年 10 月

第 3 版前言

“机械设计基础”是近机类专业必修的一门专业技术基础课，它在整个教学流程中起着承上启下、举足轻重的作用。本课程主要研究组成机械的一些通用零部件、常用机构等机械传动装置的工作原理、结构特点及基本的设计理论和方法。通过本课程的学习，使近机类学生能够认识并了解机械，分析和掌握机械设计的基本方法，并初步具备分析和设计零部件的能力。

本次修订的主要特点：

1）根据国家机械工业发展的新动向、新策略，以开阔视野、扩展思路、增强工程实践意识为主要抓手，引入创新思维与实践内容，注重提高学生的创新意识和分析问题、解决问题的能力。

2）在学生掌握机械设计共性规律和基本方法的前提下，进一步淡化理论演绎、简化公式推导，力争做到“由繁变简”“由厚变薄”。

3）对多媒体课件进行了重新整合，构筑了一种虚拟实际场景的教学氛围，进一步提高了本书的“可读性”和“自学性”。

4）进一步强调“能比较、能选择、能设计”的基本原则，为学习后续的专业课程和新的技术学科打下坚实的基础。

5）对照最新国家标准进行了有针对性的修订。

参加本次修订工作的有：朱东华（第一、七、八章）、李乃根（第五、十、十二、十五、十六章）、王秀叶（第二、三、六、九、十四章）、姜雪（第四、十三章、多媒体课件编辑制作之一）、赵娥（第十一、十七章、多媒体课件编辑制作之二）。张学军负责本书的校对、添色及课件中课程设计指导部分的修订，刘金松负责本书各章节的汇总及课件中专业用语的英译汉修订。

本书由朱东华、李乃根、王秀叶担任主编，姜雪、赵娥担任副主编，张学军、刘金松参编；由清华大学吴宗泽教授担任主审。在此，谨对本书主审以及使用单位提出的宝贵意见和建议表示衷心的感谢！

限于编者水平，修订后的教材难免还存在错误与不足，再次希望广大读者给予斧正。

编　者

2017 年 3 月

第2版前言

本书是在第1版的基础上，根据普通高等教育“十一五”国家级规划教材的选题与编写要求和国家教育部课程指导委员会《高等工科学校机械设计基础课程教学基本要求》的精神，以及多年来各高校使用的实践，重新整合、修订而成的。这次修订力求做到：

1）体现教材整体知识构架的科学性、系统性和新颖性，使之进一步适应教学改革和课程建设的发展需要。

2）贯彻概念准确、章节连贯、删繁就简、由浅入深的原则，对部分章节及内容进行了必要的调整与删减。

3）配置了辅导用光盘，其中有电子教案、课程学习指导、课程设计指导、中英文技术术语对照等内容，便于学生自学、复习与练习。

4）采用了国家最新标准规定的名词术语和符号。

参加本次修订的有朱东华（第一、七、八章）、樊智敏（第五、六、十一章）、牛玲（第三、十二、十三章）、李乃根（第十、十五、十六章）、王秀叶（第二、九、十四章）、姜雪（第四章）、赵娥（第十七章）。参加光盘编辑、制作的有：姜雪、赵娥、朱东华、宋宝玉、张锋。

本书由朱东华、樊智敏任主编，牛玲、李乃根、王秀叶任副主编，姜雪、赵娥参编。哈尔滨工业大学陈铁鸣教授、宋宝玉教授担任主审，他们对本书的修订工作提出了许多宝贵的意见和建议。在此，对陈铁鸣教授、宋宝玉教授表示衷心的感谢！

限于编者水平，书中难免有错误和不足，殷切希望广大读者批评指正。

编　者

2006年11月

第1版前言

本规划教材是在满足国家教育部2002年颁发的“高等学校机电专业机械设计基础课程”教学基本要求的前提下，结合近几年来高等院校机械设计基础课程教学改革的经验编写而成的。本教材的主要特色为：

1）根据全国高校教学指导委员会关于机械设计基础课程的教学基本要求的精神，对教材中传动部分的内容进行了新的整合和删减，同时增加了“传动系统方案设计与创新设计”等新的章节。对基本理论及相关公式也进行了简化，并略去了以往繁琐的论证和推导。本书更加强调对学生“能比较”“能选择”“能设计”的基本能力的培养。

2）本书力求做到概念把握准确、叙述深入浅出、主次分明、内容适量、辞章规范、语句流畅，以体现较强的“可读性”和“可教性”。

3）本书充分重视对新技术、新结构、新设计方法等新的知识点的引入，力求在启迪学生现代机构设计的思维和理念、提高读解能力和设计能力方面有所突破。

4）此外，本书尽量引用最新标准和规范，采用国家标准规定的名词术语和符号。

参加本书编写的人员有：朱东华（第一、六、七、十七章）、樊智敏（第二、五、十三章）、牛玲（第四、十、十一章）、李乃根（第十二、十五、十六章）、王秀叶（第三、八、十四章）、姜雪（第九章）。

本书由朱东华、樊智敏任主编，牛玲、李乃根、王秀叶任副主编，姜雪参编。

本书承哈尔滨工业大学陈铁鸣教授精心审阅，提出了很多宝贵的意见和建议，编者谨此表示衷心的感谢。

限于编者的水平和时间，书中定有缺点和错误存在，谨望广大读者批评指正。

编　者

2002年11月

目 录

第一章

绪　论

第一节　本课程研究的对象和任务

机械是减轻或替代体力劳动、提高生产率的重要辅助工具，是人类在长期的生产实践中不断地创造与发展起来的。在当今，机械的设计水平和机械现代化的程度已成为衡量一个国家工业发展水平的重要标志。

机械是机器和机构的总称。在机械系统中，将其他形式的能量转换为机械能的机器称为原动机，如内燃机、电动机等；利用机械能去转换或传递能量的机器称为工作机，如发动机（机械能转换为电能）、起重机（传递物料）、金属切削机床（使物料变形）等都属于工作机。机器一般包含动力部分、传动部分、控制部分和执行部分等四个基本组成部分。动力部分可采用电力、热力、风力和液力等作为动力源，其中以利用电力和热力作为原动机动力源的最为广泛。传动部分和执行部分由各种机构组成，是机器的主体。控制部分包括各种控制机构、电器装置、计算机和液压、气压控制系统等。

图 1-1 所示为专用装配机器人，它由机械臂 1（大臂、小臂）、机械手 2、气动装置 3、电气装置 4 和计算机控制系统 5 组成。在计算机控制系统的指令下，大臂、小臂可进行有规

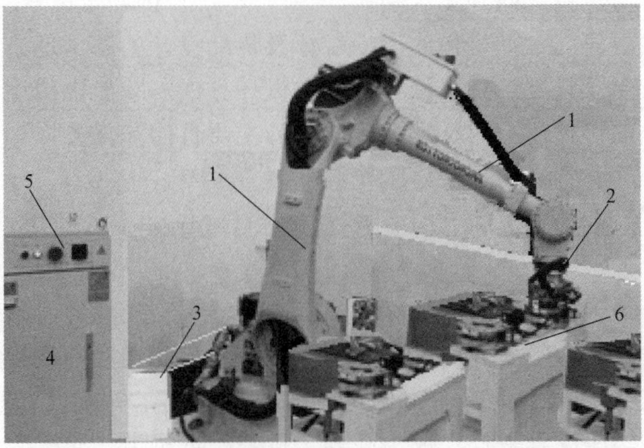

图 1-1　专用装配机器人

1—机械臂　2—机械手　3—气动装置　4—电气装置　5—计算机控制系统　6—汽车涡流增压部件

律的运动，机械手夹持着待装配的微器件可在三维空间中不断地变换角度对某一型号的汽车涡流增压部件6进行装配。在这部机器中，机械手和机械臂是传递运动和执行任务的装置，是机器的主体部分，气动装置和电气装置提供动力，计算机控制系统则提供全程控制指令。

图1-2所示为单缸内燃机。图中活塞3、连杆2、曲轴1和气缸体10组成曲柄滑块机构，将活塞的直线运动变为曲轴的连续转动；凸轮7、顶杆6和气缸体10组成凸轮机构，将凸轮轴的连续转动变为顶杆6、气门4有规律的摆动和直线移动；曲轴上的齿轮12和带轮5与气缸体10分别组成齿轮和带轮机构。所以，单缸内燃机的主体部分是由曲柄滑块机构、凸轮机构、齿轮机构和带轮机构等若干个机构组成的。

从上述两例可以看出，虽然机器的构造、用途和性能有所不同，但都具有以下几个相同的功能。

1）是许多人为实物的组合。

2）各实物之间具有确定的相对运动。

3）能完成有用的机械功或转换机械能。

凡具有上述三个功能的实物组合体称为机器；其中，诸多具有各自特定功能的制造单元体称为零件，如轴、齿轮、带轮等通用零件和气缸体、活塞、气门、曲轴、空气过滤器等专用零件；诸多具有各自特定运动的运动单元体称为构件，它可以是单个零件，也可以是多个零件，如单个的键、轴、齿轮组合在一起称为齿轮构件；诸多以一定的连接方式组成的构件系统称为机构，如两个齿轮构件相互啮合，各自具有确定的相对运动，传递运动和力，称为齿轮机构。机器中最常用的机构有连杆机构、凸轮机构、齿轮机构、轮系和间歇运动机构等，连接各个机构的固定构件称为机架（如气缸体）。机构与机器的区别在于：机构只满足上述三个功能的前两项功能。但在研究机构的运动和受力情况时，机器与机构之间并无区别。

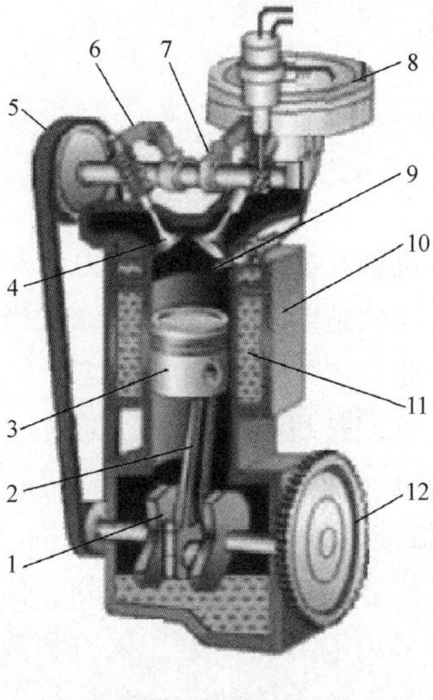

图1-2　单缸内燃机

1—曲轴　2—连杆　3—活塞　4—气门
5—带轮　6—顶杆　7—凸轮
8—空气过滤器　9—喷油嘴
10—气缸体　11—冷却水道　12—齿轮

机械设计基础主要研究常见机构的运动规律及传动设计的基本理论；研究各类通用零件的工作原理、结构特点及强度计算、校核等基本设计方法。掌握机械设计的基本知识和具备一定的通用机械零件的设计能力，是本课程学习的主要目的和任务。

第二节　本课程在教学中的地位与展望

随着机械化生产规模的日益扩大，除机械制造部门外，在动力、采矿、冶金、石油、化工、土建、轻纺和食品工业等各部门工作的工程技术人员，将会经常接触到各种类型的通用和专用机械，他们应当对机械具备一定的基础知识。因此，机械设计基础同机械制图、电工、电子学和工程力学等课程一样，成为高等工科院校近机类、非机类专业重要的技术基础课。它将为这些相关专业的学生学习专业机械设备课程提供必要的理论基础，使其在了解各种机械的传动原理、设备的正确使用和维护及设备的故障分析等方面获得必要的基本知识。

通过本课程的学习和课程设计实践，可培养学生初步具备运用手册设计机械传动装置和简单机器的能力，为日后从事技术改造与创新设计创造条件。

机械设计基础是许多理论和实际知识的综合运用，是一门理论性和实践性很强的课程。本课程的先修课程主要有机械制图、工程力学、金属工艺学等课程。只有在学习和掌握了这些主要的先修课程基本知识的基础上才能进入本课程的学习。此外，考虑到许多近代机械设备中包含复杂的动力系统和控制系统，各相关专业还应当了解液压和气压传动、电子技术和计算机等有关知识。

面对全球工业转型热潮以及新技术形态的挑战，工业化和信息化的深度融合开始成为世界各国在新一轮产业革命中积极抢占的制高点。国家实施“中国制造 2025”战略规划，是推动中国制造业从大国向强国转变的第一步，目前国企和民企各大制造业都在为增强国际竞争力而加速实施机械化、自动化、信息化的深度融合。以智能制造为切入点，坚持创新驱动、智能转型、强化基础、绿色发展，将对实现中国经济的再度腾飞产生深远的影响。可以预计，在 21 世纪，机械设计这门学科将创新出更多、更先进的设计方法和设计软件，并在我国智能制造的高速发展中发挥越来越大的作用。

第三节 课程的内容体系和基本要求

本课程的内容体系主要包含三个方面：一是各类常见机构的运动分析、动力分析、机构的图解法设计和解析法设计，以及各类通用零件的失效形式、设计准则、受力分析、强度计算、校核和结构设计等方面的基本内容；二是提高通用机械的运动精度、工作效率、可靠性以及各类零部件的强度、寿命的方法与措施方面的拓展内容；三是有关各类设计方案的选择与比较，以及现代设计方法方面的创新内容。要求学生在重点掌握基本内容的基础上，熟悉拓展内容，了解创新内容，初步具备设计和分析基本机构、设计简单机械和普通机械传动装置的能力。

设计的机械应满足的基本要求是：实现预期功能。在满足预期功能的前提下，还应保证其性能好、造型美、效率高、成本低、操作方便、维修简单，在预定的寿命期限内安全可靠等。

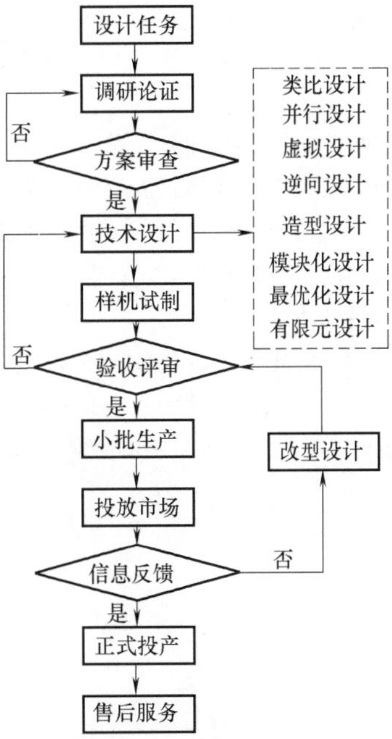

图 1-3 机械设计制造的一般程序框图

一部机器的诞生，从某种需求到萌生设计念头，再经过调研、论证、设计、校核、制造、鉴定一直到产品定型，是一个复杂、细致、反复论证的过程。图 1-3 所示为机械设计制造的一般程序框图。虚线框中，列举了现代企业中常用的一些设计方法；实线框中，除了介绍常见的机械设计过程外，还对能否通过评估验收、市场认同等进行了反复的研判，它反映出注重市场调节、信奉客户至上的现代设计理念。

拓展视频——一部机器的诞生

中国创造：鲲龙AG600

设计人员必须善于把设计构思、设计方案用语言、文字和图形方式传递给主管者和协作者，以获得认同和批准。除具体技术问题外，还要论证以下问题：

1）此设计是否确为市场所需。

2）功能与造型是否有特色。

3）能否与同类产品竞争。

4）制造成本是否经济。

5）维修保养是否方便。

6）社会效益与经济效益如何。

设计人员应富有创新精神，应从实际出发，深入调查研究，广泛听取工艺人员、销售人员的意见。在设计、加工、安装和调试过程中应及时发现问题、反复修改，以期取得最佳的效果。应结合书本知识对一些典型产品进行类比分析，从中积累设计经验。不能只顾强度计算，忽略结构设计；只顾内在质量的物质功能作用，忽略外观质量的精神功能作用；只顾产品设计，忽略市场信息反馈；只顾书本知识，忽略现场实际。除此之外，在学习、掌握传统设计方法的基础上，还应不断地学习和了解国内外新的设计方法和创新理念，应不断地拓宽自己的知识面，不断地更新知识。只有这样，才能逐步提高自己的综合设计能力，不断地创新设计出质量可靠、造型美观、性价比高、用户喜闻乐见的名牌产品。

思　考　题

1-1　对下列机器各举出两个实例：

1）将机械能变换为其他形式能量的机器。

2）将其他形式的能量变换为机械能的机器。

3）变换或传递信息的机器。

4）传递物料的机器。

1-2　试说明下列机器的动力部分和执行部分：

1）火车；2）车床；3）风力发电机；4）洗衣机；5）摩托车。

1-3　试指出1-2题中5种以上专用零件和通用零件。

第二章

平面机构

第一节　平面机构的运动简图及其自由度

机构是有确定相对运动的构件的组合，而不是无条件的任意组合。所以，讨论机构在满足什么条件下才具有确定的相对运动，对于分析现有机构或设计新机构都是十分重要的。

机构及构件的实际外形及结构往往都很复杂，为便于机构设计和分析，需用简单的线条和符号以机构运动简图的形式来表示。因此，需掌握其绘制方法。

所有构件都在相互平行的平面内运动的机构称为平面机构，否则称为空间机构。

一、运动副及其分类

如图 2-1 所示，一个做平面运动的自由构件有三种独立运动，即构件沿 x 轴和 y 轴方向的移动及在 xOy 平面内的转动。构件所具有的独立运动的数目，称为构件的自由度。显然，一个做平面运动的自由构件有三个自由度。

机构是由许多构件以一定的方式连接而成的，这种连接应能保证构件间产生一定的相对运动。这种使两构件直接接触并能产生一定相对运动的连接称为运动副。例如，轴颈与轴承、活塞与气缸、相啮合的两齿轮的轮齿间的连接等都构成运动副。

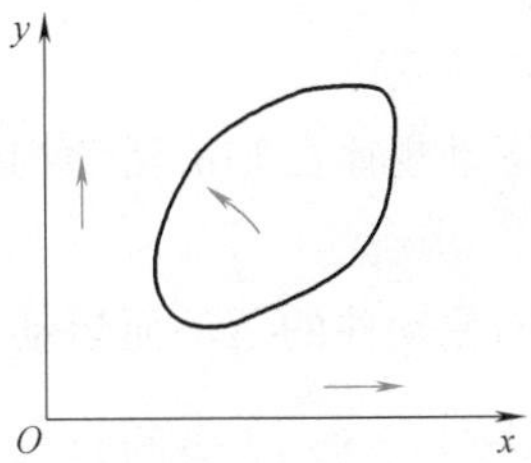

图 2-1　平面运动构件的自由度

当构件用运动副连接后，它们之间的某些独立运动将不能实现，这种对构件间相对运动的限制，称为约束。自由度随着约束的引入而减少，不同的运动副，引入不同的约束。

运动副的类型可按接触方式的不同分为两大类。

1. 低副

两构件通过面接触所组成的运动副称为低副。它包括转动副和移动副两种。

（1）转动副　若运动副只允许两构件做相对的回转，这种运动副称为转动副或铰链，如图 2-2a 所示。

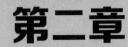

（2）移动副　若运动副只允许两构件沿某一方向做相对移动，这种运动副称为移动副，

如图 2-2b 所示。

转动副只能在一个平面内相对转动，移动副只能沿某一轴线方向移动。因此，一个低副引入两个约束，即减少两个自由度。

2. 高副

两个构件通过点或线接触组成的运动副称为高副。

图 2-3a 中凸轮 1 与从动件 2、图 2-3b 中轮齿 3 与轮齿 4 在接触处 A 分别组成高副。形成高副后，彼此间的相对运动是沿接触处切线 t-t 方向的相对移动和在平面内的相对转动，而沿法线 n-n 方向的相对移动受到约束。所以一个高副引入一个约束，即减少一个自由度。

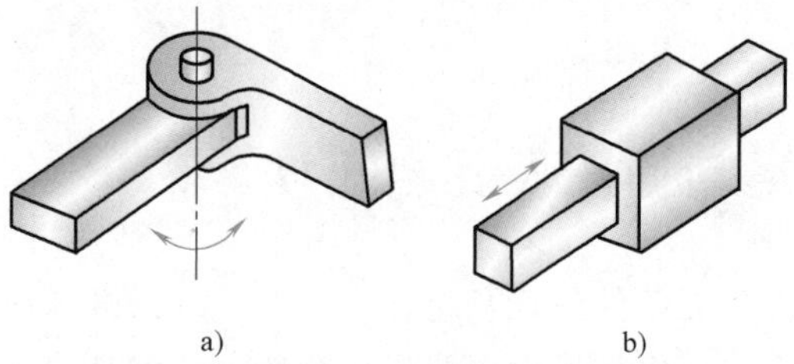

图 2-2 平面低副

a）转动副 b）移动副

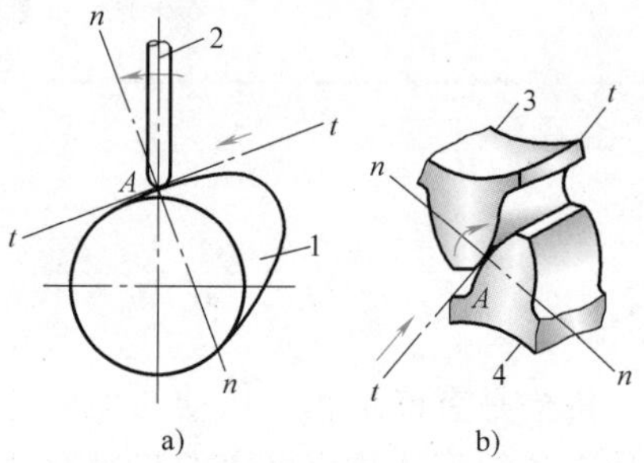

图 2-3 平面高副

a）凸轮副 b）齿轮副

1—凸轮 2—从动件 3、4—轮齿

二、机构中构件的分类

1. 固定件（机架）

用来支承活动构件的构件。如内燃机中的气缸体就是固定件，它用来支承活塞、曲轴等。

2. 原动件

运动规律已知的活动构件。如内燃机中的活塞就是原动件，它的运动是由外界输入的。

3. 从动件

随原动件的运动而运动的其余活动构件。如内燃机中的连杆、曲轴等都是从动件。

三、平面机构的运动简图

在设计新机构或对现有机构进行运动分析时，为了便于设计和讨论，常常忽略那些与运动无关的因素（如构件的外形、组成构件的零件的数目、运动副的具体构造等），仅用简单的线条和符号来代表构件和运动副，并按一定比例确定各运动副的相对位置。这种表示机构中各构件间相对运动关系的简单图形，称为机构运动简图。

机构运动简图中，运动副的表示方法如图 2-4 所示。转动副用小圆圈表示，小圆圈的中心应画在回转中心处；移动副的导路必须与相对移动方向一致。图中画斜线的构件代表固定件。

构件的表示方法如图 2-5 所示。图 2-5a 表示参与组成两个运动副的构件，图 2-5b 表示参与组成三个运动副的构件。对于机构中常用的构件和零件，有时还可采用惯用画法，如用

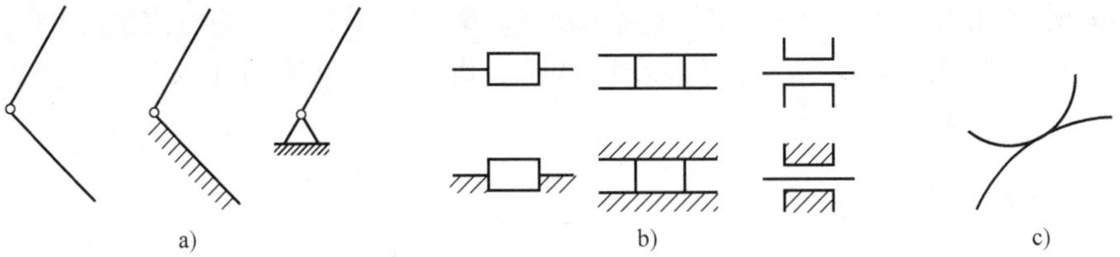

图 2-4　平面运动副的表示方法

a）转动副　b）移动副　c）高副

粗实线或点画线画出一对节圆来表示互相啮合的齿轮，用完整的轮廓曲线来表示凸轮。其他常用零部件的表示方法可参看 GB/T 4460—2013。

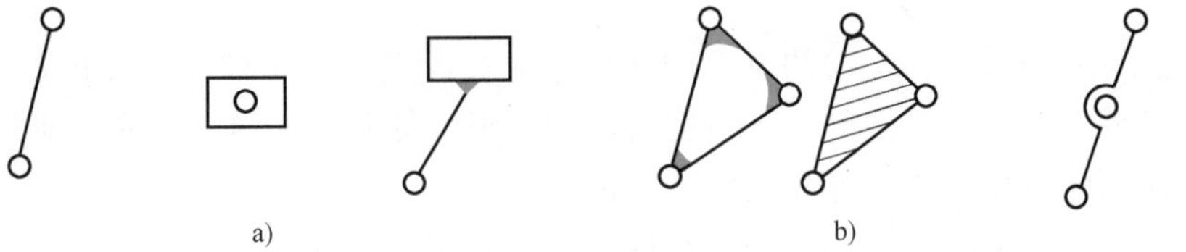

图 2-5　构件的表示方法

下面以压力机为例说明机构运动简图的绘制方法和步骤。

1. 分析机构组成和运动情况，找出固定件、原动件和从动件

如图 2-6 所示为一具有急回作用的压力机，它由菱形盘 1、滑块 2、构件 3（3 与 3′为同一构件）、连杆 4、冲头 5 和机架 6 组成。菱形盘 1 为原动件，绕 A 轴转动，通过滑块 2 带动构件 3 绕 C 轴转动，然后再由做平面运动的连杆 4 带动冲头 5 沿机架 6 上下移动，完成冲压工件的任务。滑块 2、构件 3、连杆 4 及冲头 5 为从动件。

2. 确定运动副的类型和数目

根据各构件的相对运动可知，菱形盘 1 与机架 6，菱形盘 1 与滑块 2，构件 3 与机架 6，圆盘 3′与连杆 4，连杆 4 与冲头 5 均构成转动副，其转动中心分别为 A、B、C、D、E；而滑块 2 与构件 3，冲头 5 与机架 6 则组成移动副。

3. 选择适当的视图平面和原动件位置

在合适的视图平面上选定一个恰当的原动件的位置，以便此时最能清楚地表达构件间的相互关系。因压力机是平面机构，故选构件运动平面为视图平面。

4. 表达运动副和构件

选择适当的比例尺，依照运动的传递顺序，定出各运动副的相对位置，用构件和运动副的规定符号绘制出机构运动简图。

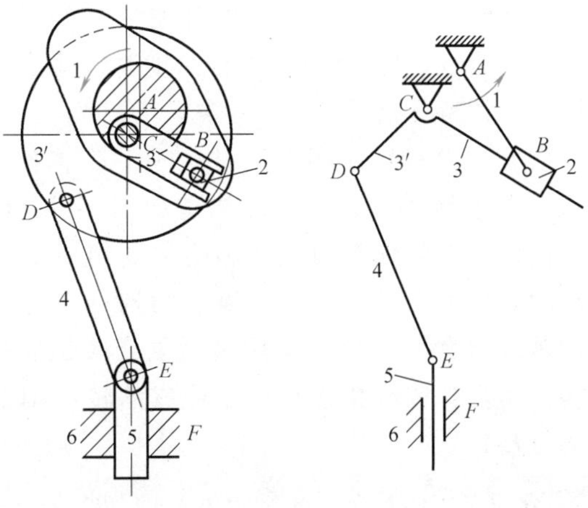

图 2-6　压力机及其机构运动简图

1—菱形盘　2—滑块　3—构件
4—连杆　5—冲头　6—机架

原动件的瞬时位置如图 2-6a 所示，按比例定出 A、B、C、D、E 的相对位置，画上代表转动副的规定符号，并用线条相连接。最后在机架 6 上画上斜线，原动件 1 上画上箭头，便得到如图 2-6b 所示的机构运动简图。

四、机构的自由度

机构的自由度是指机构具有确定运动时所需外界输入的独立运动的数目。机构要进行运动变换和力的传递就必须具有确定的运动，其运动确定的条件就是机构原动件的数目应等于机构的自由度数目。若机构的原动件数目小于机构的自由度数时，机构运动不确定；若机构的原动件数目大于机构的自由度数时，机构将在强度最薄弱处破坏。因此，在分析现有机器或设计新机器时，必须考虑其机构是否满足机构具有确定运动的条件。

1. 平面机构自由度计算

如前所述，一个做平面运动的自由构件有 3 个自由度，当构件与构件用运动副连接后，构件之间的某些运动将受到限制，自由度将减少。每个低副引入两个约束，即失去两个自由度；每个高副引入一个约束，即失去一个自由度。

因此，若一个平面机构中有 n 个活动构件，在未用运动副连接之前，应有 $3n$ 个自由度；当用 P_L 个低副和 P_H 个高副连接成机构后，共引入（$2P_L+P_H$）个约束，即减少了（$2P_L+P_H$）个自由度。如用 F 表示机构的自由度数，则平面机构自由度计算公式为

$$F=3n-2P_L-P_H \tag{2-1}$$

下面举例说明机构自由度的计算。

例 2-1　计算图 2-6 所示压力机的自由度，并判定机构是否具有确定的运动。

解　该机构的活动构件数 $n=5$、低副数 $P_L=7$、高副数 $P_H=0$，代入式（2-1）得

$$F=3n-2P_L-P_H=3\times5-2\times7-0=1$$

菱形盘为原动件，则机构的自由度数等于原动件数目，所以压力机的运动是确定的。

2. 计算平面机构自由度时应注意的几个问题

利用式（2-1）计算机构自由度时，还必须注意以下几种特殊情况。

（1）复合铰链　图 2-7a 中，有三个构件在 A 处汇交组成转动副，其实际构造如图 2-7b 所示，它是由构件 1 分别与构件 2 和构件 3 组成的两个转动副。这种由三个或三个以上的构件在一处组成的轴线重合的多个转动副称为复合铰链。由 K 个构件用复合铰链相连接时，构成的转动副数目应为（K-1）个。

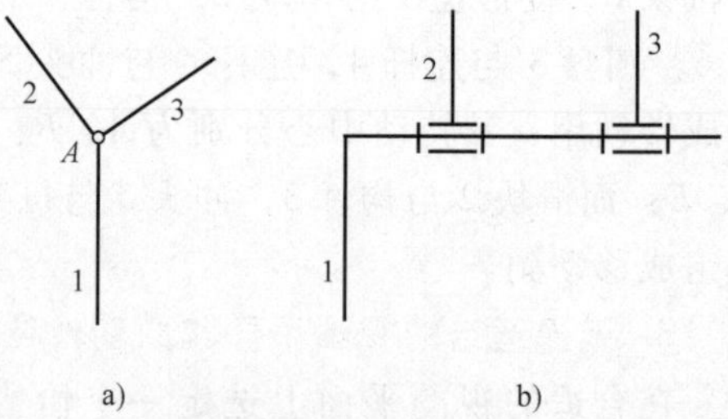

图 2-7　复合铰链

例 2-2　计算图 2-8 所示钢板剪切机的自由度，并判定其运动是否确定。

解　由图知　　$n=5$，$P_L=7$，$P_H=0$

其中，B 处为复合铰链，含两个转动副。得机构自由度

$$F=3n-2P_L-P_H=3\times5-2\times7-0=1$$

机构自由度等于原动件机构的数目，则机构具有确定的相对运动。

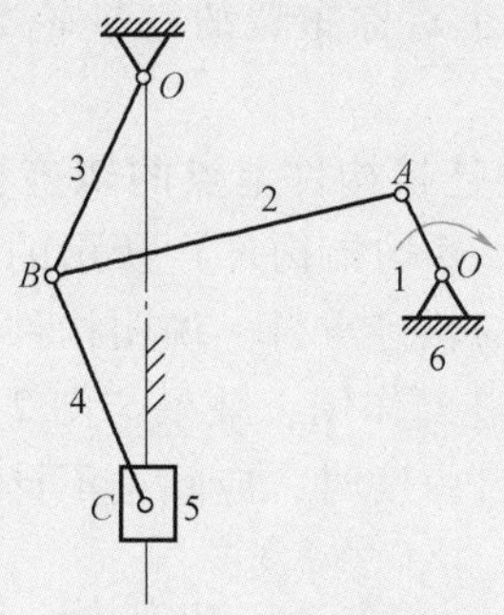

图 2-8　钢板剪切机

在机构自由度计算时，应注意识别复合铰链，以免漏算运动副。

（2）局部自由度　如图 2-9a 所示，当原动件凸轮 1 回转时，滚子 2 可以绕 B 点做相对转动，但是，该构件的转动对整个机构的运动不产生影响。这种不影响整个机构运动的局部的独立运动，称为局部自由度。计算机构自由度时，可以设想滚子 2 与杆 3 固结成一体，如图 2-9b 所示。计算机构自由度时应将局部自由度除去不计。

图 2-9a 中的局部自由度经上述处理后，则机构自由度为

$$F=3n-2P_{\mathrm{L}}-P_{\mathrm{H}}=3\times2-2\times2-1=1$$

计算结果与实际相符，机构自由度等于原动件数，此时机构具有确定的运动。

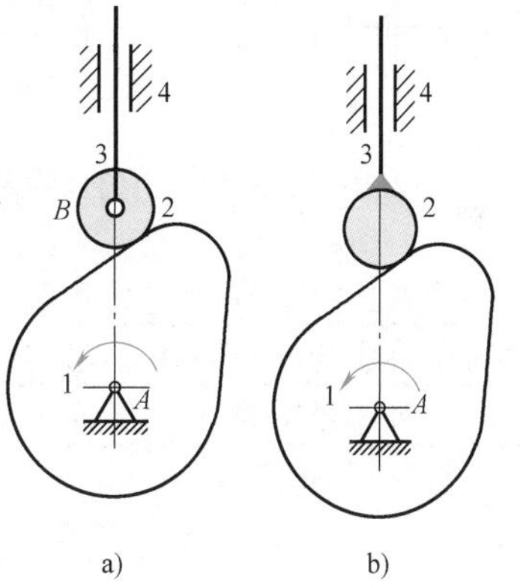

图 2-9　局部自由度

1—凸轮　2—滚子　3—杆　4—固定件

（3）虚约束　在实际机构中，与其他约束重复而不起限制运动作用的约束称为虚约束。计算机构自由度时应将虚约束除去不计。

在平面机构中，虚约束常出现于以下情况：

1）转动副轴线重合的虚约束。若两构件在多处形成转动副，并且各转动副的轴线重合，则其中只有一个转动副起实际的约束作用，而其余转动副均为虚约束。如图 2-10 所示的齿轮机构中，转动副 A（或 B）、C（或 D）为虚约束。

2）移动副导路平行的虚约束。若两构件在多处形成移动副，并且各移动副的导路互相平行，则其中只有一个移动副起实际的约束作用，而其余移动副均为虚约束。如图 2-11（图中序号 1~4 均指构件）所示的曲柄滑块机构中，移动副 D（或 E）为虚约束。

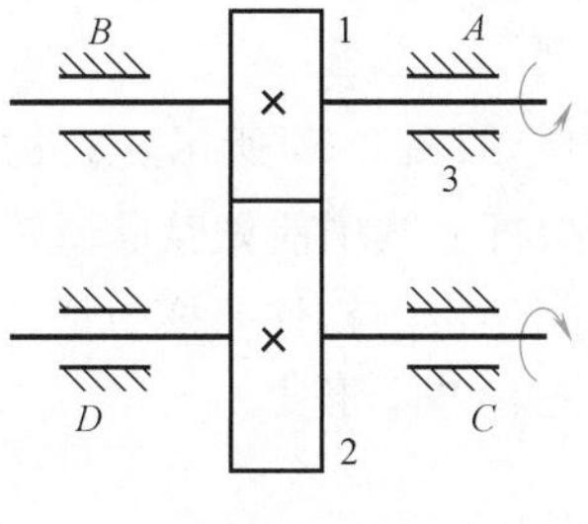

图 2-10　转动副轴线重合的虚约束

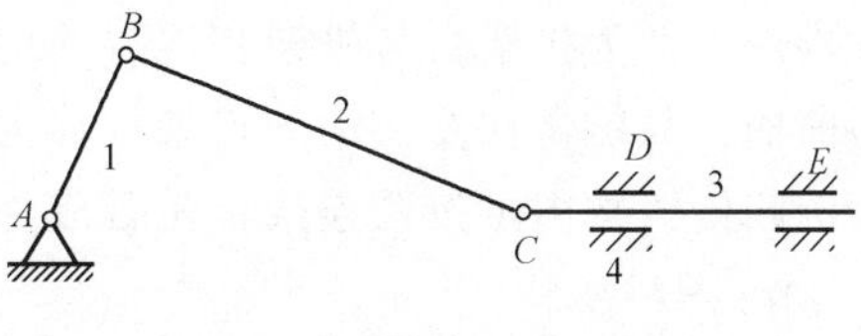

图 2-11　移动副导路平行的虚约束

3）机构对称部分的虚约束。机构中对传递运动不起独立作用的对称部分，会形成虚约束。如图 2-12 所示的周转轮系，两个对称布置的行星轮 2 及 2′中只有一个起实际的约束作用，另一个为虚约束。

4）轨迹重合的虚约束。机构中连接构件上点的轨迹和机构上连接点的轨迹重合，会形成虚约束。如图 2-13a（图中序号 1~5 均指构件）所示的平行四边形机构中，连接构件 5 上 *E* 点的轨迹就与机构连杆 2 上 *E* 点的轨迹重合。说明构件 5 和两个转动副 *E*、*F* 引入后，并没有起到实际约束连杆 2 上 *E* 点轨迹的作用，效果与图 2-13b 所示的机构相同，故此两副构件为轨迹重合的虚约束，计算机构自由度时，应除去不计。

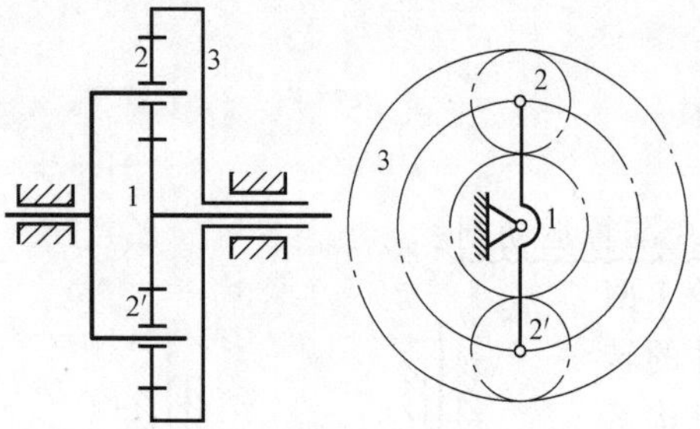

图 2-12　对称结构的虚约束

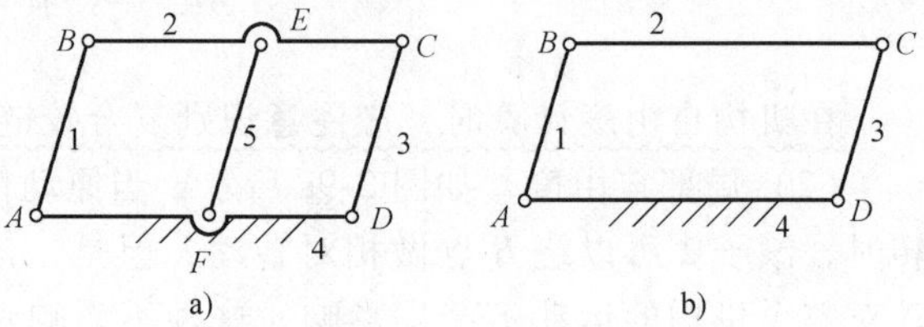

图 2-13　轨迹重合的虚约束

注意：只有在特定的几何条件下（如轴线重合，导路平行等）才能构成虚约束，否则，虚约束将成为实际约束，阻碍机构运动。虚约束虽不影响机构的运动，但却可以增加构件的刚度，改善受力情况，保证传动的可靠性等。因此，在机构设计中被广泛采用。

第二节　平面连杆机构的类型及应用

平面连杆机构是由若干个构件用低副连接组成的平面机构。由于低副是面接触，故传力时压强低、磨损小、寿命长；另外，低副的接触面为平面或圆柱面，便于加工制造和保证精度。因此，平面连杆机构广泛用于各种机械和仪器中。

拓展视频——曲柄连杆机构

轨道上的交通

平面连杆机构的缺点是：低副中存在间隙，易引起运动误差，而且它的设计比较复杂，不易精确地实现较复杂的运动规律。

平面连杆机构的类型很多，其中应用最广泛的是由四个构件组成的平面四杆机构。掌握了四杆机构有关知识和设计方法可为多杆机构的设计奠定基础。因此，本节重点讨论四杆机构的基本类型、特性及其常用的设计方法。

一、铰链四杆机构

四个构件全部用转动副相连接的机构称为铰链四杆机构，如图 2-14 所示。机构中固定不动的构件 4 称为机架；与机架相连接的构件 1 和 3 称为连架杆，其中能做整周回转的连架杆称为曲柄，只能做往复摆动的连架杆称为摇杆；不与机架相连接的构件 2 称为连杆。

铰链四杆机构中可按两连架杆是否成为曲柄或摇杆分为三种基本形式。

1. 曲柄摇杆机构

铰链四杆机构的两连架杆中，若一个为曲柄，另一个为摇杆，则称此机构为曲柄摇杆机构。当曲柄为原动件，摇杆为从动件时，可将曲柄的连续转动转变为摇杆的往复摆动，如图 2-15 所示的雷达天线的调整机构；若摇杆为原动件，则可将摇杆的往复摆动转变为曲柄的整周转动，如图 2-16 所示的缝纫机踏板机构。

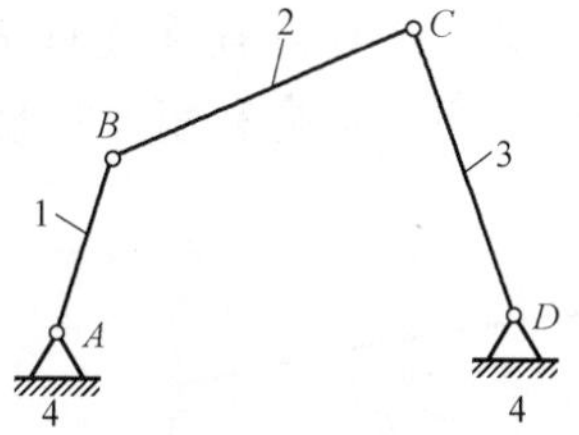

图 2-14　铰链四杆机构

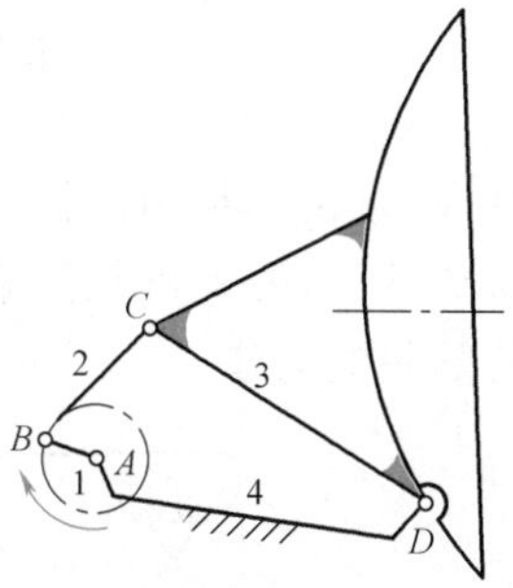

图 2-15　雷达天线的调整机构

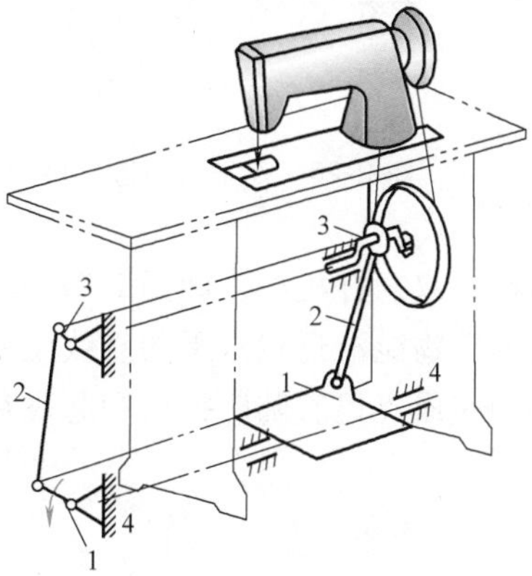

图 2-16　缝纫机踏板机构

2. 双曲柄机构

铰链四杆机构中，若两连架杆均为曲柄，则此机构称为双曲柄机构。它可将原动曲柄的等速转动变换成从动曲柄的等速或变速转动。如图 2-17 所示的惯性筛机构，当主动曲柄 1 等速转动时，从动曲柄 3 做变速转动，从而使筛子做变速移动，以获得筛分材料颗粒所需要的加速度。

在双曲柄机构中，若相对的两组杆平行并且长度相等时，该机构则称为平行四边形机构。平行四边形机构两曲柄以相同角速度同向转动，连杆做平移运动。如图 2-18 所示的摄影平台升降机构就利用了连杆 *BC* 做平动的特点；如图 2-19 所示的机车车轮联动机构则利用了其曲柄 *AB*、*CD*、*EF* 等速同向转动的特点。

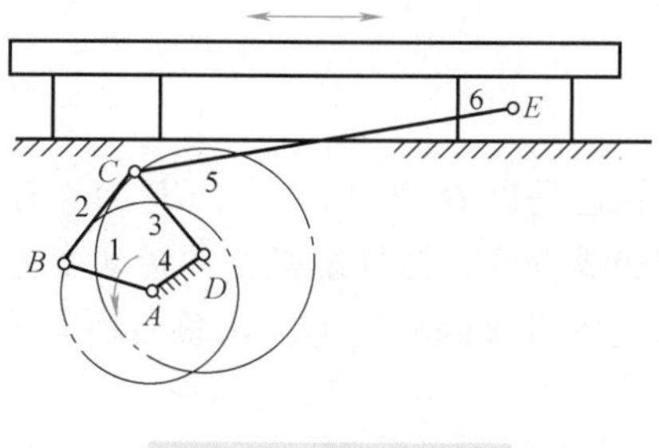

图 2-17　惯性筛机构

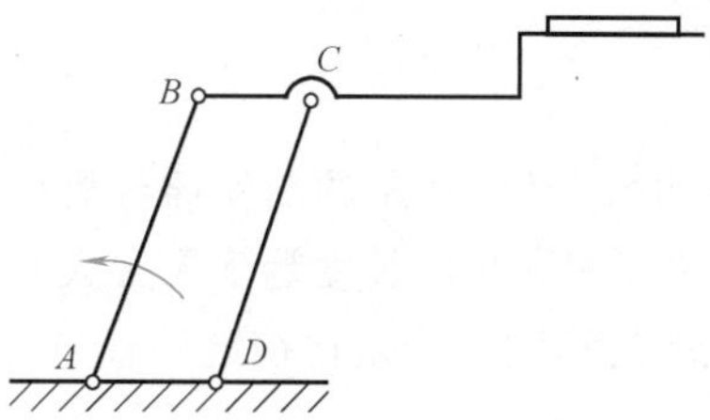

图 2-18　摄影平台升降机构

双曲柄机构中，若相对杆的长度相等但不平行，则该机构称为反平行四边形机构，如图 2-20 所示。这种机构主、从动曲柄转向相反。如图 2-21 所示的车门启闭机构就是利用此机构两曲柄 *AB*、*CD* 转向相反的运动特点，使两扇车门同时开启或关闭。

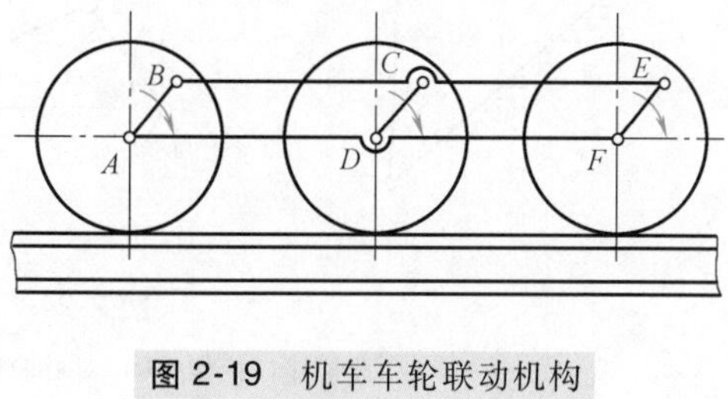

图 2-19　机车车轮联动机构

3. 双摇杆机构

铰链四杆机构中，两连架杆均为摇杆

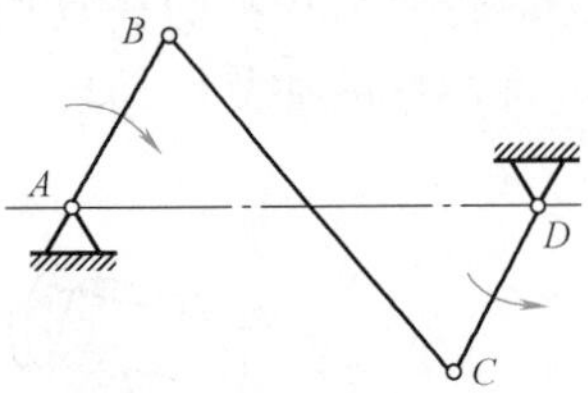

图 2-20　反平行四边形机构

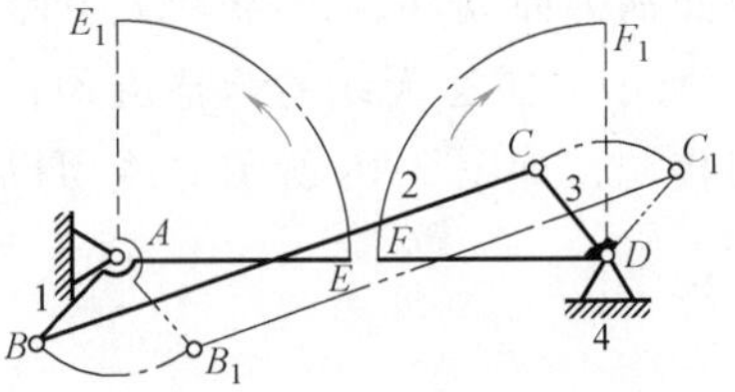

图 2-21　车门启闭机构

的称为双摇杆机构。如图 2-22 所示的港口起重机，利用两摇杆的摆动，使得悬挂在连杆 E 上的重物能沿近似水平的直线运动；图 2-23 所示的飞机起落架收放机构，则是利用双摇杆机构完成飞机着陆时推出和起飞后收起着陆轮的工作。

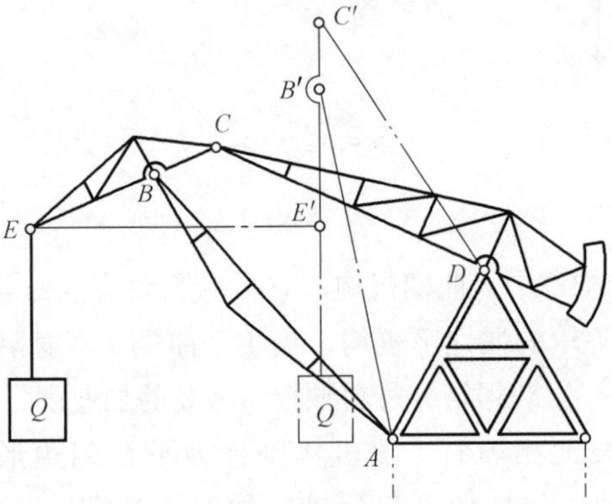

图 2-22　港口起重机

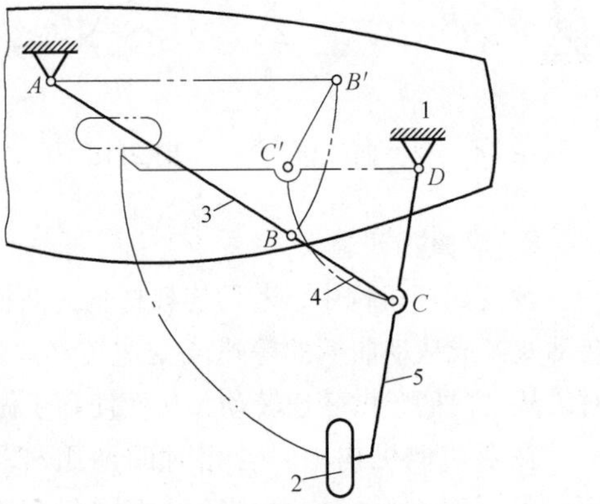

图 2-23　飞机起落架收放机构

1—机架　2—着陆轮　3—原动摇杆　4—连杆　5—从动摇杆

二、铰链四杆机构的演化

如图 2-24a 所示的曲柄摇杆机构，摇杆上 C 点的轨迹是以 D 为中心，以 CD 为半径的圆弧。若摇杆 CD 的长度趋于无穷大时，则 C 点的轨迹变成直线，摇杆绕机架的转动变为滑块沿机架的移动，于是该铰链四杆机构演化成含有移动副的滑块四杆机构，如图 2-24b 所示。

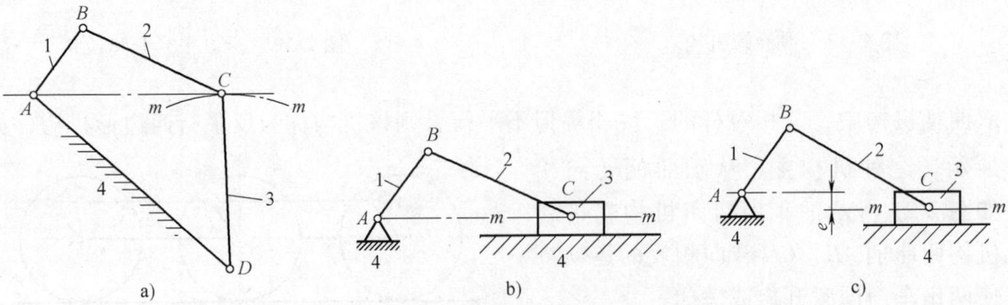

图 2-24　曲柄滑块机构

a）曲柄摇杆机构　b）对心曲柄滑块机构　c）偏置曲柄滑块机构

对含有一个移动副的四杆机构，若改取不同构件作为机架或扩大转动副等，可得到不同形式。

1. 曲柄滑块机构

如图 2-24b 所示，当连架杆 1 为曲柄时，该机构称为曲柄滑块机构。根据滑块导路是否通过曲柄转动中心 A，曲柄滑块机构可分为对心曲柄滑块机构（见图 2-24b）和偏置曲柄滑块机构（见图 2-24c）两种，其中 e 为偏心距。曲柄滑块机构广泛应用于内燃机、空气压缩机和压力机等机械中。

2. 导杆机构

在图 2-24b 所示的对心曲柄滑块机构中，若取构件 1 为机架，即得导杆机构。当 $l_1<l_2$ 时（见图 2-25a），机架 1 是最短构件，它的相邻构件 2 与导杆 4 均能做整周回转，称为转动导杆机构；当 $l_1>l_2$ 时（见图 2-25b），机架 1 不是最短构件，它的相邻构件 2 与导杆 4 只能来回摆动，称为摆动导杆机构。导杆机构常用于牛头刨床（见图 2-25c）、插床等机械中。

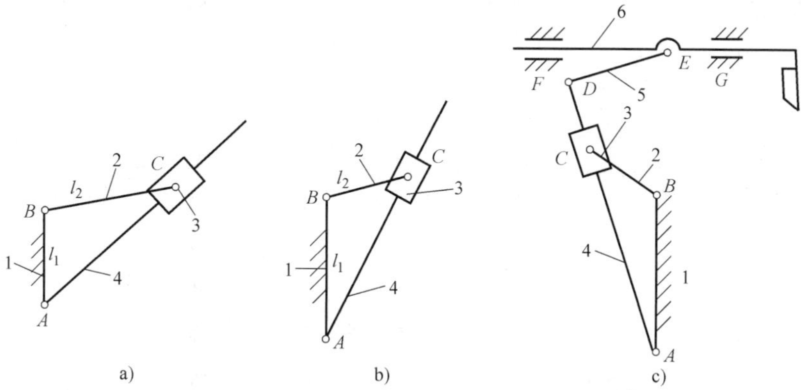

图 2-25　导杆机构

a）转动导杆机构　b）摆动导杆机构　c）牛头刨床主体机构

3. 摇块机构

在图 2-24b 所示的对心曲柄滑块机构中，若取构件 2 作为机架，即得到如图 2-26a 所示的摇块机构。这种机构广泛用于摆缸式内燃机和液压驱动装置等机械中。如图 2-26b 所示的货车车厢的自动翻转卸料机构（自卸货车），卸料时液压缸 3 中的压力油推动活塞 4 运动，使车厢 1 绕 B 点翻转，当达到一定角度时，物料便自动卸下。

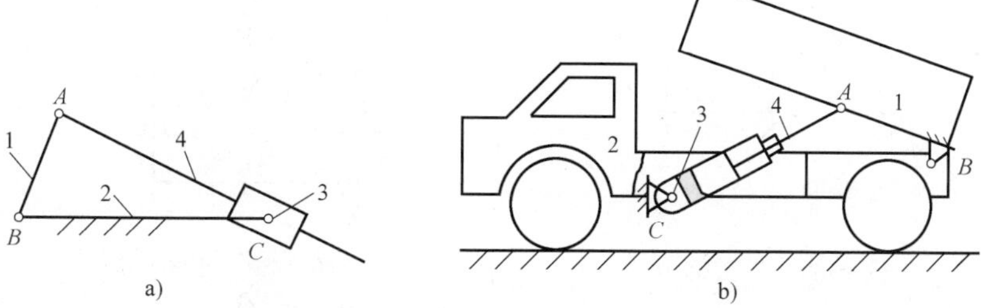

图 2-26　摇块机构

a）摇块机构运动简图　b）自卸货车

4. 定块机构

在图 2-24b 所示的对心曲柄滑块机构中，若取构件 3 作为机架，即得到如图 2-27a 所示的定块机构。这种机构常用于手动抽水唧筒（见图 2-27b）和抽油泵中。

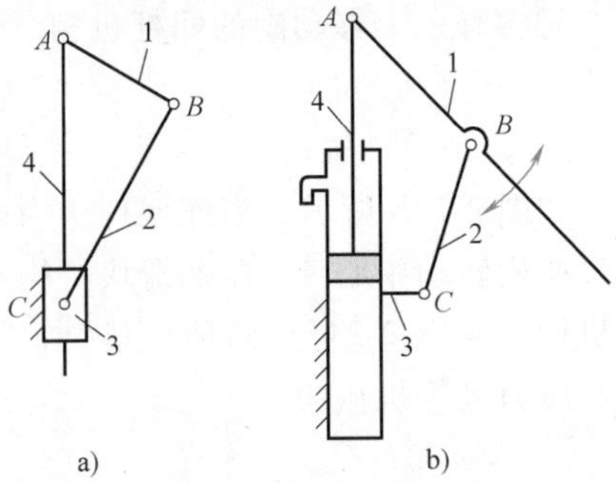

图 2-27　定块机构

a）定块机构运动简图　b）抽水唧筒

5. 偏心轮机构

在平面四杆机构中，若需曲柄很短，或要求滑块行程较小时，通常都把曲柄做成盘状，因圆盘的几何中心与转动中心不重合也称为偏心轮，即得到如图 2-28 所示的偏心轮机构。圆盘的几何中心 B 与转动中心 A 之间的距离 e 称为偏心距。很显然，偏心轮是通过扩大转动副 B 而形成的。偏心轮机构广泛应用于传力较大的剪床、压力机和颚式破碎机等机械中。

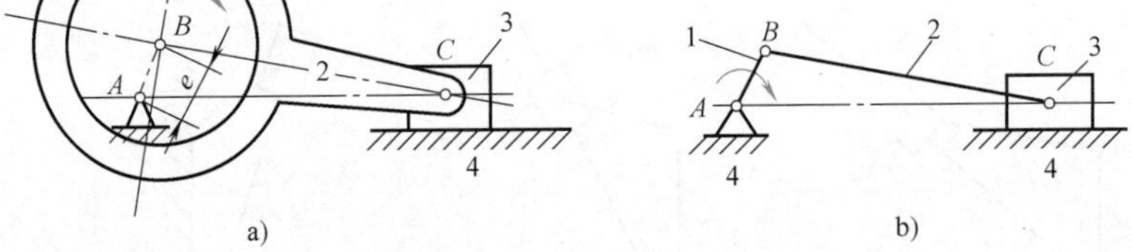

图 2-28　偏心轮机构

按同样的演化方式，若将铰链四杆机构中连杆和摇杆长度趋于无穷大时，则两个转动副由两个移动副替代，并分别取不同构件作为机架，可演化出下列机构：如图 2-29 所示的正弦机构，其从动件 3 的位移为 $l_1\sin\varphi$；如图 2-30 所示的正切机构，其从动件 3 的位移 $H=l\tan\varphi$；正弦机构和正切机构常用于仪表和计算装置中。如图 2-31a 所示的双转块机构，这种机构的主动件 1 与从动件 3 具有相等的角速度，可用于如图 2-31b 所示的滑块联轴器中。如图 2-32a 所示的双滑块机构，这种机构中的两个滑块都可沿机架移动，可用于如图 2-32b 所示的椭圆仪中。

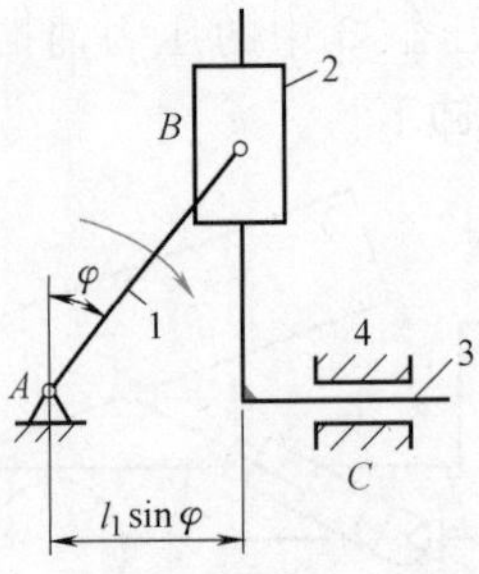

图 2-29　正弦机构

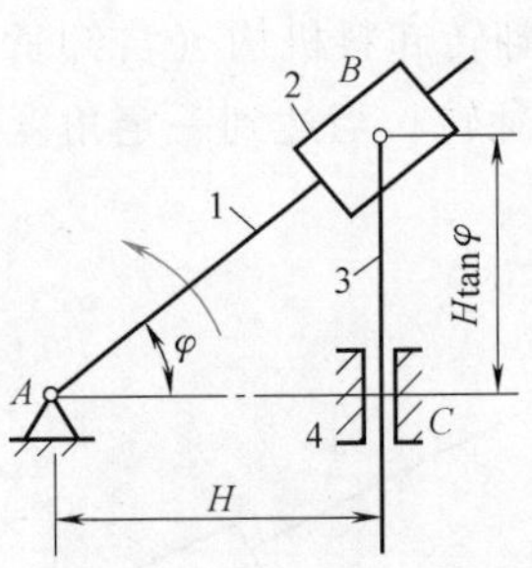

图 2-30　正切机构

除上述以外，生产中常见的某些多杆机构，也可以看成是由若干个四杆机构组合扩展形成的。

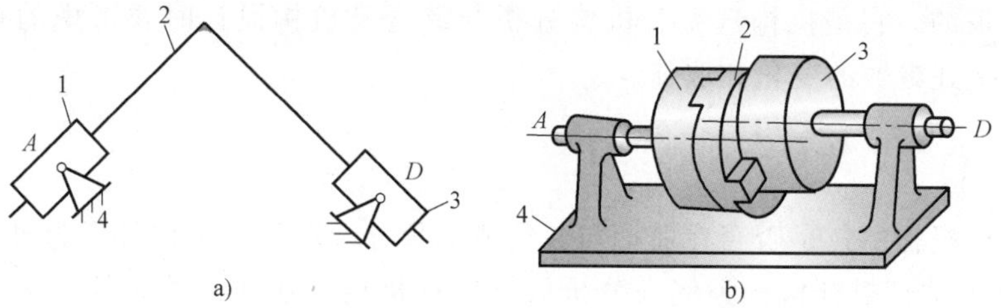

图 2-31　双转块机构和滑块联轴器

a）双转块机构　b）滑块联轴器

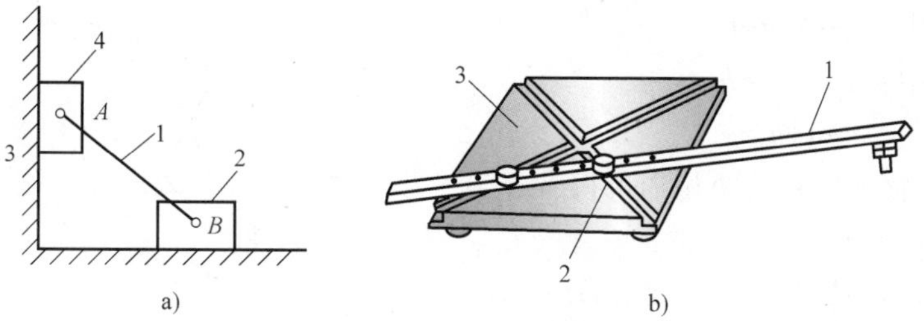

图 2-32　双滑块机构和椭圆仪

a）双滑块机构　b）椭圆仪

如图 2-33 所示的手动压力机是一个六杆机构，它可以看成是由两个四杆机构组成的，即由构件 1、2、3、4 组成的双摇杆机构和由构件 3、5、6、4 组成的摇杆滑块机构。其中，前一个四杆机构中的从动件 3 作为后一个四杆机构的原动件，扳动手柄 1，冲杆 6 就上下移动，作用在手柄上的力，通过构件 1 和构件 3 的两次增大，从而增大了冲头上的作用力。这种增力作用在连杆机构中经常应用。

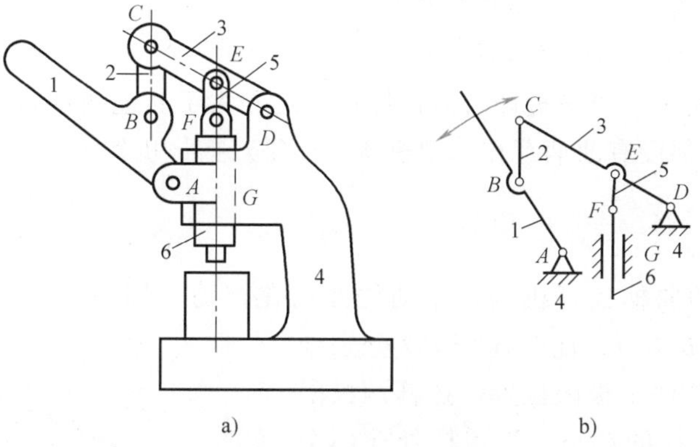

图 2-33　压力机机构

第三节　平面四杆机构存在曲柄的条件及基本特性

平面四杆机构在传递运动和力时所显示的特性，是通过行程速比系数、压力角和传动角等参数反映出来的。它是机构选型、机构分析与综合及机构设计时要考虑的重要因素。因此，需要研究上述参数的变化和取值。

一、铰链四杆机构存在曲柄的条件

在铰链四杆机构中，是否存在曲柄与各构件的尺寸及取哪一个构件作为机架有关。下面以图 2-34 所示的曲柄摇杆机构为例来分析铰链四杆机构存在曲柄的条件。图示曲柄摇杆机构中各杆长度分别用 a、b、c、d 表示，连架杆 AB 要成为曲柄，转动副 A 应做整周转动，则 AB 杆必须经过与机架共线的两个位置 AB'和 AB''，由此可分别得到 $\triangle DB'C'$和 $\triangle DB''C''$。

由三角形的边长关系可知：

在 $\triangle DB'C'$中：$b+c \geqslant a+d$

在 $\triangle DB''C''$中：$d-a+c \geqslant b$

$$d-a+b \geqslant c$$

将上述三式整理后并两两相加可得

$$\left.\begin{aligned} a+b &\leqslant c+d \\ a+c &\leqslant b+d \\ a+d &\leqslant b+c \end{aligned}\right\} \text{且 } a \leqslant b, a \leqslant c, a \leqslant d$$

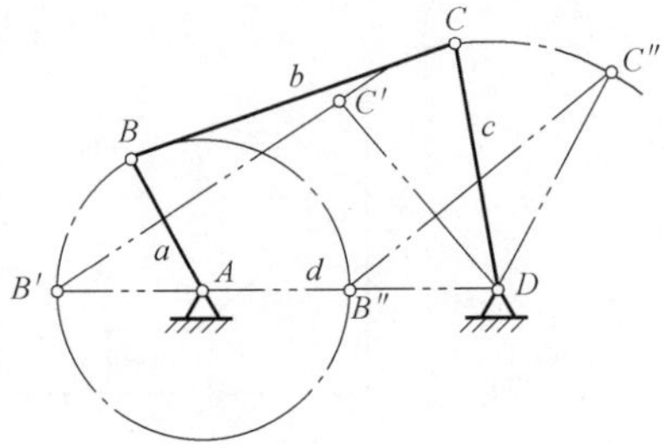

图 2-34　铰链四杆机构存在曲柄的条件

上式表明，机构中杆 AB 为最短杆，其余三个杆中有一杆为最长杆。

由上述分析可知，铰链四杆机构存在曲柄的条件为：最短杆与最长杆长度之和小于或等于其他两杆长度之和；连架杆和机架中必有一杆为最短杆。

通过分析可得出以下结论：

1）铰链四杆机构中，当最短杆与最长杆长度之和小于或等于其他两杆长度之和时：

① 取最短杆为连架杆，则得到曲柄摇杆机构。

② 取最短杆为机架，则得到双曲柄机构。

③ 取最短杆为连杆，则得到双摇杆机构。

2）铰链四杆机构中，当最短杆与最长杆长度之和大于其他两杆长度之和时，则不论取哪一个杆件为机架，都没有曲柄存在，则机构只能是双摇杆机构。

二、急回特性与行程速比系数

如图 2-35 所示的曲柄摇杆机构，原动件曲柄在转动一周的过程中，两次与连杆共线（即图中的 AB_1C_1、AB_2C_2），此时摇杆 CD 分别处于相应的 C_1D 和 C_2D 两个极限位置，摇杆两极限位置的夹角 ψ 称为摇杆的摆角；当摇杆处在两个极限位置时，对应的曲柄所夹的锐角 θ 称为极位夹角。

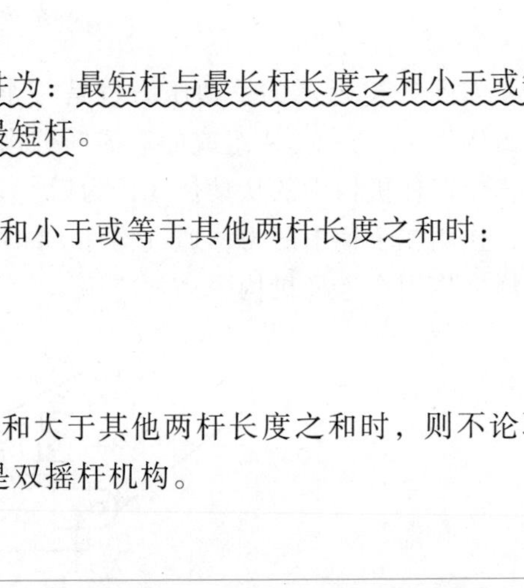

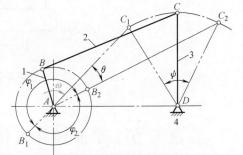

图 2-35　曲柄摇杆机构的急回特性

当曲柄以等角速 ω 由位置 AB_1 顺时针转到 AB_2 时，曲柄转角 $\varphi_1=180°+\theta$，此时摇杆由左极限位置 C_1D 摆到右极限位置 C_2D，称为工作行程，设所需时间为 t_1；当曲柄继续顺时针转过 $\varphi_2=$

$180°-\theta$ 时，摇杆又从位置 C_2D 摆回到位置 C_1D，称为空回行程，所需要时间为 t_2。摇杆往复运动的摆角虽均为 ψ，但由于曲柄的转角不等（$\varphi_1>\varphi_2$），而曲柄是等角速回转，所以 $t_1>t_2$，则摇杆上 C 点往返的平均速度 $v_1<v_2$，即回程速度快，曲柄摇杆机构的这种运动特性称为急回特性。在往复工作的机械中，常利用机构的急回特性来缩短非生产时间，提高劳动生产率。

机构的急回特性可用行程速比系数 K 表示，即

$$K=\frac{v_2}{v_1}=\frac{\widehat{C_1C_2}/t_2}{\widehat{C_1C_2}/t_1}=\frac{t_1}{t_2}=\frac{\varphi_1}{\varphi_2}=\frac{180°+\theta}{180°-\theta} \tag{2-2}$$

上式表明，当曲柄摇杆机构有极位夹角 θ 时，则机构便有急回特性，而且 θ 角越大，K 值越大，急回特性也越明显。

将式（2-2）整理后，可得极位夹角的计算式为

$$\theta=180°\frac{K-1}{K+1} \tag{2-3}$$

机构设计时，通常根据机构的急回要求先定出 K 值，然后由式（2-3）计算极位夹角 θ。

除上述曲柄摇杆机构外，偏置曲柄滑块机构、摆动导杆机构等也具有急回特性，其分析方法同上。

三、压力角与传动角

设计平面四杆机构时，在保证实现运动要求的前提下，还应使机构具有良好的传力性能。而体现传力性能的特性参数就是压力角。

如图 2-36 所示的曲柄摇杆机构，若忽略运动副摩擦力以及构件的重力和惯性力的影响，则主动曲柄通过连杆作用在摇杆 CD 上的力 F 将沿 BC 方向。从动摇杆上 C 点速度 v_C 的方向与 C 点所受力 F 的方向之间所夹的锐角 α，称为机构在该位置的压力角。机构位置变化，压力角 α 也随着变化。力 F 可分解为沿 v_C 方向的分力 F_t 和沿 CD 方向的分力 F_n。F_n 将使运动副产生径向压力，只能增大运动副的摩擦和磨损；而 F_t 则是推动摇杆运动的有效分力。由图可知：$F_t=F\cos\alpha$。很明显，α 越小，则有效分力 F_t 越大，机构传力性能越好。

在实际应用中，为了方便度量，也常用压力角的余角 γ 来判断机构的传力性能，γ 称为传动角。因 $\gamma=90°-\alpha$，故 γ 越大，对机构传动越有利，所以应限制传动角的最小值。设计中，对一般机械，通常取 $\gamma_{min}\geq 40°$；对于大功率机械，$\gamma_{min}\geq 50°$。可以证明，对于曲柄摇杆机构，当主动曲柄与机架处于两个共线位置时，会出现最小传动角 γ' 和 γ''（$\angle BCD$ 为锐角时，$\gamma'=\angle B'C'D$；$\angle BCD$ 为钝角时，$\gamma''=180°-\angle B''C''D$），如图 2-35 所示。比较两个位置的传动角，其中较小者即为该机构的 γ_{min}。

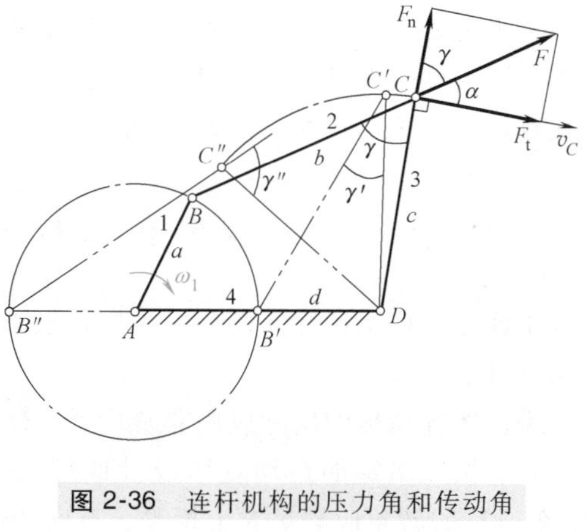

图 2-36 连杆机构的压力角和传动角

如图 2-37 所示的曲柄滑块机构，当主动曲柄垂直滑块导路时，出现 α_{max}（或 γ_{min}）。

如图 2-38 所示的摆动导杆机构，主动曲柄通过滑块作用于从动导杆的力 F 始终垂直于导杆并与作用点的速度方向一致，传动角恒等于 90°，说明导杆机构具有很好的传力性能。

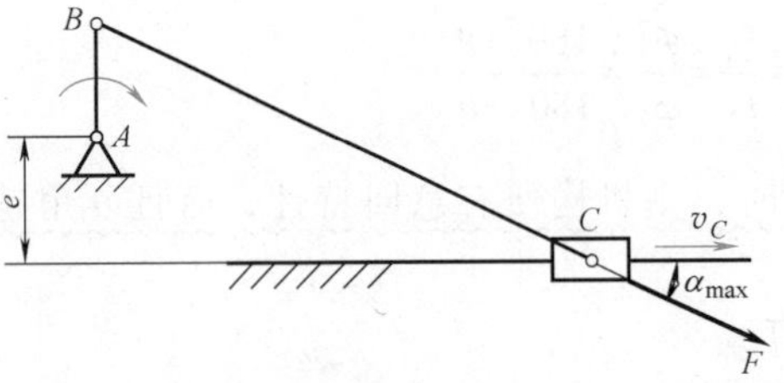

图 2-37　曲柄滑块机构

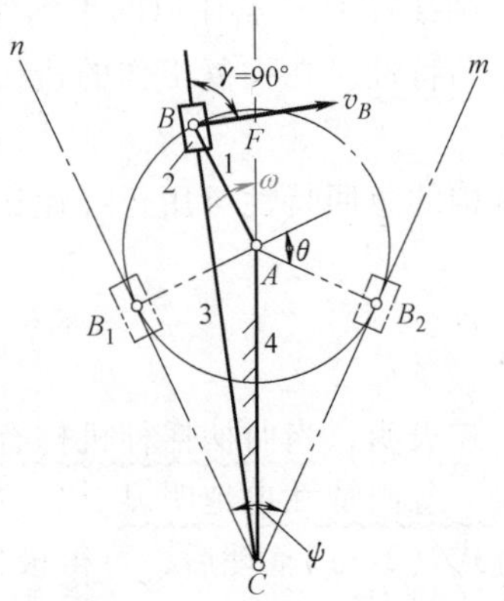

图 2-38　摆动导杆机构

四、死点位置

如图 2-35 所示的曲柄摇杆机构，设以摇杆为原动件，在从动曲柄与连杆共线两个位置时，传动角 $\gamma=0°$，该位置称为机构的死点位置。此时主动摇杆通过连杆作用在曲柄上的力恰好通过曲柄回转中心 A，所以不论该力有多大，都不能推动曲柄转动。

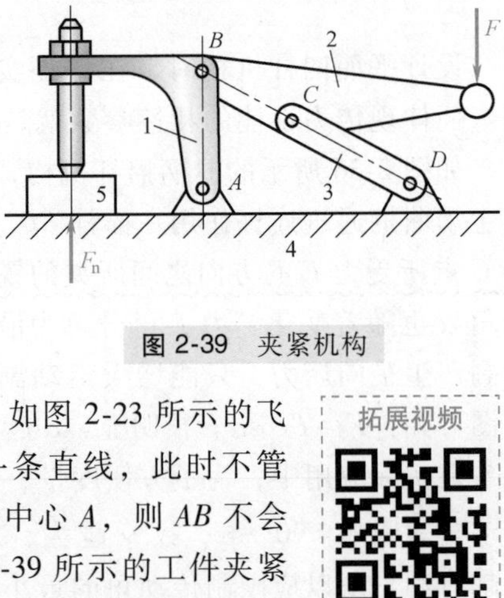

图 2-39　夹紧机构

为使机构能顺利通过死点而正常运转，必须采取相应的措施。通常在从动曲柄轴上安装飞轮，利用飞轮的惯性机构通过死点（如图 2-16 所示的缝纫机踏板机构中的大带轮即兼有飞轮的作用）；也可采用多组机构错位排列的办法，避开死点。

工程上有时还利用死点性质实现特定的工作要求。如图 2-23 所示的飞机起落架收放机构，飞机着陆时，杆 AB 和杆 BC 成一条直线，此时不管 CD 受多大的力，此力经 BC 传给杆 AB 的力通过其回转中心 A，则 AB 不会转动，机构处于死点位置，故飞机可安全着陆。如图 2-39 所示的工件夹紧机构，当工件被夹紧后，BCD 成一直线，机构在工件的反力 F_n 作用下处于死点位置。这样，即使反力 F_n 很大，也可保证工件不松脱。

拓展视频

歼击机

第四节　平面四杆机构的设计

平面四杆机构设计的任务，主要是根据给定运动条件选择合适的机构形式，并确定机构的尺寸参数。

平面四杆机构的实际应用非常广泛，使用要求也多种多样，在设计中一般可将其归纳为三类：①按照给定的运动规律设计四杆机构。如图 2-21 所示的车门启闭机构，两连架杆（即车门）的转角应满足大小相等、方向相反的运动要求。如图 2-38 所示的具有急回特性的摆动导杆机构，应满足给定的行程速比系数 K 的要求；②实现连杆给定位置的设计。这类设计问题中，要求机构能引导连杆顺序地通过一系列预定位置；③按照给定的运动轨迹设计四杆机构。如图 2-22 所示的港口起重机，应保证连杆上 E 点按近似水平的直线 EE' 运动。

四杆机构的设计方法有解析法、图解法和实验法。图解法直观，解析法精确，实验法简便。下面主要介绍图解法，并简要介绍解析法和实验法。

一、按给定的行程速比系数设计四杆机构

介绍用图解法设计四杆机构时，先对已有机构进行分析，找出几何关系，从而得出设计的规律和方法。

1. 曲柄摇杆机构

对于有急回运动的四杆机构，设计时应满足行程速比系数 K 的要求。

已知条件：行程速比系数 K，摇杆长度 CD 及其摆角 ψ，试设计四杆机构。

为了求出其他各杆的尺寸，设计的关键是要定出曲柄的回转中心 A。其设计步骤如下：

1）由式（2-3）求出极位夹角 θ：

$$\theta=180°\frac{K-1}{K+1}$$

2）任选固定铰链 D 的位置，由摇杆长度 CD 及摆角 ψ 作出摇杆的两极限位置 C_1D 和 C_2D。

3）连接 C_1C_2，作 C_1N 垂直于 C_1C_2；然后作 $\angle C_1C_2M=90°-\theta$，$C_1N$ 与 C_2M 相交于 P 点，如图 2-40 所示，则 $\angle C_1PC_2=\theta$。

4）作 $\triangle PC_1C_2$ 的外接圆，在该圆上任取一点 A（$\widehat{C_1C_2}$ 和 $\widehat{EF}$ 除外）作为曲柄的回转中心。连接 AC_1、AC_2，则 $\angle C_1AC_2=\angle C_1PC_2=\theta$。

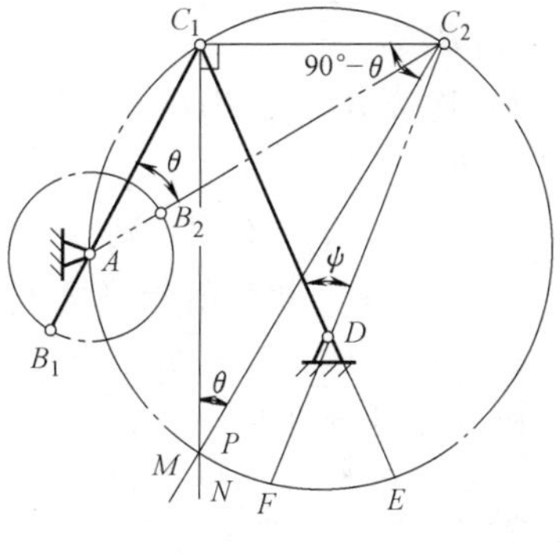

图 2-40　按 K 值设计曲柄摇杆机构

5）因 AC_1、AC_2 分别为曲柄与连杆重叠、拉直共线的位置，即：$BC-AB=AC_1$，$AB+BC=AC_2$，则曲柄 AB 和连杆 BC 的长度分别为

$$AB=(AC_2-AC_1)/2,BC=(AC_2+AC_1)/2$$

设计时应注意，由于 A 点是在外接圆上任选的一点，因此有无穷多解；若给定其他辅助条件，如机架长或最小传动角等，则可得唯一解。

偏置曲柄滑块机构，可在已知滑块行程 S、偏心距 e 和行程速比系数 K 的情况下进行设计，其设计方法与上述方法相似。作出外接圆后，可根据偏心距 e 确定曲柄的回转中心 A 点位置。

2. 摆动导杆机构

已知条件：机架长度 l_{AC} 和行程速比系数 K。由图 2-38 可以看出，摆动导杆机构的极位夹角 θ 与导杆的摆角 ψ 相等，设计此四杆机构的实质，就是确定曲柄长度 l_{AB}。其设计步骤如下：

1）求极位夹角 $\theta=180°\frac{K-1}{K+1}$

2）任选固定铰链 C 的位置，按 $\psi=\theta$ 作出导杆的两个极限位置 Cm 和 Cn。

3）作摆角 ψ 的平分线，并在其上取 $CA=l_{AC}$，得曲柄的回转中心 A 点位置。

4）过 A 点作导杆极限位置的垂线 AB_1（或 AB_2），即得曲柄长度 $l_{AB}=AB_1=AB_2$。

二、按给定的连杆位置设计四杆机构

在生产实际中，常常根据给定连杆的两个位置或三个位置来设计四杆机构，设计时，应满足连杆给定位置的要求。

如图 2-41 所示，已知连杆长度 l_{BC} 及连杆的三个给定位置 B_1C_1、B_2C_2 和 B_3C_3，试设计四杆机构。

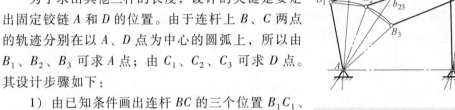

为了求出其他三杆的长度，设计的关键是要定出固定铰链 A 和 D 的位置。由于连杆上 B、C 两点的轨迹分别在以 A、D 点为中心的圆弧上，所以由 B_1、B_2、B_3 可求 A 点；由 C_1、C_2、C_3 可求 D 点。其设计步骤如下：

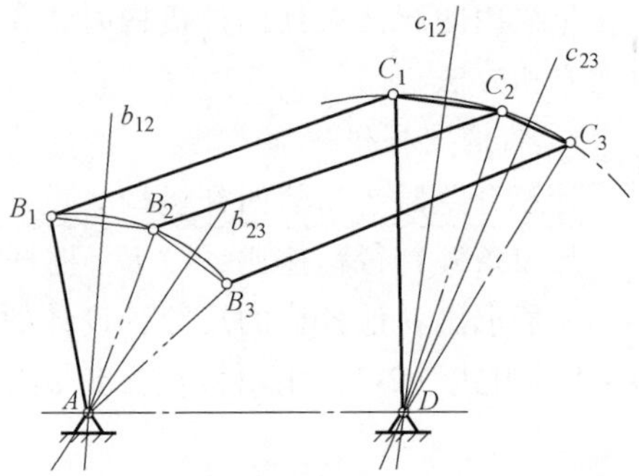

图 2-41　按给定的连杆位置设计四杆机构

1）由已知条件画出连杆 BC 的三个位置 B_1C_1、B_2C_2 和 B_3C_3。

2）连接 B_1B_2、B_2B_3 及 C_1C_2 和 C_2C_3，并分别作它们的垂直平分线得 b_{12}、b_{23} 及 c_{12}、c_{23}；则 b_{12} 与 b_{23}、c_{12} 与 c_{23} 的交点即为固定铰链 A、D 点的位置。

3）连接 AB_1、C_1D，则 AB_1C_1D 即为所设计的四杆机构。则两连架杆的长度分别为 $l_{AB}=AB_1$，$l_{CD}=C_1D$；机架的长度为 $l_{AD}=AD$。

由上述过程可知，给定连杆 BC 的三个位置时，只有一个解。若给定连杆两个位置，则 A 点和 D 点可分别在连线 B_1B_2 和 C_1C_2 的垂直平分线上任意选择，因此有无穷多解。若给出其他辅助条件（如机架长度及其位置等）就可得出唯一解。

三、按给定的运动轨迹设计四杆机构

平面四杆机构运动时，连杆做复杂的平面运动，连杆上每一点的运动轨迹都是一条封闭曲线，称为连杆曲线。连杆曲线是多种多样的，它的形状随点在连杆上的位置和各杆相对尺寸的不同而变化，目前已编有《连杆曲线图谱》。如图 2-42 所示为连杆曲线图谱中的一张，图中取原动件 1 的长度等于 1，其他各杆的长度以相对于原动曲柄长度的比值来表示。

运用图谱设计给定运动轨迹的四杆机构时，先从图谱中查出形状与要求实现的轨迹相似的连杆曲线，并从中获得各构件相对长度的比值；然后用缩放仪求出图谱中连杆曲线与给定运动轨迹之间相差的倍数，并由此求出四杆机构各杆的实际尺寸；最后，由连杆曲线上的

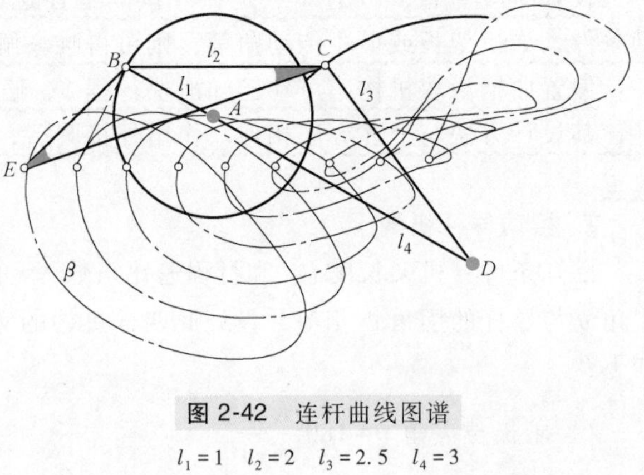

图 2-42　连杆曲线图谱

$l_1=1$　$l_2=2$　$l_3=2.5$　$l_4=3$

小圆圈与铰链 B、C 的相对位置，即可确定所给轨迹之点在连杆上的位置。

四、按给定两连架杆对应位置设计四杆机构

1. 用解析法设计四杆机构

用解析法设计平面四杆机构时，先要建立机构待定尺寸参数与运动参数之间的解析关系式，从而按给定条件求出未知尺寸参数。

在图 2-43 所示的铰链四杆机构中，已知连架杆 AB 和 CD 的三对对应位置 φ_1、ψ_1；φ_2、ψ_2；φ_3、ψ_3。试设计四杆机构。

选择如图 2-43 所示的坐标系，把机构各构件当作矢量，然后将四杆机构组成的封闭矢量多边形投影到 x、y 轴上，得

$$\left.\begin{aligned} l_2\cos\delta &= l_4+l_3\cos\psi-l_1\cos\varphi \\ l_2\sin\delta &= l_3\sin\psi-l_1\sin\varphi \end{aligned}\right\} \tag{2-4}$$

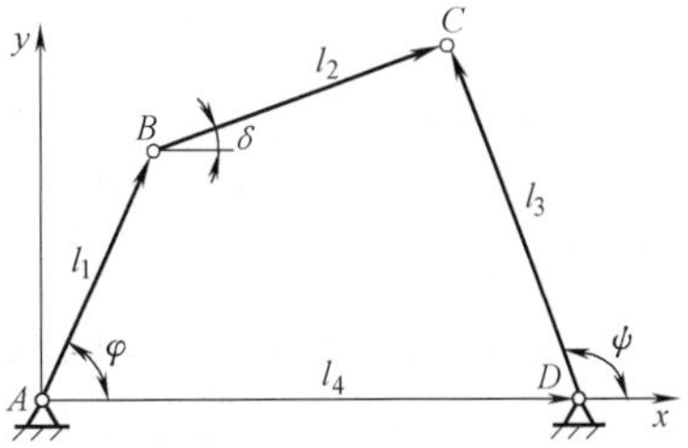

图 2-43　机构封闭多边形

将上式各方程两边分别平方后相加，并整理得

$$\cos\varphi=\frac{l_4^2+l_3^2+l_1^2-l_2^2}{2l_1l_4}+\frac{l_3}{l_1}\cos\psi-\frac{l_3}{l_4}\cos(\varphi-\psi) \tag{2-5}$$

令

$$\left.\begin{aligned} p_1 &= \frac{l_3}{l_1} \\ p_2 &= -\frac{l_3}{l_4} \\ p_3 &= \frac{l_4^2+l_3^2+l_1^2-l_2^2}{2l_1l_4} \end{aligned}\right\} \tag{2-6}$$

则式（2-5）可写成

$$\cos\varphi=p_1\cos\psi+p_2\cos(\varphi-\psi)+p_3 \tag{2-7}$$

此式即为待定参数与两连架杆转角之间的关系式，它包含三个待定参数 p_1、p_2、p_3。把给定 φ 与 ψ 的三对对应值代入式（2-7），得方程组

$$\left.\begin{aligned} \cos\varphi_1 &= p_1\cos\psi_1+p_2\cos(\varphi_1-\psi_1)+p_3 \\ \cos\varphi_2 &= p_1\cos\psi_2+p_2\cos(\varphi_2-\psi_2)+p_3 \\ \cos\varphi_3 &= p_1\cos\psi_3+p_2\cos(\varphi_3-\psi_3)+p_3 \end{aligned}\right\} \tag{2-8}$$

由式（2-8）可求得 p_1、p_2、p_3，然后根据使用需要选定连架杆 l_3 的长度，则可由式（2-6）求得 l_1、l_2 和 l_4。

如果给定两连架杆的两组对应位置，则与 ψ 的对应方程式只有两个，而待定尺寸参数却有三个，因此可得无穷多解。

若给定连架杆的位置超过三对，则可用实验法求得近似解。

2. 用实验法设计四杆机构

满足两连架杆三个以上对应位置的四杆机构设计，一般采用几何实验法。即：先在一张纸上画出连架杆的若干给定的位置和连杆相应的若干位置；后在另一张透明纸上画出另一连架杆给定的对应位置；最后再将透明纸覆盖在前一张图上，凑得一个合乎要求的四杆机构。

已知：如图 2-44 所示两连架杆的对应转角为：φ_{12}、φ_{23}、φ_{34}、φ_{45} 和 ψ_{12}、ψ_{23}、ψ_{34}、ψ_{45}，试设计四杆机构。其设计步骤为：

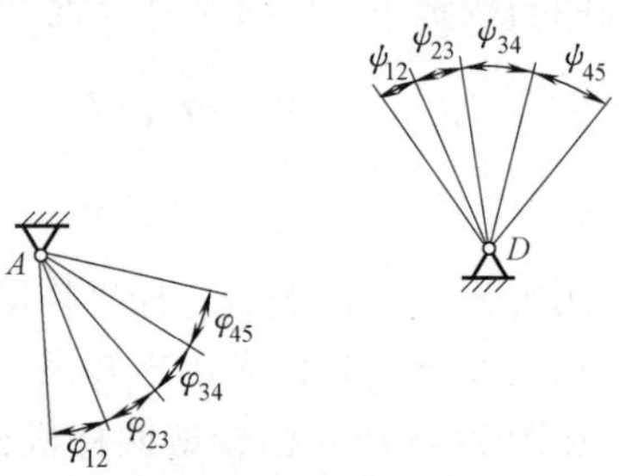

图 2-44　给定连架杆四对位置

1）如图 2-45a 所示，在图样上任选固定铰链中心 A，并任选 AB_1 作为连架杆 1 的长度 l_1，按给定的 φ_{12}、φ_{23}、φ_{34}、φ_{45} 作出 AB_2、AB_3、AB_4、AB_5。

2）选取一适当的连杆 2 长度 l_2，分别以 B_1、B_2、B_3、B_4 和 B_5 为圆心，l_2 为半径作圆弧 K_1、K_2、K_3、K_4 和 K_5。

3）如图 2-45b 所示，在透明纸上任选固定铰链中心 D 及连架杆的位置线 Dd_1，并按给定的ψ_{12}、ψ_{23}、ψ_{34} 和ψ_{45} 作出 Dd_2、Dd_3、Dd_4 和 Dd_5；再以 D 为中心，作一系列不同半径的同心圆弧。

4）如图 2-45c 所示，将画在透明纸上的图 2-44b 覆盖在图 2-44a 上进行试凑，使圆弧 K_1、K_2、K_3、K_4、K_5 和连架杆对应的位置 Dd_1、Dd_2、Dd_3、Dd_4、Dd_5 的交点 C_1、C_2、C_3、C_4、C_5 均落在以 D 为中心的同一圆弧上，则图形 AB_1C_1D 即为所求四杆机构。

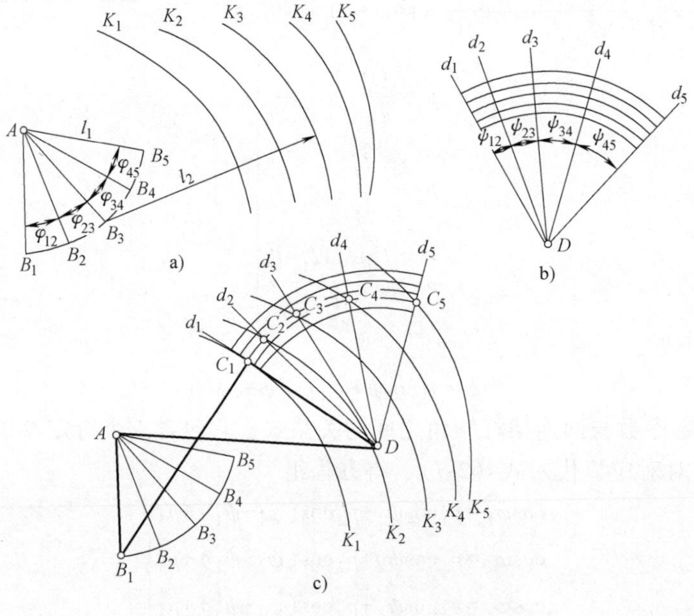

图 2-45　几何实验法设计四杆机构

如果试凑不到 C 点，可重新选定连杆 2 的长度，再重复上述步骤，直到获得 C 点（即 C_1、C_2、C_3、C_4、C_5 等交点均落在同一圆弧上）为止。

此方法求出的四杆机构只表达所求构件的相对尺寸，各杆的实际尺寸只要与 AB_1C_1D 保持同样比例，都能满足设计要求。

思　考　题

2-1　举例说明什么是构件、机构、机器。

2-2　什么是运动副？运动副是如何分类的？

2-3　机构运动简图有何用处？怎样绘制机构运动简图？机构具有确定运动的条件是什么？

2-4　在机构自由度计算时，应注意的事项有哪些？如何处理？

2-5　平面四杆机构分为哪些基本类型？并举例说明它们在机械中的应用。

2-6　什么是机构的压力角和传动角？其值大小对机构性能有何影响？为什么？

2-7　四杆机构死点存在的条件是什么？举例说明生产实际中是如何克服和利用死点位置的。

习　　题

2-1　试绘制图 2-46 中所示三种机构的运动简图，并计算机构自由度。

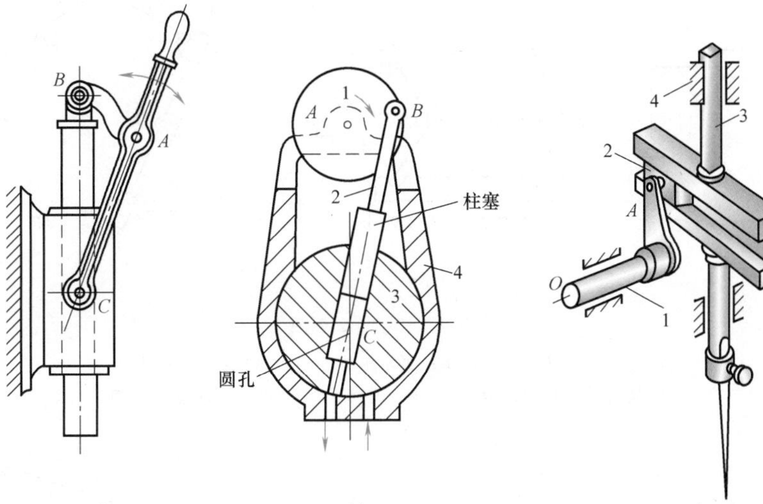

图 2-46　习题 2-1 图

a）唧筒机构　b）摆动式液压泵　c）缝纫机下针机构

2-2　计算图 2-47 中所示的各种机构的自由度，并指明复合铰链、局部自由度和虚约束。

2-3　图 2-48 为简易压力机的初拟设计的机构运动简图。试判定是否具有确定运动，若不具备，提出修改方案。

2-4　如图 2-49 所示，已知铰链四杆机构各构件的长度 $a=120\text{mm}$，$b=300\text{mm}$，$c=200\text{mm}$，$d=250\text{mm}$，试问：当取杆 4 为机架时，是否有曲柄存在？若分别取杆 1、2、3 为机架时，该机构为何种类型？若将 a 改为 160mm，其余尺寸不变，结果又将怎样？

2-5　图 2-50 所示为曲柄摇杆机构，摇杆 AB 为原动件，要求：

1）画出图示位置的传动角。

2）画出该机构的一个死点位置。

3）判定机构有无急回特性。

2-6　在图 2-50 中，若取摇杆 AB 为从动件，试作图画出机构的极位夹角 θ、摇杆的摆角 ψ 及最小传动角 γ_{min}。

2-7　如图 2-51 所示，当摆动导杆机构以曲柄或导杆为原动件时，试分析并分别作出：

1）机构的极限位置。

2）最大压力角（或最小传动角）位置。

3）死点位置。

4）机构的极位夹角。

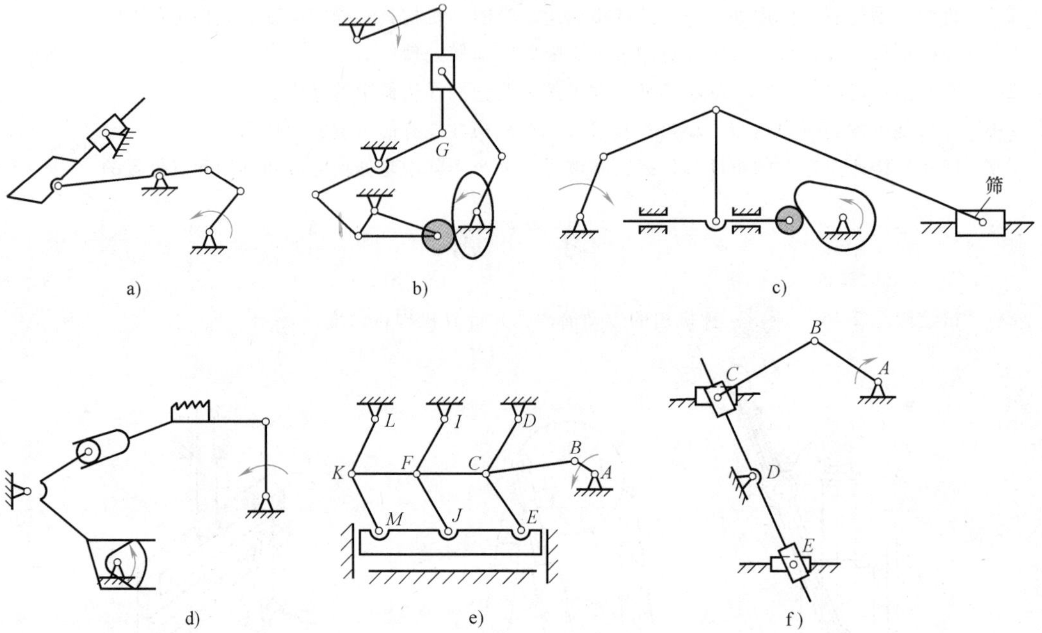

图 2-47 习题 2-2 图

a）推土机的推土机构 b）锯木机构 c）筛料机的筛料机构

d）缝纫机的送布机构 e）压力机的工作机构 f）压缩机机构

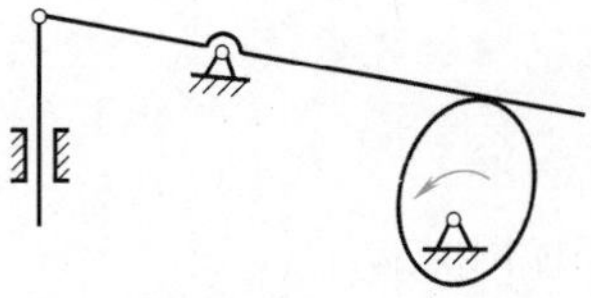

图 2-48 习题 2-3 图

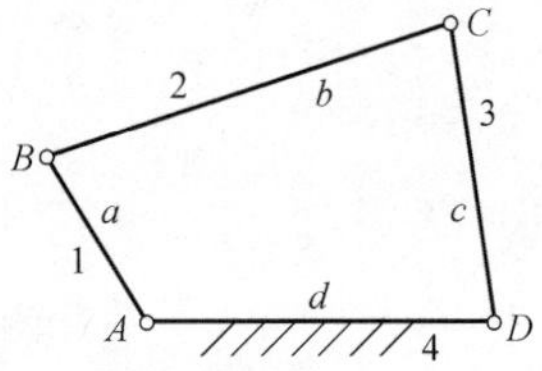

图 2-49 习题 2-4 图

2-8 如图 2-52 所示为一偏置曲柄滑块机构。若已知 $a=20\text{mm}$，$b=40\text{mm}$，$e=10\text{mm}$，试用作图法求出此机构的极位夹角 θ、行程速比系数 K、行程 S，并标出图示位置的传动角。

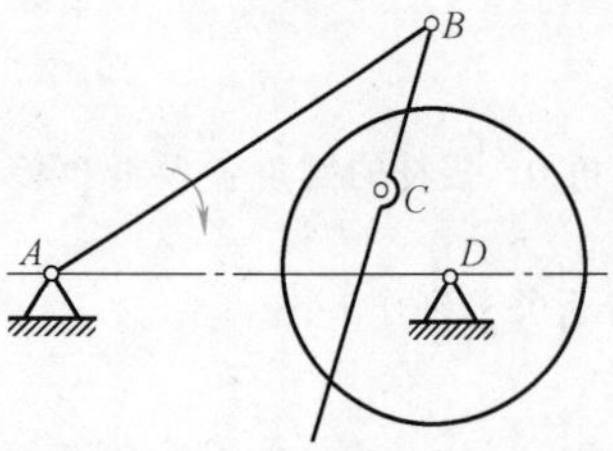

图 2-50 习题 2-5 图、习题 2-6 图

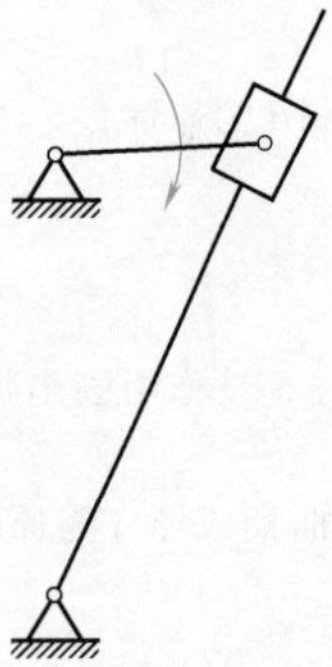

图 2-51 习题 2-7 图

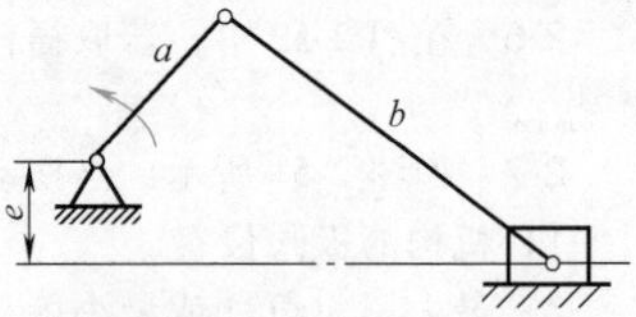

图 2-52 习题 2-8 图

2-9　图 2-53 所示为脚踏轧棉机的曲柄摇杆机构。要求踏板 CD 在水平位置上、下各摆 10°，且 l_{CD} = 500mm，l_{AD} = 1000mm。试用图解法求曲柄 AB 和连杆 BC 的长度。

2-10　设计一加热炉炉门的启闭机构。已知炉门上两活动铰链的中心距为 500mm，炉门打开后，门面水平向上，设固定铰链装在 y-y 线上，相关尺寸如图 2-54 所示。

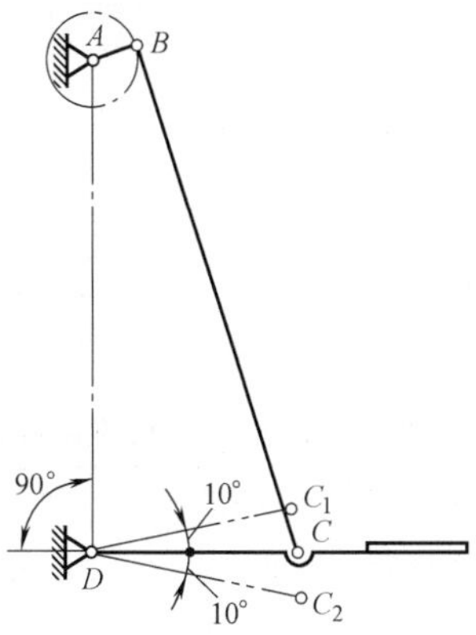

图 2-53　习题 2-9 图

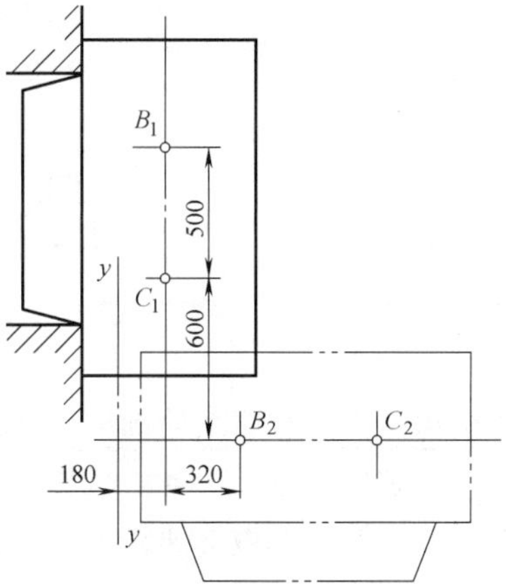

图 2-54　习题 2-10 图

2-11　如图 2-55 所示，要求四杆机构两连架杆的三组对应位置分别为：$\varphi_1 = 35°$、$\psi_1 = 50°$；$\varphi_2 = 80°$、$\psi_2 = 75°$；$\varphi_3 = 125°$、$\psi_3 = 105°$，试以解析法设计此四杆机构。

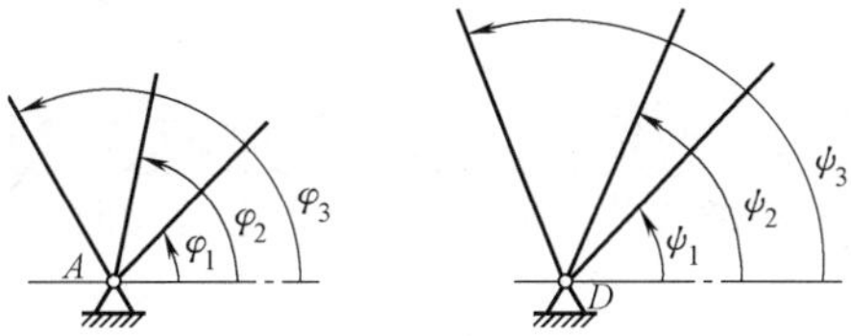

图 2-55　习题 2-11 图

2-12　图 2-56a 所示为一铰链四杆机构的夹紧机构。已知连杆长度 l_{BC} = 40mm 及它所在的两个位置（见图 2-56b）。其中 B_1C_1 处于水平位置；B_2C_2 为机构处于死点的位置，此时原动件 AB 处于铅垂位置。试设计此夹紧机构。

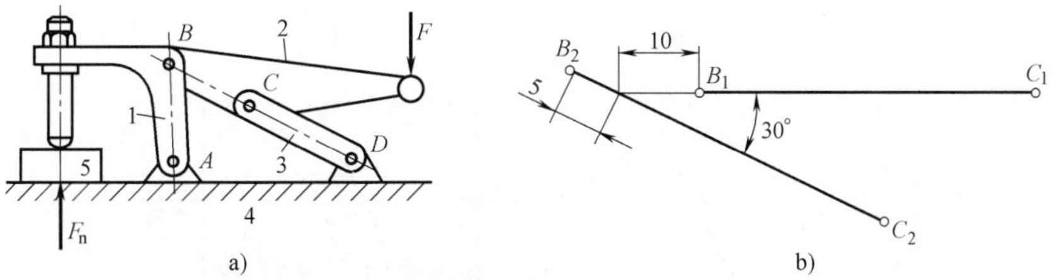

图 2-56　习题 2-12 图

第三章

凸轮机构

凸轮机构是由具有曲线轮廓或凹槽的构件，通过高副接触带动从动件实现预期运动规律的传动机构。它广泛应用于各种机械，特别是自动机械、自动控制装置和装配生产线中。在设计机械时，当原动件做等速连续运动，要求从动件实现工作所需要的各式各样的运动规律时，常采用凸轮机构。

第一节　凸轮机构的应用和分类

一、凸轮机构的应用

如图 3-1 所示，凸轮机构是由凸轮 1、从动件 2 和机架 3 三个基本构件组成的高副机构。其中，凸轮 1 是一个具有曲线轮廓或沟槽的构件，凸轮运动时，通过高副接触可以使从动件按预期的运动规律运动。

图 3-2 所示为内燃机的配气凸轮机构，凸轮 1 以等角速度回转，它的轮廓驱使从动件

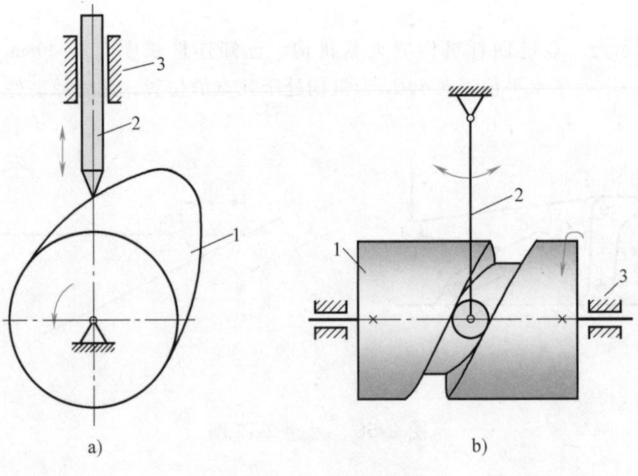

图 3-1　凸轮机构

a）盘形凸轮　b）圆柱凸轮

1—凸轮　2—从动件　3—机架

（气阀）3 按预期的运动规律，实现进气和排气的控制。

图 3-3 所示为陶瓷压片机的传动系统，凸轮 1 转动时，驱动从动件 2 做往复运动。凸轮每转一周，从动件即从下模中推出一个陶瓷压片。

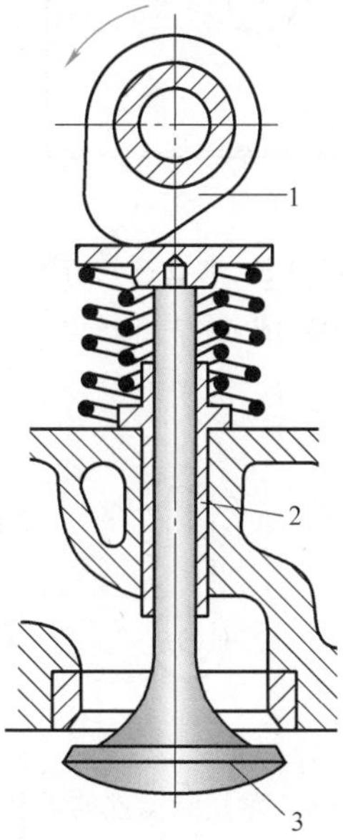

图 3-2　内燃机的配气凸轮机构

1—凸轮　2—机架　3—从动件

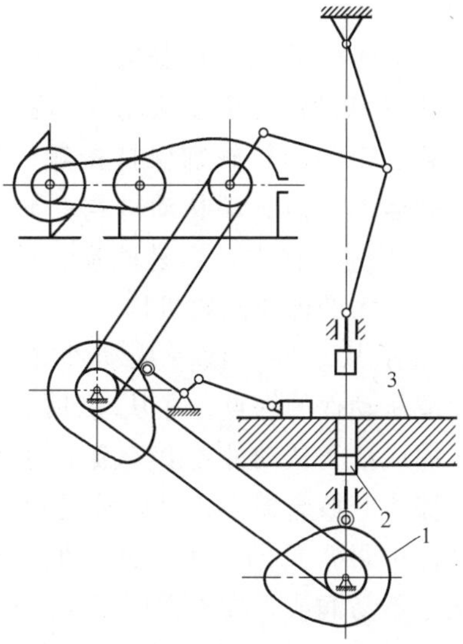

图 3-3　陶瓷压片机的传动系统

1—凸轮　2—从动件　3—机架

图 3-4 所示为冷镦机自动送料机构。等速转动的凸轮 1 使从动件 2 摆动，从动件 2 通过连杆 3 使送料器 4 水平往复移动。凸轮每转一周，送料器推出一个毛坯到冷镦工位。

凸轮机构结构简单，设计方便。只要设计适当的凸轮轮廓，便可以使从动件获得所需的运动规律。缺点是凸轮轮廓与从动件之间为点接触或线接触，易于磨损，通常多用于传力不大的控制机构中。如自动机床进刀机构、上料机构、印刷机、纺织机及各种电气开关中的凸轮机构。

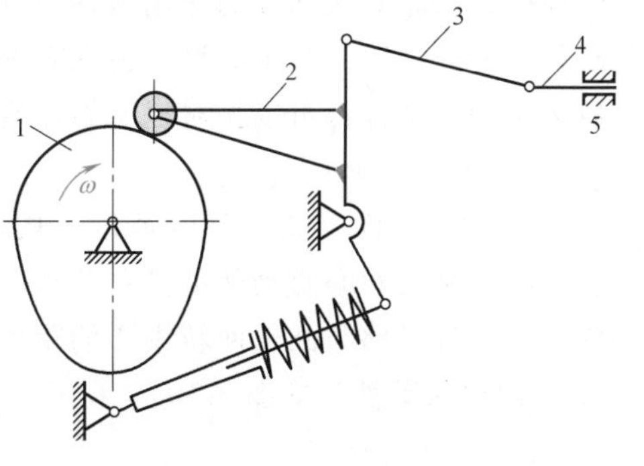

图 3-4　冷镦机自动送料机构

1—凸轮　2—从动件　3—连杆　4—送料器　5—机架

二、凸轮机构的分类

工程实际中所使用的凸轮机构形式多种多样，常用的分类方法有以下几种。

1. 按凸轮的形状分

（1）盘形凸轮　如图 3-1a 所示，它是凸轮最基本的形式。凸轮形状如盘，具有变化的向径。当它绕固定轴转动时，可推动从动件在垂直于凸轮转轴的平面内运动。

（2）移动凸轮　如图 3-5 所示，这种凸轮形状如板，可看成是回转轴心位于无穷远处的盘形凸轮。当移动凸轮相对于机架做直线运动时，可推动从动件在同一运动平面内运动。

（3）圆柱凸轮　如图 3-1b 所示，这种凸轮形状如圆柱，凸轮的轮廓曲线做在圆柱体上，可看作是将移动凸轮卷成圆柱体形成的。在这种凸轮机构中，凸轮与从动件之间的运动不在同一平面内，所以属于空间凸轮机构。

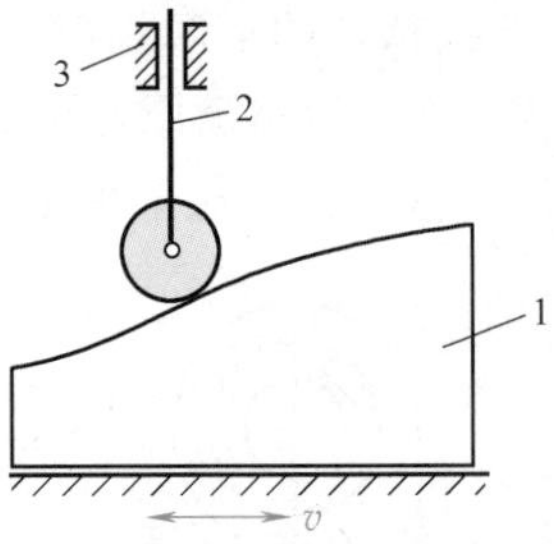

图 3-5　移动凸轮机构

1—移动凸轮　2—滚子从动件　3—机架

2. 按从动件与凸轮接触处的结构形式分

（1）尖端从动件　尖端从动件如图 3-6a 所示。尖端能与任意复杂的凸轮轮廓保持接触，使从动件实现任意预期的运动。但尖端从动件与凸轮轮廓的接触是点接触，接触应力很大，容易磨损，所以很少用，只适宜于传力不大的低速凸轮机构。

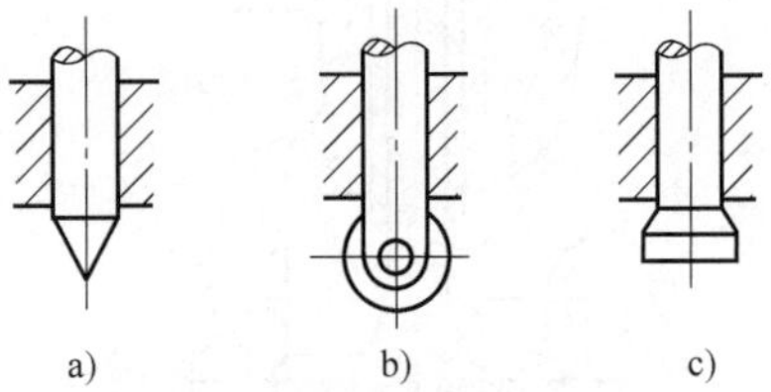

图 3-6　常用从动件的类型

a）尖端从动件　b）滚子从动件　c）平底从动件

（2）滚子从动件　滚子从动件如图 3-6b 所示。为克服尖端从动件的缺点，在从动件的尖端处安装一个滚子，即成滚子从动件。由于滚子与凸轮轮廓之间为滚动摩擦，摩擦磨损小，可以承受较大的载荷，所以是从动件中最常见的一种形式。但头部结构复杂，质量较大，不易润滑，故不宜用于高速运动场合。

（3）平底从动件　平底从动件如图 3-6c 所示。这种从动件与凸轮轮廓表面接触的端面为一平面，不能与凹陷的凸轮轮廓相接触。这种从动件的优点是，不计摩擦时，凸轮对从动件的作用力始终垂直于从动件的底边，受力平稳。凸轮与平底的接触面间易于形成油膜，利于润滑，传动效率较高，常用于高速凸轮机构中。

以上三种从动件都可以相对机架做往复直线运动或做往复摆动。

3. 按从动件运动形式分

（1）直动从动件　如图 3-1a 所示，从动件做往复直线移动。若从动件导路通过盘形凸轮回转中心，称为对心直动从动件。若从动件导路不通过盘形凸轮回转中心，称为偏置直动从动件。从动件导路与凸轮回转中心的距离称为偏距，用 e 表示。

（2）摆动从动件　如图 3-1b 所示，从动件做往复摆动。

4. 按锁合方式分

使凸轮轮廓与从动件始终保持接触，即为锁合。锁合的方式有：

（1）力锁合　靠重力、弹簧力或其他力锁合，如图 3-2 所示的凸轮机构靠弹簧力锁合。

（2）几何锁合　依靠凸轮和从动件的特殊几何形状锁合。图 3-1b 所示圆柱凸轮的凹槽两侧面间的距离处处等于滚子的直径，所以能保证滚子与凸轮始终接触，实现锁合。

第二节　从动件的常用运动规律

从动件的工作要求决定凸轮的轮廓曲线。因此，设计凸轮机构时，先要根据从动件的工作要求确定其运动规律，再根据这一运动规律设计凸轮的轮廓曲线。从动件的运动规律是指其运动参数（位移、速度、加速度）随时间变化的规律，常用运动线图来表示。下面以尖端直动从动件盘形凸轮机构为例，说明从动件的运动规律与凸轮轮廓曲线之间的相互关系。如图 3-7 所示，以凸轮轮廓的最小向径 r_0 为半径，以凸轮的转动中心为圆心所作的圆称为基圆，半径 r_0 称为基圆半径。当从动件的尖端接触凸轮轮廓上的 B 点（基圆与从动件轮廓 AB 的连接点）时，离凸轮的转动中心最近，即为从动件的起始位置。当凸轮以角速度 ω_1 逆时针转过角度 δ_1 时，从动件被推到距凸轮转动中心最远的位置（从动件的尖端与凸轮的 C 点接触），这个过程称为推程，相应移动的距离 h，称为从动件的行程，而与推程对应的凸轮转角 δ_1 称为推程运动角。当凸轮继续回转 δ_2 时，从动件的尖端和凸轮上以 OC 为半径的 CD 段圆弧接触，从动件在最远处位置停留不动，对应的凸轮回转角 δ_2 称为凸轮的远休止角。当凸轮再继续回转 δ_3 时，从动件在弹簧力或重力的作用下，由最高点回到最低点（从动件的尖端与凸轮的 E 点接触），这一过程称为回程，而与回程对应的凸轮转角 δ_3 称为回程运动角。最后凸轮回转 δ_4 时，从动件的尖端和凸轮上以 r_0 为半径的 EB 段圆弧接触，从动件在最近位置停留不动，对应的凸轮转角 δ_4 称为近休止角。$\delta_1+\delta_2+\delta_3+\delta_4=2\pi$，凸轮刚好转过一周。当凸轮连续转动时，从动件重复上述运动。由于凸轮一般以等角速度 ω_1 转动，其转角 δ 与时间 t 成正比，即 $\delta=\omega_1 t$。所以，从动件的位移 s_2、速度 v_2、加速度 a_2 随时间 t 的运动规律，也可用从动件的上述运动参数随凸轮转角 δ 的变化规律来表示。

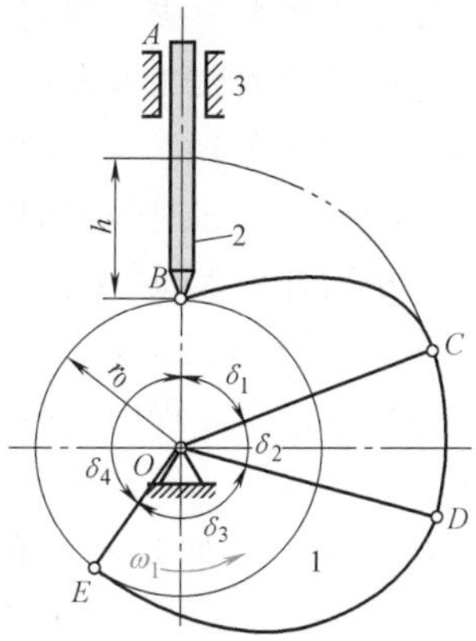

图 3-7　凸轮机构的运动分析

下面介绍几种常用从动件的运动规律。

1. 等速运动规律

从动件在推程或回程运动时，保持速度不变。在推程阶段，凸轮以等角速度 ω_1 转动，经时间 t 后，凸轮转过推程运动角为 δ_1，从动件的行程为 h，则从动件的位移 s_2、速度 v_2、加速度 a_2 的方程为

$$\left.\begin{aligned} s_2&=\frac{h}{\delta_1}\delta \\ v_2&=\frac{h}{\delta_1}\omega_1 \\ a_2&=0 \end{aligned}\right\} \tag{3-1}$$

从动件的运动线图如图 3-8 所示。

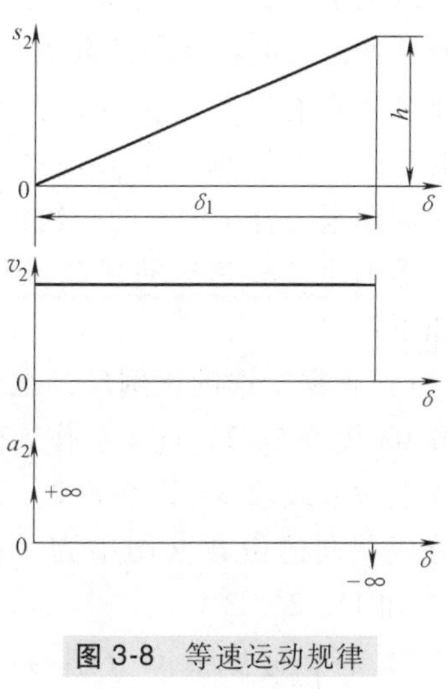

图 3-8　等速运动规律

回程时，凸轮转过回程运动角 δ_3，从动件相应的由 $s_2=h$ 逐渐减小到零。参照式（3-1），可导出回程做等速运动时从动件的运动方程为

$$\left.\begin{aligned} s_2&=h\left(1-\frac{\delta}{\delta_3}\right) \\ v_2&=-\frac{h}{\delta_3}\omega_1 \\ a_2&=0 \end{aligned}\right\} \tag{3-2}$$

由图 3-8 中所示的运动规律可见，位移曲线是斜直

线，速度曲线是水平线，加速度为零。在从动件推程和终止的瞬时，从动件的速度有突变，加速度及所产生的惯性力理论上均为无穷大（实际上，由于构件材料有弹性，加速度和惯性力不至于达到无穷大），导致机构产生强烈的冲击。这种冲击称为刚性冲击。刚性冲击会引起机械的振动，加速凸轮的磨损，损坏构件。所以，这种运动规律常用于低速、从动件质量不大或从动件要求做等速运动的凸轮机构中。

2. 等加速等减速运动规律

从动件在一个行程中，前半程做等加速运动，后半程做等减速运动，加速度大小相等但方向相反。此时，从动件在等加速等减速两个运动阶段的位移也相等，各为 $h/2$。从动件的位移 s_2、速度 v_2、加速度 a_2 在推程的前半段等加速运动方程为

$$\left.\begin{aligned} s_2 &= \frac{2h}{\delta_1^2}\delta^2 \\ v_2 &= \frac{4h\omega_1}{\delta_1^2}\delta \\ a_2 &= \frac{4h}{\delta_1^2}\omega_1^2 \end{aligned}\right\} \tag{3-3}$$

在相应推程的后半段等减速运动方程为

$$\left.\begin{aligned} s_2 &= h-\frac{2h}{\delta_1^2}(\delta_1-\delta)^2 \\ v_2 &= \frac{4h\omega_1}{\delta_1^2}(\delta_1-\delta) \\ a_2 &= -\frac{4h}{\delta_1^2}\omega_1^2 \end{aligned}\right\} \tag{3-4}$$

其运动线图如图 3-9 所示。这种运动规律的加速度曲线是水平线，速度曲线为斜直线，位移曲线为抛物线，该运动规律又称为抛物线运动规律。从图中可见，速度曲线是连续的，不会出现刚性冲击。但在运动的起点、中点和终点处，加速度存在有限值的突变，会引起惯性力的相应变化，导致机构产生柔性冲击。因此，这种运动规律只适合于中速的凸轮机构中。

等加速等减速运动规律位移曲线的作图方法如下：

1）根据所选的比例尺，在 δ 坐标轴上截取线段 03 代表 $\delta_1/2$，过 3 点作 δ 的垂线，并在该垂线上截取线段 33′代表 $h/2$。将线段 03 和 33′等分成相同的份数（图中为 3 份），得分点 1、2、3 和 1′、2′、3′。

2）将坐标原点 0 分别与 1′、2′、3′相连，

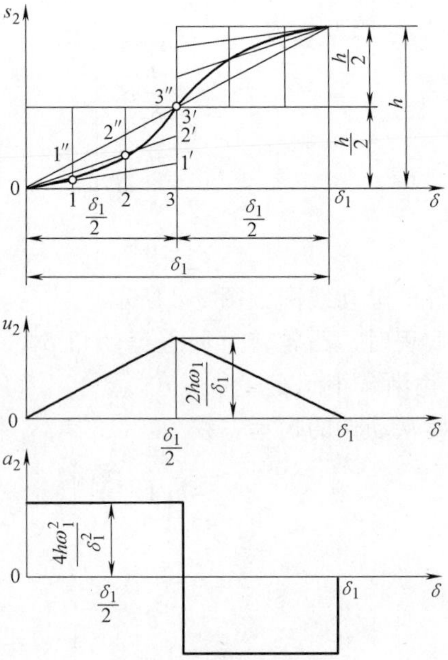

图 3-9　等加速等减速运动规律

得连线 01′、02′、03′。再过分点 1、2、3 分别作 s_2 轴的平行线，分别与连线 01′、02′、03′相交于 1″、2″、3″。

3）将点 0、1″、2″、3″连成光滑的曲线，即为等加速运动的位移曲线。后半段等减速运动规律位移曲线的作图方法与上述相似，只是弯曲方向相反。

3. 简谐运动规律

当动点在半径为 R 的圆周上做匀速运动时，其在该圆直径上的投影所构成的运动称为简谐运动。当从动件按简谐运动规律运动时，其加速度曲线为余弦曲线，故又称为余弦加速度运动规律。从动件的位移 s_2、速度 v_2、加速度 a_2 的方程为

$$\left.\begin{aligned} s_2 &= \frac{h}{2}\left[1-\cos\left(\frac{\pi}{\delta_1}\delta\right)\right] \\ v_2 &= \frac{\pi h\omega_1}{2\delta_1}\sin\left(\frac{\pi}{\delta_1}\delta\right) \\ a_2 &= \frac{\pi^2 h\omega_1^2}{2\delta_1^2}\cos\left(\frac{\pi}{\delta_1}\delta\right) \end{aligned}\right\} \tag{3-5}$$

其运动线图如图 3-10 所示。由于加速度在全过程范围内光滑连续，在开始、终止两处具有有限的突变，因此也引起柔性冲击，故不适合于高速机构。

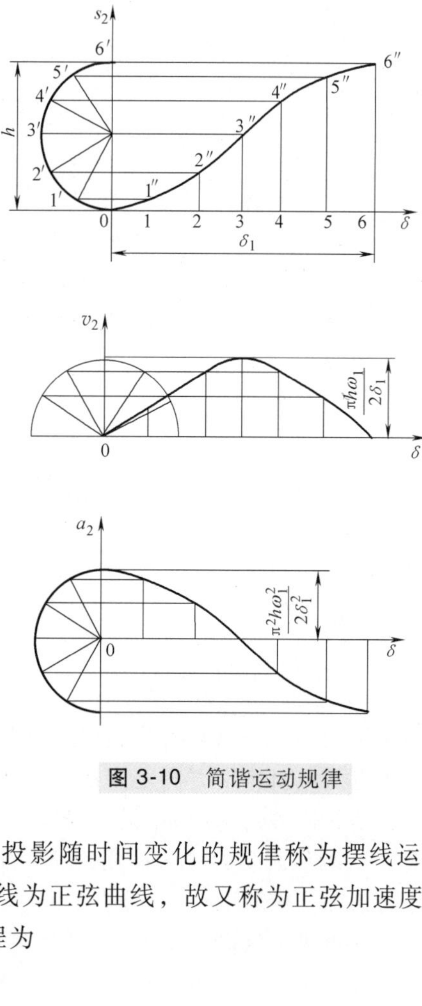

图 3-10 简谐运动规律

简谐运动规律的位移曲线的作图方法如下：

1）根据角度比例尺，在横坐标轴上作出推程运动角 δ_1，并将其等分成若干份（图中为 6 份），得等分点 1，2，…，6，并过各分点作铅垂线。

2）根据长度比例尺，在纵坐标轴上截取线段 06′代表从动件升程 h。以 06′为直径作一半圆，将半圆周分成与 δ_1 相同的等份，得等分点 1′，2′，…，6′。

3）过半圆周上各等分点作水平线，与步骤 1）中所作的对应各等分点的铅垂线分别交于点 1″，2″，…，6″。

4）将点 1″，2″，…，6″连成光滑的曲线，得简谐运动规律位移曲线。

4. 摆线运动规律

当滚圆沿纵坐标轴做匀速纯滚动时，圆周上任一点的轨迹为一摆线。此时该点在纵坐标轴上的投影随时间变化的规律称为摆线运动规律。当从动件按摆线运动规律运动时，其加速度曲线为正弦曲线，故又称为正弦加速度运动规律。从动件的位移 s_2、速度 v_2、加速度 a_2 的方程为

$$\left.\begin{aligned}s_2&=h\left[\frac{\delta}{\delta_1}-\frac{1}{2\pi}\sin\left(\frac{2\pi}{\delta_1}\delta\right)\right]\\v_2&=\frac{h\omega_1}{\delta_1}\left[1-\cos\left(\frac{2\pi}{\delta_1}\delta\right)\right]\\a_2&=\frac{2\pi h}{\delta_1^2}\omega_1^2\sin\left(\frac{2\pi}{\delta_1^2}\delta\right)\end{aligned}\right\}\tag{3-6}$$

其运动线图如图 3-11 所示。由图可知，从动件在行程的始点和终点处加速度皆为零，且加速度曲线无突变，在运动中既无刚性冲击，又无柔性冲击。所以噪声、振动、磨损都比较小，适合于高速的凸轮机构。

摆线运动规律的位移曲线的画法参见图 3-11。

为了使加速度始终保持连续变化，工程上还应用高次多项式或几种曲线组合的运动规律。在工程实际中，选择从动件的运动规律时，除考虑刚性冲击和柔性冲击外，还应使最大速度 v_{max} 和最大加速度 a_{max} 的值尽可能小。因为 v_{max} 越大，动量 mv 就越大；a_{max} 越大，惯性力就越大。过大的动量，使从动件起动和停止时产生较大的冲击；过大的惯性力会引起动压力，对机械零件的强度和运动副的磨损，都有较大的影响，在设计时必须综合考虑。

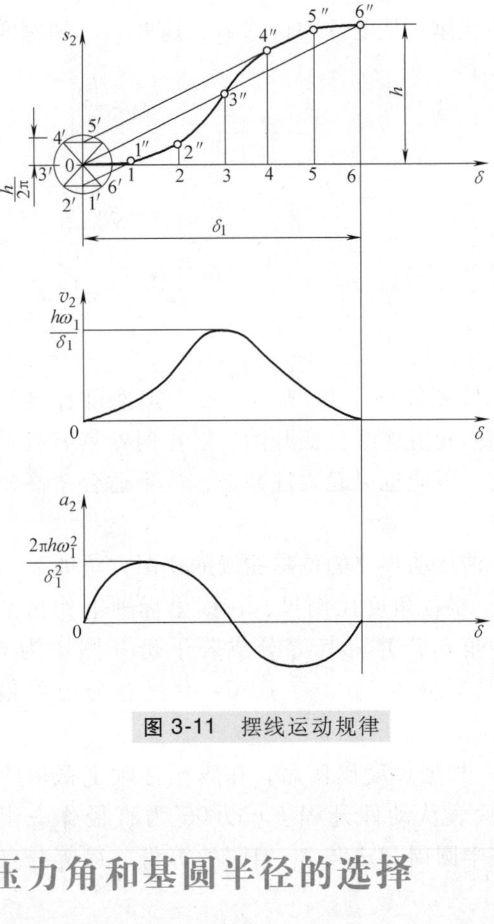

图 3-11　摆线运动规律

第三节　凸轮机构的压力角和基圆半径的选择

设计凸轮机构时，除了需考虑合理选择机构的类型及从动件的运动规律、计算或绘制凸轮轮廓外，还要保证所设计的凸轮机构具有良好的传力性能及紧凑的结构尺寸。

一、凸轮机构的压力角

凸轮机构的压力角是指凸轮对从动件作用力的方向（不计摩擦的情况下）与从动件上该力作用点的绝对速度方向之间所夹的锐角。图 3-12 所示为一对心直动尖端从动件盘形凸轮机构，凸轮以等角速度 ω_1 沿逆时针方向转动，从动件处于图示推程位置，在轮廓线接触点 B 处，从动件所受的法向作用力 F_n 与从动件的运动方向之间所夹的锐角 α 即是其压力角。压力角随凸轮轮廓线上不同点而变化。压力角 α 是影响凸轮机构受力情况的重要参数之一。由图可见，法向作用力 F_n 可分解为沿从动件运动方向的分力 F_y 和垂直运动方向的分

力 F_x。F_y 推动从动件运动，是有效分力，F_x 导致导路对从动件的运动产生摩擦阻力 F_f。其大小分别为

$$F_y = F_n\cos\alpha,\quad F_x = F_n\sin\alpha$$

当 F_n 一定时，α 越小，有效分力 F_y 越大，机构传力性能越好；反之，α 越大，由 F_x 产生的从动件导路中的摩擦阻力 F_f 越大，有效分力 F_y 越小。当 α 增加到一定值时，有可能出现推动从动件运动的有效分力 F_y 等于或小于摩擦阻力 F_f，此时，不论 F_n 有多大，都无法推动从动件运动，导致机构发生自锁现象。另外，实践证明，即使机构尚未发生自锁，也会导致驱动力急剧增大，接触处轮廓严重磨损，效率迅速下降。因此，为保证凸轮机构的传力性能，必须控制压力角 α 不能大于许用压力角 $[\alpha]$，即满足最大压力角 $\alpha_{max} \leqslant [\alpha]$。根据工程实践，推程时，直动从动件的许用压力角 $[\alpha] = 30° \sim 40°$，摆动从动件 $[\alpha] = 40° \sim 50°$。当从动件处于回程时，由于从动件的运动不是凸轮驱动的，通常也不存在自锁现象。但为使从动件不至于产生过大的加速度，仍需对压力角进行限制。在回程时，常取 $[\alpha] = 70° \sim 80°$。

以上数据中，使用滚子从动件、润滑良好和支承刚性较好的机构，$[\alpha]$ 取上限；否则取下限。

二、凸轮的基圆半径

设计凸轮机构时，从机构受力情况来考虑，压力角越小对传动越有利，而凸轮机构的压力角与凸轮基圆半径有直接关系。从图 3-12 可以看出

$$s_2 = r - r_0$$

式中，s_2 为从动件的位移，单位为 mm，一般根据工作要求给定；r 为 B 点处的凸轮向径，单位为 mm；r_0 为凸轮的基圆半径，单位为 mm。如果 r_0 增大，r 将随之增大，则凸轮机构的尺寸就会相应的加大。为使凸轮机构结构紧凑，r_0 应尽可能取小些。但从机构的运动分析，由图中的速度多边形可知

$$v_2 = v_{B1}\tan\alpha = \omega_1 r\tan\alpha$$

$$r = \frac{v_2}{\omega_1\tan\alpha}$$

所以
$$r_0 = r - s_2 = \frac{v_2}{\omega_1\tan\alpha} - s_2 \tag{3-7}$$

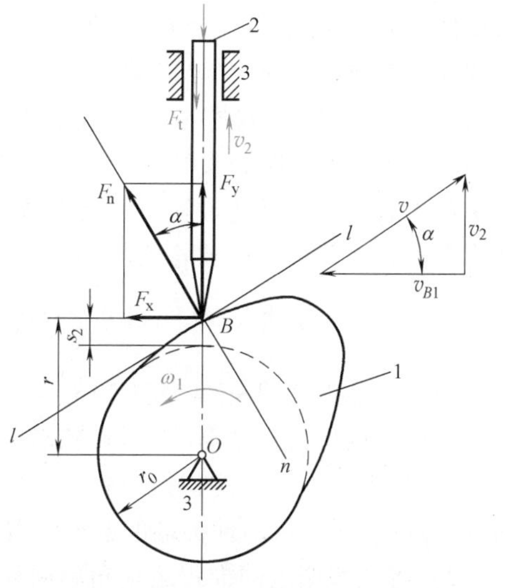

图 3-12　凸轮机构受力分析

1—凸轮　2—从动件　3—机架

由式（3-7）可知，在从动件运动规律确定后，凸轮基圆半径 r_0 越小，压力角 α 越大。欲使机构的尺寸紧凑，应使凸轮的基圆半径尽可能小，但基圆半径减小会导致机构的压力角增大，可能超过许用值，从而使机构效率太低，甚至发生自锁。所以，设计时应在满足 $\alpha_{max} \leqslant [\alpha]$ 的前提条件下，考虑选择小的基圆半径 r_0。

确定基圆半径 r_0 的方法很多，在一般设计中，可先按结构要求确定 r_0 的初值，然后检查凸轮轮廓各点的压力角。如发现 $\alpha_{max} > [\alpha]$，将基圆半径适当地加大。由于凸轮安装在轴

上，故凸轮的基圆半径 r_0 必须大于轴的半径。当凸轮轴的直径 d 已知，可用如下的经验公式确定基圆半径 r_0：

$$r_0 = 0.9d + (10 \sim 20)\,\mathrm{mm} \tag{3-8}$$

第四节　图解法设计凸轮轮廓

根据工作要求合理选择从动件的运动规律之后，按照结构所允许的空间和具体要求，初步确定凸轮的基圆半径，就可以设计凸轮的轮廓。设计凸轮的轮廓方法主要有图解法和解析法两种。图解法简单、直观，但精度不高，通常用于要求较低的凸轮设计中。

图解法是建立在“反转法”的基础上，“反转法”的原理是给整个机构施加一个反向运动，且各构件之间的相对运动不变。图 3-13 所示的对心直动尖端从动件盘形凸轮机构，凸轮以等角速度 ω_1 逆时针转动，当从动件处于最低位置时，凸轮轮廓曲线与从动件尖端在 A 点接触，当凸轮转过 δ 角时，凸轮的向径 OA 转到 OA' 位置上，凸轮轮廓转到双点画线的位置，从动件尖端由最低点 A 上升到 B'，上升的距离 $s = AB'$。根据相对运动原理，给整个机构加上一个公共角速度 $-\omega_1$，各构件的相对运动不变。这时，凸轮固定不动，从动件一方面随导路一起以角速度 ω_1 顺时针转动，一方面又在导路中做相对移动，当反转同样的 δ 时，从动件及导路将处于图中双点画线位置，显然，$AB' = A_1B = s$，由于从动件的尖端始终与凸轮轮廓接触，所以从动件的尖端在反转过程中的运动轨迹即为凸轮轮廓曲线。

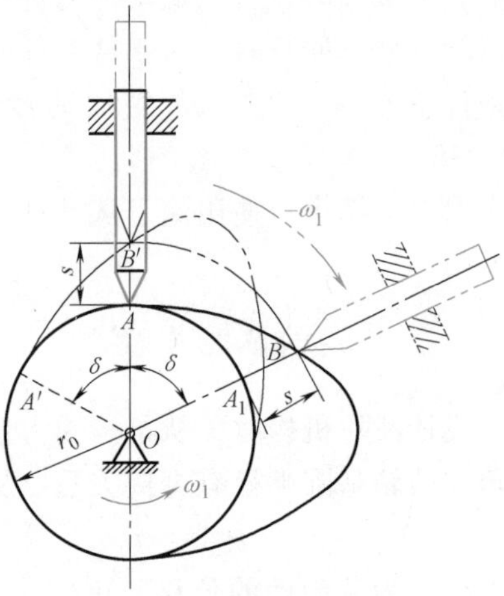

图 3-13　反转法原理

下面介绍几种盘形凸轮轮廓的设计。

一、对心直动从动件盘形凸轮轮廓的设计

（1）尖端从动件　如图 3-14 所示，已知从动件的位移线图（见图 3-14b），凸轮基圆半径 r_0，凸轮以等角速度 ω_1 顺时针转动，要求设计此凸轮的轮廓。其作图步骤如下：

1）作出凸轮机构的初始位置。选适当的比例尺，以 r_0 为半径作凸轮的基圆，基圆与导路的交点 A_0 便是从动件尖端的起始位置。

2）将位移图上的推程运动角和回程运动角分别分成若干等份。

3）在基圆上，自 OA_0 开始沿 ω_1 的相反方向，依次取推程运动角 δ_1、远休止角 δ_2、回程运动角 δ_3、近休止角 δ_4，在基圆上得 A_6、A_7、A_{10} 各点。将推程运动角和回程运动角分成与图 3-14b 相应的等份，得 A_1，A_2，…，A_5 和 A_8、A_9 各点。连接各径向线 OA_1，OA_2，OA_3，…，便得到从动件导路反转后的一系列位置。

4）沿各径向线自基圆开始，量取从动件在各位置上的位移量，即取线段 $A_1A_1' = 11''$，$A_2A_2' = 22''$，$A_3A_3' = 33''$，…，得从动件反转后尖端的一系列位置 A_1'，A_2'，A_3'，…。

5）将 A_0，A_1'，A_2'，A_3'，…连成光滑的曲线（在 A_6 和 A_7 之间以及 A_{10} 和 A_0 之间是以 O

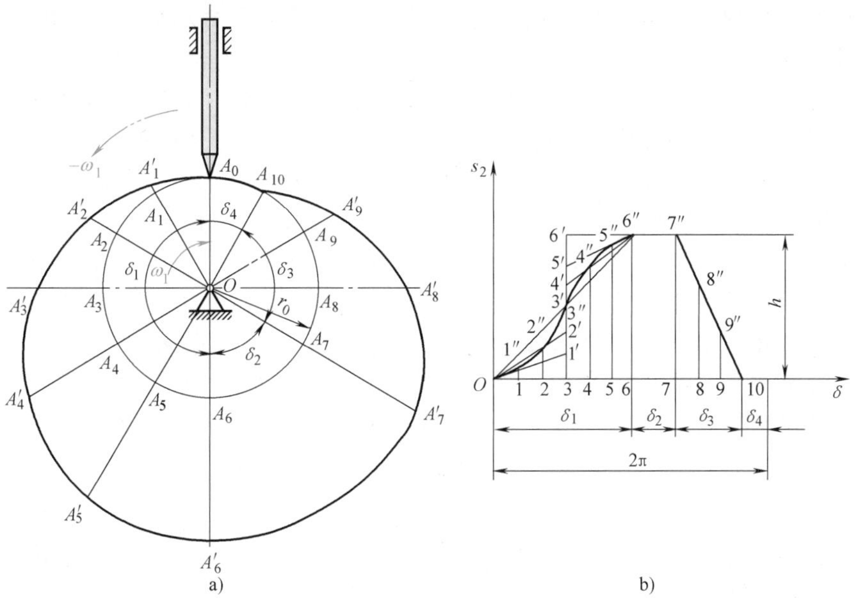

图 3-14　对心直动尖端从动件凸轮轮廓的绘制

为中心的圆弧)，便得到所求的凸轮轮廓。

（2）滚子从动件　如图 3-15 所示，首先把滚子中心看作尖端从动件的尖端，按上述尖端从动件的凸轮轮廓设计方法求出理论轮廓曲线 β，再以 β 上的各点为中心，以滚子半径为半径作一系列滚子圆，最后作这些滚子圆的内包络线 β'（对于凹槽凸轮还应作外包络线 β''），即为滚子从动件的凸轮实际轮廓。注意：滚子从动件凸轮设计时，其凸轮基圆半径 r_0 和压力角 α 均是在理论轮廓线上度量的。

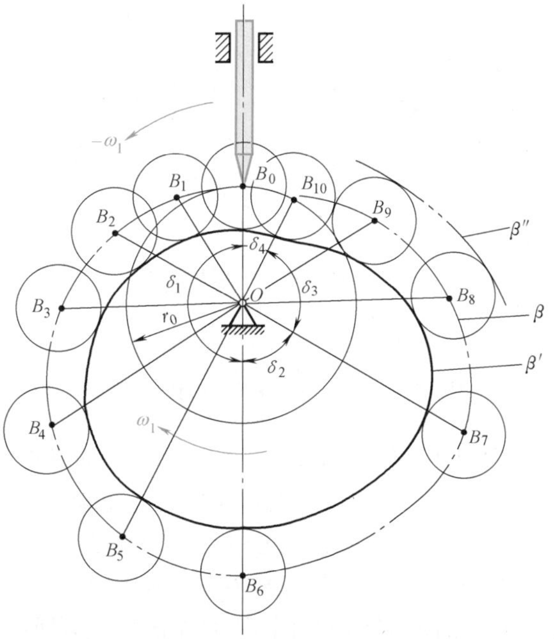

图 3-15　对心直动滚子从动件凸轮轮廓的绘制

在设计凸轮机构时，为提高滚子寿命及其心轴的强度，可适当选取较大的滚子半径 r_K。选择滚子半径的大小时，应注意凸轮理论轮廓曲线 β 的曲率半径 ρ 和滚子半径 r_K 的关系。如图 3-16 所示。当凸轮理论轮廓曲线 β 为内凹曲线（见图 3-16a）时，其实际轮廓曲线 β' 的曲率半径 $\rho'=\rho+r_K$，故 r_K 的大小不受 ρ 的限制。当凸轮理论轮廓曲线 β 为外凸曲线时，$\rho'=\rho-r_K$，若凸轮理论轮廓的外凸部分的最小曲率半径为 ρ_{min}，可有下列三种情况：若 $r_K<\rho_{min}$，$\rho'>0$，这时所得的凸轮实际轮廓为平滑的正常曲线，如图 3-16b 所示；若 $r_K=\rho_{min}$，$\rho'=0$，凸轮实际轮廓上出现了尖点，由于尖点处的局部压力理论上为无穷大，极易磨损，磨损后就改变了凸轮轮廓形状，即改变了从动件原定的运动规律，这是不允许的，如图 3-16c 所示；若 $r_K > \rho_{min}$，$\rho' < 0$，凸轮的实际轮廓已相交，交点以外的轮廓曲线在加工时将被切去，导致从动件不能按预定的运动规律发生运动而产生失真现象，如图 3-16d 所示。所以，在设计时必须使 r_K 小于 ρ_{min}，一般取 $r_K \leqslant 0.8\rho_{min}$。为防止凸轮磨损过快，实际轮廓曲线上的 ρ'_{min} 不宜过小，一般 $\rho'_{min} > 1 \sim 5mm$。另外，从凸轮机构的结构考虑，常取 $r_K \leqslant 0.4r_0$。若不满足条件时，必要时加大凸轮基圆半径 r_0，重新绘制凸轮理论轮廓曲线。

（3）平底从动件　如图 3-17 所示，取平底与导路的交点 B_0 为参考点，将它看成尖端从动件的尖端，采用尖端从动件凸轮轮廓的设计方法，求出参考点反转后的一系列位置 B_1，B_2，B_3，…，过这些点作出一系列平底，得到一直线簇；最后作此直线簇的包络线，得到凸轮的实际轮廓曲线。

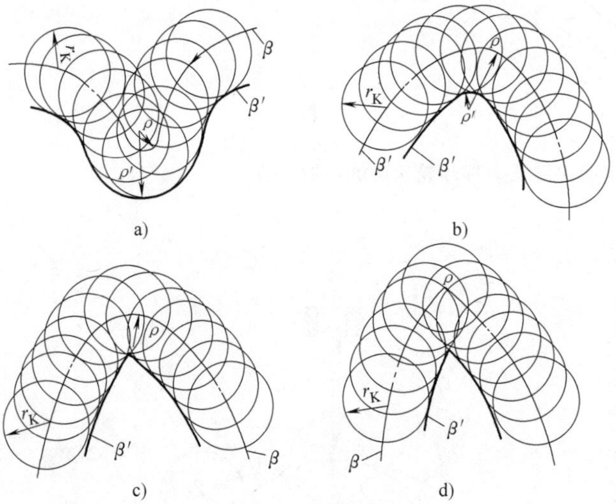

图 3-16　滚子半径的选择

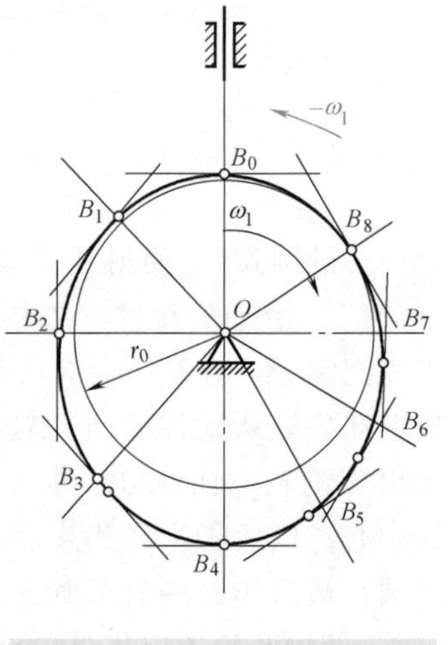

图 3-17　对心直动平底从动件凸轮轮廓的绘制

二、偏置直动从动件盘形凸轮轮廓的设计

如图 3-18a 所示为一偏置直动从动件的盘形凸轮机构，已知偏距 e，从动件的位移线图如图 3-18b 所示，试设计此凸轮的轮廓曲线。

由于从动件的导路不通过凸轮的转动中心 O，存在偏距 e，因此用反转法绘制凸轮的轮廓时，从动件导路始终与 O 点保持偏距 e。以 O 为圆心，以偏距 e 为半径所作的圆称为偏距圆。由图 3-18a 可知，从动件在反转运动中依次占据的位置将不再是由凸轮轴心 O 作出的径向线，而是偏距圆的各切线（图中的 A_0C_0，A_1C_1，A_2C_2，…）。因此，从动件的位移 A_1A_1'，A_2A_2'，A_3A_3'，…也应沿这些切线并由基圆的交点（A_1'，A_2'，A_3'，…）对应向外量取。其余作图步骤与对心直动尖端从动件凸轮轮廓的绘制方法基本相同。所得的轮廓曲线对滚子从动件来说，同样是理论轮廓曲线，选定滚子半径，即可按前述方法绘制出实际轮廓曲线。

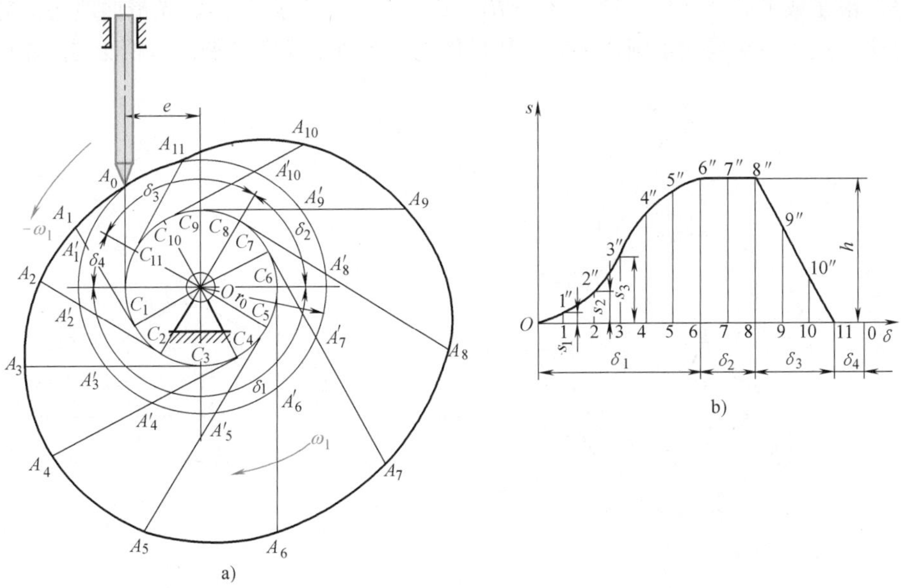

图 3-18 偏置尖端直动从动件盘形凸轮轮廓的绘制

三、摆动从动件盘形凸轮轮廓的设计

如图 3-19 所示的尖端摆动从动件盘形凸轮机构，凸轮以等角速度 ω_1 顺时针转动，凸轮的基圆半径为 r_0，凸轮与摆动从动件的中心距为 a，从动件长度为 l，从动件的运动规律已知，设计此凸轮的轮廓曲线。

给整个凸轮机构以角速度 $-\omega_1$ 绕 O 点转动，凸轮不动而摆动从动件一方面随机架以等角速度 ω_1 逆时针转动，另一方面又绕 A 点摆动。这种凸轮轮廓曲线的设计步骤如下：

1）将角位移线图中的推程运动角 δ_1、回程运动角 δ_3 分成若干等份。

2）根据给定的中心距 a，定出两转动中心 O、A_0 的位置。以 O 为圆心，以 r_0 为半径作基圆，再以 A_0 为圆心，以 l 为半径作圆弧交基圆于 B_0（要求从动件在推程时顺时针摆动，则 B_0 在 OA_0 的左侧，反之则在右侧），该点即为从动件尖端的起始位置。

3）以 O 点为圆心及 OA_0 为半径画圆，并沿 $-\omega_1$ 方向依次量取 δ_1、δ_2、δ_3、δ_4，再将推程运动角和回程运动角分成与图 3-19b 对应的等份，得 A_1，A_2，A_3，…，它们便是从动件摆动中心反转后的位置。

4）以上述各点为圆心，以从动件长度 l 为半径，分别作圆弧，交基圆于 C_1，C_2，C_3，…各点，得线段 A_1C_1，A_2C_2，A_3C_3，…；以 A_1C_1，A_2C_2，A_3C_3，…为一边，分别作 $\angle C_1A_1B_1$，$\angle C_2A_2B_2$，$\angle C_3A_3B_3$，…使它们分别等于图 3-19b 中的对应的角位移，得线段 A_1B_1，A_2B_2，A_3B_3，…，这些线段即是从动件反转过程中所占据的位置，B_1，B_2，B_3，…即为从动件尖端的运动轨迹。

5）将点 B_1，B_2，B_3，…连成光滑曲线，即得凸轮轮廓曲线。由图 3-19a 可见，此轮廓在某些位置与 A_2B_2 等线段已经相交，故在考虑具体结构时，应将从动件做成弯杆以避免从动件与凸轮的干涉。

若采用滚子或平底从动件，则上述连 B_1，B_2，B_3，…各点所得的光滑曲线为凸轮的理论轮廓，过这些点作一系列滚子圆或平底，然后作它们的包络线即可求得凸轮的实际轮廓曲线。

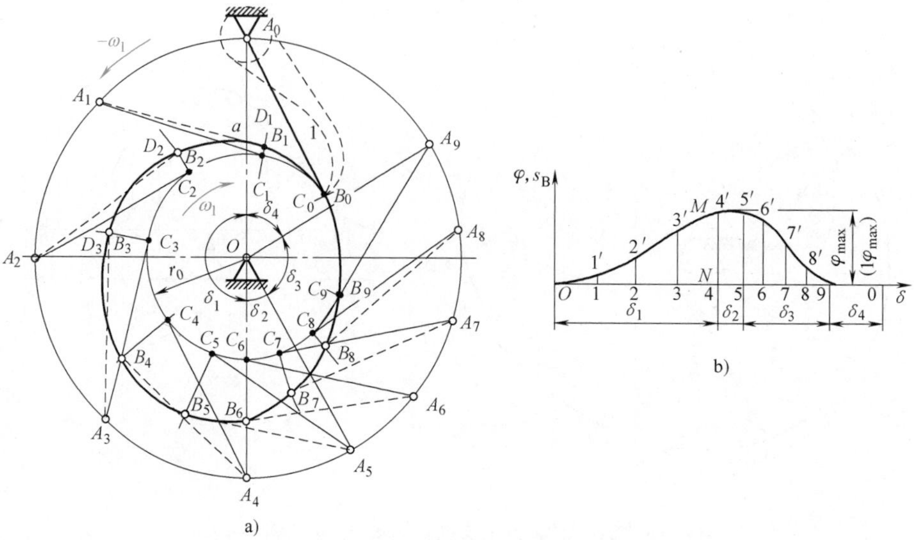

图 3-19　摆动从动件盘形凸轮轮廓的设计

第五节　解析法设计凸轮轮廓

用图解法设计凸轮轮廓，简单、方便，但精度不高，只能应用于低速或不重要的场合。设计高速凸轮或精度要求较高的凸轮（如靠模凸轮、样板凸轮等），用图解法往往不能满足使用要求，需要采用解析法进行设计。

用解析法设计凸轮轮廓的实质是建立凸轮轮廓的数学模型，用数学模型计算轮廓上各点的坐标。各坐标可用极坐标或直角坐标值表示。下面以偏置直动滚子从动件盘形凸轮机构为例，介绍用解析法设计凸轮轮廓的基本方法。

一、理论轮廓数学模型

如图 3-20 所示的凸轮机构，凸轮以等角速度 ω_1 逆时针转动，基圆半径 r_0、偏距 e 和从动件的运动规律均已知。

选取直角坐标系 Oxy，如图 3-20 所示。A_0 点为凸轮轮廓的起始点，开始时滚子中心处于 A_0 处，当凸轮转过 δ 时，从动件产生位移 s_2。由反转法作图可以看出，此时滚子中心处于 A 点，其直角坐标为

$$\left.\begin{aligned} x &= (s_0+s_2)\sin\delta+e\cos\delta \\ y &= (s_0+s_2)\cos\delta-e\sin\delta \end{aligned}\right\} \tag{3-9}$$

式中，$s_0=\sqrt{r_0^2-e^2}$。

式（3-9）即为理论轮廓的直角坐标系数学模型。

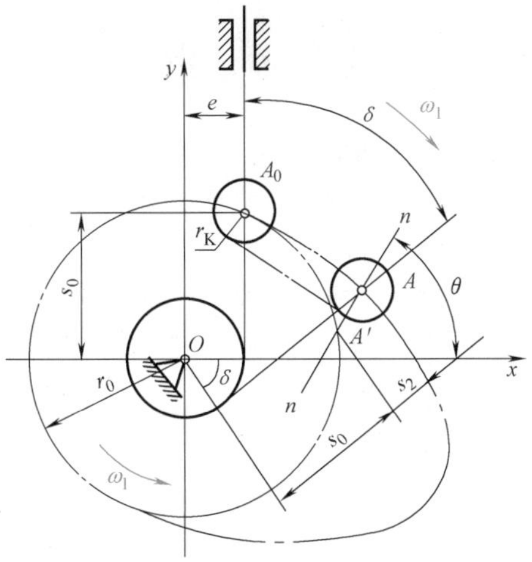

图 3-20　解析法设计凸轮轮廓

二、实际轮廓数学模型

由于凸轮实际轮廓曲线是理论轮廓曲线的等距曲线，即实际轮廓与理论轮廓在法线方向的距离处处相等，且等于滚子半径 r_K。当已知理论轮廓上任意一点 $A(x, y)$ 时，在该点理论轮廓法线方向上距离为 r_K 处即为实际轮廓上相应的点 $A'(x', y')$。

由高等数学可知，曲线上任一点的法线斜率与该点的切线斜率互为负倒数，即理论轮廓线上 A 点处的法线 nn 的斜率为

$$\tan\theta = -\frac{dx}{dy} = -\left(\frac{dx}{d\delta}\right) \Big/ \left(\frac{dy}{d\delta}\right)$$

式中

$$\frac{dx}{d\delta} = (s_0 + s_2)\cos\delta + \left(\frac{ds_2}{d\delta} - e\right)\sin\delta$$

$$\frac{dy}{d\delta} = -(s_0 + s_2)\sin\delta + \left(\frac{ds_2}{d\delta} - e\right)\cos\delta$$

求出 θ 角后，实际轮廓上对应点 $A'(x', y')$ 的坐标由下列两式求出：

$$x' = x \pm r_K \cos\theta$$

$$y' = y \pm r_K \sin\theta$$

式中，“-”为内等距曲线；“+”为外等距曲线。

在数控铣床上铣削凸轮或在凸轮磨床上磨削凸轮时，需要求出刀具中心轨迹方程。对于滚子从动件盘形凸轮，通常尽可能采用直径和滚子直径相同的刀具。这时，刀具中心轨迹与凸轮理论轮廓线重合，理论轮廓的方程即为刀具中心轨迹方程。如果刀具直径与滚子直径不同，刀具中心的运动轨迹是凸轮理论轮廓线的等距曲线。当刀具直径大于滚子直径时，刀具中心的运动轨迹为凸轮理论轮廓线的外等距曲线；反之，刀具中心的运动轨迹为凸轮理论轮廓线的内等距曲线。

思　考　题

3-1　从动件的常用运动规律有哪几种？各适用在什么场合？

3-2　凸轮机构的类型有哪些？选择凸轮的类型时应考虑哪些因素？

3-3　图解法绘制凸轮轮廓时，采用什么原理？

3-4　设计滚子从动件盘形凸轮的轮廓时，应如何选择滚子的半径？

3-5　图 3-21 所示为一偏置直动从动件盘形凸轮机构。凸轮为以 C 为中心的圆盘，试作图表示轮廓上 D 点与尖端接触时其压力角。

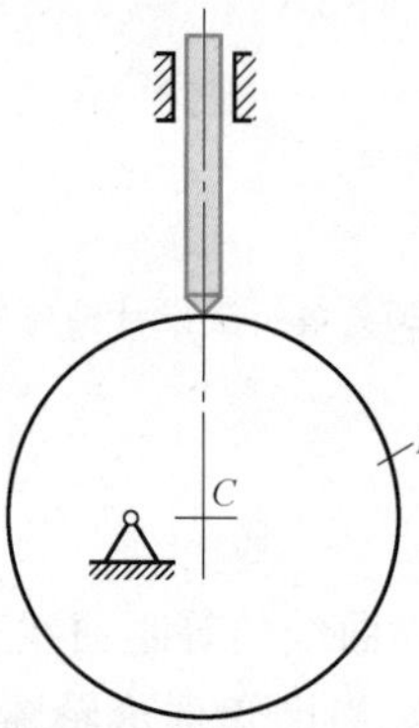

图 3-21　思考题 3-5 图

习　　题

3-1　已知从动件的行程 $h=50\text{mm}$，推程运动角 $\delta_1=150°$，远休止角 $\delta_2=30°$，回程运动角 $\delta_3=120°$，近休止角 $\delta_4=60°$，用图解法作出从动件的位移曲线图。

1）按简谐运动规律上升，按等加速等减速运动规律下降。

2）按等加速等减速运动规律上升和下降。

3-2　用图解法绘制对心直动盘形凸轮轮廓。从动件的运动规律按习题 3-1 中 1）的要求，基圆半径 $r_0=40\text{mm}$，滚子半径 $r_K=10\text{mm}$，凸轮顺时针转动。

3-3　设计直动滚子从动件盘形凸轮机构，凸轮以等角速度顺时针转动，从动件导路在凸轮转动中心的左侧，其偏距 $e=10\text{mm}$，凸轮基圆半径 $r_0=50\text{mm}$，从动件的行程 $h=30\text{mm}$，滚子半径 $r_K=10\text{mm}$，从动件的运动规律按习题 3-1 中 2）的要求，用图解法绘出凸轮的轮廓。

3-4　用图解法设计一对心直动平底从动件盘形凸轮轮廓。已知凸轮逆时针转动，基圆半径 $r_0=50\text{mm}$，从动件的行程 $h=30\text{mm}$，推程运动角 $\delta_1=120°$，远休止角 $\delta_2=60°$，回程运动角 $\delta_3=150°$，近休止角 $\delta_4=30°$，推程时按等速运动规律，回程时按等加速等减速运动规律。

3-5　用图解法设计一摆动滚子从动件盘形凸轮轮廓。已知凸轮基圆半径 $r_0=40\text{mm}$，从动件长度 $l=50\text{mm}$，滚子半径 $r_K=10\text{mm}$，从动件摆动中心位于凸轮转动中心右侧且在同一水平线上，两中心之间的距离 $a=80\text{mm}$。从动件的运动规律如下：凸轮以等角速度逆时针回转 90°，从动件以等加速等减速运动向上摆动 15°；凸轮自 90°转到 180°时，从动件停止不动；凸轮自 180°转到 270°时，从动件以简谐运动摆回原处；凸轮自 270°转到 360°时，从动件又停止不动。

第四章

间歇运动机构

当主动件连续运动时，从动件周期性地产生运动和停歇的机构称为间歇运动机构。间歇运动机构在自动生产线的转位机构、步进机构、计数装置和许多复杂的轻工业机械中有着广泛的应用。本章着重介绍最常见的槽轮机构、棘轮机构。

第一节　棘轮机构

一、棘轮机构的工作原理

图 4-1a 所示为外啮合棘轮机构，图 4-1b 所示为内啮合棘轮机构。机构主要由摆杆 1、棘爪 2、棘轮 3、机架 4 和止回棘爪 5 组成。当摆杆 1 顺时针方向摆动时，棘爪 2 将插入棘轮齿槽中，并带动棘轮顺时针方向转过一定的角度；当摆杆逆时针方向摆动时，棘爪在棘轮的齿背上滑过，这时棘轮不动。为防止棘轮倒转，机构中装有止回棘爪 5，并用弹簧 6 使止回棘爪与棘轮轮齿始终保持接触。这样，当摆杆 1 连续往复摆动时，就实现了棘轮的单向间歇运动。

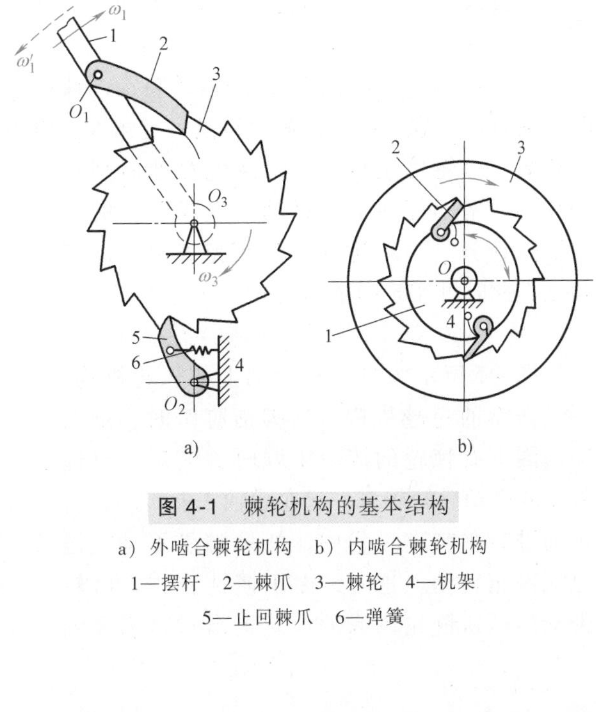

图 4-1　棘轮机构的基本结构

a）外啮合棘轮机构　b）内啮合棘轮机构

1—摆杆　2—棘爪　3—棘轮　4—机架

5—止回棘爪　6—弹簧

如果改变摆杆 1 的结构形状，就可以得到如图 4-2 所示的双动式棘轮机构，摆杆 1 往复摆动时，棘轮 2 沿着同一方向转动。驱动棘爪 3 可以制成直的，如图 4-2a 所示；或带钩头的，如图 4-2b 所示。要使一个棘轮获得双向的间歇运动，可把棘轮轮齿的侧面制成对称的形状，一般采用矩形，棘爪需制成可翻转的或可回转的，如图 4-3 所示。

图 4-3a 所示的可变向棘轮机构，通过翻转棘爪实现棘轮的转动方向。当棘爪 1 在图示的实线位置时，棘轮

2 将沿逆时针方向做间歇运动；当棘爪翻转到双点画线位置时，棘轮将沿着顺时针方向做间歇运动。

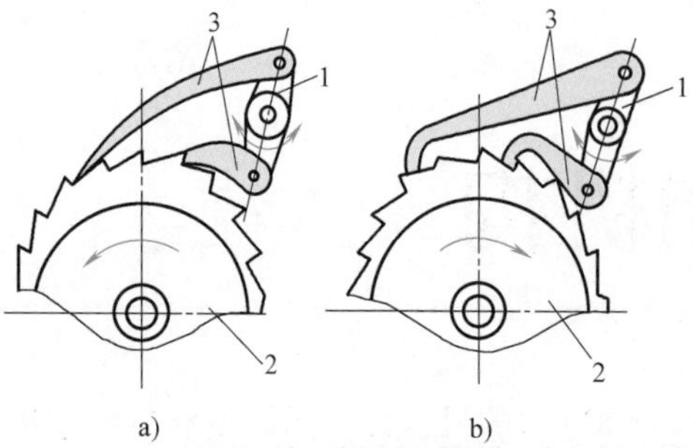

图 4-2　双动式棘轮机构

a）直棘爪　b）带钩头棘爪

1—摆杆　2—棘轮　3—棘爪

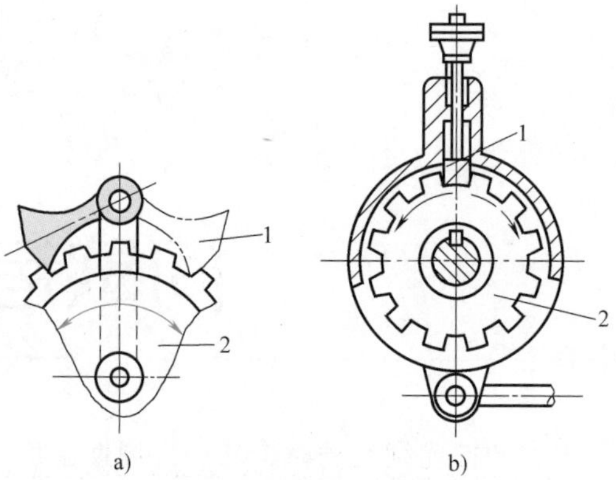

图 4-3　可变向棘轮机构

1—棘爪　2—棘轮

图 4-3b 所示为另一种可变向棘轮机构，通过回转棘爪实现棘轮的转动方向。当棘爪 1 在图示位置时，棘轮 2 将沿逆时针方向做间歇运动；若棘爪被提起绕自身轴线旋转 180°后再插入棘轮中，则可实现沿顺时针方向的间歇运动；若棘爪被提起绕自身轴线旋转 90°放下，棘爪就会架在壳体的顶部平台上，使棘轮与架子脱离接触，则当摆杆往复运动时棘轮静止不动。此种棘轮机构常应用在牛头刨床工作台的自动进给装置中。

二、棘轮机构的特点和应用

棘轮机构结构简单、制造方便和运动可靠，在各类机械中有较广泛的应用。

1. 棘轮机构具有间歇运动的特性，可实现单向和多向间歇运动

如图 4-4 所示为浇注自动线的输送装置，棘轮和带轮固联在同一轴上。当气缸内活塞上移时，活塞杆 1 推动摇杆使棘轮转过一定角度，将输送带 2 向前移动一段距离；当气缸内活塞下移时，棘轮停止转动，将浇包对准砂型进行浇注。活塞不停地上下移动，完成砂型的浇注和输送任务。当棘轮直径为无穷大时，即变为棘条，此时可实现间歇移动。

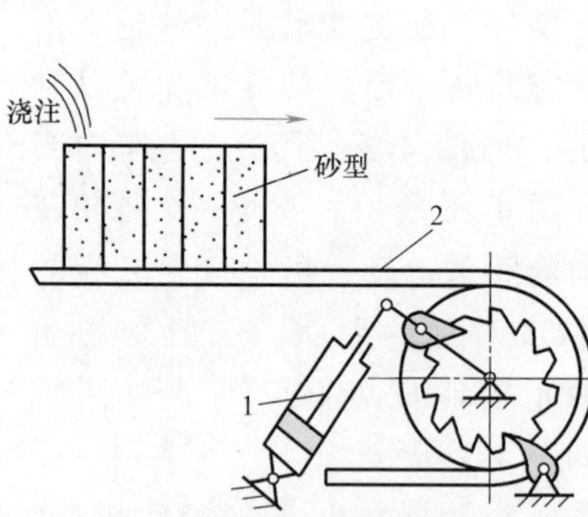

图 4-4　浇注自动线的输送装置

1—活塞杆　2—输送带

2. 棘轮机构具有快速超越运动特性

如图 4-5 所示为自行车后轴上的飞轮机构，是一种典型的超越机构。当脚踏脚蹬时，链条带动内圈上有棘轮的链轮 1 顺时针转动，再通过棘爪 4 带动后轮轴 2 一起在后轴 3 上转动，自行车前进。在前进过程中，如果脚蹬不动，链轮也就停止转动。这时，由于惯性作用，后轮轴带动棘爪从链轮内缘的齿背上滑过，仍在继

续顺时针转动，即实现后轮轴的超越运动，这就是不踏脚蹬时自行车仍能自由滑行的原理。

3. 棘轮机构可以实现有级变速传动

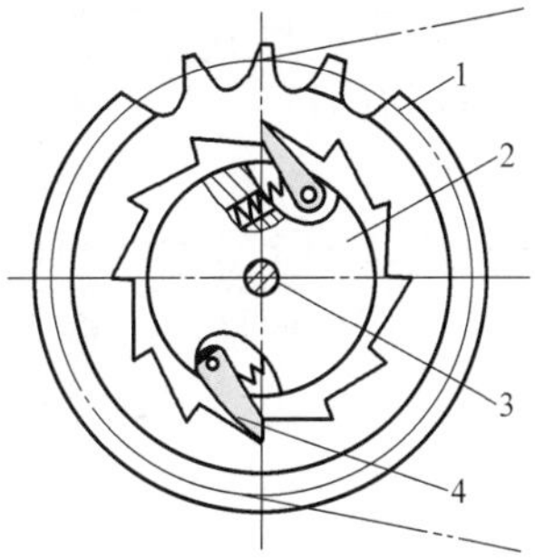

图 4-5　超越式棘轮机构

1—链轮　2—后轮轴

3—后轴　4—棘爪

如图 4-6 所示，齿罩 2 在棘爪 1 摆角 α 的范围内遮住一部分棘齿，使棘爪在摆动过程中，只能与未遮住的棘轮轮齿啮合。改变齿罩的位置，可以获得不同的啮合齿数，从而改变棘轮的转动角度，实现有级变速传动。如果要实现无级变速传动，必须采用摩擦式棘轮机构，如图 4-7 所示。这种机构是通过棘爪 1 与棘轮 2 之间的摩擦力来传递运动的，其中 3 为制动棘爪。这种机构在传动过程中很少发生噪声，但其接触面积间容易发生滑动，因此传动精度不高，传递的转矩也受到一定的限制。实际应用中，常把摩擦式棘轮机构作为超越离合器，实现进给和传递运动。

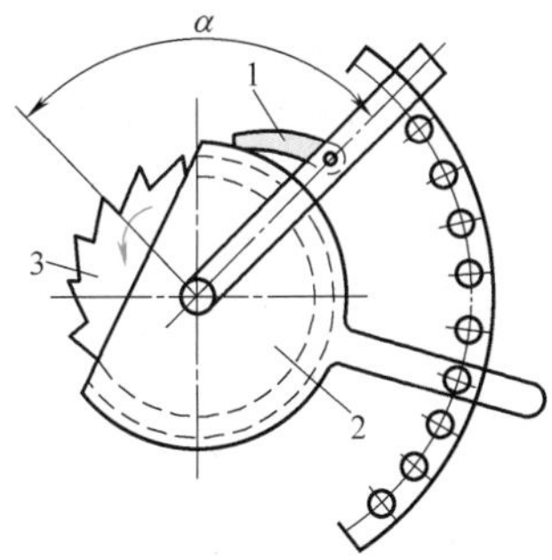

图 4-6　有级变速棘轮机构

1—棘爪　2—齿罩　3—棘轮

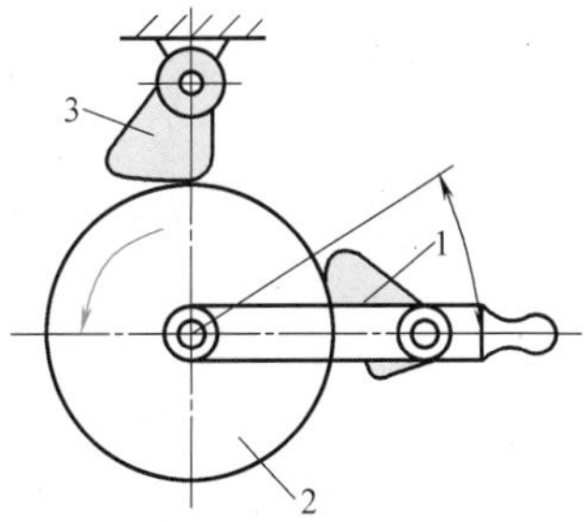

图 4-7　无级变速棘轮机构

1—棘爪　2—棘轮　3—制动棘爪

三、棘轮机构的设计

如图 4-8 所示，棘爪与棘轮在 A 点接触，即将进入齿槽，轮齿对棘爪作用有正压力 N 与摩擦力 F（$F=fN$）。为了棘爪能顺利进入齿槽，使棘爪滑入齿槽的力矩 $NL\tan\alpha$ 应大于阻止其滑入齿槽的力矩 FL，即棘爪顺利进入棘轮齿槽的条件为

$$NL\tan\alpha>FL$$

由于　$F=fN=N\tan\rho$

代入上式，得

$$\tan\alpha>\tan\rho$$

$$\alpha>\rho \tag{4-1}$$

式中，α 为棘爪与轮齿接触点 A 的公法线 nn 与 O_2A 所夹锐角；ρ 为摩擦

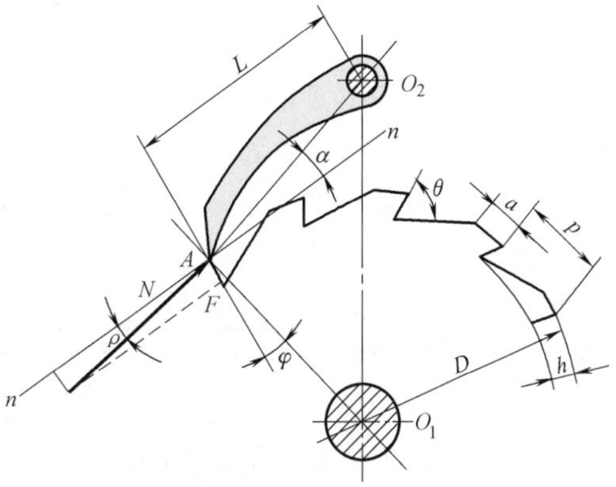

图 4-8　棘爪受力分析

角，$\rho=\arctan f$，f 为摩擦系数。

上式说明，棘爪顺利进入棘轮齿槽的条件是：$\alpha>\rho$。

若齿面有倾角 φ，且 O_2A 垂直于 O_1A，则 $\alpha=\varphi$，这时，顺利进入齿槽的条件为 $\varphi>\rho$，一般取 $\varphi=15°\sim20°$。

棘轮机构的主要参数包括棘轮齿数 z 和模数 m。齿数 z 主要根据工作要求的转角选定。例如，牛头刨床的横向进给机构的丝杠，导程为 6mm，要求最小进给量为 0.2mm，如果棘爪每次拨过一个齿，则棘轮最小转角 α 为

$$\alpha=(0.2/6)\times360°=12°$$

所以，此时棘轮最小齿数 z 为

$$z=360°/12°=30$$

此外，还应当考虑载荷大小，对于传递载荷较轻的进给机构，齿数可取多一点，可达 $z=250$；传递载荷较大时，应考虑轮齿的强度，齿数通常取少一点，一般取 $z=8\sim30$。

棘轮齿顶圆上相邻两齿对应点之间的弧长称为齿距，用 p 表示，令 $p=\pi m$。

棘轮齿数 z 和模数 m 确定后，棘轮和棘爪的主要几何尺寸可按以下经验公式计算：

顶圆直径	$D=mz$
齿　　高	$h=0.75m$
齿 顶 厚	$a=m$
齿槽夹角	$\theta=60°$或 $75°$
棘爪长度	$L=2\pi m$

其他结构尺寸可参看机械零件设计手册。

第二节　槽 轮 机 构

一、槽轮机构的工作原理

槽轮机构又称为马尔他机构，是一种常见的间歇运动机构。其基本结构形式可分为内接和外接两种，应用比较广泛的外接槽轮机构如图 4-9 所示，是本节讨论的主要内容。槽轮机构是由具有圆销的主动拨盘 1 和具有若干径向槽的槽轮 2 及机架所组成。当拨盘 1 做等速连续转动时，槽轮做反向（外啮合）或同向（内啮合）的单向间歇转动，在圆销未进入槽轮径向槽时，槽轮上的内凹锁止弧 S_2 被主动拨盘的外凸锁止弧 S_1 卡住，使槽轮停歇在确定的位置上不动。当拨盘上圆销 A 进入槽轮径向槽时，锁止弧松开，圆销驱动槽轮转动，循环往复，时停时动，因此，槽轮机构是一种间歇运动机构。

槽轮机构构造简单，机械效率高，并且传动平稳，因此在自动机床转位机构、轻工、食品等机械中广泛应用。如图 4-10 所示为电影放映机卷片机构。当槽轮 2 间歇运动时，胶片上的画面依次在方框中停留，通过视觉暂留而获得连续的场景。槽轮机构的缺点是不像棘轮机构那样具有超越性能，也不能改变或调节从动轮的转动角度。其工作时有冲击，故不宜用于高速，其适用的范围受到一定的限制。

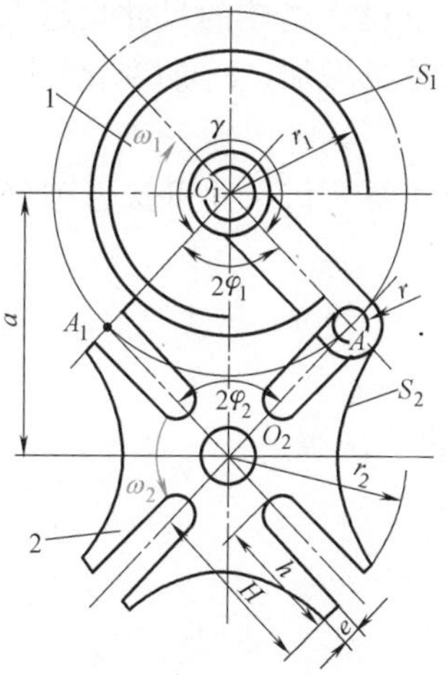

图 4-9　槽轮机构图

1—拨盘　2—槽轮

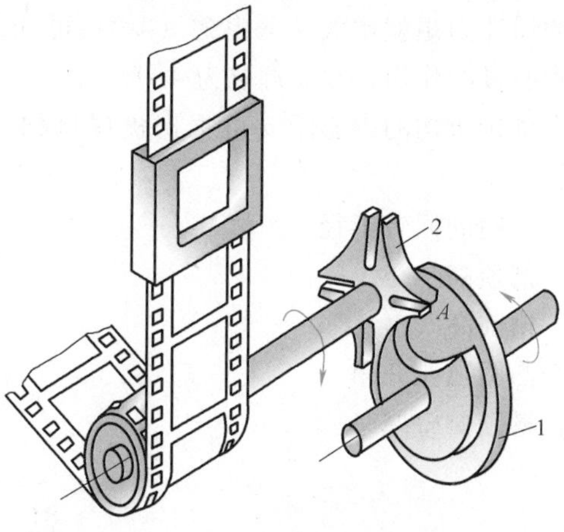

图 4-10　电影放映机卷片机构

1—拨盘　2—槽轮

二、槽轮机构的主要参数选择及几何尺寸

槽轮机构的主要参数是槽数 z 和拨盘圆销数 z'。

如图 4-9 所示，为避免槽轮 2 在驱动和停歇时发生刚性冲击，圆销 A 开始进入径向槽或从径向槽中脱出时，径向槽的中心线应切于圆销中心的运动圆周。即 $O_1A \perp O_2A$ 及 $O_1A_1 \perp O_2A_1$。设槽轮上分布的槽数为 z，当拨盘转过角度 $2\varphi_1$ 时，则槽轮转过 $2\varphi_2$，两转角之间的关系为

$$2\varphi_1+2\varphi_2=\pi$$

因此，槽轮转角与槽轮的径向槽数 z 的关系为

$$2\varphi_2=2\pi/z$$

一个运动循环内，槽轮运动时间 t_1 与拨盘运动时间 t_2 之比值 K_t 称为运动特性系数。当拨盘 1 等速转动时，这两个时间之比也可用转角之比表示。对于只有一个圆销的槽轮机构，t_2 和 t_1 分别对应拨盘 1 转过的角度 $2\varphi_1$ 和 2π。故运动特性系数 K_t 为

$$K_t=t_2/t_1=2\varphi_1/2\pi=\frac{\pi-\dfrac{2\pi}{z}}{2\pi}=\frac{1}{2}-\frac{1}{z}=\frac{z-2}{2z} \tag{4-2}$$

由上式可知，当 $z>3$ 时，$K_t<0.5$，这说明槽轮转动时间占的比例小，如果想增加槽轮运动时间的比例，可在拨盘上安装数个圆销，设拨盘上均布 z' 个圆销，当拨盘回转一周时，则槽轮转动 K 次，这时槽轮运动特性系数为

$$K_t=z'(z-2)/2z \tag{4-3}$$

由于 K_t 总小于 1，故圆销数

$$z'<2z/(z-2) \tag{4-4}$$

由上式可以看出，圆销数目 z' 不能任意选取。当 $z=3$ 时，$z'=1\sim5$；当 $z=4\sim5$ 时，$z'=1\sim3$；当 $z\geqslant6$ 时，$z'=1\sim2$。对于内槽轮机构，圆销数目 z' 只能是一个。

槽数 $z>9$ 的槽轮机构比较少见，因为当中心距一定时，z 越大槽轮的尺寸也越大，转动时的惯性力矩就增大。另由式（4-2）可知，当 $z>9$ 时，槽数虽增加，K_t 的变化却不大，起不到明显的作用，故 z 常取为 4~8。

槽轮机构的中心距 a 可根据机械机构尺寸确定。其余主要几何尺寸可按下列经验公式计算：

圆销的回转半径	$r_1 = a\sin\pi/z$
槽顶高	$H = a\cos\pi/z$
槽底高	$h<a-(r_1+r)-(3\sim5)\text{mm}$
凸圆弧张开角	$\gamma = 2\pi(1/z+1/2)$
槽顶侧壁厚	$e>(3\sim5)\text{mm}$

思　考　题

4-1　在间歇运动机构中，怎样保证从动件在停歇时间内确实静止不动？

4-2　常见的棘轮机构有哪几种？试述棘轮机构的工作特点和应用场合。

4-3　径向槽均布的外槽轮机构，槽轮的最少槽数为多少？槽数为 3 的外啮合槽轮机构，主动销数最多应为多少？

习　　题

4-1　牛头刨床工作台横向进给丝杠导程为 5mm，与丝杠联动的棘轮齿数为 40，求棘轮的最小转动角和工作台的最小横向进给量。

4-2　已知槽轮的槽数 $z=6$，拨盘的圆销数 $z'=1$，转速 $n_1=60\text{r/min}$，求槽轮的运动时间和静止时间。

4-3　在转塔车床上转塔刀架转位用的槽轮机构中，已知槽数 $z=6$，槽轮静止时间为 1s，运动时间为 2s，求槽轮机构的运动特性系数及所需的销数。

第五章

机械零件设计概论

机械设计应满足的要求是：在满足预期使用功能的前提下，应性能好、效率高、成本低，在预定使用期内安全可靠、操作方便、维修简单和造型美观等。

设计机械零件时，也必须认真考虑上述要求。概括地讲，所设计的机械零件既要工作可靠，又要成本低廉。解决前一个问题，需要根据可能发生的失效，确定零件在强度、刚度、寿命、振动稳定性、耐磨性和温升等方面必须满足的条件，这些条件是判断机械零件工作能力的准则。

要想降低机械零件的制造成本，必须从设计和制造两方面一起努力。设计时应正确选择材料和热处理，合理规定公差等级以及认真考虑零件的加工工艺性和装配工艺性。同时，设计者还应考虑降低使用成本，注意提高功效，降低使用消耗，节能减排以及延长机器使用寿命等。另外，对机械零件的设计者来说，标准化是非常重要的。

本章主要介绍机械零件的强度、设计准则、常用材料及其选择以及机械零件的结构工艺性和标准化等。

第一节　机械零件的强度及设计准则

一般情况下，零件受载时是在较大的体积内产生应力，这种应力状态下的零件强度称为整体强度。若两个零件在受载前是点接触或线接触，受载后，由于变形其接触处为一小面积，通常此面积很小但表层产生的局部应力却很大且分布不均匀，这种应力称为接触应力。此时零件的强度称为接触强度。如齿轮、滚动轴承等机械零件，都是通过很小的接触面积传递载荷的，因此它们的承载能力不仅取决于整体强度，还取决于表面的接触强度。

一、机械零件的主要失效形式

当机械零件由于某种原因而丧失正常工作能力时，称为失效。失效并不单纯意味着破坏。常见的失效形式有：断裂、塑性变形、过大的弹性变形、表面失效（如磨损、疲劳点蚀、胶合、塑性流动、压溃和腐蚀）等，以及正常条件引起的失效，如带传动中的打滑、受压杆件的失稳等。

零件不发生失效时的安全工作限度称为工作能力。对载荷而言的工作能力称为承载能力。应该指出：同一种零件可能有多种失效形式，以轴为例，它可能发生疲劳断裂，或发生过大的弹性变形，也可能发生共振。在各种失效形式中，哪一种为主要失效形式，这应该根据零件的材料、具体结构和工作条件等因素来确定。仍以轴为例，对于载荷稳定、一般用途的转轴，疲劳断裂是其主要失效形式；对于精密主轴，弹性变形量超过其许用值是其主要失效形式；而对于高速转动的轴，发生共振、丧失振动稳定性是其主要失效形式。

机械零件虽然有很多种可能的失效形式，但归纳起来，最主要的是由于强度、刚度、耐磨性、温度对工作能力的影响以及振动稳定性、可靠性等方面的问题。下面简单介绍考虑这些问题并满足工作能力要求时的计算准则。

二、机械零件的设计准则

设计机械零件时，保证零件不产生失效时所依据的基本准则，称为设计准则。设计准则的确定应该与零件的失效形式紧密地联系起来。一般来讲主要有：强度准则、刚度准则、寿命准则、振动稳定性准则和可靠性准则等。

1. 强度准则

零件的强度是指零件抵抗破坏的能力。强度准则是设计机械零件首先要满足的一个基本要求。为了保证零件工作时有足够的强度，一种方法是应使其危险截面上或工作表面上的最大应力（σ，τ）不超过零件的许用应力（$[\sigma]$，$[\tau]$）。其表达式为

$$\left.\begin{aligned} \sigma \leqslant [\sigma], \quad [\sigma] = \frac{\sigma_{\lim}}{[S_\sigma]} \\ \tau \leqslant [\tau], \quad [\tau] = \frac{\tau_{\lim}}{[S_\tau]} \end{aligned}\right\} \tag{5-1}$$

式中，$\sigma_{\lim}$、$\tau_{\lim}$ 分别为极限正应力和切应力；$[S_\sigma]$、$[S_\tau]$ 分别为正应力和切应力的许用安全系数。

另一种方法是表达为危险截面上或工作表面上的安全系数 S 大于或等于其许用安全系数 $[S]$，即

$$S \geqslant [S]$$

按照随时间变化的情况，应力可分为静应力和变应力。不随时间变化的应力，称为静应力，纯粹的静应力是没有的，但如变化缓慢，就可看作静应力，如锅炉的内压力所引起的应力。随时间变化的应力，称为变应力。具有周期性的变应力称为循环变应力。

在静应力下，零件材料有两种损伤形式：断裂或塑性变形。对于塑性材料，可按不发生塑性变形的条件进行计算，这时应取材料的屈服强度 σ_s 作为极限应力；对于用脆性材料制成的零件，应取抗拉强度 σ_b 作为极限应力。

在变应力下，零件的损伤形式是疲劳断裂。疲劳断裂不同于一般静力断裂，它是损伤到一定程度后，即裂纹扩展到一定程度后，发生的突然断裂。所以，疲劳断裂是与应力循环次数有关的断裂。对疲劳断裂来讲，应力应不超过零件的疲劳极限。

2. 刚度准则

刚度是指零件抵抗弹性变形的能力。零件在载荷作用下产生的弹性变形量 y，小于或等于其工作性能所允许的极限值 $[y]$（即许用变形量，弹性变形量包括弹性线位移、角位移和扭转变形角），就表示其满足了刚度要求，或符合了刚度设计准则。其表达式为

$$y \leqslant [y] \tag{5-2}$$

弹性变形量 y 可按各种求变形量的理论或实验方法来确定，而许用变形量［y］则应随不同的使用场合，根据理论或经验来确定其合理的数值。

3. 寿命准则

影响零件寿命的主要因素是腐蚀、磨损和疲劳，这是属于三个不同范畴的问题，故零件的寿命分为腐蚀寿命、磨损寿命和疲劳寿命。迄今为止，还没有实用有效的腐蚀寿命计算方法。关于磨损，由于其类型众多，影响因素复杂，所以尚无通用的能够进行定量计算的方法，目前常用的计算准则是控制表面的压强。关于疲劳寿命，通常是求出使用寿命时的疲劳极限来作为计算的依据。

4. 振动稳定性准则

零件发生周期性弹性变形的现象称为振动。振幅和频率是描述振动现象的两个主要参数。随着工作转速的提高，机器易于出现振动问题，影响其工作质量。所以，在零件设计中，考虑振动稳定性问题就越来越具有重要意义。

振幅尺寸虽然很小，但当机器或零件的固有频率和周期性外力的变化频率相等或相接近时就要发生共振。这时，振幅将剧烈增大，此种现象称为失稳，即丧失振动稳定性。机器中存在着许多周期性变化的激振源，如齿轮的啮合、弹性轴的偏心转动、滑动轴承中的油膜振荡等。振动稳定性准则是指设计时使受激振作用零件的固有频率 f 与激振源的频率 f_p 错开，即

$$f_p<0.85f \quad 或 \quad f_p>1.15f \tag{5-3}$$

如果不能满足上述条件，则可以用改变零件或系统的刚度、阻尼等办法改善振动稳定性，也可以采用隔振、消振等技术来改善机器的抗振性能。

5. 可靠性准则

按传统的强度设计方法设计的零件，由于材料强度、外载荷和加工尺寸等都存在着离散性，有可能出现达不到预定工作时间而失效的情况。因此，希望将这种失效情况的概率限制在一定程度之内，这就是对零件提出可靠性要求。可靠性是指系统或零件在规定的条件下和规定的时间内，完成规定功能的程度。可靠性通常用可靠度 R_t 来度量，它是指系统或零件在规定的条件下和规定的时间内，完成规定功能的概率。重要的产品，应经过可靠性论证。

此外，随着国民经济的高速发展，环境污染的威胁越来越大；如何提高资源利用率、降低污染物的排放等问题，对于机械产品的设计在节能减排以及绿色设计方面成了迫切需要解决的重要问题。

第二节　机械零件的常用材料及其选择

一、常用材料

机械零件的常用材料有铁碳合金、非铁金属、非金属材料和各种复合材料。钢和铸铁都是铁碳合金，应用最广。

1. 材料的分类和应用

常用材料的分类和应用见表 5-1。

表 5-1　机械零件常用材料的分类和应用

材料分类			应用举例
钢	碳素钢	低碳钢($w_C \leqslant 0.25\%$)	螺母、铆钉、冷冲压件、渗碳零件
		中碳钢($w_C > 0.25\% \sim 0.60\%$)	螺栓、齿轮、轴、键、连接件等
		高碳钢($w_C > 0.60\%$)	弹簧、工具、模具等
	合金钢	低合金钢($w_C \leqslant 5\%$)	较重要的钢结构、压力容器等
		中合金钢($w_C > 5\% \sim 10\%$)	飞机构件、热镦锻模具、冲头等
		高合金钢($w_C > 10\%$)	弹簧、核动力装置、液体火箭壳体
铸钢	一般铸钢	碳素铸钢	飞轮、齿轮、机座、阀体、曲轴等
		低合金铸钢	容器、水压机工作缸、齿轮、曲轴
	特殊用途铸钢		耐酸、耐热、耐蚀、无磁、电工零件、模具、水轮机叶片等
铸铁	灰铸铁	低牌号(HT100,HT150)	端盖、底座、手轮、机床床身等
		高牌号(HT200~HT400)	承受中等静载的零件,如机身、底座、法兰、齿轮、联轴器、带轮等
	球墨铸铁(QT400-18~QT900-2)		齿轮、曲轴、凸轮轴、缸体、汽车、拖拉机零件等
铜合金	铸造黄铜(ZCuZn16Si4)		用于轴瓦、阀、船舶零件、管接头耐蚀零件等
	铸造青铜(ZCuSn10P1)		用于轴瓦、蜗轮、丝杠螺母、叶轮
轴承合金	锡基轴承合金(ZSnSb11Cu6)		用于轴承衬(摩擦因数小,减摩性、磨合性、耐蚀性、导热性均良好)
	铅基轴承合金(ZPbSb16Sn16Cu2)		同上,强度、韧性、耐磨性稍差,但价格较低
塑料	热塑性塑料(聚乙烯、有机玻璃、尼龙等) 热固性塑料(酚醛塑料、氨基塑料等)		用于一般结构零件、传动件、耐腐蚀件、绝缘件、透明件等
橡胶	普通橡胶 特种橡胶		用于密封件、防振件、传动件、绝缘材料、软管、轮胎、胶辊等

2. 金属材料的力学性能

金属材料的力学性能是指其在外力作用下表现出来的特性，如弹性、塑性、刚度、强度和硬度等。

(1) 强度　强度是指材料抵抗塑性变形和断裂的能力。屈服强度 σ_s 和抗拉强度 σ_b 是表征强度的主要指标。屈服强度 σ_s 是材料抵抗塑性变形时的应力，抗拉强度 σ_b 是材料发生断裂时的应力。对于低碳钢这样的塑性较好的材料，产生塑性变形后就会影响其正常工作，故通常取其屈服强度 σ_s 作为破坏的极限应力。而铸铁等脆性材料直到断裂时也不会产生明显的塑性变形，只有在断裂时才丧失工作能力，所以对脆性材料通常取其抗拉强度 σ_b 作为破坏的极限应力。

(2) 刚度　刚度是指材料抵抗弹性变形的能力。在弹性变形范围内，应力与应变的比值是常数 E，即弹性模量。弹性模量 E 是引起单位应变所需的应力，故 E 是表征材料刚度的主要指标。

(3) 塑性　金属材料的塑性是指在外力作用下金属产生塑性变形而不产生断裂的能力。工程上通常用试件拉断后所留下的残余变形来表示材料的塑性，一般用下述两个指标表征塑性。

1) 断后伸长率。试件拉断后单位长度内产生残余伸长的百分数称为断后伸长率，用 A

表示，即

$$A=\frac{l_1-l}{l}\times100\% \tag{5-4}$$

式中，l_1 为拉断后的长度；l 为拉伸前的长度。

2）断面收缩率。试件拉断后截面面积相对收缩的百分数称为断面收缩率，用 Z 表示，即

$$Z=\frac{S_0-S_u}{S_0}\times100\% \tag{5-5}$$

式中，S_u 为拉断后颈缩处的截面积；S_0 为拉伸前的截面积。

通常塑性材料的 A 或 Z 较大，而脆性材料的 A 或 Z 较小。塑性指标在工程技术中具有重要的意义，良好的塑性可使零件完成某些成形工艺，如冷冲压、冷拔等。

（4）硬度　硬度是指材料抵抗压入物压陷的能力，也可以说是材料对局部塑性变形的抵抗能力。工程上常用洛氏硬度（HRC）和布氏硬度（HBW）来表示材料的硬度值。

（5）冲击韧度和疲劳强度　以上讨论的是静载荷下的力学性能指标，但机械设备中有很多零件要承受冲击载荷或周期性有规律的变载荷。这些载荷比静载荷的破坏能力要大得多，所以不能用金属材料在静载荷下的性能来衡量材料抵抗冲击和变化载荷的能力。因此，常用冲击韧度和疲劳强度分别表示材料抵抗冲击载荷和变化载荷的能力。

1）冲击韧度。在冲击载荷作用下，金属材料抵抗破坏的能力。常用试样破坏时所消耗的功来表示。

常用的冲击韧度值 a_K 是试样缺口处单位面积 S_0 所消耗的冲击功 K，即

$$a_K=K/S_0 \tag{5-6}$$

a_K 值越大，表示材料的韧性越好，在受到冲击时越不容易断裂。

2）疲劳强度。金属材料受到交变载荷作用时会产生交变应力，即使其应力未超过 σ_s 但当应力循环次数增加到某一数值 N 后，材料也会产生断裂，这种现象称为金属的疲劳。实践证明，材料承受交变应力 σ 的能力与其断裂前的应力循环次数 N 有关。对钢材来说，若 N 达到 $10^6\sim10^7$ 次仍不产生疲劳断裂，就可以认为不会出现疲劳了。因此可采用 $N=10^7$ 为基数确定钢材的疲劳极限。

3. 钢的热处理

为了提高钢的力学性能，增加寿命、耐磨性以及改善钢的加工工艺性能等，在生产过程中，钢制零件除经过各种热、冷加工工序外，往往还要在加工工序中进行若干次热处理。

钢的热处理就是将钢在固态范围内施以不同形式的加热、保温和冷却，从而改变（或改善）其组织结构以达到预期性能的操作工艺。热处理一般不改变工件的形状及化学成分（只有表面化学处理使某些元素渗入钢件表面才改变表面的化学成分）。但是钢的组织结构却随着加热温度与冷却速度的不同而发生变化，从而获得各种不同的性能。目前，一般机器上的零件大约 80%要进行热处理，而刀具、模具、量具和轴承等则全部要进行热处理。

（1）退火　将钢件加热到临界温度以上 20～30℃，经保温一段时间后随热处理炉缓慢冷却（或埋入砂中、石灰石中冷却）至 500℃以下，然后在空气中冷却。退火的目的在于降低钢的硬度，改善切削性能，细化钢的晶粒，减少组织的不均匀性，消除工件在锻造、铸造过程中出现的内应力。退火工序多安排在锻、铸之后，切削工序之前。

（2）正火　正火是将钢件加热至临界温度以上30~50℃，保温一段时间后从炉中取出在空气中冷却，正火又称为常化。正火与退火相比，冷却速度要快些，正火后机械强度略高些，适用于要求不高和结构简单的零件。

（3）淬火与回火　淬火与回火是生产中应用最广泛的两种热处理工艺，一般是紧密衔接的工序。淬火是将工件加热到临界温度以上30~50℃，保温一定时间，然后在水、盐水或油中急速冷却。淬火的目的是提高钢的硬度和强度。但钢的急速冷却会引起内应力出现，并使钢变脆，所以淬火后必须回火才能同时得到较高的强度、硬度和韧性。

回火是将淬火后的工件加热到临界温度以下，保温一定时间后在空气、水或油中冷却，回火后硬度、强度略有降低，但消除了内应力和脆性。回火又分高温回火、中温回火和低温回火。

将淬火后的工件进行高温回火（500~600℃），把淬火和高温回火结合在一起的热处理称为调质热处理。中碳钢和某些合金钢可用调质热处理来获得良好的综合力学性能（既有较高的强度又有良好的韧性）。一些重要的、受力复杂的及要求高的综合力学性能的零件，也可通过调质热处理来获得。

时效是回火的一种特殊形式。可分为自然时效和人工时效。自然时效是在常温下靠长时期存放（有的铸件放置6~18个月）达到稳定形状、消除内应力的目的。这种方法耗时太长，已很少采用。人工时效是将工件加温到较低温度，经较长时间的保温，然后缓慢冷却。时效适用于铸铁、淬火钢及铝合金。

（4）表面淬火　表面淬火的目的是使工件表面获得高硬度和耐磨性，而内部仍保持足够的塑性和韧性。其方法是利用火焰迅速加热工件表面，或者利用高频感应电流迅速加热表面，然后立即淬火，此时热量未能传到工件内部，故淬火只在表面层进行。经过表面淬火的工件一般仍需进行回火。

（5）表面化学热处理　为了使工件表面获得某些特殊的力学或物理化学性能，仅采用表面淬火是难实现的，有时甚至是根本不可能的，如除要求工件外硬内韧外，还要求有较高的耐蚀性、耐酸性及耐热性等。化学热处理是将钢件放在某种化学介质中，通过加热、保温、冷却的方法使介质中的某些元素渗入钢件表面，改变了表面层的化学成分，从而使其表面具有与内部不同的特殊性能。一般都是使表面获得高硬度、高疲劳极限，以及耐磨、防腐蚀性能。

1）渗碳。将低碳钢工件放在大量含碳的固体（木炭粉和碳酸盐 $BaCO_3$ 或 Na_2CO_3 混合而成）或气体（天然气、煤气等）介质中，加热到850~950℃，保温一段时间，使碳扩散到钢表面层内，使表面层的 w_C 达到0.8%~1.2%，再经淬火和低温回火，从而获得高硬度和耐磨性。

2）渗氮。将钢件放入含有氮的介质或利用氨气加热分解的氮气中，加热到500~620℃，持续保温20~50h，使氮扩散渗入钢件表面层内。经渗氮处理的钢件不再经淬火便具有很高的表面层硬度及耐磨性，并大大提高疲劳极限、耐蚀性能及耐热性。

3）液体碳氮共渗。液体碳氮共渗是将钢件放入含有氰盐或氰根的活性介质中，加热到500~620℃（低温液体碳氮共渗）或750~850℃（高温液体碳氮共渗），保温一定时间后使碳与氮同时扩散渗入到钢件表面层内。由于氰化物有剧毒，故现已逐渐使用气体碳氮共渗代替液体碳氮共渗。气体碳氮共渗工艺一般是将渗碳气体、氨气同时通入处理炉中，共渗温度为860℃，保温4~5h。共渗层深度为0.70~0.80mm。气体碳氮共渗层不仅比渗碳层具有较高的耐磨性，而且兼有较高的疲劳强度和抗压强度。

二、材料的选择

机械零件的工作可靠性和成本与材料的选用是否恰当有着密切的关系。因此合理地选择材料是零件设计中的一个重要环节。同一零件如采用不同材料制造，则零件尺寸、结构、加工方法和工艺要求等都会有所不同。在以后的各章节中，将分别介绍根据经验而推荐的适用材料，这里仅提出一般性原则，作为选择材料的依据。

1. 使用要求

使用要求一般包括：零件的工作条件（环境特点、工作温度、摩擦磨损的程度等）、载荷与应力的性质和大小、零件的重要性等。在不同的情况下，对材料的强度、刚度、硬度和物理、化学性能等有不同的要求，选择材料时应抓住重点，兼顾一般。通常强度要求是主要的，但并不是受力大的零件都选用高强度材料，若对零件的结构尺寸和重量没有严格限制时，可选用成本较低的材料。

若零件尺寸取决于强度，且尺寸和重量又有所限制时，则应选用强度较高的材料；若零件尺寸取决于刚度，则应选用弹性模量较大的材料（如调质钢、渗碳钢等）；在滑动摩擦条件下工作的零件，应选用减摩性能好的材料；在高温条件下工作的零件应选用耐热材料；在腐蚀介质中工作的零件应选用耐腐蚀材料等。

2. 工艺要求

零件的形状和尺寸对材料也有一定要求。形状复杂、尺寸较大的零件难以锻造，如果采用铸造或焊接，则其材料应有良好的铸造性能或焊接性能，在结构上也要适应铸造或焊接的要求。

壳体、底座等形状比较复杂的零件适合用铸造方法制造，其材料应选用铸铁、铸铝、铸钢等。单件生产或结构复杂的壳体，可用板材冲压成元件后焊接而成。某些薄壁和具有一定深度或高度的零件，如批量很大，可以采用黄铜、铝、低碳钢等塑性较好的材料，用压力加工的方法成形。较大的钢结构零件，不便采用棒料及板料直接加工，可选用锻造毛坯，选择适于压力加工及切削加工的材料。

在小批量生产，特别是单件生产时，工艺性能的好坏并不突出，而在大量生产时，加工工艺有时可以成为决定性的因素。此时必须选择适合加工方法的材料，以保证达到所要求的力学性能及必要的生产率。

对材料工艺性的了解，在判断加工可能性方面起着重要的作用。铸造材料的工艺性是指材料的液态流动性、断面收缩率、偏析程度及产生缩孔的倾向性等。锻造材料的工艺性是指材料的延展性、热脆性及冷态和热态下塑性变形的能力等。焊接材料的工艺性是指材料的焊接性及焊缝产生裂纹的倾向性等。材料的热处理工艺性是指材料的淬透性、淬火变形倾向性及热处理介质对它的渗透能力等。冷加工工艺性是指材料的硬度、易切削性、冷作硬化程度及切削后可能达到的机械零件的结构工艺性和标准化。

另外，在自动化机床上进行大批量生产的零件，应考虑材料的切削性能（易断屑、表面光滑、刀具磨损小等）。

3. 经济要求

材料的经济性主要表现在材料的相对价格、加工费用和使用维护费用等几个方面。在满足使用要求的前提下，应尽量选用价格较低的材料。但经济性是一个综合性指标，当零件质量不大而加工量很大时，加工费用在零件总成本中要占很大比例，这时，选择材料时所考虑的因素将不是相对价格而是加工性能。因此，应考虑毛坯的获取方法和在可能的条件下尽量减小切削加工量。

另外，随经济的发展和环境的要求，机械设计中材料的选择必须考虑在节能减排、绿色设计方面的要求。

第三节 机械零件的结构工艺性和标准化

一、机械零件的结构工艺性

机械零件除了满足工作能力要求外，还要有良好的工艺性。机械零件的结构工艺性是指零件在制造、装配、维修等方面的难易程度。它是评价零件结构设计是否合理的主要技术经济指标。

设计的零件在满足使用要求的前提下，如能快速、方便地生产出来，且生产费用很低，这样的零件称为具有良好的结构工艺性。因此，零件的结构工艺性应从毛坯制造、热处理、机械加工和装配等几个生产环节加以综合考虑。

1. 选择合理的毛坯

零件毛坯的制备方法有铸造、锻造、焊接和冲压等。毛坯的选择应适应生产条件和规模。如受力较小的小型零件，可用圆钢直接车制。结构简单，批量较大的小型零件，可采用冲压或模锻。受力较大，较为重要的零件也可采用锻件，是采用模锻还是自由锻，应视其批量而定，因为模锻件的生产费用包括模具费。零件结构复杂，尺寸、批量较大，大批量生产箱体零件时，采用铸造毛坯较为合理；单件小批量生产箱体零件时，采用焊接毛坯可省去铸造模型费用。

2. 结构要简单，便于加工

设计零件结构时，尽量采用圆柱面、平面等简单形面，同时尽量减少加工面数和加工面积。加工精度和表面粗糙度选择要合理，零件的加工精度和表面质量越高，加工费用越大。因此，在不影响零件使用要求的条件下，应尽量降低加工精度和表面质量的要求。

3. 便于安装、维修

设计零件结构时，还应该考虑装配工艺，应避免或减少装配时的切削加工和手工修配，使装配、拆卸方便。对于易损零件，在使用中常需更换，应便于维修，尽量采用标准化零件。

另外，要设计出结构工艺性良好的零件，设计者还必须与工艺技术人员和加工制造人员密切合作，必须熟悉零件的制造工艺性等。

二、机械零件设计中的标准化

对于机械零件的设计工作来说，标准化是非常重要的。所谓零件的标准化，就是通过对零件的尺寸、结构要素、材料性能、检验方法、设计方法和制图要求等，制定出各式各样的大家共同遵守的标准。标准化带来的优越性表现为：

1）能以先进的方法在专门化工厂中对那些用途广泛的零件进行大量的、集中的制造，以提高质量，降低成本。

2）统一了材料和零件的性能指标，使其能够进行比较，并提高了零件性能的可靠性。

3）采用了标准结构及零部件，可以简化设计工作，缩短设计周期，有利于设计者把主要精力用在关键零部件的设计上，从而提高设计质量。同时也简化了机器的维修工作。

4）零部件的标准化，增强了互换性。

机械制图的标准化保证了工程语言的统一。因此，对设计图样的标准化检验是设计工作中的一个重要环节。

机械产品的标准化包括零部件的标准化、通用化，尺寸规格的系列化等内容。在各类机器中，有众多的零部件（如螺钉、螺母、键、销、轴承等）都是相同的，将它们标准化，各机械中同一类型、同一尺寸的零部件就可以通用。对同一产品按其结构尺寸由小到大，按一定规律组成系列，可以减小产品类型数目，扩大同一产品的适用范围。在机械零件设计中，应用标准化，可以简化设计工作，增加零件的互换性。选择和运用合适的标准件，可以有效地组织现代化生产，提高产品质量，降低成本，提高劳动生产率。

在我国，现已发布的与机械零件设计有关的标准，从运用范围上来讲，可以分为国家标准（GB）、行业标准（JB、YB 等）和企业标准三个等级；按使用的强制性程度分为：必须执行的（有关度、量、衡及涉及人身安全等标准）和推荐使用的（如标准直径等）。

由此可见，标准化是一项重要的设计指标和一项必须贯彻执行的技术经济法规。一个国家的标准化程度反映了这个国家的技术发展水平。我国已经加入国际标准化组织，近年发布的国家标准大多采用了相应的国际标准，以增强我国产品在国际市场上的竞争力。因此，机械设计人员必须熟悉相关标准，并认真贯彻执行。

对于同一产品，为了符合不同的使用条件，在同一基本结构或基本尺寸条件下，规定出若干个辅助尺寸不同的产品，称为不同的系列，这就是系列化的含义。例如，对于同一结构、同一内径的滚动轴承，制出不同外径及宽度的产品，称为滚动轴承系列。系列大小的规定，一般是以优先数系为基础的。优先数系就是按几何级数关系变化的数字系列，而级数项的公比一般取为 10 的某次方根。例如，取公比 $q=\sqrt[n]{10}$，通常取根指数 $n=5$，10，20，40。按它们求出的数字系列（要做适当的圆整）分别称为 5、10、20 和 40 系列（详见 GB/T 321—2005）。

思　考　题

5-1　机械零件设计的基本准则有哪些？并说明其基本含义。

5-2　机械零件常用材料有哪些？选用材料应考虑哪些原则？

5-3　强度计算时如何确定许用应力？

5-4　机械零件结构工艺性的基本要求有哪些？

5-5　为什么在设计机器时要尽量采用标准零件？

5-6　金属材料的力学性能有哪些？

5-7　写出下列材料的名称，并按小尺寸试件查出该材料的抗拉强度 σ_b（单位为 MPa）、屈服强度 σ_s（单位为 MPa）、断后伸长率 A（%）：Q235，45，40MnB，HT200，ZA1Si12。

5-8　在机械设计中材料的选择要考虑的因素有哪些？

5-9　标准化对于机械零件的设计有何意义？

第六章

带传动与链传动

带传动和链传动都是通过中间挠性件（带或链）传递运动和动力的，当主动轴与从动轴相距较远时，常采用这两种传动。在这种场合下，与应用广泛的齿轮传动相比，它们具有结构简单、成本低廉、两轴距离大等优点。因此，带传动和链传动也是机械中常用的传动。

本章主要介绍 V 带传动的类型、特点、工作原理及其传动设计。同时，对链传动的类型、特点及应用做一简介。

第一节　带传动的类型和特点

带传动是由主动轮 1、从动轮 3 和张紧在两轮上的环形带 2 所组成（见图 6-1）。安装时，带被张紧在带轮上，这时带所受的拉力称为初拉力，它使带与带轮的接触面间产生正压力。当原动机驱动主动轮回转时，依靠带与带轮接触面间的摩擦力拖动从动轮一起回转，从而传递一定的运动和动力。

一、带传动的类型

根据工作原理的不同，带传动分为摩擦传动和啮合传动。摩擦型传动带，按横截面形状可分为平带、V 带和特殊截面带（如多楔带、圆带等）三大类；啮合型传动带有同步带，将在本章第五节中简单介绍。

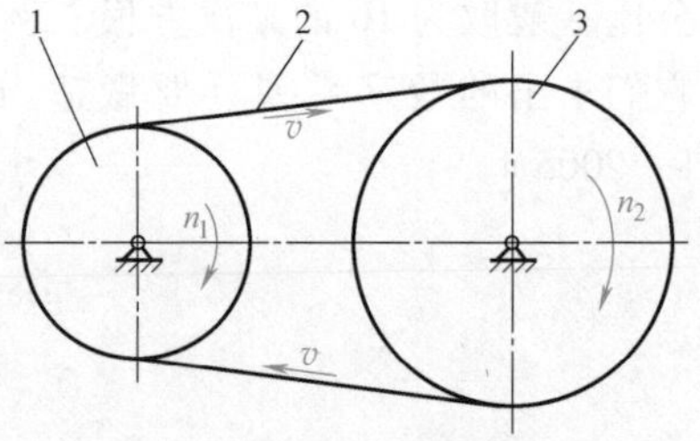

图 6-1　带传动简图

1—主动轮　2—环形带　3—从动轮

平带的横截面为扁平矩形，其工作面是与轮面相接触的内表面（见图 6-2a）。平带传动结构最简单，带轮也容易制造，在传动中心距较大的情况下应用较多。

V 带的横截面为等腰梯形，其工作面是与轮槽相接触的两侧面，V 带与轮槽槽底不接触（见图 6-2b）。由于轮槽的楔形效应，在同样张紧力下，V 带传动较平带传动能产生更大的摩擦力，这是 V 带传动性能上的最主要优点，加之 V 带传动允许较大的传动比，结构紧凑，以及已标准化等优点，因而目前 V 带传动应用最广。本章重点介绍 V 带传动。

多楔带以其扁平部分为基体，下面有几条等距纵向槽，其工作面是带楔的侧面（见图 6-2c）。这种带兼有平带的弯曲应力小和 V 带的摩擦力大等优点，常用于传递功率较大而结构要求紧凑的场合。其传动比可达 10，带速可达 40m/s。

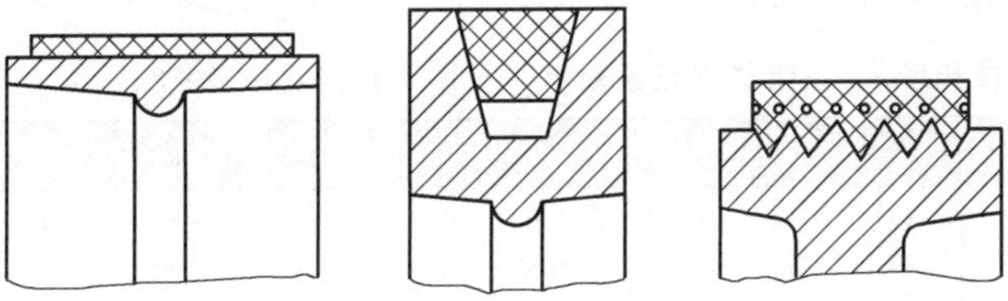

图 6-2　带传动的类型

a）平带　b）V 带　c）多楔带

二、V 带的类型与结构

V 带有普通 V 带、窄 V 带和宽 V 带等类型。其中普通 V 带应用最广，近年来窄 V 带也逐渐得到应用。

普通 V 带都制成无接头的环形，由顶胶 1、抗拉体 2、底胶 3 和包布 4 组成（见图 6-3）。根据抗拉体的结构不同，普通 V 带分为帘布芯 V 带和绳芯 V 带。前者制造方便，抗拉强度高；后者柔韧性较好，抗弯强度高，适用于转速较高，载荷不大及带轮直径较小的场合。窄 V 带采用合成纤维做抗拉体，与普通 V 带相比，当高度相同时，其宽度比普通 V 带约小 30%，而其承载能力可提高 1.5~2.5 倍，适用于大功率且结构要求紧凑的场合。

根据横截面面积大小的不同，普通 V 带分为 Y、Z、A、B、C、D、E 七种型号，其截面尺寸见表 6-1。窄 V 带分为 SPZ，SPA，SPB，SPC 四种型号。

普通 V 带和窄 V 带的楔角都是 40°，当带绕过带轮弯曲时，受拉部分（顶胶层）横向要缩短，受压部分（底胶层）横向要伸长，因而楔角将减小。为保证带和带轮工作面的良好接触，带轮轮槽角应适当减小。

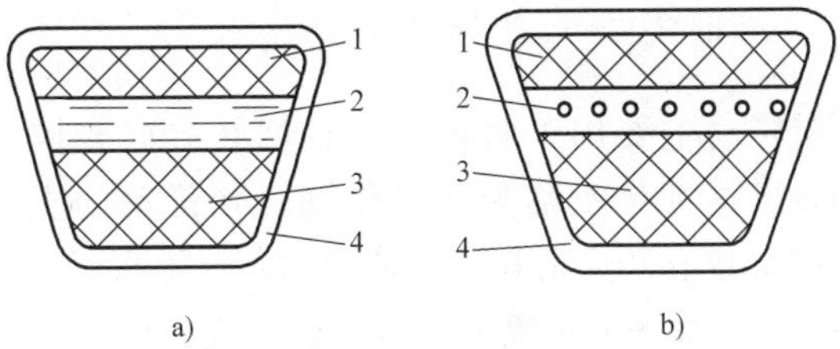

图 6-3　普通 V 带的构造

a）帘布芯结构　b）绳芯结构

1—顶胶　2—抗拉体　3—底胶　4—包布

表 6-1　普通 V 带的截面尺寸（GB/T 13575.1—2008）

型　号	Y	Z	A	B	C	D	E
顶宽 b/mm	6	10	13	17	22	32	38
节宽 b_p/mm	5.3	8.5	11	14	19	27	32
高度 h/mm	4.0	6.0	8.0	11	14	19	23
楔角 φ	40°						
每米带长质量 q/(kg/m)	0.023	0.06	0.105	0.17	0.30	0.63	0.97

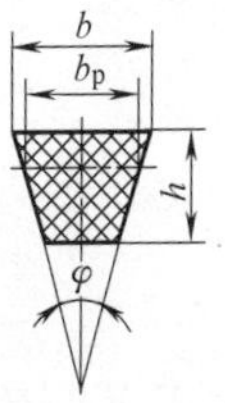

V 带受到垂直于其底面的弯曲时，顶胶受拉伸，底胶受压缩，带中长度及宽度尺寸与自由状态时相比保持不变的那个面称为带的节面，节面的宽度称为节宽 b_p（见表 6-1 图）。V

带轮上与所配 V 带的节面宽度相对应的带轮直径称为基准直径 d。V 带在规定的张紧力下，位于带轮基准直径上的周线长度称为基准长度 L_d。V 带长度系列见表 6-2。

表 6-2　普通 V 带的基准长度 L_d 及带长修正系数 K_L（GB/T 13575.1—2008）

Y L_d/mm	K_L	Z L_d/mm	K_L	A L_d/mm	K_L	B L_d/mm	K_L	C L_d/mm	K_L	D L_d/mm	K_L	E L_d/mm	K_L
200	0.81	405	0.87	630	0.81	930	0.83	1565	0.82	2740	0.82	4660	0.91
224	0.82	475	0.90	700	0.83	1000	0.84	1760	0.85	3100	0.86	5040	0.92
250	0.84	530	0.93	790	0.85	1100	0.86	1950	0.87	3330	0.87	5420	0.94
280	0.87	625	0.96	890	0.87	1210	0.87	2195	0.90	3730	0.90	6100	0.96
315	0.89	700	0.99	990	0.89	1370	0.90	2420	0.92	4080	0.91	6850	0.99
355	0.92	780	1.00	1100	0.91	1560	0.92	2715	0.94	4620	0.94	7650	1.01
400	0.96	920	1.04	1250	0.93	1760	0.94	2880	0.95	5400	0.97	9150	1.05
450	1.00	1080	1.07	1430	0.96	1950	0.97	3080	0.97	6100	0.99	12230	1.11
500	1.02	1330	1.13	1550	0.98	2180	0.99	3520	0.99	6840	1.02	13750	1.15
		1420	1.14	1640	0.99	2300	1.01	4060	1.02	7620	1.05	15280	1.17
		1540	1.54	1750	1.00	2500	1.03	4600	1.05	9140	1.08	16800	1.19
				1940	1.02	2700	1.04	5380	1.08	10700	1.13		
				2050	1.04	2870	1.05	6100	1.11	12200	1.16		
				2200	1.06	3200	1.07	6815	1.14	13700	1.19		
				2300	1.07	3600	1.09	7600	1.17	15200	1.21		
				2480	1.09	4060	1.13	9100	1.21				
				2700	1.10	4430	1.15	10700	1.24				
						4820	1.17						
						5370	1.20						
						6070	1.24						

三、带传动的几何关系

带传动主要用于两轴平行且回转方向相同的场合，这种传动称为开口传动。带传动的主要几何参数有：中心距 a、带长 L、带轮直径 d 及包角 α。如图 6-4 所示，当带处于规定的张紧力时，两带轮轴线间的距离称为中心距 a。带被张紧时，带与带轮接触弧所对应的中心角称为包角 α，相同条件下，包角越大，带的摩擦力和能传递的功率也越大，它是带传动的一个重要参数。小轮的包角 $\alpha_1=\pi-2\theta$。这些参数间的近似关系如下（见图 6-4）：

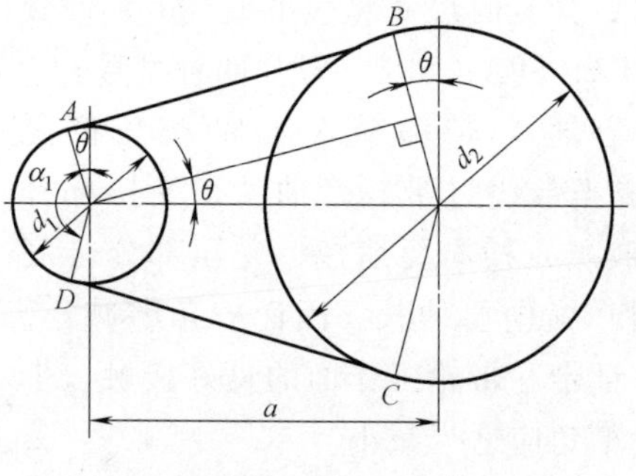

图 6-4　开口带传动的几何关系

$$L=\frac{\pi(d_1+d_2)}{2}+\theta(d_2-d_1)+2a\cos\theta\approx 2a+\frac{\pi}{2}(d_1+d_2)+\frac{(d_2-d_1)^2}{4a} \tag{6-1}$$

$$\alpha_1=180°-\frac{d_2-d_1}{a}\times 57.3° \tag{6-2}$$

对于 V 带传动，带长 L 应为基准长度 L_d。

四、带传动的特点及应用

带传动的优点：适用于中心距较大的传动；带具有良好的弹性，可缓冲、吸振，传动平稳，噪声小；过载时带与带轮间会出现打滑，可防止其他零件损坏，具有过载保护作用；结构简单、成本低廉。

带传动的缺点：传动的外廓尺寸较大；需要张紧装置，对轴的压力大；由于带的弹性滑动，不能保证传动比固定不变；带的寿命短；传动效率较低。

通常，带传动用于中小功率电动机与工作机械之间的动力传递。常用的普通 V 带速 v=5~30m/s，传动功率 $P \leqslant 100\text{kW}$，传动比 $i \leqslant 10$，传动效率 $\eta = 0.90 \sim 0.97$。

第二节　带传动的受力分析

一、带的受力分析

如前所述，带必须以一定的初拉力张紧在两带轮上。静止时，带两边的拉力都等于初拉力 F_0（见图 6-5a）；带传动时，设主动轮以转速 n_1 转动，由于带与轮面间摩擦力的作用，带两边的拉力不再相等（见图 6-5b）。绕入主动轮的一边，拉力由 F_0 增到 F_1，称为紧边，F_1 为紧边拉力；而另一边带的拉力由 F_0 减为 F_2，称为松边，F_2 为松边拉力。设环形带的总长度不变，则紧边拉力的增加量 F_1-F_0 应等于松边拉力的减少量 F_0-F_2，即

$$F_1-F_0=F_0-F_2 \text{ 或 } F_1+F_2=2F_0 \tag{6-3}$$

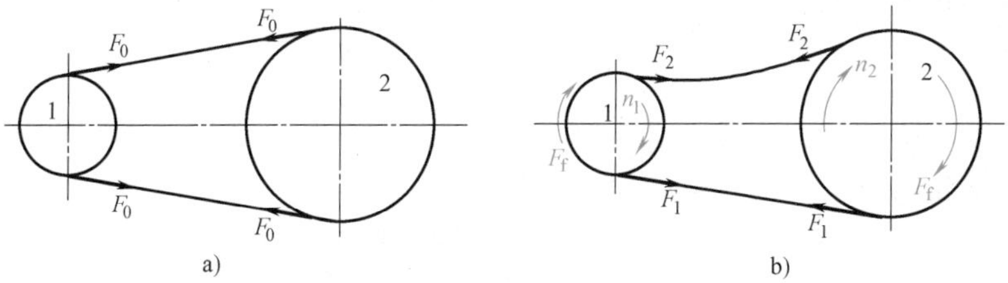

图 6-5　带传动的工作原理图

a）带传动静止时　b）带传动工作时

两边拉力之差称为带传动的有效拉力，也就是带所传递的圆周力 F。即

$$F=F_1-F_2 \tag{6-4}$$

圆周力 F（单位为 N）、带速 v（单位为 m/s）和传递功率 P（单位为 kW）之间的关系为

$$P=\frac{Fv}{1000} \tag{6-5}$$

当带所传递的圆周力超过带与轮面间的极限摩擦力总和时，带与带轮将发生显著的相对滑动，这种现象称为打滑。打滑使带的磨损加剧，传动效率降低，传动失效。带与带轮的受力分析如图 6-6 所示。

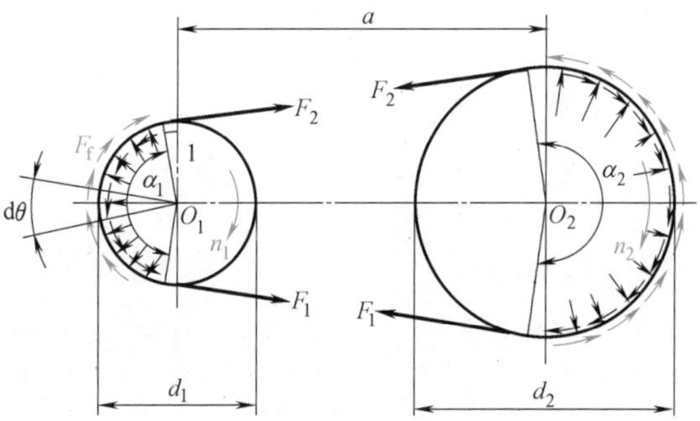

图 6-6　带与带轮的受力分析

现以平带传动为例，分析带在即将打滑时紧边拉力 F_1 与松边拉力 F_2 的关系。如图 6-7 所示，由平带上截取一微弧段 $\mathrm{d}L$，对应的包角为 $\mathrm{d}\alpha$。设微弧段两端的拉力分别为 F 和 $F+\mathrm{d}F$，带轮给微弧段的正压力为 $\mathrm{d}F_N$，带与轮面间的极限摩擦力为 $f\mathrm{d}F_N$。

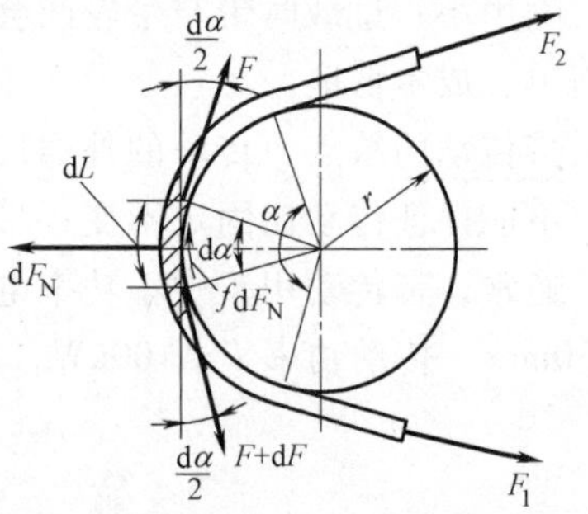

图 6-7　带的受力分析

若不考虑带的离心力，由法向和切向各力的平衡得

$$\mathrm{d}F_N = F\sin\frac{\mathrm{d}\alpha}{2} + (F+\mathrm{d}F)\sin\frac{\mathrm{d}\alpha}{2} \tag{6-6}$$

$$f\mathrm{d}F_N = (F+\mathrm{d}F)\cos\frac{\mathrm{d}\alpha}{2} - F\cos\frac{\mathrm{d}\alpha}{2} \tag{6-7}$$

因 $\mathrm{d}\alpha$ 很小，可取 $\sin\frac{\mathrm{d}\alpha}{2}\approx\frac{\mathrm{d}\alpha}{2}$，$\cos\frac{\mathrm{d}\alpha}{2}\approx 1$，并略去二阶微量 $\mathrm{d}F\frac{\mathrm{d}\alpha}{2}$，将以上两式简化得

$$\mathrm{d}F_N = F\mathrm{d}\alpha \tag{6-8}$$

$$f\mathrm{d}F_N = \mathrm{d}F \tag{6-9}$$

由上两式得

$$\frac{\mathrm{d}F}{F} = f\mathrm{d}\alpha \tag{6-10}$$

对式（6-10）两边积分 $\int_{F_2}^{F_1}\frac{\mathrm{d}F}{F} = \int_0^{\alpha} f\mathrm{d}\alpha$，即得

$$\ln\frac{F_1}{F_2} = f\alpha \tag{6-11}$$

故紧边和松边的拉力比为

$$\frac{F_1}{F_2} = \mathrm{e}^{f\alpha} \tag{6-12}$$

式中，f 为带与轮面间的摩擦系数；α 为带在带轮上的包角，单位为 rad；e 为自然对数的底，e = 2.718。式（6-12）称为柔韧体摩擦的欧拉公式。

由式（6-4）和式（6-12）得

$$F = F_1 - F_2 = F_1\left(1-\frac{1}{\mathrm{e}^{f\alpha}}\right) \tag{6-13}$$

将式（6-12）代入式（6-3）中，整理后可得

$$F_1 = 2F_0\left(\frac{\mathrm{e}^{f\alpha}}{\mathrm{e}^{f\alpha}+1}\right) \tag{6-14}$$

将式（6-14）代入式（6-13）得

$$F = 2F_0\left(\frac{\mathrm{e}^{f\alpha}-1}{\mathrm{e}^{f\alpha}+1}\right) \tag{6-15}$$

由上式可知，增大包角 α、张紧力 F_0 或增大摩擦系数 f，都可提高带传动所能传递的圆周力。

V 带传动与平带传动的初拉力及摩擦系数相等时（即带压向带轮的压力同为 F_Q，见图 6-8），它们的法向力 F_N 不相同。

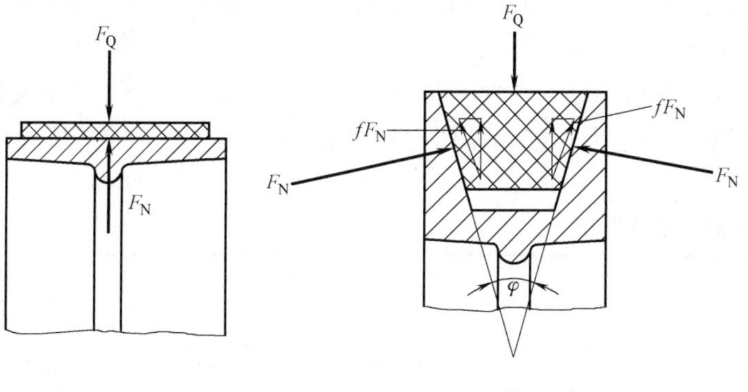

图 6-8　平带与 V 带的比较

a）平带传动　b）V 带传动

平带的极限摩擦力为

$$fF_N = fF_Q$$

V 带的极限摩擦力为

$$fF_N = \frac{fF_Q}{\sin\dfrac{\varphi}{2}} = f_V F_Q$$

$$f_V = \frac{f}{\sin\dfrac{\varphi}{2}} \tag{6-16}$$

式中，φ 为 V 带轮轮槽的槽角；f_V 为当量摩擦系数。

显然，$f_V>f$，故在相同条件下，V 带能传递较大的功率。或者说，在传递相同功率下，V 带传动的结构紧凑。引用当量摩擦系数的概念，以 f_V 代替 f，即可将式（6-13）、式（6-14）和式（6-15）应用于 V 带传动。

二、带的应力分析

传动时，带中应力由以下三部分组成。

1. 拉应力

$$\left.\begin{aligned} \text{紧边拉应力}\quad \sigma_1 &= \frac{F_1}{A} \\ \text{松边拉应力}\quad \sigma_2 &= \frac{F_2}{A} \end{aligned}\right\} \tag{6-17}$$

式中，A 为带的横截面面积（mm^2）。

2. 弯曲应力

带绕过带轮时，因弯曲而产生的弯曲应力 σ_b 为

$$\sigma_b \approx E\frac{h}{d} \tag{6-18}$$

式中，E 为带的弹性模量，单位为 MPa；h 为传动带的高度，单位为 mm（见表 6-1）；d 为 V 带轮的基准直径，单位为 mm。

显然，两轮直径不相等时，带在小带轮上的弯曲应力 σ_{b1} 大于带在大带轮上的弯曲应力 σ_{b2}。为了避免弯曲应力过大，带轮计算直径 d 就不能过小。V 带带轮的最小基准直径列于表 6-3 中。

表 6-3 V 带带轮的最小基准直径 （单位：mm）

带的型号	Y	Z	A	B	C	D	E
d_{min}	20	50	75	125	200	355	500

注：V 带带轮的基准直径系列为：20、22.4、25、28、31.5、35.5、40、45、50、56、63、71、75、80、85、90、95、100、106、112、118、125、132、140、150、160、170、180、200、212、224、236、250、265、280、300、315、335、355、375、400、425、450、475、500、530、560、600、630、670、710、750、800、900、1000。

3. 离心拉应力

当带随着带轮做圆周运动时，带自身的质量将引起离心力，并因此在带中产生离心拉力，离心拉力作用于带的全长。由离心拉力而产生的离心拉应力为

$$\sigma_c = \frac{qv^2}{A} \tag{6-19}$$

式中，q 为带每单位长的质量，单位为 kg/m（见表 6-1）；v 为带速，单位为 m/s；A 为带的横截面面积，单位为 mm^2。

图 6-9 所示为带工作应力分布情况，带中可能产生的瞬时最大应力发生在带的紧边开始绕上小带轮处，其值为

$$\sigma_{max} = \sigma_1 + \sigma_{b1} + \sigma_c \tag{6-20}$$

由图 6-9 可见，带是处于变应力状态下工作的，即带每绕两带轮循环一周时，作用在带上某点的应力是变化的。当应力循环次数达到一定值后，带将产生疲劳破坏。

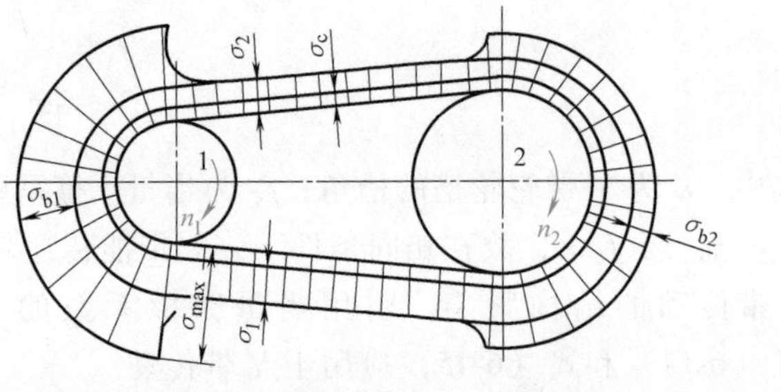

图 6-9 带工作应力分布情况示意图

三、带传动的弹性滑动和打滑

带传动在工作时，带受到拉力后要产生弹性变形。设带的材料符合变形与应力成正比的规律，则紧边和松边的单位伸长量分别为 $\varepsilon_1 = \frac{F_1}{AE}$和 $\varepsilon_2 = \frac{F_2}{AE}$。由于 $F_1 > F_2$，所以 $\varepsilon_1 > \varepsilon_2$。如图 6-10 所示，当带自 b 点绕上主动轮时，此时带的速度与带轮速度相等，但当它沿 bc 弧继续前进时，带的拉力由 F_1 降到 F_2，带的弹性变形也就随之逐渐减小，因而带沿带轮的运动是一面绕进、一面向后收缩，带的速度要落后于带轮，因而两者之间必然发生相对滑动。绕过从动轮时也发生类似的现象，带将逐渐伸长，也要沿轮面滑动，不过在这里是带速度超前于从动轮的圆周速度。这种由于材料的弹性变形而产生的滑动称为弹性滑动，它在带传动工作中是不可避免的。选用弹性模量大的带材料，可降低弹性滑动。

由于弹性滑动的影响，将使从动轮的圆周速度 v_2 低于主动轮的圆周速度 v_1，其相对降低率称为滑动率 ε，即

$$\varepsilon=\frac{v_1-v_2}{v_1}=\frac{\pi n_1 d_1-\pi n_2 d_2}{\pi n_1 d_1}=\frac{d_1 n_1-d_2 n_2}{d_1 n_1}$$

得带传动的传动比为

$$i=\frac{n_1}{n_2}=\frac{d_2}{d_1(1-\varepsilon)} \tag{6-21}$$

V 带传动的滑动率 $\varepsilon=0.01\sim0.02$，其值较小，在一般计算中可以不予考虑。

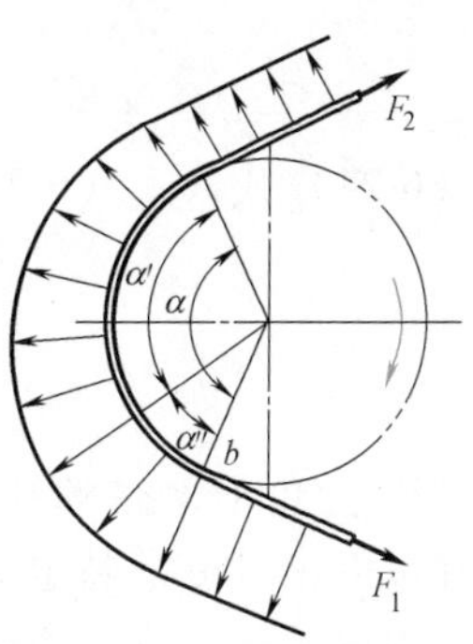

图 6-10　带传动中的弹性滑动

弹性滑动引起的后果是：从动轮的圆周速度低于主动轮；增加了带的磨损，传动效率降低；带传动的传动比不准确。

弹性滑动和打滑是两个截然不同的概念。打滑是指由过载引起的带在带轮上的全面滑动，应当避免。打滑可以避免，弹性滑动不能避免。

第三节　V 带传动的设计

一、主要失效形式及设计准则

由前面的分析可知，V 带传动的主要失效形式为：①打滑，当传递的圆周力超过带与带轮之间摩擦力总和的极限时，即发生过载打滑，使传动失效；②疲劳破坏，传动带在变应力的长期作用下，因疲劳而发生裂纹、脱层、断裂。根据带传动的失效形式，带传动的设计准则为：在保证带传动不打滑的条件下，充分发挥带的传动能力，使其具有一定的疲劳强度和寿命。

二、单根 V 带所能传递的额定功率

由式（6-5）、式（6-13）及式（6-17），可推导出带在有打滑趋势时的有效拉力（也就是最大有效拉力 F_{ec}）为

$$F_{ec}=F_1\left(1-\frac{1}{e^{f_V\alpha}}\right)=\sigma_1 A\left(1-\frac{1}{e^{f_V\alpha}}\right) \tag{6-22}$$

由式（6-20）可知，V 带的疲劳强度条件为

$$\sigma_{max}=\sigma_1+\sigma_{b1}+\sigma_c\leqslant[\sigma]$$

或

$$\sigma_1\leqslant[\sigma]-\sigma_{b1}-\sigma_c \tag{6-23}$$

式中，[σ] 为一定条件下，由带的疲劳强度所决定的许用应力。

由式（6-22）、式（6-23）得

$$F_{ec}=([\sigma]-\sigma_{b1}-\sigma_c)A\left(1-\frac{1}{e^{f_V\alpha}}\right) \tag{6-24}$$

将式（6-24）代入式（6-5），得单根 V 带所允许传递的功率 P_0 为

$$P_0=\frac{([\sigma]-\sigma_{b1}-\sigma_c)\left(1-\frac{1}{e^{f_V\alpha}}\right)Av}{1000} \tag{6-25}$$

式中，P_0 为单根 V 带的基本额定功率，单位为 kW；其余各符号的意义及单位同前。

在包角 $\alpha=180°$、特定带长、工作平稳条件下，单根普通 V 带的基本额定功率 P_0 见表 6-4。

表 6-4　单根普通 V 带的基本额定功率 P_0　　（单位：kW）

型号	小带轮基准直径 d_1/mm	小带轮转速 n_1/(r/min)									
		400	700	800	950	1200	1450	1600	2000	2400	2800
Z	50	0.06	0.09	0.10	0.12	0.14	0.16	0.17	0.20	0.22	0.26
	63	0.08	0.13	0.15	0.18	0.22	0.25	0.27	0.32	0.37	0.41
	71	0.09	0.17	0.20	0.23	0.27	0.30	0.33	0.39	0.46	0.50
	80	0.14	0.20	0.22	0.26	0.30	0.35	0.39	0.44	0.50	0.56
	90	0.14	0.22	0.24	0.28	0.33	0.36	0.40	0.48	0.54	0.60
A	**75**	**0.26**	**0.40**	**0.45**	**0.51**	**0.60**	**0.68**	**0.73**	**0.84**	**0.92**	**1.00**
	90	0.39	0.61	0.68	0.77	0.93	1.07	1.15	1.34	1.50	1.64
	100	0.47	0.74	0.83	0.95	1.14	1.32	1.42	1.66	1.87	2.05
	112	0.56	0.90	1.00	1.15	1.39	1.61	1.74	2.04	2.30	2.51
	125	0.67	1.07	1.19	1.37	1.66	1.92	2.07	2.44	2.74	2.98
	140	0.78	1.26	1.41	1.62	1.96	2.28	2.45	2.87	3.22	3.48
	160	0.94	1.51	1.69	1.95	2.36	2.73	2.94	3.42	3.80	4.06
B	**125**	**0.84**	**1.30**	**1.44**	**1.64**	**1.93**	**2.19**	**2.33**	**2.64**	**2.85**	**2.96**
	140	1.05	1.64	1.82	2.08	2.47	2.82	3.00	3.42	3.70	3.85
	160	1.32	2.09	2.32	2.66	3.17	3.62	3.86	4.40	4.75	4.89
	180	1.59	2.53	2.81	3.22	3.85	4.39	4.68	5.30	5.67	5.76
	200	1.85	2.96	3.30	3.77	4.50	5.13	5.46	6.13	6.47	6.43
	224	2.17	3.47	3.86	4.42	5.26	5.97	6.33	7.02	7.25	6.95
	250	2.50	4.00	4.46	5.10	6.04	6.82	7.20	7.87	7.89	7.14
	280	2.89	4.61	5.13	5.85	6.90	7.76	8.13	8.60	8.22	6.80
C	**200**	**2.41**	**3.69**	**4.07**	**4.58**	**5.29**	**5.84**	**6.07**	**6.34**	**6.02**	**5.01**
	224	2.99	4.64	5.12	5.78	6.71	7.45	7.75	8.06	7.57	6.08
	250	3.62	5.64	6.23	7.04	8.21	9.04	9.38	9.62	8.75	6.56
	315	5.14	8.09	8.92	10.05	11.53	12.46	12.72	12.14	9.43	4.16
	355	6.05	9.50	10.46	11.73	13.31	14.12	14.19	12.59	7.98	—
	400	7.06	11.02	12.10	13.48	15.04	15.53	15.24	11.95	4.34	—
	450	8.20	12.63	13.80	15.23	16.59	16.47	15.57	9.64	—	—

三、V 带传动的设计

1. 原始数据及设计内容

设计 V 带传动给定的原始数据为：传递的功率 P，转速 n_1、n_2（或传动比 i），位置要求及工作情况等。

设计内容包括：确定带的型号、长度、根数、传动中心距、带轮直径及结构尺寸等。

2. 设计方法及步骤

（1）确定计算功率 P_{ca}（kW）　计算功率 P_{ca} 是根据传递的功率 P，并考虑到载荷性质

及每天运转时间的长短等因素的影响而确定的。

$$P_{ca}=K_A P \tag{6-26}$$

式中，P 为传递的额定功率，单位为 kW；K_A 为工作情况系数，见表 6-6。

（2）选择带的型号　根据计算功率 P_{ca}、小带轮转速 n_1，由图 6-11 选定带的型号。

（3）确定带轮的直径和带速　小带轮的基准直径 d_1 应根据带的型号，由表 6-3 选取 $d_1 \geqslant d_{min}$。若 d_1 过小，则带的弯曲应力将过大而导致带的寿命降低。

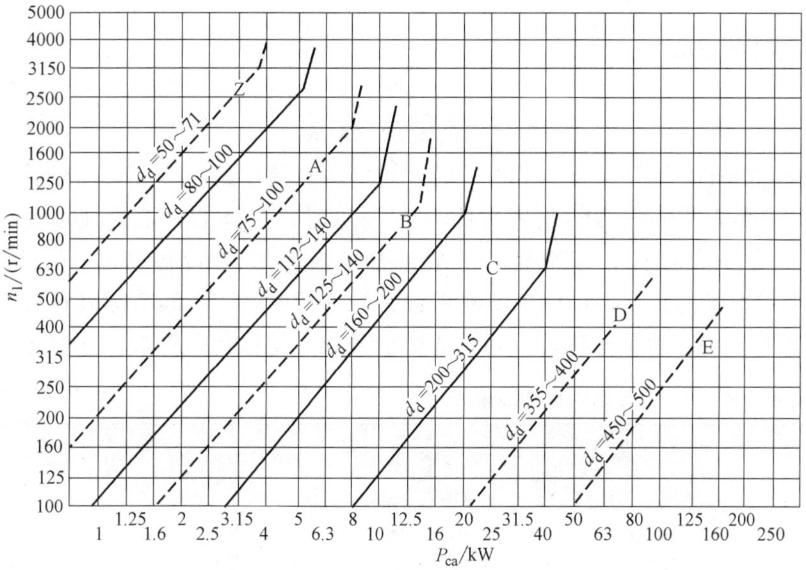

图 6-11　普通 V 带型号的选择

由式（6-21）得大带轮的基准直径为

$$d_2=\frac{n_1}{n_2}d_1(1-\varepsilon)$$

d_1、d_2 应符合带轮的基准直径系列，见表 6-3。

带速

$$v=\frac{\pi d_1 n_1}{60\times1000} \tag{6-27}$$

如带速过大，则离心力过大，即应减小 d_1；如带速过小（如 v <5m/s），则表示所选 d_1 过小，将使所需的有效拉力 F 过大，所需带的根数 z 过多，因而带轮的宽度、轴径及轴承的尺寸都将随之增大。对于普通 V 带，速度一般应满足 $v=5\sim25$m/s。

（4）确定中心距 a 和带的基准长度 L_d　如中心距未给定，可根据传动的结构需要初定中心距 a_0，一般取

$$0.7(d_1+d_2)<a_0<2(d_1+d_2) \tag{6-28}$$

选定中心距 a_0 后，可根据式（6-1）算得带长 L，再从带的基准长度中选取和 L 相近的 V 带的基准长度 L_d（见表 6-2）。然后根据 L_d 计算带传动的实际中心距 a。

由于 V 带传动的中心距一般可调，故也可以采用下列公式做近似计算，即

$$a\approx a_0+\frac{L_d-L}{2} \tag{6-29}$$

考虑安装调整和补偿初拉力（如由于带伸长而松弛后的张紧）的需要，中心距的变动范围为

$$a_{\min}=a-0.015L_d$$
$$a_{\max}=a+0.03L_d$$

（5）验算小带轮上的包角 α_1

$$\alpha_1\approx180°-\frac{d_2-d_1}{a}\times57.3°\geqslant120° \tag{6-30}$$

（6）确定带的根数 z

$$z=\frac{P_{ca}}{(P_0+\Delta P_0)K_\alpha K_L} \tag{6-31}$$

式中，P_0 为特定条件下（$\alpha_1=\alpha_2=180°$、特定长度、载荷平稳）单根 V 带所能传递的功率，单位为 kW，其值见表 6-4；ΔP_0 为考虑传动比 $i\neq1$ 时，带绕上大带轮时的弯曲应力比绕上小带轮时小，故其传动能力有所提高，ΔP_0 为单根普通 V 带传动功率的增量，其值见表 6-5；K_L 为考虑带的长度不同时的影响系数，简称长度系数，其值见表 6-2；K_A 为工况系数，其值见表 6-6；K_α 为考虑包角不同时的影响系数，简称包角系数，其值见表 6-7。

表 6-5　单根普通 V 带 $i\neq1$ 时传动功率的增量 ΔP_0　　（单位：kW）

型号	传动比 i	小带轮转速 n_1/(r/min)									
		400	700	800	950	1200	1450	1600	2000	2400	2800
Z	1.35~1.50	0.00	0.01	0.01	0.02	0.02	0.02	0.02	0.03	0.03	0.04
	1.51~1.99	0.01	0.01	0.02	0.02	0.02	0.02	0.03	0.03	0.04	0.04
	≥2	0.01	0.02	0.02	0.02	0.03	0.03	0.03	0.04	0.04	0.04
A	1.35~1.51	0.04	0.07	0.08	0.08	0.11	0.13	0.15	0.19	0.23	0.26
	1.52~1.99	0.04	0.08	0.09	0.10	0.13	0.15	0.17	0.22	0.26	0.30
	≥2	0.05	0.09	0.10	0.11	0.15	0.17	0.19	0.24	0.29	0.34
B	1.35~1.51	0.10	0.17	0.20	0.23	0.30	0.36	0.39	0.49	0.59	0.69
	1.52~1.99	0.11	0.20	0.23	0.26	0.34	0.40	0.45	0.56	0.68	0.79
	≥2	0.13	0.22	0.25	0.30	0.38	0.46	0.51	0.63	0.76	0.89
C	1.35~1.51	0.27	0.48	0.55	0.65	0.82	0.99	1.10	1.37	1.65	1.92
	1.52~1.99	0.31	0.55	0.63	0.74	0.94	1.14	1.25	1.57	1.88	2.19
	≥2	0.35	0.62	0.71	0.83	1.06	1.27	1.41	1.76	2.12	2.47

表 6-6　工况系数 K_A

工作机载荷性质	K_A					
	每天工作小时数/h					
	空、轻载起动			重载起动		
	<10	10~16	>16	<10	10~16	>16
工作平稳	1.0	1.1	1.2	1.1	1.2	1.3
载荷变动小	1.1	1.2	1.3	1.2	1.3	1.4
载荷变动较大	1.2	1.3	1.4	1.4	1.5	1.6
冲击载荷	1.3	1.4	1.5	1.5	1.6	1.8

注：1. 空、轻载起动——电动机（交流起动、三角起动、直流并励）、四缸以上的内燃机。
2. 重载起动——电动机（联机交流起动、直流复励或串励）、四缸以下的内燃机。

表 6-7　包角系数 K_α

包角 α/(°)	180	170	160	150	140	130	120	110	100	90
包角系数 K_α	1.00	0.98	0.95	0.92	0.89	0.86	0.82	0.78	0.74	0.69

（7）确定带的初拉力 F_0　合适的初拉力是保证带传动正常工作的重要条件。初拉力过小，摩擦力小，容易发生打滑；初拉力过大，则带的寿命降低，轴和轴承受力增大。

单根 V 带既能保证传动功率又不出现打滑时最合适的初拉力 F_0 可按下式计算：

$$F_0=500\frac{P_{ca}}{zv}\left(\frac{2.5}{K_\alpha}-1\right)+qv^2 \tag{6-32}$$

（8）作用在轴上的力（简称压轴力）F_Q　为设计安装带轮的轴和轴承，必须先确定带传动作用在轴上的载荷 F_Q。如果不考虑带的两边拉力差，则压轴力可近似由下式计算：

$$F_Q\approx 2zF_0\sin\frac{\alpha_1}{2} \tag{6-33}$$

式中，z 为带的根数；F_0 为单根带的初拉力，单位为 N；α_1 为小带轮上的包角。

例　液体搅拌机的普通 V 带传动。原动机采用三相 Y 系列异步电动机，其额定功率 $P=4$kW，转速 $n_1=1440$r/min，从动轴转速 $n_2=420$r/min，每天工作 16h。希望中心距不超过 650mm。

解　1. 确定计算功率 P_{ca}

由表 6-6 查得工作情况系数 $K_A=1.2$，则

$$P_{ca}=K_AP=(1.2\times4)\text{kW}=4.8\text{kW}$$

2. 选择带型

根据 P_{ca}、n_1，由图 6-11 初步确定选用 A 型带。

3. 确定带轮基准直径 d_1 和 d_2

由表 6-3，取 $d_1=100$mm，取滑动率 $\varepsilon=0.02$，由式（6-21）得

$$d_2=(1-\varepsilon)\frac{d_1n_1}{n_2}=\left((1-0.02)\times100\times\frac{1440}{420}\right)\text{mm}=336\text{mm}$$

由表 6-3，取 $d_2=355$mm。

4. 验算带速 v

$$v=\frac{\pi d_1n_1}{60\times1000}=\left(\frac{\pi\times100\times1440}{60\times1000}\right)\text{m/s}=7.54\text{m/s}$$

在 5~25m/s 范围内，所以带速合适。

5. 确定中心距 a 和带的基准长度 L_d

根据式（6-28），初选中心距 $a_0=450$mm。

由式（6-1）计算带所需的长度为

$$L\approx 2a_0+\frac{\pi}{2}(d_1+d_2)+\frac{(d_2-d_1)^2}{4a_0}$$

$$=\left[2\times450+3.14\times\frac{(100+355)}{2}+\frac{(355-100)^2}{4\times450}\right]\text{mm}$$

$$=1650.5\text{mm}$$

由表 6-2 选带的基准长度 $L_d=1640\text{mm}$。

按式（6-29）计算实际中心距 a 为

$$a\approx a_0+\frac{L_d-L}{2}=\left(450+\frac{1640-1650.5}{2}\right)\text{mm}\approx445\text{mm}$$

满足 $a\leqslant650\text{mm}$ 的要求。

6. 验算小带轮包角 α_1

由式（6-30）得

$$\alpha_1=180°-\frac{d_2-d_1}{a}\times57.3°$$

$$=180°-\frac{355-100}{445}\times57.3°=147.17°>120°$$

7. 确定带的根数 z

由式（6-31）得

$$z=\frac{P_{ca}}{(P_0+\Delta P_0)K_\alpha K_L}$$

由 $i=\frac{d_2}{d_1(1-\varepsilon)}=\frac{355}{100\times(1-0.02)}=3.62$，$n_1=1440\text{r/min}$，$d_1=100\text{mm}$，查表 6-4 和表 6-5 得

$$P_0=1.31\text{kW},\Delta P_0=0.162\text{kW}$$

查表 6-7 得 $K_\alpha=0.90$，查表 6-2 得 $K_L=0.99$，则

$$z=\frac{4.8}{(1.31+0.162)\times0.90\times0.99}=3.66$$

取 $z=4$ 根。

8. 确定单根 V 带的初拉力 F_0

由式（6-32）知

$$F_0=500\frac{P_{ca}}{zv}\left(\frac{2.5}{K_\alpha}-1\right)+qv^2$$

查表 6-1，得 $q=0.105\text{kg/m}$，故

$$F_0=\left[500\times\frac{4.8}{4\times7.54}\times\left(\frac{2.5}{0.90}-1\right)+0.105\times7.54^2\right]\text{N}\approx147.44\text{N}$$

9. 计算压轴力

由式（6-33）得

$$F_Q=2zF_0\sin\frac{\alpha_1}{2}=\left(2\times4\times147.44\times\sin\frac{147.17°}{2}\right)\text{N}=1145.03\text{N}$$

10. 带轮结构设计（略）

第四节　V 带轮设计及 V 带传动的维护

一、V 带带轮的材料和结构

V 带轮是带传动的重要组成部分，首先应满足强度要求，同时又要重量轻，质量分布均匀，结构工艺性好，轮槽侧面要精细加工，以减小带的磨损。

常用的带轮材料为 HT150 或 HT200。速度较高时，可采用铸钢或钢板冲压后焊接而成。小功率时可用铸铝或塑料。

V 带轮一般由带有轮槽的轮缘、轮辐和轮毂组成。

带轮的结构形式主要有以下几种：直径较小时（$d \leqslant 2.5d_s$，d_s 为轴的直径），可采用实心式（见图 6-12a）；$d \leqslant 300$mm 时可采用腹板式（见图 6-12b）；当 $D_1 - d_1 \geqslant 100$mm 时可采用孔板式（见图 6-12c）；$d > 300$mm 时可采用轮辐式（见图 6-12d）。

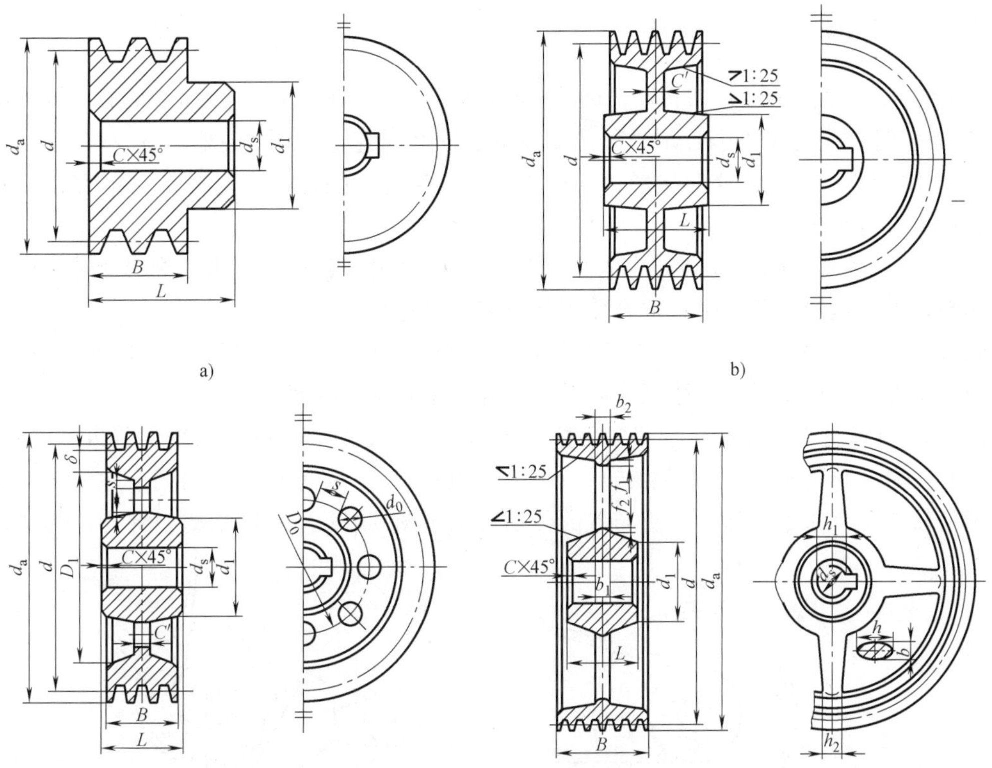

图 6-12　V 带轮的结构

a）实心式　b）腹板式　c）孔板式　d）轮辐式

$d_1 = (1.7 \sim 2)d_s$，d_s 为轴的直径　　$h_2 = 0.8h_1$　　$D_0 = (D_1 + d_1)/2$

$b_1 = 0.4h_1$　　$d_0 = (0.2 \sim 0.3)(D_1 - d_1)$　　$b_2 = 0.8b_1$

$C' = (1/7 \sim 1/4)B$　　$s = C'$　　$h_1 = 290\sqrt[3]{P/(nz_f)}$　　$f_2 = 0.2h_2$

$L = (1.6 \sim 2)d_s$，当 $B < 1.5d_s$ 时，$L = B$，$f_1 = 0.2h_1$

因为普通 V 带两侧面的夹角均为 40°，考虑到带在带轮上弯曲时要产生横向变形，使带的楔角变小，故带轮轮槽角一般规定为 32°、34°、36°、38°。

V 带轮的轮槽与所选用的 V 带的型号相对应，见表 6-8。

表 6-8　轮槽截面尺寸

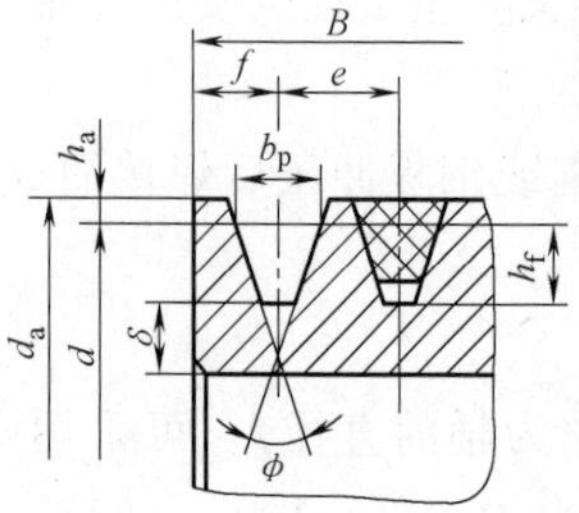

槽型	b_p	h_{amin}	h_{fmin}	e	f_{min}	d 与 φ 相对应的 d φ=32°	φ=34°	φ=36°	φ=38°
Y	5.3	1.60	4.7	8±0.3	6	≤60	—	>60	—
Z	8.5	2.00	7.0	12±0.3	7	—	≤80	—	>80
A	11.0	2.75	8.7	15±0.3	9	—	≤118	—	>118
B	14.0	3.50	10.8	19±0.4	11.5	—	≤190	—	>190
C	19.0	4.80	14.3	25.5±0.5	16	—	≤315	—	>315
D	27.0	8.10	19.9	37±0.6	23	—	—	≤475	>475
E	32.0	9.60	23.4	44.5±0.7	28	—	—	≤600	>600

二、V 带传动的使用和维护

正确地安装、使用和维护带传动，对延长带的使用寿命，保证带传动的正常运行十分重要。

1）安装时，应先缩小中心距，再将带装至带轮上，然后再予以调整。

2）严防带与酸、碱等介质接触，以免变质，应保持带的清洁；同时带也不宜在阳光下曝晒，以免带过早老化。

3）工作一段时间后，带会产生永久变形，所以使用过程中，当其中的少数带损坏后，不宜用新带更换这少数几根带，混合使用新旧带会加速带的损坏。

4）各种材质的 V 带都不是完全的弹性体，在张紧力的作用下，经过一定时间的运转后，就会由于塑性变形而松弛，使张紧力降低，因此要重新调整张紧力。

图 6-13 所示为带传动的定期张紧装置。采用定期改变中心距的方法来调节带的张紧力，使带重新张紧。接近于水平布置的传动，可采用图 6-13a 所示的结构，用调节螺钉 1 推移电动机沿滑轨 2 移动张紧；接近垂直布置的传动可采用图 6-13b 所示的结构，将装有带轮的电

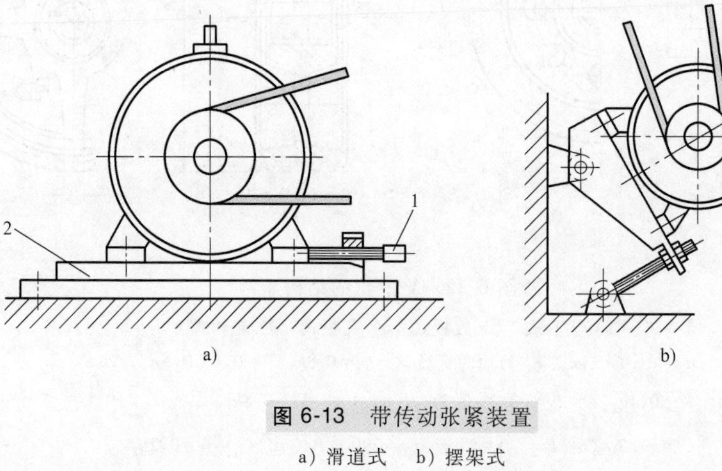

图 6-13　带传动张紧装置

a）滑道式　b）摆架式

1—调节螺钉　2—滑轨

动机安装在可调的摆架上。还有一些自动张紧装置，将装有带轮的电动机安装在浮动的摆架上，利用电动机的自重自动张紧，使带保持固定不变的拉力。另外，若中心距不能调节时，可采用具有张紧轮的传动，将张紧轮压在带上，以保持带的张紧。

第五节　同步带传动简介

同步带传动是将啮合原理应用于带传动领域的一种传动，具有带传动、链传动、齿轮传动的优点。同步带传动中，同步带的工作面有齿，带轮的轮缘表面也制有相应的齿槽，依靠带与带轮之间的啮合来传递运动和动力（见图6-14）。传动时带与带轮无相对滑动，能保证恒定的传动比；同步带通常以钢丝绳或玻璃纤维绳为抗拉体，氯丁橡胶或聚氨酯为基体，带薄且轻，故带速可达50m/s，传动比可达到10，传递的功率可达200kW；同步带传动效率较高，可达0.98，它的应用日益广泛。

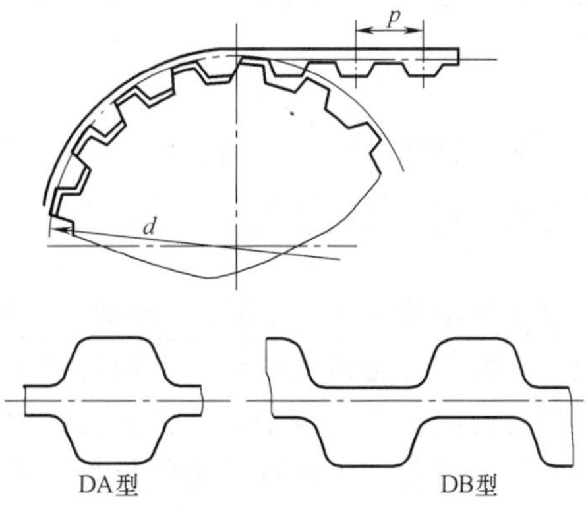

图6-14　同步带传动

同步带分单面有齿和双面有齿两种，简称为单面带和双面带。双面带按齿排列的不同，有对称齿廓（DA型）和交错齿廓（DB型）之分，如图6-14所示。同步带型号分为最轻型MXL、超轻型XXL、特轻型XL、轻型L、重型H、特重型XH及超重型XXH七种。

目前同步带及带轮常用齿廓有梯形、渐开线、圆弧、抛物线等齿廓，可用展成法加工。

第六节　链传动简介

一、链传动的类型、特点和应用

1. 链传动的组成及主要类型

链传动由链条和主、从动链轮所组成（见图6-15），它是一种挠性啮合传动，依靠链轮轮齿与链节的啮合来传递运动和动力。

按用途不同，链可分为传动链、起重链和输送链。传动链主要用来传递动力，通常在中等速度（$v\leqslant 15\text{m/s}$）下工作；起重链是用于提升重物的起重机械；输送链主要用于驱动输送带的运输机械。

2. 链传动的特点

链传动兼有带传动和齿轮传动的特点。

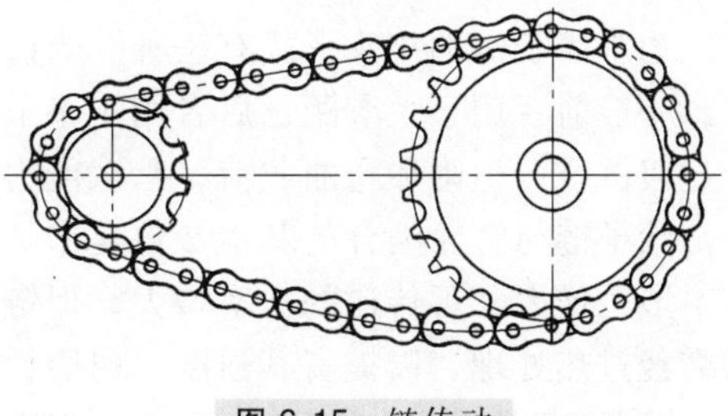
图6-15　链传动

与带传动相比，链传动的主要优点：由于是啮合传动，没有弹性滑动及打滑现象，故平均传动比准确，工作可靠；相同承载情况下，结构紧凑，允许速度较低；由于不需要张紧，作用于轴上的力较小；能在温度较高、湿度较大、多灰尘、有腐蚀等恶劣环境下工作；与齿轮传动比较，链传动易安装，价格便宜，适用于中心距较大的场合。

链传动的缺点：瞬时传动比不恒定，传动不够平稳；工作时噪声较大，不宜在载荷变化大和急速反向的传动中应用；只限于平行轴间的传动。

3. 链传动的应用

链传动因其经济、可靠，广泛应用于农业、采矿、起重、运输、石油、化工行业的机械传动中。目前，链传动的传动功率一般小于100kW，传动速度小于15m/s，传动比$i \leqslant 6$，低速时i_{max}可达10，闭式链传动的效率$\eta = 0.95 \sim 0.98$，开式链传动的效率$\eta = 0.90 \sim 0.93$。

二、传动链的结构特点

一般机械传动中，应用最广泛的是传动链。传动链按其齿形结构又可分为滚子链和齿形链等多种，常用的是滚子链。

1. 滚子链

滚子链由滚子1、套筒2、销轴3、内链板4和外链板5所组成（见图6-16）。销轴与外链板、套筒与内链板之间分别采用过盈配合；滚子与套筒、套筒与销轴间均为间隙配合，故可做相对自由转动。滚子是活套在套筒上的，工作时，滚子沿链轮齿廓滚动，这样可减轻齿廓的磨损。另外，为减轻链条的质量，节省材料，并使其各个横截面具有接近相等的抗拉强度，链板大多制成“8”字形。

当传递大功率时，可采用双排链（见图6-17）或多排链。多排链承载能力高，但由于精度的影响，各排链载荷分配不易均匀，故排数不宜过多。

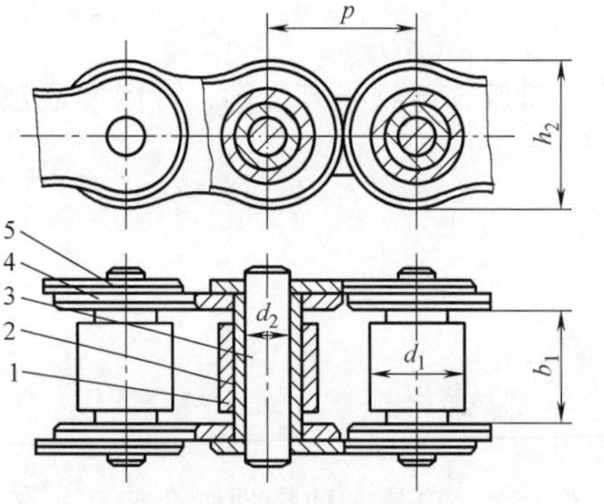

图6-16　套筒滚子链

1—滚子　2—套筒

3—销轴　4—内链板　5—外链板

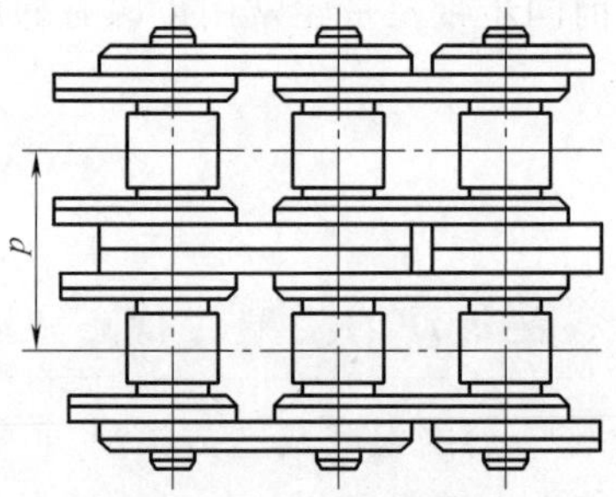

图6-17　双排链

通常滚子链的接头形式有三种。当链节数为偶数时，接头处可用开口销或弹簧卡片来固定，一般前者用于大节距，后者用于小节距；当链节数为奇数时，接头处采用过渡链节。由于过渡链节产生附加弯曲载荷，承载能力降低，所以应尽量避免采用奇数链节。

滚子链与链轮啮合的基本参数是节距p和滚子外径d_1。其中节距p是滚子链的主要参数，节距增大，可传递的功率增大，但链条中各零件的尺寸也相应增大。组成链的所有元件均需经过热处理，以提高其强度、耐磨性和耐冲击性，延长链的使用寿命。

滚子链已标准化，其系列、尺寸、极限拉伸载荷等可查GB/T 1243—2006。滚子链的标记为：

链号—排数—整数链节数 标准编号

例如：16A—1—90 GB/T 1243—2006 表示链号为 16A、单排、90 节的滚子链。

2. 齿形链

齿形链由一组带有两个齿的链板左右交错并列铰接而成。按铰链形式的不同有圆销式、轴瓦式、滚柱式（见图 6-18）。工作时，通过链板两侧成 60°的直边与链轮轮齿相啮合。与滚子链相比，齿形链传动较平稳，噪声小（又称无声链），承受冲击载荷的能力较强，但结构复杂、价格较高，故多用于高速或运动精度要求较高的传动装置中。

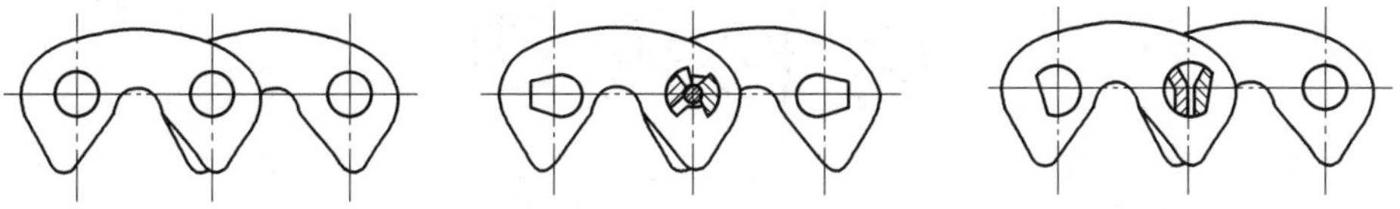

图 6-18 齿形链

a）圆销式 b）轴瓦式 c）滚柱式

思 考 题

6-1 平带、V 带传动主要依靠什么来传递运动和动力？

6-2 带传动中，v_1 为主动轮圆周速度，v_2 为从动轮圆周速度，v 为带速，这三者之间存在什么关系？带传动正常工作时，不能保证准确的传动比的原因是什么？

6-3 V 带传动为什么比平带传动承载能力大？

6-4 影响带传动承载能力的因素有哪些？如何提高带传动的承载能力？

6-5 在推导单根 V 带传递的额定功率和校核包角时，为什么按小带轮进行？

6-6 带传动中打滑是先从哪个带轮上开始的，为什么？弹性滑动与打滑有何区别？造成的危害各是什么？

6-7 带传动工作时，带上所受应力有哪几种？这些应力如何分布？最大应力点在何处？

6-8 带传动的主要失效是什么？带传动设计的主要依据是什么？

6-9 带传动为什么必须张紧？常用的张紧装置有哪些？

6-10 为什么带传动的轴间距一般都设计成可调的？

6-11 带的楔角 φ 与带轮的轮槽角 ϕ 是否相等，为什么？

6-12 与带传动相比，链传动有哪些优缺点？

习 题

6-1 双速电动机与 V 带组成的传动装置中，改变电动机转速可使从动轴得到 300r/min 和 600r/min 两种转速。若从动轴输出功率不变，试问在设计带传动时应按哪种转速计算？为什么？

6-2 试设计一破碎机装置用的 V 带传动。已知电动机额定功率 $P=5.5\text{kW}$，转速 $n_1=960\text{r/min}$，传动比 $i=2$，两班制工作。由于结构限制，要求两轴之间距离 $a<600\text{mm}$。

6-3 试设计一由电动机驱动旋转式水泵的普通 V 带传动。已知电动机额定功率 $P=11\text{kW}$，转速 $n_1=1460\text{r/min}$，水泵轴的转速 $n_2=400/\text{min}$，轴间距约为 1500mm，每天工作 24h。

7 第七章

齿轮传动

第一节　齿轮传动的特点和类型

一、齿轮传动的特点

齿轮传动用于传递空间任意两轴之间的运动和动力，是机械中应用最广泛的传动形式之一。其主要优点是：传动比准确、效率高、寿命长、工作可靠、结构紧凑、适用速度和功率范围广等；主要缺点是：要求加工精度和安装精度较高、制造时需要专用工具和设备，因此成本比较高；不宜在两轴中心距很大的场合使用等。

二、齿轮传动的分类

如图 7-1 所示，齿轮传动的类型很多，如果按照两齿轮轴线的相对位置来分，可将齿轮传动分为平行轴齿轮传动（图 7-1a～e）、相交轴齿轮传动（图 7-1f～g）和交错轴齿轮传动（图 7-1h～i）三大类。

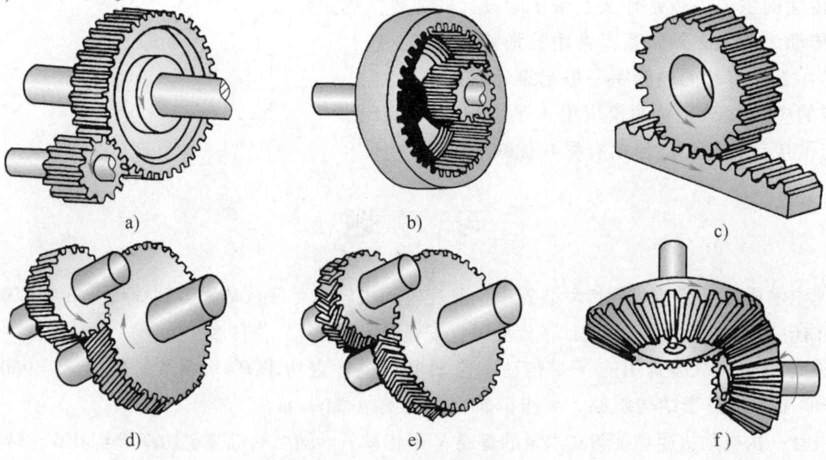

图 7-1　齿轮传动的类型

a）外啮合直齿轮传动　b）内啮合直齿轮传动　c）直齿轮齿条传动

d）外啮合斜齿轮传动　e）人字形齿轮传动　f）直齿锥齿轮传动

g)　　h)　　i)

图 7-1 齿轮传动的类型（续）

g）曲线齿锥齿轮传动　h）交错轴斜齿轮传动　i）交错轴蜗杆传动

此外，按工作条件还可分为闭式齿轮传动和开式齿轮传动；按齿面硬度分为软齿面齿轮传动（齿面硬度≤350HBW）和硬齿面齿轮传动（齿面硬度>350HBW）。

第二节 齿廓实现定角速比的条件

齿轮传动的运动是依靠主动轮的轮齿齿廓依次推动从动轮的轮齿齿廓来实现的。所以当主动轮按一定的角速度转动时，从动轮转动的角速度将与两轮齿廓的形状有关。在一对齿轮传动中，其角速度之比称为传动比，即 $i=\omega_1/\omega_2$。

图 7-2 所示为一对互相啮合的轮齿，设主动轮 1 以角速度 ω_1 绕轴 O_1 按顺时针方向转动，从动轮 2 受轮 1 的推动以角速度 ω_2 绕轴 O_2 按逆时针方向转动。两轮的齿廓在 K 点接触，它们在 K 点的线速度分别为

$$v_{K1}=\omega_1 O_1K$$

$$v_{K2}=\omega_2 O_2K$$

过 K 点作两齿廓公法线 N_1N_2 与两齿轮转动中心的连心线交于 C 点，并作 $O_1N_1 \perp N_1N_2$，$O_2N_2 \perp N_1N_2$。假设两齿廓为刚体，则两齿廓不应相互嵌入或分离，因此线速度 v_{K1}、v_{K2} 在公法线 N_1N_2 上的投影分量也必须相等，即

$$v_{K1}\cos\alpha_{K1}=v_{K2}\cos\alpha_{K2}$$

$$\omega_1 O_1K\cos\alpha_{K1}=\omega_2 O_2K\cos\alpha_{K2}$$

因 $O_1N_1=O_1K\cos\alpha_{K1}, O_2N_2=O_2K\cos\alpha_{K2}$

又因 $\triangle O_1CN_1 \backsim \triangle O_2CN_2$

所以

$$i=\omega_1/\omega_2=O_2K\cos\alpha_{K2}/O_1K\cos\alpha_{K1}$$

$$=O_2N_2/O_1N_1=O_2C/O_1C \tag{7-1}$$

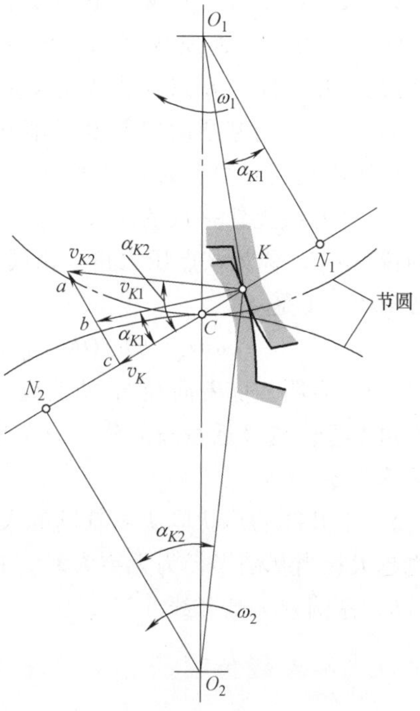

图 7-2 齿廓实现定角速比的条件

其中 C 点为过啮合点 K 所作的齿廓的公法线 N_1N_2

与两齿轮转动中心的连心线 O_1O_2 的交点。上式表明两齿轮的角速度 ω_1、ω_2 与 C 点所分割的两线段长度 O_1C、O_2C 成反比关系。由此可见，欲使两齿轮的角速度比恒定不变，则应使 O_2C/O_1C 恒为常数。但是因两齿轮的轴心 O_1 及 O_2 为定点，其距离 O_1O_2 为定长，所以要满足上述要求，必须使 C 点成为连心线 O_1O_2 上的一个固定点，此固定点 C 称为节点，以 CO_1、CO_2 为半径分别作的圆称为节圆。所以，使齿廓实现定角速比的条件是：

两齿轮齿廓不论在哪点位置接触，过接触点所作齿廓的公法线必须通过连心线上一个固定点（节点）。这就是齿轮实现定角速比传动的齿廓啮合基本定律。凡能满足啮合基本定律的一对齿廓称为共轭齿廓。共轭齿廓曲线很多，常用的有渐开线齿廓、摆线齿廓等，其中渐开线齿廓应用最广泛。

第三节　渐开线齿廓

一、渐开线的形成及性质

如图 7-3 所示，当一条动直线 BK 沿半径为 r_b 的圆做纯滚动时，其动直线上任意一点 K 的轨迹 AK 称为该圆的渐开线。该圆称为渐开线的基圆；而动直线称为渐开线的发生线。

由渐开线的形成特点可知渐开线具有下列性质：

1）发生线沿基圆滚过的线段长度等于基圆上被滚过的相应圆弧长度，即

$$\overline{BK}=\overset{\frown}{AB}$$

2）发生线上 K 点的瞬时速度方向，就是渐开线上 K 点切线 tt 的方向，而发生线又恒切于基圆，所以发生线 BK 既是渐开线任一 K 点的法线，又是基圆的切线。

3）发生线与基圆的切点 B 是渐开线上 K 点的曲率中心，而线段是渐开线在 K 点的曲率半径。

4）渐开线上任一点的法线与该点速度 v_K 方向之间所夹的锐角 α_K，称为该点压力角。由图可知，压力角 α_K 等于 $\angle KOB$，于是

$$\cos\alpha_K=OB/OK=r_b/r_K \tag{7-2}$$

式（7-2）表明，随着向径 r_K 的改变，渐开线上不同点的压力角不等，越接近基圆部分压力角越小，在基圆上的压力角等于零。

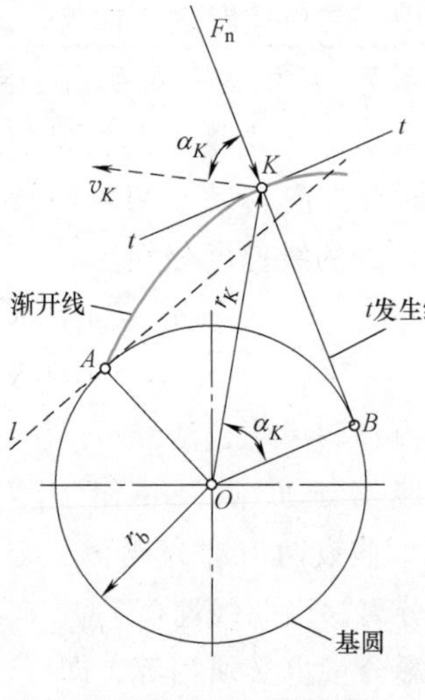

图 7-3　渐开线的形成

5）渐开线的形状取决于基圆的大小，如图 7-4 所示，基圆半径越大，其渐开线曲率半径也越大；当基圆半径为无穷大时，其渐开线就变成一条近似直线。

6）基圆内无渐开线。

二、渐开线齿廓满足定角速比要求

由前所述，欲使齿轮传动保持瞬时传动比恒定不变，要求两齿廓在任何位置接触时，在

接触点处齿廓公法线与连心线必须交于一固定点。

如图 7-5 所示，渐开线齿廓 G_1 和 G_2 在任意位置 K 点接触时，过 K 点作两齿廓的公法线 nn，由渐开线性质可知其公法线总是两基圆的内公切线。而两轮基圆的大小和安装位置均固定不变，同一方向的内公切线只有一条，所以两齿廓 G_1 和 G_2 在任意点（如点 K 及 K'）接触啮合的公法线均重合为同一条内公切线 nn，因此公法线与连心线的交点 C 是固定的，这说明两渐开线齿廓啮合能保证两轮瞬时传动比为一常数，即

$$i=\omega_1/\omega_2=O_2C/O_1C=\text{常数}$$

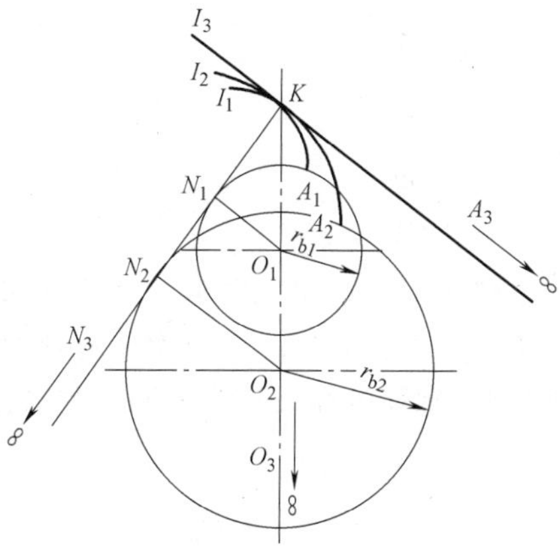

图 7-4 渐开线的基圆与齿廓

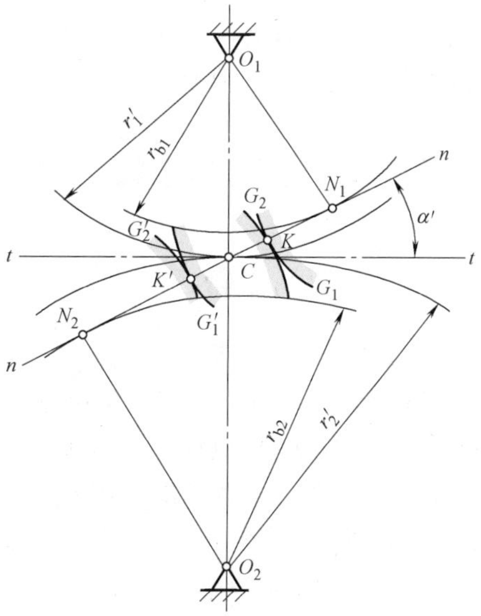

图 7-5 渐开线齿廓传动的特点

三、渐开线齿廓传动的特点

1. 渐开线齿轮具有可分性

当一对齿轮啮合时，两齿轮基圆的公切线与两齿轮中心连线的交点 C 称为节点，节点所在圆的半径称为节圆半径。单个齿轮没有节圆直径一说，只有两齿轮啮合，才会形成节点和节圆。

如前所述，因$\triangle O_1CN_1 \backsim \triangle O_2CN_2$，故一对齿轮的传动比可写为

$$i=\omega_1/\omega_2=O_2C/O_1C=r_2'/r_1'=r_{b2}/r_{b1}$$

式中，r_1'、r_2'分别为两轮节圆半径，单位为 mm；r_{b1}、r_{b2} 分别为两轮的基圆半径，单位为 mm。

由上式可以看出，渐开线齿轮的传动比不仅等于两轮节圆半径的反比，同时也等于两轮基圆半径的反比。由此可见，一对相互啮合的渐开线齿轮即使两轮的中心距由于制造和安装误差，或者轴承的磨损等原因而导致中心距发生微小的改变，但因其基圆大小不变，所以传动比仍保持不变。这一特性称为渐开线齿轮传动的可分性。

可分性是渐开线齿轮传动的一个重要优点，在生产实践中，不仅为齿轮的制造和装配带

来方便，而且利用渐开线齿轮的可分性可以设计变位齿轮传动。

2. 啮合线与啮合角

渐开线齿廓在任何位置啮合时，接触点的公法线都是同一条直线 N_1N_2，所以一对渐开线齿廓从开始啮合到脱离接触，所有啮合点都在 N_1N_2 线上。故称 N_1N_2 线为渐开线齿轮传动的啮合线。啮合线 N_1N_2 与两轮节圆公切线 tt 之间所夹锐角称为啮合角，以 α'表示。由图7-5可见，渐开线齿轮传动的啮合角为常数，恒等于节圆上的压力角 α'。

3. 齿廓间正压力

如上所述，齿轮在啮合过程中，其接触点的公法线是一条不变的直线，啮合角为常数，当不考虑摩擦时，法线方向就是受力方向，所以，渐开线齿轮在传动过程中，齿廓间正压力的方向始终不变。若齿轮传递的力矩恒定，则齿廓间的正压力大小和方向均不变，这对齿轮传动的平稳性是十分有利的。

第四节　齿轮各部分名称及渐开线标准齿轮的基本尺寸

一、直齿圆柱齿轮各部分的名称和基本参数

1. 齿宽、齿厚、齿槽宽和齿距

图7-6所示为一标准直齿圆柱齿轮。齿轮的轴向尺寸称为齿宽，用 b 表示；在齿轮的任意圆周上，一个轮齿两侧齿廓间的弧长称为该圆上的齿厚，用 s_K 表示；一个齿槽两侧齿廓间的弧长称为该圆上的齿槽宽，用 e_K 表示；相邻两齿同侧齿廓间的弧长称为该圆上的齿距，用 p_K 表示，则

$$p_K = s_K + e_K \qquad (7\text{-}3)$$

2. 分度圆、模数和压力角

为了便于齿轮的设计制造、检验和互换使用，在齿根圆和齿顶圆之间选择一个圆作为计算的基准圆，该圆上 p/π 为标准值（整数或有理数），且压力角也为标准值，这个圆称为分度圆，其直径、半径、齿厚、齿槽宽和齿距分别用 d、r、s、e 和 p 来表示，且齿距为

$$p = s + e$$

若齿轮的齿数用 z 表示，则在分度圆上，$d\pi = zp$，于是得分度圆直径为

$$d = zp/\pi$$

工程上将比值 p/π 规定为一些简单的数值，并使之标准化。这个比值称为模数，用 m 表示，即

$$m = p/\pi \qquad (7\text{-}4)$$

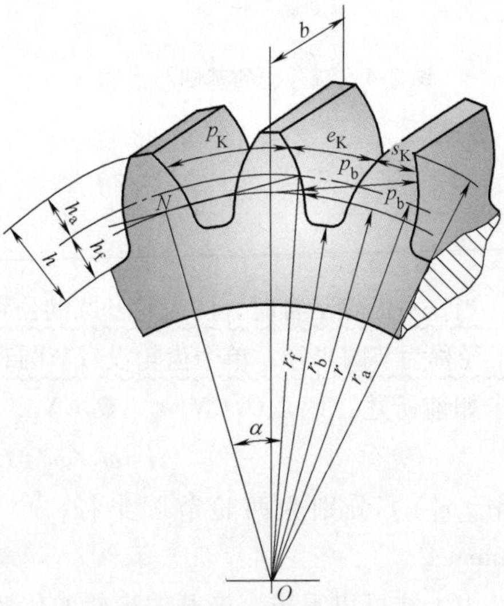

图7-6　齿轮各部分的名称

模数 m 的单位为mm，标准模数系列见表7-1。于是分度圆直径为

$$d = zm \qquad (7\text{-}5)$$

模数是决定齿轮尺寸的一个基本参数，齿数相同的齿轮，模数大则齿轮尺寸也大。齿轮齿廓在不同圆周上的压力角各不相同，分度圆上的压力角用 α 表示。国家标准中规定分度圆上的压力角为标准值 $\alpha=20°$。通常所说的齿轮的压力角是指其分度圆上的压力角。

表 7-1　标准模数系列（摘自 GB/T 1357—2008）　　（单位：mm）

第一系列	1,1.25,1.5,2,2.5,3,4,5,6,8,10,12,16,20,25,32,40,50
第二系列	1.125,1.375,1.75,2.25,2.75,3.5,4.5,5.5,(6.5),7,9,11,14,18,22,28,36,45

注：选用模数时应优先选用第一系列，其次是第二系列，括号内的模数尽可能不用。

3. 齿顶圆、齿根圆、齿顶高、齿根高和齿高

过齿轮的齿顶所作的圆称为齿顶圆，其直径和半径分别用 d_a 和 r_a 表示；过齿轮各齿槽底部所作的圆称为齿根圆，其直径和半径分别用 d_f 和 r_f 表示。

齿轮的齿顶圆与分度圆之间的径向距离称为齿顶高，用 h_a 表示；分度圆与齿根圆之间的径向距离称为齿根高，用 h_f 表示；齿顶圆与齿根圆之间的径向距离称为齿高，用 h 表示。以上各部分尺寸的计算公式如下：

$$h_a=h_a^* m \tag{7-6}$$

$$h_f=(h_a^*+c^*)m \tag{7-7}$$

$$h=h_a+h_f=(2h_a^*+c^*)m \tag{7-8}$$

$$d_a=d+2h_a=(z+2h_a^*)m \tag{7-9}$$

$$d_f=d-2h_f=(z-2h_a^*-2c^*)m \tag{7-10}$$

式中，h_a^* 称为齿顶高系数；c^* 称为顶隙系数。这两个系数也已经标准化了，对正常齿制，其数值为 $h_a^*=1$，$c^*=0.25$；对短齿制，其数值为 $h_a^*=0.8$，$c^*=0.3$。

4. 基圆、基圆齿距和法向齿距

基圆是形成渐开线齿廓的圆，基圆直径和半径分别用 d_b 和 r_b 表示。由式（7-2）可知，基圆与分度圆的关系为

$$d_b=d\cos\alpha=zm\cos\alpha \tag{7-11}$$

基圆上相邻两齿同侧齿廓之间的弧长（见图 7-6）称为基圆齿距，用 p_b 表示，则

$$p_b=\pi d_b/z=\pi m\cos\alpha \tag{7-12}$$

齿轮相邻两齿同侧齿廓间沿公法线方向所量得的距离称为齿轮的法向齿距，根据渐开线特性可知，法向齿距与基圆齿距相等，所以均用 p_b 表示。

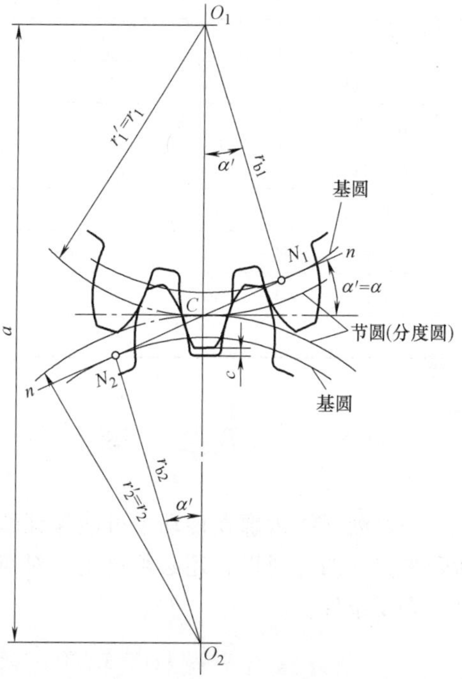

图 7-7　直齿圆柱齿轮的几何尺寸

二、渐开线标准直齿圆柱齿轮的几何尺寸计算

图 7-7 中所示的齿轮 1 和齿轮 2 为一对 m、α、h_a^*、c^* 均为标准值，且分度圆齿厚、齿槽宽相等的渐开线标准直齿圆柱齿轮，即

$$s_1=e_1=p_1/2=\pi m/2=p_2/2=s_2=e_2 \tag{7-13}$$

因此安装时可使两轮的分度圆相切做纯滚动，此时分度圆与节圆相重合，即

$$r_1=r_1',r_2=r_2'$$

使两标准齿轮的节圆与分度圆相重合的安装称为标准安装。这时的中心距称为标准中心距，其值为

$$\begin{aligned} a&=r_2'\pm r_1'=r_2\pm r_1 \\ &=m(z_1\pm z_2)/2 \end{aligned} \tag{7-14}$$

式中，“+”为用于外啮合圆柱齿轮传动；“-”为用于内啮合圆柱齿轮传动。

为了便于设计计算，现将渐开线标准直齿圆柱齿轮的几何尺寸计算公式列于表 7-2。其中 z、m、α、h_a^*、c^* 是 5 个基本参数。只要确定了这 5 个参数，渐开线标准直齿圆柱齿轮的全部几何尺寸及齿廓曲线的形状也就完全确定了。

表 7-2 渐开线标准直齿圆柱齿轮的几何尺寸计算公式 （单位：mm）

名 称	符 号	计 算 公 式
模数	m	见表 7-1
齿顶高	h_a	$h_a=h_a^* m$
齿根高	h_f	$h_f=(h_a^*+c^*)m=1.25m$
齿高	h	$h=h_a+h_f=(2h_a^*+c^*)m=2.25m$
分度圆直径	d	$d=mz$
齿顶圆直径	d_a	$d_a=d+2h_a=d+2m$
齿根圆直径	d_f	$d_f=d-2h_f=d-2.5m$
基圆直径	d_b	$d_b=d\cos\alpha$
齿距	p	$p=\pi m$
齿厚	s	$s=p/2=\pi m/2$
槽宽	e	$e=p/2=\pi m/2$

第五节 渐开线直齿圆柱齿轮的啮合传动

一对渐开线齿廓在传动中虽能保证瞬时传动比不变，但是齿轮传动是由若干对轮齿依次啮合来实现的。所以，还必须讨论一对齿轮啮合时，能使各对轮齿依次、连续啮合传动的充分、必要条件。

一、渐开线直齿圆柱齿轮的正确啮合条件

在设计齿轮时，应保证：当前对轮齿啮合以后，后续的各对齿轮也能依次啮合，而不是相互顶住或分离。如前所述，一对渐开线齿轮在传动时，它们的齿廓啮合点都应在啮合线 N_1N_2 上。因此如图 7-8 所示，要使处于啮合线上的各对轮齿都能正确地进入啮合状态，显然必须保证齿轮 1、2 处在啮合线上的相邻两轮齿同侧齿廓之间的法向距离相等，即

$$K_1K_1'=K_2K_2'$$

由渐开线特性可知，齿廓之间的法向距离应等于基圆齿距 p_b，即

$$K_2K_2' = N_2K_2' - N_2K_2 = \widehat{N_2 i} - \widehat{N_2 j} = \widehat{ij} = p_{b2}$$

$$p_{b2} = \pi d_{b2}/z_2 = \pi d_2 \cos\alpha_2 / z_2 = \pi m_2 \cos\alpha_2$$

同理

$$K_1K_1' = p_{b1} = \pi m_1 \cos\alpha_1$$

因此，要满足 $K_1K_1' = K_2K_2'$，则应使

$$p_{b1} = p_{b2}$$

或

$$m_1 \cos\alpha_1 = m_2 \cos\alpha_2 \tag{7-15}$$

式中，m_1、m_2 为两齿轮的模数，单位为 mm；α_1、α_2 为两齿轮的压力角，单位为（°）。

由于分度圆、模数和压力角均已标准化，所以要满足式（7-15），则应使

$$\left.\begin{aligned} m_1 = m_2 = m \\ \alpha_1 = \alpha_2 = \alpha \end{aligned}\right\} \tag{7-16}$$

上式表明：渐开线直齿齿轮的正确啮合条件是两齿轮的模数和压力角必须分别相等。

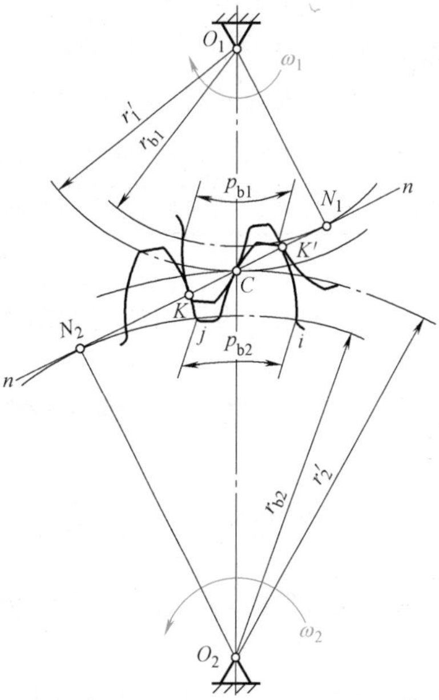

图 7-8　正确啮合条件

二、渐开线直齿圆柱齿轮连续传动的条件

图 7-9 中齿轮 1 为主动轮，齿轮 2 为从动轮，它们的转动方向如图所示。一对齿廓开始啮合时，应是主动轮的齿根部与从动轮的齿顶接触，所以起始啮合点是从动轮的齿顶圆与啮合线 N_1N_2 的交点 A。当两轮继续转动时，啮合点位置沿啮合线 N_1N_2 向下移动，轮 2 齿廓上的接触点由齿顶向齿根移动，而轮 1 齿廓上的接触点则由齿根向齿顶移动。终止啮合点是主动轮的齿顶圆与啮合线 N_1N_2 的交点 E。线段 $\overline{AE}$ 为啮合点的实际轨迹，故称为实际啮合线段。

图 7-9 中，当两轮齿顶圆加大时，点 A 和 E 趋近于点 N_1 和 N_2，但由于基圆内无渐开线，故线段 N_1N_2 为理论上可能的最大啮合线段，称为理论啮合线段。

如前所述，满足正确啮合条件的一对齿轮能在啮合线上两点同时啮合。但这只是实现连续传动的必要条件，而不是充分条件。为了保证连续传动还必须研究齿轮传动的重合度。

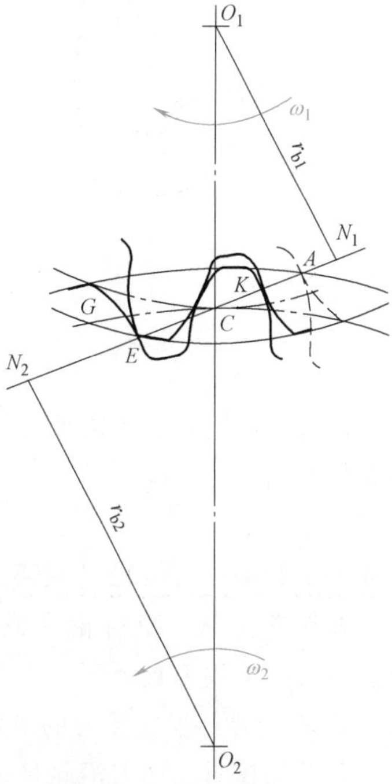

图 7-9　齿轮连续传动的条件

为保证连续传动，必须在前一对轮齿尚未脱离啮合时，使后一对轮齿及时进入啮合，即满足 $\overline{AE} \geqslant p_b$，否则前一对轮齿在 E 点脱离啮合时，后一对轮齿还未进入 A 点，这样，前后两对齿轮交替啮合时必然造成冲击，影响传动的平稳性。因此，齿轮传动连续传动的条件为：两齿轮实际啮合线段 $\overline{AE}$ 应大于或等于齿轮的基圆齿距 p_b。将 $\overline{AE}$ 与 p_b 的比值定义为重合度，用 ε 表示，则齿轮连续传动的条件可表示为：

$$\varepsilon = \overline{AE}/p_b \geqslant 1$$

重合度越大，表明齿轮传动的连续性和平稳性越好。

第六节　渐开线齿轮的切齿原理及根切与变位

一、齿轮加工的基本原理

渐开线齿轮的切齿方法很多，但按其原理可分为成形法和展成法两类。

1. 成形法

成形法（见图 7-10）是用渐开线齿形的成形铣刀直接切出齿形。常用的刀具有盘形铣刀和指形齿轮铣刀两种。加工时，铣刀绕本身轴线旋转，同时轮坯沿齿轮轴线方向直线移动。铣出齿槽以后，将轮坯转过 $2\pi/z$ 再铣第二个齿槽。其余依此类推。

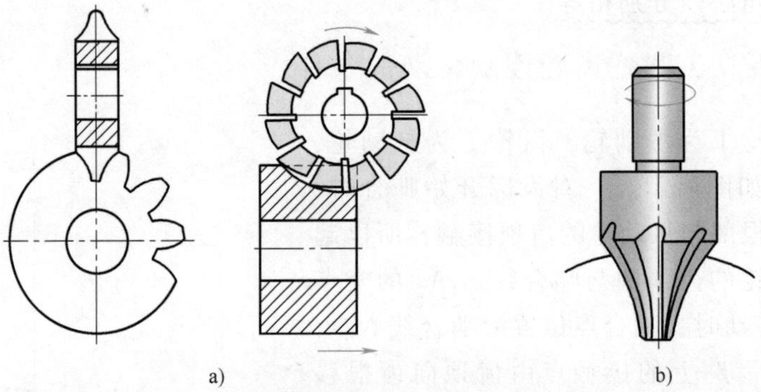

图 7-10　成形法切齿

a）盘形铣刀铣齿　b）指形齿轮铣刀铣齿

这种切齿方法简单，不需要专用机床，但生产率低，精度差，故仅适用于单件生产精度要求不高的齿轮。

2. 展成法

展成法是利用一对齿轮（或齿轮与齿条）互相啮合时其共轭齿廓互为包络线的原理来切齿的。如果把其中一个齿轮（或齿条）做成刀具，就可以切出与它共轭的渐开线齿廓。用展成法切齿的常用刀具如下。

（1）齿轮插刀　齿轮插刀的形状如图 7-11a 所示，刀具顶部比正常齿高出 $c^* m$，以便切出顶隙部分。插齿时，插刀沿轮坯轴线方向做往复切削运动，同时强迫插刀与轮坯模仿一对齿轮传动那样以一定的角速比转动（见图 7-11b），直至全部齿槽切削完毕。因插齿刀的齿廓是渐开线，所以插制出的齿轮齿廓也是渐开线。根据正确啮合条件，被切齿轮的模数和压力角必定与插刀的模数和压力角相等，故用同一把插刀切出的同类齿轮都能正确啮合。

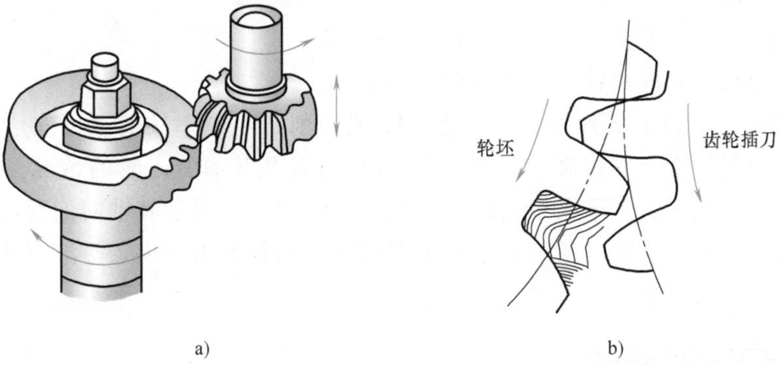

图 7-11　齿轮插刀切齿

（2）齿条插刀　用齿条插刀切齿是模仿齿轮与齿条的啮合过程，把刀具做成齿条状，如图 7-12 所示。图 7-13 表示齿条插刀齿廓在水平面上的投影，其顶部比传动用的齿条高出 c^*m（圆角部分）以便切出传动时的顶隙部分。

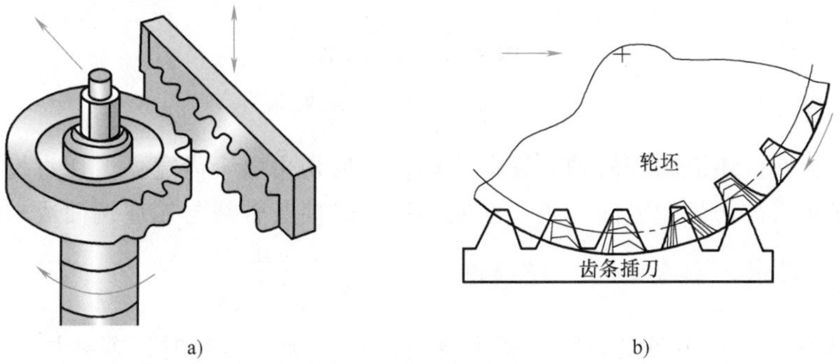

图 7-12　齿条插刀切齿

a）齿条插刀铣齿　b）切齿展成

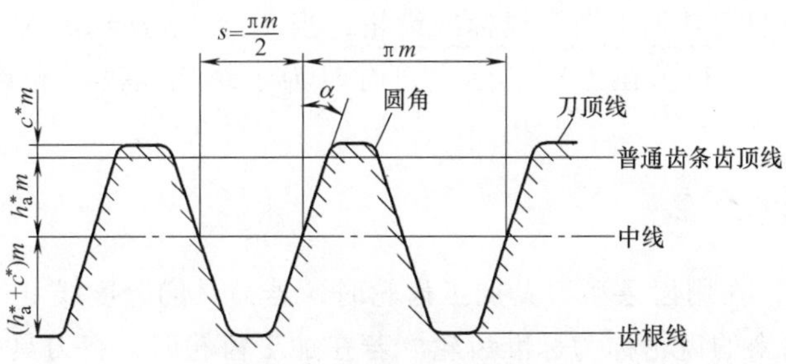

图 7-13　齿条插刀的齿廓

齿条的齿廓为一直线，由图 7-13 可见，不论是在中线（齿厚与齿槽宽相等的直线）上，还是在与中线平行的其他任一直线上，它们都具有相同的齿距 p（πm）、模数 m 和相同的压

力角 α（20°）。对于齿条刀具，α 也称为齿形角或刀具角。在切削标准齿轮时，应使轮坯径向进给至刀具中线与轮坯分度圆相切，并保持纯滚动。这样切成的齿轮，分度圆齿厚与分度圆齿槽宽相等，即

$$s=e=\pi m/2$$

且模数和压力角与刀具的模数和压力角分别相等。

（3）齿轮滚刀　以上两种刀具都只能间断地切削，生产率较低。目前广泛采用的齿轮滚刀，能连续切削，生产率较高。图 7-14 所示为滚刀及其加工齿轮的情况。滚刀形状很像螺旋，在其上均匀地开有若干条纵向槽，以便制出切削刃，而且其轴向剖面内的齿形与齿条插刀齿形相同。滚齿时，它的齿廓在水平工作台面上的投影为一齿条。滚刀转动时，该投影齿条就沿其中线方向移动。

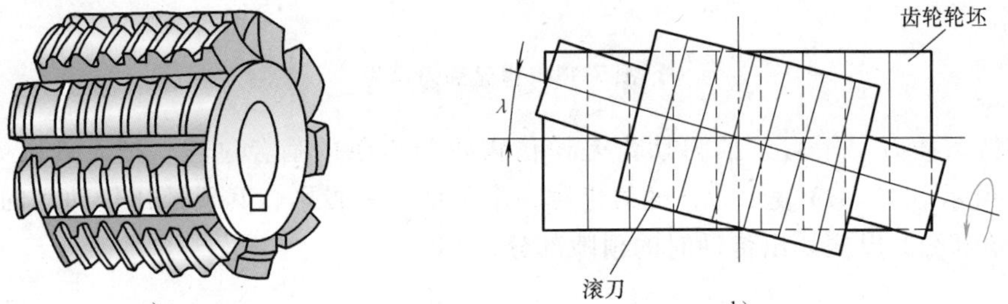

图 7-14　滚刀切齿

a）滚刀　b）滚刀滚齿

滚刀除旋转外，还沿轮坯的轴向逐渐移动，以便切出整个齿宽。滚切直齿轮时，为了使刀齿螺旋线方向与被切齿轮方向一致，在安装滚刀时使其轴线与轮坯端面成一滚刀升角 λ。

二、轮齿的根切现象和最少齿数

如图 7-15 所示，用齿条型刀具（或齿轮型刀具）加工齿轮时，若被加工齿轮的齿数过少，刀具的齿顶线就会超过轮坯的啮合极限点 N_1，这时将会出现刀刃把轮齿根部的渐开线齿廓切去一部分的现象，这种现象称为轮齿的根切。

过分的根切使得轮齿根部被削弱，轮齿的抗弯能力降低，重合度减小，故应当避免出现严重的根切。用齿条型刀具加工渐开线标准齿轮，当 $h_a^*=1$，$\alpha=20°$时，可以证明轮齿不发生根切的最少齿数 $z_{min}=17$。在工程实际中，有时为了结构紧凑，允许轻微的根切，可取 $z_{min}=14$。

三、变位齿轮的概念

如图 7-16a 所示，在用齿条型刀具加工齿轮时，若刀具的分度线（又称中线）与轮坯的分度圆相切时加工出来的齿轮称为标准齿轮。若在加工齿轮时，将刀具相对于轮坯中心向外移出或向内移近一段距离（见图 7-16b、c），则刀具的中线将不再与轮坯的分度圆相切。刀具移动的距离 xm 称为变位量，其中 m 为模数，x 为变位系数。这种用改变刀具与轮坯相对位置的方法来加工的齿轮称为变位齿轮。从图 7-16d 中可以看出，变位齿轮与标准齿轮相比，具有相同的模数、齿数和压力角，并且分度圆及基圆尺寸仍相同。

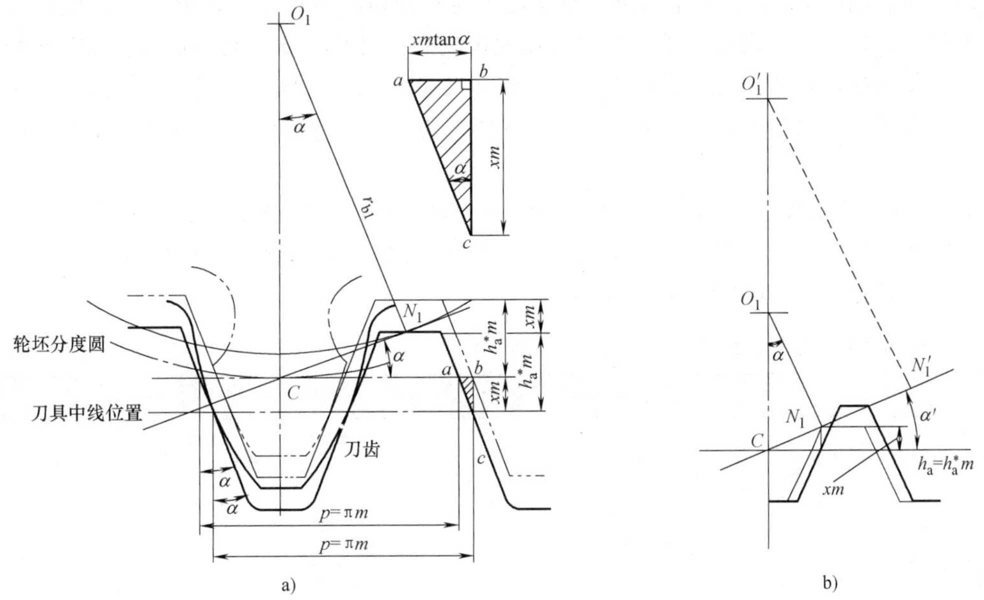

图 7-15 轮齿的根切现象

a）根切 b）变位齿轮

1. 正变位齿轮

在加工齿轮时，若刀具相对轮坯中心向外移出（见图 7-16b、d），变位系数 $x>0$，则称为正变位，加工出来的齿轮称为正变位齿轮。与标准齿轮相比，正变位齿轮的齿根厚度及齿顶高增大，轮齿的抗弯能力提高。但正变位齿轮的齿顶厚度减小，因此，变位量不宜过大，以免造成齿顶变尖。

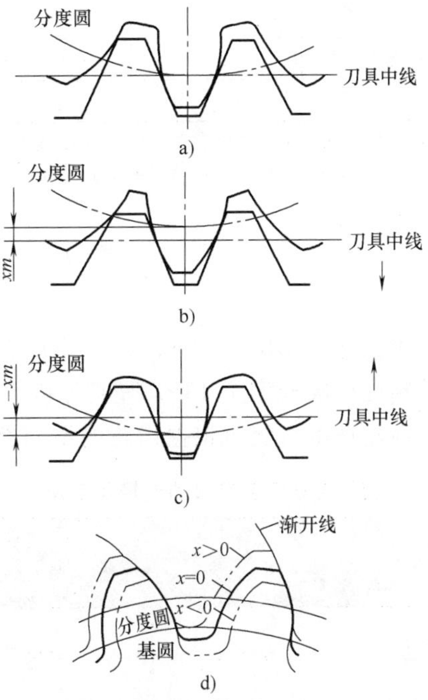

图 7-16 变位齿轮与标准齿轮比较

2. 负变位齿轮

在加工齿轮时，若刀具是向轮坯中心移近（图 7-16c、d），变位系数 $x<0$，则称为负变位，加工出来的齿轮称为负变位齿轮。与标准齿轮相比，负变位齿轮的齿根厚度及齿顶高减小，轮齿的抗弯能力降低。因此，通常只有在特殊需要的场合才采用负变位齿轮，如为配凑中心距等。

3. 变位齿轮的优点

1）可以加工出齿数 $z<z_{min}$ 而不发生根切的齿轮。因为对于标准齿轮，当 $z<z_{min}$ 时，刀具的齿顶线将超过 N_1 点（见图 7-15），加工出的齿轮将会发生根切。而采用正变位，将刀具外移 xm，使刀具的齿顶线不超过 N_1 点，就可以避免根切。

2）在齿轮传动中，小齿轮的齿根厚度比大齿轮的齿根厚度小，因此，小齿轮轮齿的抗弯能力较弱，同时，小齿轮的啮合频率又比大齿轮高，对其强度不利。这时，可以通过正变位来提高小齿轮的抗弯能力，从而提高一对齿轮传动的总体强度。若同时还必须保证中心距不变，常可采用等移距变位齿轮传动。表7-3所列为正常齿等移距变位齿轮传动的几何尺寸计算公式。

3）当实际中心距 a' 不等于标准中心距 a（$a'<a$ 或 $a'>a$）或不能满足所要求的中心距时，可选择适当的变位量对单个齿轮进行变位或对两个齿轮都分别进行变位（如采用不等移距变位齿轮传动），来满足中心距的要求。

表7-3 正常齿等移距变位齿轮传动的几何尺寸计算公式 （单位：mm）

名称	符号	计算公式
齿数比	u	$u=z_2/z_1$
中心距	a'	$a'=a+ym$
变位系数	x	$x_1+x_2=0$
分度圆直径	d	$d_1=z_1m;d_2=z_2m$
节圆直径	d'	$d_1'=2a'(u+1);d_2'=ud_1$
齿顶圆直径	d_a	$d_a=d+2(h^*+x-\Delta y)m$
齿根圆直径	d_f	$d_f=d-2(h^*+c^*-x)m$
中心距变动系数	y	$y=\dfrac{a'-a}{m}$
齿高变动系数	Δy	$\Delta y=x_\Sigma-y$
总变位系数	x_Σ	$x_\Sigma=y+\Delta y=x_1+x_2$

注：1. 表中仅列出外啮合等移距直齿变位齿轮部分计算公式，进行齿轮设计时需查阅《机械设计手册》。
2. 表内公式中的变位系数 x（x_1 或 x_2）本身带正负号，Δy 永为正号。

第七节 齿轮传动的精度

国家标准 GB/T 10095.1~10095.2—2008 和 GB/T 11365—1989 对渐开线圆柱齿轮和锥齿轮精度标准规定了13个精度等级，其中0级精度最高，12级最低，常用的是6~9级精度。齿轮精度等级可根据齿轮的不同类型、传动的用途和圆周速度等从表7-4中选取。

表7-4 齿轮传动精度等级的选择及应用

精度等级	圆周速度/(m/s)			应用
	直齿圆柱齿轮	斜齿圆柱齿轮	直齿锥齿轮	
6级	≤15	≤25	≤9	高速重载的齿轮传动，如飞机、汽车和机床制造中的重要齿轮，分度机构的齿轮传动
7级	≤10	≤17	≤6	高速中载或中速重载的齿轮传动，如标准系列变速箱的齿轮，汽车和机床制造中的齿轮
8级	≤5	≤10	≤3	机械制造中对精度无特殊要求的齿轮
9级	≤3	≤3.5	≤2.5	低速及对精度要求低的传动

由于齿轮在制造和安装过程中，不可避免地要产生误差，如齿形、齿距、齿向误差和轴线误差，所以，会给齿轮传动带来以下三个方面的影响：

1）相啮合的齿轮的实际转角与理论转角不一致，从而产生速度波动，影响运动传递的准确性。

2）不能保持瞬时传动比恒定不变，在高速传动中将引起振动、冲击和噪声，影响齿轮传动的平稳性。

3）齿向误差能引起轮齿上载荷的不均匀性，当传递较大载荷时，易造成早期损坏。

另外，渐开线圆柱齿轮精度新标准 GB/T 10095.1～10095.2—2008 对精度标准做了大量修改，设计齿轮时，应查阅新版《机械设计手册》。

第八节　齿轮的失效形式和设计准则

一、齿轮的失效形式

齿轮的失效主要是指轮齿的失效，常见的失效形式有轮齿折断、齿面点蚀、齿面磨损、齿面胶合和轮齿塑性变形。

1. 轮齿折断

轮齿折断一般发生在齿根部分，因为轮齿受力时，齿根弯曲应力最大，而且有应力集中。轮齿根部受到脉动循环（单侧工作时）或对称循环（双侧工作时）的弯曲变应力作用而产生疲劳裂纹，随着应力循环次数的增加，疲劳裂纹逐步扩展，最后导致轮齿的疲劳折断。偶然的严重过载或大的冲击载荷，也会引起轮齿的突然脆性折断（见图 7-17a）。轮齿折断是齿轮传动中最严重的失效形式，必须避免。

2. 齿面点蚀

轮齿在工作时，齿面受到脉动循环的接触应力作用，使得轮齿的表层材料起初出现微小的疲劳裂纹，然后裂纹扩展，最后致使齿面表层的金属微粒剥落，形成齿面麻点（见图 7-17b），这种现象称为齿面点蚀。随着点蚀的发展，这些小的点蚀坑会连成一片，形成明显的齿面损伤。点蚀通常发生在轮齿靠近节线的齿根面上。发生点蚀后，齿廓形状被破坏，齿轮在啮合过程中会产生强烈振动，以至于齿轮不能正常工作而使传动失效。

齿面抗点蚀能力与齿面硬度有关，齿面越硬抗点蚀能力越强。对于开式齿轮传动，因其齿面磨损的速度较快，当齿面还没有形成疲劳裂纹时，表层材料已被磨掉，故通常见不到点蚀现象。因此，齿面点蚀一般发生在软齿面闭式齿轮传动中。

3. 齿面磨损

在齿轮传动中，当轮齿的工作齿面间落入砂粒、铁屑等磨料性杂质时，齿面将产生磨粒磨损。齿面磨损严重时，使轮齿失去了正确的齿廓形状，从而引起冲击、振动和噪声，甚至因轮齿变薄而发生断齿（见图 7-17c）。齿面磨损是开式齿轮传动的主要失效形式。

4. 齿面胶合

在高速、重载的齿轮传动中，因为压力大、齿面相对滑动速度大及瞬时温度高，而使相啮合的齿面间的油膜发生破坏，产生粘焊现象；而随着两齿面的相对滑动，黏着的地方又被撕开，以致在齿面上留下犁沟状伤痕，这种现象称为齿面胶合（见图 7-17d）；在低速、重载的齿轮传动中，因润滑效果差、压力大而使相啮合的齿面间的油膜发生破坏，也会产生胶合现象。

齿面胶合通常出现在齿面相对滑动速度较大的齿顶和齿根部位。齿面发生胶合后，也会使轮齿失去正确的齿廓形状，从而引起冲击、振动和噪声，并导致失效。

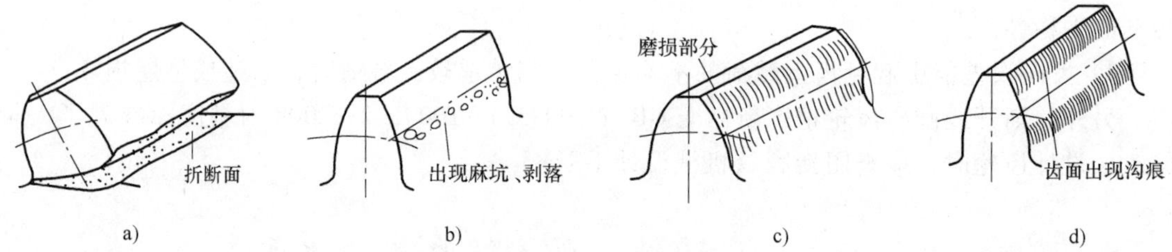

图 7-17　齿轮的失效形式

a）轮齿折断　b）齿面点蚀　c）齿面磨损　d）齿面胶合

5. 轮齿塑性变形

由于轮齿面间过大的压应力以及相对滑动和摩擦造成两齿面的相互辗压，以致齿面材料因屈服而产生沿摩擦力方向的塑性流动，甚至齿体也发生塑性变形，这种现象称为轮齿塑性变形（见图 7-18）。轮齿塑性变形常发生在重载或频繁起动的软齿面齿轮上。轮齿的塑性变形破坏了轮齿的正确啮合位置和齿廓形状，使之失效。

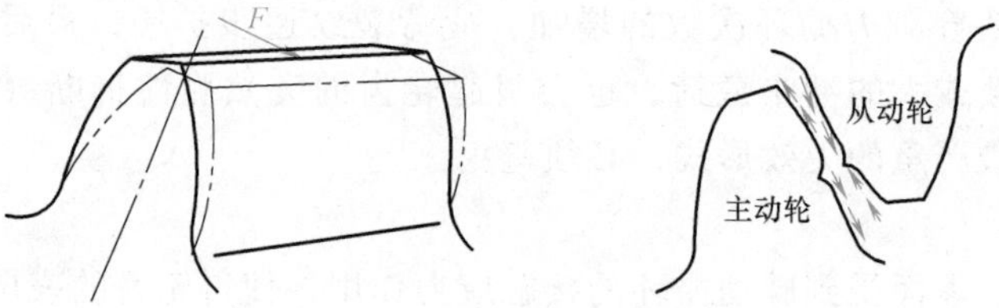

图 7-18　轮齿塑性变形

二、设计准则

齿轮传动的设计准则由失效形式确定。

（1）对于闭式传动的齿轮　由于其主要失效形式是疲劳点蚀、齿根疲劳折断和齿面胶合，所以，一般只进行齿面接触疲劳强度和齿根抗弯疲劳强度计算。当有短时过载时，还应进行静强度计算。对高速大功率的齿轮传动，还应进行抗胶合计算。

另外，由于软齿面闭式齿轮传动常因齿面疲劳点蚀而失效，所以通常按齿面接触强度设计公式确定模数等尺寸，然后按轮齿抗弯强度校核公式进行验算；而硬齿面闭式齿轮传动因抗疲劳点蚀能力较强，所以通常按抗弯强度设计公式确定模数等尺寸，然后按齿面接触强度校核公式进行验算。

（2）对于开式传动的齿轮　由于其主要失效形式是弯曲疲劳折断和齿面磨损，而目前对磨损尚无完善的计算方法，所以，通常只进行抗弯疲劳强度计算，并用适当加大模数的办法来考虑磨粒磨损的影响。

第九节　齿轮材料与热处理方法

齿轮材料应具有足够的抗折断、抗点蚀、抗胶合及耐磨损等能力。常用的齿轮材料有优质碳素钢和合金结构钢，其次是铸铁（见表 7-5）。在受力较小并需高速减噪的场合中，也有采用非金属材料的。这里主要介绍用于齿轮材料的锻钢、铸钢以及铸铁。

表 7-5　齿轮常用材料及其力学性能

材　料	热处理方法	抗拉强度 σ_b/MPa	屈服强度 σ_s/MPa	齿面硬度(HBW)
HT300	正　　火	300		187~255
QT600-3		600		190~270
ZG310-570		580	320	163~197
ZG340-640		650	350	179~207
45		580	290	162~217
ZG340-640	调质	700	380	241~269
45		650	360	217~255
35SiMn		750	450	217~269
40Cr		700	500	241~286
45	调质后表面淬火			45~50HRC
40Cr				48~55HRC
20Cr	渗碳后淬火	650	400	56~62HRC
20CrMnTi		1100	580	56~62HRC

一、锻钢

锻钢具有强度高、韧性好、便于制造等特点，还可通过各种热处理的方法来改善其力学性能，故大多数齿轮都用锻钢制造。锻钢按其齿面硬度的不同，可分为两类：

1. 软齿面齿轮（齿面硬度≤350HBW）

常用的材料为 45 钢、40Cr、35SiMn、38SiMnMo 等中碳钢或中碳合金钢。齿轮毛坯经调质或正火处理后进行切齿加工，齿面硬度一般在 160~290HBW 范围内，制造工艺简便、经济，常用于对强度、速度及精度要求不高的齿轮传动。在一对软齿面齿轮传动中，由于小齿轮比大齿轮的啮合次数多，齿根厚度较小，抗弯能力较低，因此，在选择材料及热处理方法时，应使小齿轮的齿面硬度比大齿轮的齿面硬度高 30~50HBW，以期达到大小齿轮等强度。

2. 硬齿面齿轮（齿面硬度>350HBW）

硬齿面齿轮可用整体淬火、表面淬火、渗碳淬火等热处理方法得到。其常用材料有两类，一类是 20Cr、20CrMnTi 等低碳合金钢，采用表面渗碳淬火处理后，齿面硬度可达 56~62HRC。齿轮经渗碳淬火后，轮齿变形较大，应进行磨齿；另一类为 45 钢、40Cr 等中碳钢或中碳合金钢，采用整体淬火后再低温回火，齿面硬度可达 45~55HRC。这种热处理工艺简单，但轮齿变形较大，心部韧度较低，质量不易保证，不适于承受冲击载荷，热处理后必须进行磨齿、研齿等精加工。

此外，还有表面淬火后再低温回火，齿面硬度可达 48~55HRC。采用这种热处理方法，轮齿心部韧度高，能用于承受中等冲击载荷。由于表面淬火只在轮齿表层加热，轮齿变形不大，一般可以不最后磨齿。但若硬化层较深，则变形较大，应进行最后精加工。

另外，还有渗氮和碳氮共渗等热处理方法。渗氮齿轮硬度高、变形小，适用于内齿轮和难于磨削的齿轮。常用材料有：42CrMo、38CrMoAl；碳氮共渗工艺时间短，且有渗氮的优点，可以代替渗碳淬火，其材料和渗碳淬火的相同。硬齿面齿轮制造工艺复杂，成本高，但承载能力也高，常用于高速、重载及精度要求高的齿轮传动。

二、铸钢

当齿轮的尺寸较大（$d_a \geqslant 400 \sim 600$mm）或结构复杂，且受力较大时，可考虑采用铸钢。铸钢的耐磨性及强度均较好，但由于铸造时内应力较大，故应经正火或退火处理，必要时也进行调质处理。常用的铸钢有 ZG310-570、ZG340-640 等。

三、铸铁

铸铁齿轮一般常用于低速轻载、冲击小等不重要的齿轮传动中。常用的铸铁材料有 HT300、QT600-3 等。普通灰铸铁的抗弯强度、抗冲击和耐磨损性能均较差，但铸铁工艺性好，成本较低。球墨铸铁的力学性能和抗冲击能力比灰铸铁高，高强度球墨铸铁可以代替铸钢铸造大直径的轮坯。

第十节 直齿圆柱齿轮的强度计算

一、受力分析和计算载荷

直齿圆柱齿轮传动的强度计算方法是其他各类齿轮传动强度计算的基础。其他类型的齿轮传动（如斜齿圆柱齿轮传动、锥齿轮传动等）的强度计算，都可以通过转变成当量直齿圆柱齿轮传动的方法来进行。

1. 受力分析

为了计算齿轮以及计算轴和轴承的强度，需要知道齿轮上的作用力。对于直齿圆柱齿轮传动，若略去齿面间的摩擦力，则轮齿间的相互作用力为法向力 F_n。为了便于分析计算，可对节点 C 处进行受力分析，并将法向力 F_n 分解为相互垂直的两个分力，即圆周力 F_t 和径向力 F_r（见图 7-19）。各力的计算公式为

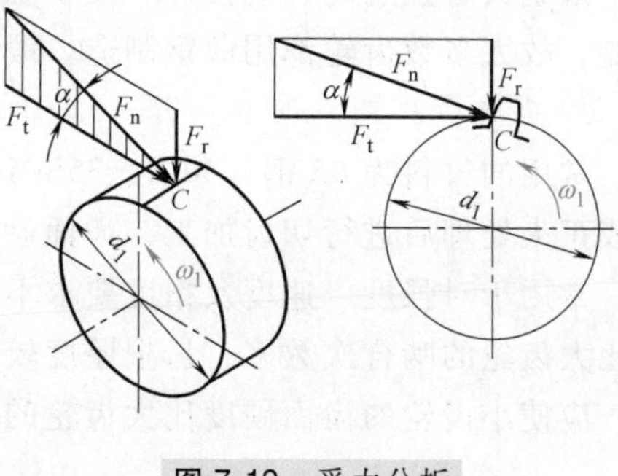

图 7-19 受力分析

$$\left.\begin{aligned} F_{t1} &= F_{t2} = 2T_1/d_1 \\ F_{r1} &= F_{r2} = F_{t1}\tan\alpha \\ F_{n1} &= F_{n2} = F_1/\cos\alpha \end{aligned}\right\} \tag{7-17}$$

式中，T_1 为小齿轮的转矩，单位为 N · mm；d_1 为小齿轮分度圆直径，单位为 mm；α 为压力角，单位为（°）。

齿轮上的圆周力 F_{t1} 对于主动轮 1 为阻抗力，因此，主动轮上圆周力的方向与受力点的

圆周速度方向相反；圆周力 F_{t2} 对于从动轮 2 为驱动力，因此，从动轮上圆周力的方向与受力点的圆周速度方向相同。径向力的方向对于外啮合齿轮都是由受力点指向各自轮心。如果小齿轮传递的功率为 P_1（kW），转速为 n_1（r/min），则小齿轮上的转矩为

$$T=9.55\times10^6P_1/n_1 \tag{7-18}$$

2. 计算载荷

在实际传动中，由于原动机及工作机运转的工作特性不同，齿轮的制造误差、齿轮相对轴承的布置方式以及支承刚度等方面的影响，使得齿轮上所受的实际载荷一般都大于名义载荷 F。所以在进行齿轮强度计算时，为了考虑这些影响，应当按计算载荷 F_c 进行计算。即

$$F_c=KF \tag{7-19}$$

式中，K 为载荷系数，其值见表 7-6。

表 7-6　载荷系数 K

原动机	工作机的载荷特性		
	均匀	中等冲击	大的冲击
电动机	1～1.2	1.2～1.6	1.6～1.8
多缸内燃机	1.2～1.6	1.6～1.8	1.9～2.1
单缸内燃机	1.6～1.8	1.8～2.0	2.2～2.4

注：斜齿、圆周速度低、精度高、齿宽系数较小时，取较小值；直齿、圆周速度高、精度低、齿宽系数较大时，取较大值。轴承相对于齿轮做对称布置，轴的刚度较大，齿轮精度较高时，取较小值；反之取较大值。

二、齿面接触疲劳强度计算

齿面点蚀与齿面的接触应力有关。如图 7-20 所示，齿轮传动在节点处多为一对轮齿啮合，接触应力较大，一般点蚀都先发生在节线附近。因此，可选择齿轮传动的节点作为接触应力的计算点。齿面接触应力可按赫兹公式计算。即

$$\sigma_H=\sqrt{\frac{F_n}{\pi b}\frac{\dfrac{1}{\rho_1}\pm\dfrac{1}{\rho_2}}{\dfrac{1-\mu_1^2}{E_1}+\dfrac{1-\mu_2^2}{E_2}}}$$

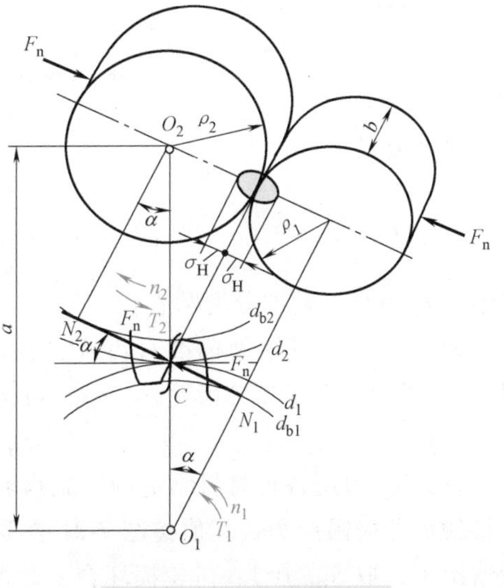

图 7-20　齿面的接触应力

式中，ρ_1、ρ_2 为两齿廓在节点 C 处的曲率半径，单位为 mm。

$$\rho_1=\frac{d_1}{2}\sin\alpha, \rho_2=\frac{d_2}{2}\sin\alpha$$

设齿数比 $u=z_2/z_1$，可得

$$\frac{1}{\rho_1}\pm\frac{1}{\rho_2}=\frac{u\pm1}{u}\frac{2}{d_1\sin\alpha}$$

式中，d_1、d_2 为小齿轮与大齿轮的分度圆直径，单位为 mm；b 为两齿廓接触长度，$b=\psi_d d_1$，单位为 mm；ψ_d 为齿宽系数，$\psi_d=b/d_1$（见表 7-7）；F_n 为作用于齿廓上的法向载荷，

$F_n = F_c = \dfrac{2KT_1}{d_1\cos\alpha}$，单位为 N；$E_1$、$E_2$ 为两齿轮材料的弹性模量，单位为 MPa，一对钢制齿轮 $E_1 = E_2 = 2.06\times10^5$ MPa；μ_1、μ_2 为两齿轮材料的泊松比（$\mu_1 = \mu_2 = 0.3$）；“+”“-”分别用于外啮合和内啮合。

表 7-7　推荐的齿宽系数 ψ_d

齿轮相对于轴承的位置	齿面硬度	
	软齿面(硬度≤350HBW)	硬齿面(硬度>350HBW)
对称布置	0.8~1.4	0.4~0.9
非对称布置	0.6~1.2	0.3~0.6
悬臂布置	0.3~0.4	0.2~0.25

经整理，可得齿面接触应力

$$\sigma_H = \sqrt{\frac{1}{\pi\left(\frac{1-\mu_1^2}{E_1}+\frac{1-\mu_2^2}{E_2}\right)}}\sqrt{\frac{2}{\sin\alpha\cos\alpha}}\cdot\sqrt{\frac{(u\pm1)\,2KT_1}{ubd_1^2}} = Z_E Z_H\sqrt{\frac{(u\pm1)\,2KT_1}{ubd_1^2}}$$

式中，T_1 为小齿轮转矩，单位为 N · mm；K 为载荷系数，见表 7-6；Z_E 为材料弹性系数，对于一对钢制齿轮啮合 $Z_E = 189.8$，对于钢与铸铁齿轮啮合 $Z_E = 162$，对于铸铁与铸铁齿轮啮合 $Z_E = 143.7$；Z_H 为节点区域系数，是反映节点处齿廓曲率对接触应力的影响，对于标准圆柱齿轮 $Z_H = 2.5$。

当一对钢制标准直圆柱齿轮啮合传动时，将 $Z_E = 189.8$、$Z_H = 2.5$、$b = \psi_d d_1$ 代入上式，则分别得出齿面接触疲劳强度的校核和设计公式。

校核公式为

$$\sigma_H = 670\sqrt{\frac{KT_1(u+1)}{\psi_d d_1^3 u}} \leqslant [\sigma_H] \tag{7-20}$$

设计公式为

$$d_1 \geqslant \sqrt[3]{\frac{670^2 KT_1(u\pm1)}{\psi_d u[\sigma_H]^2}} \tag{7-21}$$

式中，d_1 为小齿轮的分度圆直径。

如果不是一对钢制标准直齿圆柱齿轮啮合，以上两式中系数 670 应更换为 $670.4Z_E/189.8$。对于长期工作的齿轮，$[\sigma_H]$ 可按下式计算：

$$[\sigma_H] = \sigma_{Hlim}/S_{Hlim}$$

式中，σ_{Hlim} 为用各种材料制造的实验齿轮在长期持续的重复载荷作用下，齿面保持不点蚀的接触疲劳极限应力，其值按图 7-21 查取；S_{Hlim} 为齿面接触疲劳强度的最小安全系数，一般情况下，取 $S_{Hlim} = 1$；齿轮损坏会引起严重后果的，取 $S_{Hlim} = 1.25$。

值得注意的是，一对齿轮啮合时，两齿面上的接触应力 σ_H 是相等的，但两轮的材料不同时，其许用接触应力 $[\sigma_H]$ 也不同，在强度计算时应将 $[\sigma_{H1}]$ 与 $[\sigma_{H2}]$ 中的较小值代入上式中计算。

为了方便了解、掌握齿轮接触疲劳极限应力图和弯曲疲劳极限应力图，图 7-21 中只给出了 MQ、ML 等级的简化应力图。在 GB/T 3480.5—2008 的直齿轮和斜齿轮许用应力图中给出的是 ME、MQ 和 ML 三个等级，其中 ME 是齿轮材料品质和热处理质量很高时取得的疲劳强度极限，MQ 是材料品质和热处理质量中等时取得的疲劳强度极限，ML 是材料品质和热处理最低要求时取得的疲劳强度极限。设计齿轮时，可具体参照新版《机械设计手册》选取。

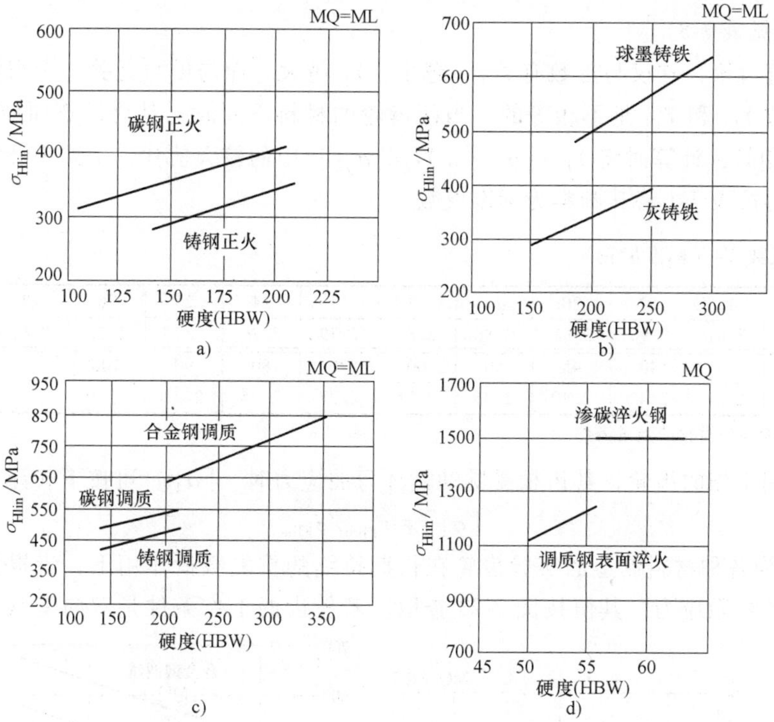

图 7-21 齿轮接触疲劳极限应力

三、齿根弯曲疲劳强度计算

轮齿的折断与齿根弯曲应力有关，在进行齿根弯曲应力计算时，把轮齿视为悬臂梁，假定全部载荷由一对轮齿来承担，且载荷作用在齿顶，其危险截面可用 30°切线法确定，即作与轮齿对称中心线成 30°夹角并与齿根圆角相切的斜线，两切点连线就是危险截面（见图 7-22）。图中 S_F 为齿根危险截面的厚度，h_F 为悬臂梁的臂长。由法向力 F_n 和悬臂长 h_F 确定齿根处的弯矩 M，由齿宽 b、齿厚 S_F 确定齿根处的抗弯截面系数 W，并由弯曲应力公式

$$\sigma_F=\frac{M}{W}=\frac{KF_n h_F\cos\alpha_F}{bS_F^2/6}=\frac{KF_t 6(h_F/m)\cos\alpha_F}{bm\ (S_F/m)^2\cos\alpha}=\frac{KF_t}{bm}Y_F \qquad (7\text{-}22)$$

推得齿根弯曲疲劳强度的校核公式为

$$\sigma_F=\frac{2KT_1Y_F}{\psi_d z_1^2 m^3}\leqslant[\sigma_F] \qquad (7\text{-}23)$$

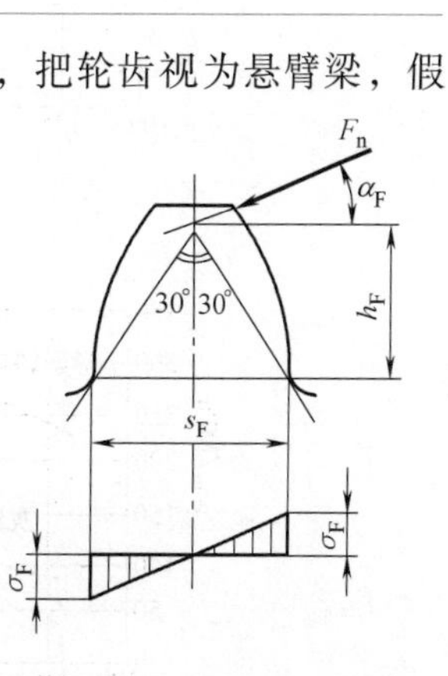

图 7-22 齿根弯曲应力

设计公式为

$$m \geqslant \sqrt[3]{\frac{2KT_1 Y_F}{\psi_d z_1^2 [\sigma_F]}} \tag{7-24}$$

式中，z_1 为小齿轮齿数；m 为齿轮的模数，单位为 mm；$[\sigma_F]$ 为许用弯曲应力，单位为 MPa；Y_F 为齿形系数，反映轮齿几何形状并考虑齿根过渡圆角所引起的压应力和切应力对 σ_H 的影响（见表 7-8）。

对标准直齿轮，它仅与齿数有关，z 越小，Y_F 越大，而与模数无关。应当注意，大小齿轮的齿形系数 Y_{F1} 和 Y_{F2} 是不相等的。当两齿轮的材料不同时，其许用弯曲应力 $[\sigma_{F1}]$ 与 $[\sigma_{F2}]$ 也不相等，计算时将 $Y_{F1}/[\sigma_{F1}]$、$Y_{F2}/[\sigma_{F2}]$ 中的较大值代入上式中计算。由上式求得模数后，再按表 7-1 将其圆整为标准模数。

表 7-8 齿形系数 Y_F（标准齿轮）

$z(z_v)$	17	18	19	20	21	22	23	24	25	26	27	28	29
Y_F	3.09	3.01	2.96	2.92	2.86	2.83	2.79	2.76	2.73	2.70	2.67	2.64	2.63
$z(z_v)$	30	35	40	45	50	60	70	80	90	100			
Y_F	2.60	2.51	2.45	2.40	2.36	2.31	2.27	2.24	2.22	2.20			

注：z_v 为斜齿圆柱齿轮的当量齿数。

对于长期工作的齿轮，其齿根受脉动循环弯曲应力时，$[\sigma_F]$ 可按下式计算：

$$[\sigma_F] = \sigma_{Flim} / S_{Flim}$$

式中，σ_{Flim} 为各种材料制造的实验齿轮在长期持续的重复载荷作用下，齿根保持不发生弯曲疲劳破坏的极限应力，其值按图 7-23 查取。若轮齿的工作条件是双向受载，则应将表值

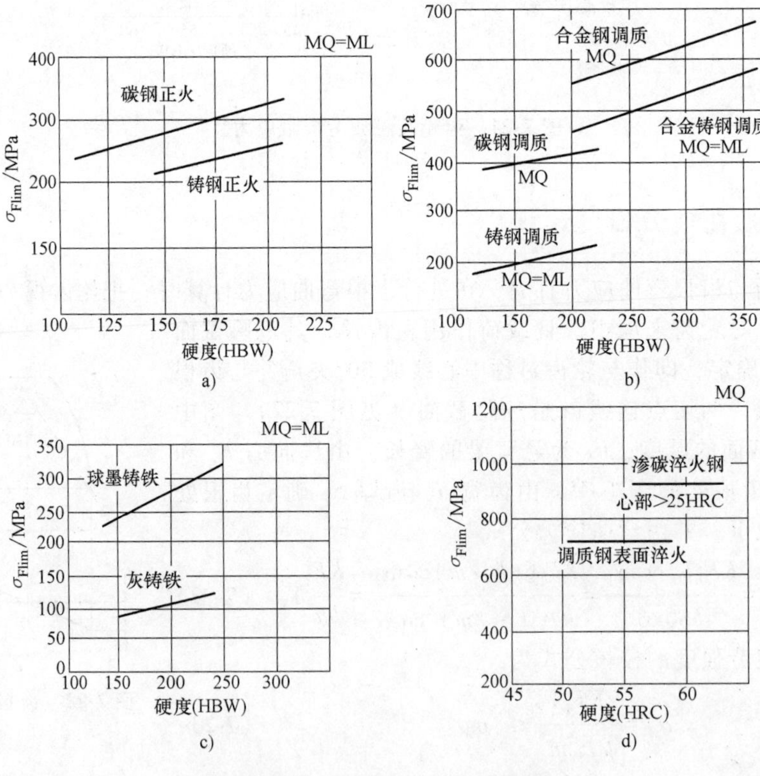

图 7-23 齿根弯曲疲劳破坏的极限应力

σ_{Flim} 乘以 0.7；S_{Flim} 为齿根抗弯强度的安全系数，一般情况下，取 $S_{Flim}=1.25$；齿轮损坏会引起严重后果时，取 $S_{Flim}=1.5$。

四、齿轮传动主要参数选择

1. 齿数 z_1 和模数 m

闭式齿轮传动一般转速较高，为了提高传动的重合度和平稳性，小齿轮的齿数宜选多一些，可取 $z_1=20\sim40$；开式齿轮传动一般转速较低，齿面磨损会使轮齿的抗弯能力降低。为使轮齿不致过小，小齿轮不宜选用过多的齿数，一般可取 $z_1=17\sim20$。

按齿面接触强度设计时，求得 d_1 后，可按经验公式：

$$m=(0.005\sim0.01)(1+u)d_1$$

确定模数 m，或按 z_1 计算模数 m，并圆整为标准值。应在保证齿根抗弯强度的条件下选取尽量小的 m，但对传递动力的齿轮，m 不小于 1.5mm，以免短期过载时发生轮齿折断。对开式传动应将计算出的模数 m 增大 10%～15%，以考虑磨损的影响。

2. 齿宽系数 ψ_d

增大轮齿宽度 b，可使齿轮直径 d 和中心距 a 减小；但齿宽过大，将使载荷沿齿宽分布不均匀。所以应参考表 7-7，合理选择齿宽系数 ψ_d。由 $b=\psi_d d_1$ 得到的齿宽应加以圆整。考虑到两齿轮装配时的轴向错位会导致实际啮合齿宽减小，故通常使小齿轮比大齿轮稍宽一些。一般小齿轮齿宽 $b_1=b_2+(5\sim10)$mm。

3. 齿数比 u

一对齿轮的齿数比不宜选得过大，否则不仅大齿轮直径太大，而且整个齿轮传动的外廓尺寸也会增大。一般对于直齿圆柱齿轮传动，$u\leqslant5$；对于斜齿圆柱齿轮传动，u 可取到 6～7；对于开式齿轮传动或手动齿轮传动，u 可取到 8～12。

例 7-1　设计一用于带式输送机的单级齿轮减速机中的直齿圆柱齿轮传动。已知减速机的输入功率 $P_1=8$kW，输入转速 $n_1=800$r/min，传动比 $i=3$，输送机单向运转。

解　1. 材料选择

带式输送机的工作载荷比较平稳，对减速器的外廓尺寸没有限制，因此为了便于加工，采用软齿面齿轮传动。小齿轮选用 45 钢，调质处理，齿面平均硬度为 220HBW；大齿轮选用 45 钢，正火处理，齿面平均硬度为 180HBW。

2. 参数选择

（1）齿数 z_1、z_2　由于采用软齿面闭式齿轮传动，故取 $z_1=24$，$z_2=iz_1=3\times24=72$。

（2）齿宽系数 ψ_d　由于是单级齿轮传动，两支承相对齿轮为对称布置，且两轮均为软齿面，查表 7-7，取 $\psi_d=1.0$。

（3）载荷系数 K　因为载荷比较平稳，齿轮为软齿面，支承对称布置，查表 7-6，取 $K=1.1$。

（4）齿数比 u　对于单级减速传动，齿数比 $u=i_{12}=3$。

3. 确定许用应力

小齿轮的齿面平均硬度为220HBW。由图7-21查得 $\sigma_{Hlim}=550MPa$，由图7-23查得 $\sigma_{Flim}=410MPa$，并取安全系数 $S_{Hlim}=1$，$S_{Flim}=1.25$，许用应力分别为

$$[\sigma_{H1}]=\sigma_{Hlim}/S_{Hlim}=550MPa,[\sigma_{F1}]=\sigma_{Flim}/S_{Flim}=328MPa$$

大齿轮的齿面平均硬度为180HBW。由图7-21查得 $\sigma_{Hlim}=395MPa$，由图7-23查得 $\sigma_{Flim}=305MPa$，并取安全系数 $S_{Hlim}=1$，$S_{Flim}=1.25$，许用应力分别为

$$[\sigma_{H2}]=395MPa,[\sigma_{F2}]=244MPa$$

4. 计算小齿轮的转矩

$$T=9.55\times10^6P_1/n_1=9.55\times10^6\times8/800N\cdot mm=9.55\times10^4N\cdot mm$$

5. 按齿面接触疲劳强度计算

取较小的许用接触应力 $[\sigma_{H2}]$ 代入式（7-21）中，得小齿轮的分度圆直径为

$$d_1\geqslant\sqrt[3]{\frac{670^2KT_1(u+1)}{\psi_d[\sigma_{H2}]^2u}}$$

$$=\sqrt[3]{670^2\times1.1\times9.55\times10^4\times4/1.0\times395^2\times3}\,mm=73.86mm$$

齿轮的模数为

$$m=d_1/z_1=73.86/24mm=3.08mm$$

由表7-1选取第一系列标准模数 $m=4mm$。

6. 按齿根弯曲疲劳强度校核

由齿数 $z_1=24$，$z_2=72$，查表7-8得齿形系数 $Y_{F1}=2.76$，$Y_{F2}=2.27$。分别将许用弯曲应力 $[\sigma_{F1}]$、$[\sigma_{F2}]$ 代入校验公式（7-23）中，校验得

$$\sigma_{F1}=\frac{2KT_1Y_{F1}}{\psi_dz_1^2m^3}=\frac{2\times1.1\times9.55\times10^4\times2.76}{1.0\times24^2\times4^2}MPa=15.73MPa\leqslant[\sigma_{F1}]$$

$$\sigma_{F2}=\sigma_{F1}\frac{Y_{F2}}{Y_{F1}}=15.73\times\frac{2.27}{2.76}MPa=12.94MPa\leqslant[\sigma_{F2}]$$

7. 计算齿轮的主要几何尺寸（略）。

第十一节　斜齿圆柱齿轮传动

一、斜齿圆柱齿轮的啮合特点

如图7-24所示，斜齿圆柱齿轮的轮齿和齿轮轴线不平行，轮齿啮合时齿面间的接触线是倾斜的，接触线的长度由短变长，再由长变短，其轮齿是逐渐进入啮合，再逐渐退出啮合的。所以，斜齿圆柱齿轮传动平稳，冲击和噪声小，适合于高速传动。

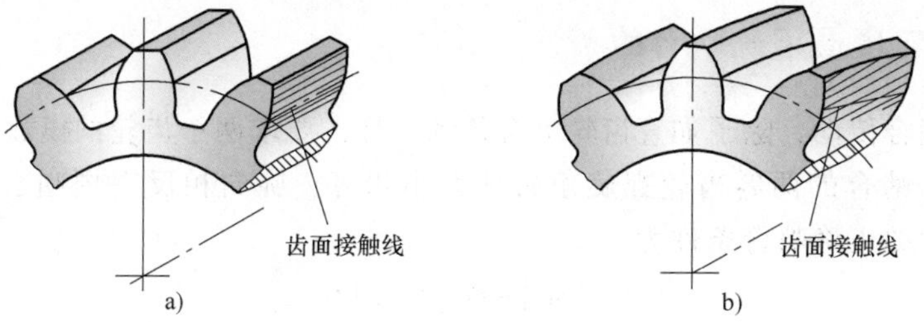

图 7-24 齿轮的齿面接触线

a）直齿轮的齿面接触线 b）斜齿轮的齿面接触线

二、斜齿圆柱齿轮的几何关系和几何尺寸计算

1. 螺旋角

斜齿轮的齿面与分度圆柱面的交线为螺旋线。螺旋线的切线与齿轮轴线之间所夹的锐角，称为螺旋角，用β表示。螺旋线有左旋和右旋之分，如图 7-25 所示。

2. 模数和压力角

图 7-26 所示为沿斜齿轮分度圆柱的展开面，图中有阴影的部分代表轮齿。对于斜齿轮，垂直于齿轮轴线的平面称为端面，设端面上的齿距、模数和压力角分别为p_t、m_t、α_t。垂直于轮齿螺旋线的平面称为法面，其上的齿距、模数和压力角分别为p_n、m_n、α_n，则由图可见$p_t=p_n/\cos\beta$，因$p_n=\pi m_n$，$p_t=\pi m_t$，故

$$m_t=m_n/\cos\beta \tag{7-25}$$

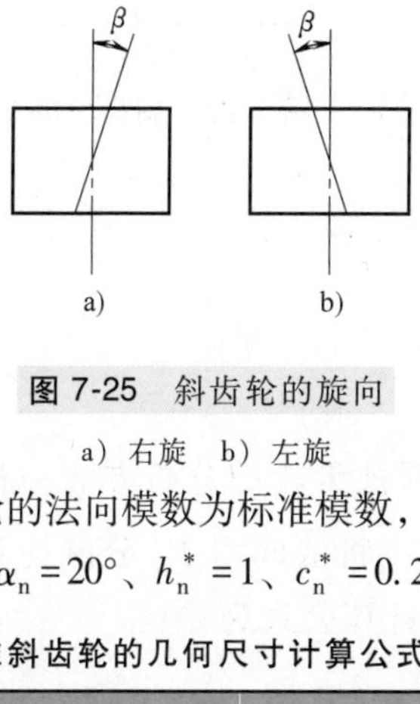

图 7-25 斜齿轮的旋向

a）右旋 b）左旋

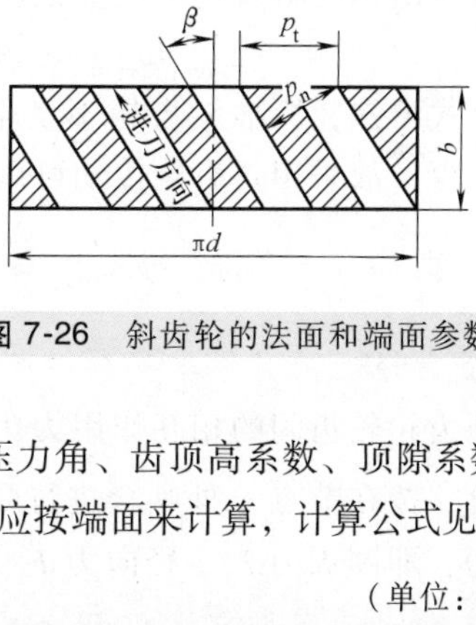

图 7-26 斜齿轮的法面和端面参数

斜齿轮的法向模数为标准模数，按表 7-1 选取，法向压力角、齿顶高系数、顶隙系数的标准值分别为：$\alpha_n=20°$、$h_n^*=1$、$c_n^*=0.25$。斜齿轮的几何尺寸应按端面来计算，计算公式见表 7-9。

表 7-9 标准斜齿轮的几何尺寸计算公式 （单位：mm）

名称	代号	计算公式
齿顶高	h_a	$h_a=h_n^* m_n=m_n \quad (h_n^*=1)$
齿根高	h_f	$h_f=(h_n^*+c_n^*)m_n=1.25m_n \quad (c_n^*=0.25)$
齿高	h	$h=h_a+h_f=(2h_n^*+c_n^*)m_n=2.25m_n$
分度圆直径	d	$d=zm_t=zm_n/\cos\beta$
齿顶圆直径	d_a	$d_a=d+2h_a=d+2m_n$
齿根圆直径	d_f	$d_f=d-2h_f=d-2.5m_n$
顶隙	c	$c=c_n^* m_n=0.25m_n$
中心距	a	$a=(d_1+d_2)/2=m_n(z_1+z_2)/2\cos\beta$

三、斜齿轮传动正确啮合的条件

对斜齿轮啮合传动，除了如直齿轮啮合传动一样，要求两个齿轮的模数及压力角分别相等外，还要求外啮合的两斜齿轮螺旋角必须大小相等、旋向相反（内啮合旋向相同）。因此，斜齿轮传动的正确啮合条件为

$$\left.\begin{aligned} m_{n1}&=m_{n2}=m_n\\ \alpha_{n1}&=\alpha_{n2}=\alpha_n\\ \beta_1&=\pm\beta_2 \end{aligned}\right\}\tag{7-26}$$

四、当量齿轮和当量齿数

在斜齿轮的分度圆柱面上，过轮齿螺旋线上的 C 点，作螺旋线的法向截面（见图7-27），此截面与分度圆柱面的交线为一椭圆，椭圆的长半轴 $a=d/\cos\beta$，短半轴 $b=d/2$，故椭圆在 C 点的曲率半径为

$$\rho=a^2/b=d/2\cos^2\beta$$

以 ρ 为分度圆半径，用斜齿轮的法向模数 m_n 和法向压力角 α_n 作一假想直齿轮，则该直齿轮的齿形可认为与斜齿轮的法面齿形相同。因此，称这个假想的直齿轮为该斜齿轮的当量齿轮，其齿数称为当量齿数，用 z_v 表示。其值为

$$z_v=2\rho/m_n=d/m_n\cos^2\beta=m_tz/m_n\cos^2\beta=z/\cos^3\beta\tag{7-27}$$

由上式可得出标准斜齿轮不发生根切的最少齿数为

$$z_{min}=z_{vmin}\cos^3\beta\tag{7-28}$$

由上式可知，标准斜齿轮不发生根切的最少齿数比标准直齿轮少，故采用斜齿轮传动可以得到更为紧凑的结构。

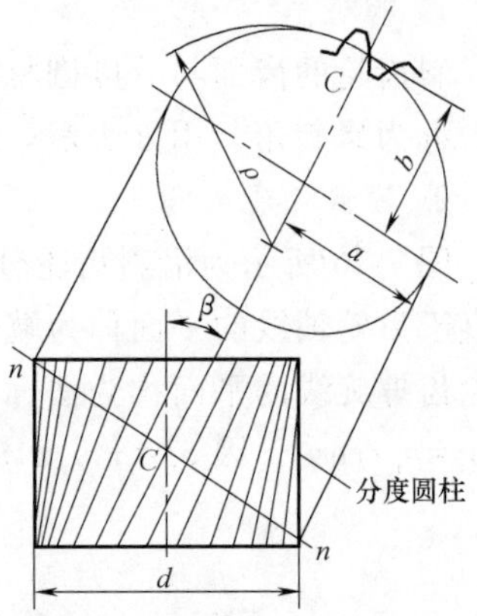

图7-27　斜齿轮的当量齿轮

五、斜齿圆柱齿轮的强度计算

1. 受力分析

两斜齿轮轮齿间的相互作用力为法向力 F_n，同直齿圆柱齿轮的分析方法一样，为便于分析计算，按在节点 C 处啮合进行受力分析（见图7-28），将法向力 F_n 分解为相互垂直的三个分力，即圆周力 F_t、径向力 F_r 和轴向力 F_a。各力的计算公式为

$$\left.\begin{aligned} F_{t1}&=F_{t2}=2T_1/d_1\\ F_{r1}&=F_{r2}=F_t\tan\alpha_n/\cos\beta\\ F_{a1}&=F_{a2}=F_t\tan\beta\\ F_{n1}&=F_{n2}=F_t/(\cos\alpha_n\cos\beta) \end{aligned}\right\}\tag{7-29}$$

圆周力 F_t 和径向力 F_r 方向的确定与直齿轮传动相同。主动轮轴向力的方向 F_{a1} 可用左、右手定则判定。判定时，左旋齿轮用左手，右旋齿轮用右手，四指弯曲方向与齿轮的转向相同，拇指的指向即为齿轮所受轴向力 F_{a1} 的方向。从动轮轴向力的方向与主动轮的相

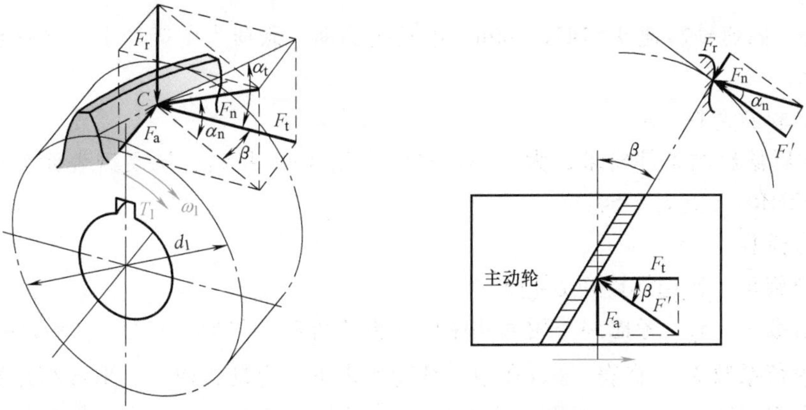

图 7-28 斜齿轮传动的受力分析

反。斜齿轮传动中的轴向力随着螺旋角的增大而增大，故 β 角不宜过大；设计中一般取 $\beta=8°\sim20°$。对于人字齿轮，因轴向力可抵消，常取 $\beta=25°\sim30°$。

2. 强度计算

斜齿轮啮合传动，载荷作用在法面上，而法面齿形近似于当量齿轮的齿形，因此，斜齿轮传动的强度计算可转换为当量齿轮的强度计算。由于斜齿轮传动的接触线是倾斜的，且重合度较大，因此，斜齿轮传动的承载能力比相同尺寸的直齿轮传动略有提高。一对钢制斜齿轮传动的齿面接触疲劳强度和齿根弯曲疲劳强度计算公式分别为：

（1）接触强度公式的应用

校核公式：

$$\sigma_H=610\sqrt{\frac{KT_1(u+1)}{\psi_d d_1^{\,3}u}}\leqslant[\sigma_H] \tag{7-30}$$

设计公式：

$$d_1\geqslant\sqrt[3]{\frac{610^2KT_1(u+1)}{\psi_d[\sigma_H]^2u}} \tag{7-31}$$

如果不是一对钢制标准斜齿圆柱齿轮啮合，以上两式中系数 610 应更换为 $610z_E/189.8$。

（2）抗弯强度公式的应用

校核公式：

$$\sigma_F=\frac{1.6KY_1Y_F\cos\beta}{\psi_d z_1^2m^3}\leqslant[\sigma_F] \tag{7-32}$$

设计公式：

$$m_n\geqslant\sqrt[3]{\frac{1.6KT_1Y_F\cos\beta}{\psi_d z_1^2[\sigma_F]}} \tag{7-33}$$

由于斜齿轮传动平稳，因此，选取载荷系数时，应考虑到这点。齿形系数应按当量齿数 z_v 在表 7-8 中查取。

例 7-2　有一矿山提升机械的两级斜齿圆柱齿轮减速器，传动功率 $P=70\text{kW}$，高速级传动比 $i=3$，高速轴转速 $n=1470\text{r/min}$，电动机驱动，载荷为中等冲击。试计算其高速级斜齿轮传动。

解　1. 材料选择

根据本题给出的条件要求，大、小齿轮均选用 40Cr 材料，调质钢表面淬火，齿面平均硬度为 52HRC（见表 7-5）。

2. 参数选择

（1）螺旋角　初选螺旋角 $\beta=15°$。

（2）齿数 z_1、z_2　考虑到采用大功率闭式齿轮传动，先取 $z_1=28$，$z_2=iz_1=3\times28=84$。

（3）载荷系数 K　查表 7-6，在中等载荷冲击下，电动机驱动，取载荷系数 $K=1.4$。

（4）齿宽系数 ψ_d　由于是两级齿轮传动，两支承相对齿轮为非对称布置，且两轮均为硬齿面，查表 7-7，取齿宽系数 $\psi_d=0.4$。

（5）齿数比 u　对于高速级传动，齿数比 $u=z_1/z_2=3$。

3. 确定许用应力

由于大、小齿轮调质后进行表面淬火，其齿面平均硬度为 52HRC。由图 7-21d 查得 $\sigma_{\text{Hlim}}=1150\text{MPa}$，由图 7-23d 查得 $\sigma_{\text{Flim}}=710\text{MPa}$。取安全系数 $S_{\text{Hlim}}=1$；考虑到需保证大功率矿山提升机械齿轮传动的可靠性，取 $S_{\text{Flim}}=1.5$，则大、小齿轮的许用应力分别为

$$[\sigma_{\text{H1}}]=[\sigma_{\text{H2}}]=\sigma_{\text{Hlim}}/S_{\text{Hlim}}=1150\text{MPa}$$

$$[\sigma_{\text{F1}}]=[\sigma_{\text{F2}}]=\sigma_{\text{Flim}}/S_{\text{Flim}}\approx473.33\text{MPa}$$

4. 计算小齿轮的转矩

$$T=9.55\times10^6P_1/n_1=9.55\times10^6\times70/1470\text{N}\cdot\text{mm}\approx4.55\times10^5\text{N}\cdot\text{mm}$$

5. 按齿根抗弯疲劳强度设计

计算当量齿数，$z_{\text{v1}}=28/\cos^3 15°\approx25.23$，$z_{\text{v2}}=84/\cos^3 15°\approx93.21$，查表 7-8，得齿形系数 $Y_{\text{F1}}=2.73$，$Y_{\text{F2}}=2.22$。

因　$Y_{\text{F1}}/[\sigma_{\text{F1}}]=2.73/473.33\approx0.0058, Y_{\text{F2}}/[\sigma_{\text{F2}}]=2.22/473.33\approx0.0047$

且　$$Y_{\text{F1}}/[\sigma_{\text{F1}}]>Y_{\text{F2}}/[\sigma_{\text{F2}}]$$

故将 $Y_{\text{F1}}/[\sigma_{\text{F1}}]$ 代入设计公式（7-33）中，得

$$m_n\geqslant\sqrt[3]{\frac{1.6KT_1Y_{\text{F1}}\cos\beta}{\psi_d z_1^2[\sigma_{\text{F1}}]}}=\sqrt[3]{\frac{1.6\times1.4\times4.55\times10^5\times2.73\cos15°}{0.4\times28^2\times473.33}}\text{mm}\approx2.63\text{mm}$$

按表 7-1 选取第一系列标准模数 $m_n=3\text{mm}$。

计算中心距　$$a=\frac{m_n(z_1+z_2)}{2\cos\beta}=\frac{3\times(28+84)}{2\cos15°}\text{mm}\approx173.93\text{mm}$$

确定螺旋角　$$\beta=\arccos\frac{m_n(z_1+z_2)}{2a}=\arccos\frac{3\times(28+84)}{2\times173.93}=15°0'16''$$

分度圆直径　$$d_1=m_nz_1/\cos\beta=3\times28/\cos15°0'16''\text{mm}\approx86.97\text{mm}$$

6. 按齿面接触疲劳强度校核

将各参数代入式（7-30）可得

$$\sigma_H = 610\sqrt{\frac{KT_1(u+1)}{\psi_d d_1^3 u}}$$

$$= 610\sqrt{\frac{1.4\times4.55\times10^5\times(3+1)}{0.4\times86.97^3\times3}}\text{MPa}\approx1095.03\text{MPa}\leqslant[\sigma_H]$$

7. 齿轮中心距及分度圆的圆整以及主要几何尺寸计算（略）

第十二节 锥齿轮传动

锥齿轮用于相交轴之间的传动。两轴之间轴的交角 $\Sigma=\delta_1+\delta_2$，可根据传动的需要来确定，在一般机械中，多采用 $\Sigma=90°$的传动。锥齿轮的轮齿有直齿、斜齿和曲齿等形式，由于直齿锥齿轮的设计、制造和安装均较简便，故应用最为广泛。曲齿锥齿轮主要用在高速大功率传动中。斜齿锥齿轮则应用较少。为了便于计算和测量，通常取锥齿轮大端的参数为标准值。即大端模数为标准模数，可参照 GB 12368—1990 选取。大端压力角也为标准值 $\alpha=20°$。

一、直齿锥齿轮的当量齿轮和当量齿数

如图 7-29 所示，在锥齿轮大端作一圆锥面，它与分度圆锥面（分锥）同一轴线。其母线与分锥母线垂直相交，该圆锥面称为锥齿轮的背锥。现将锥齿轮的背锥面展开成平面，得一扇形齿轮，将扇形齿轮补全成为假想的直齿圆柱齿轮，这个圆柱齿轮称为锥齿轮的当量齿轮。当量齿轮的齿数称为当量齿数，用 z_v 表示。当量齿轮的模数和压力角与锥齿轮大端的模数和压力角相等。锥齿轮的分度圆锥角为 δ，齿数为 z，分度圆半径为 r，当量齿轮的分度圆半径为 r_v，则

$$\left.\begin{aligned} r_v &= r/\cos\delta = mz_v/2 \\ r &= mz/2 \\ z_v &= z/\cos\delta \end{aligned}\right\} \tag{7-34}$$

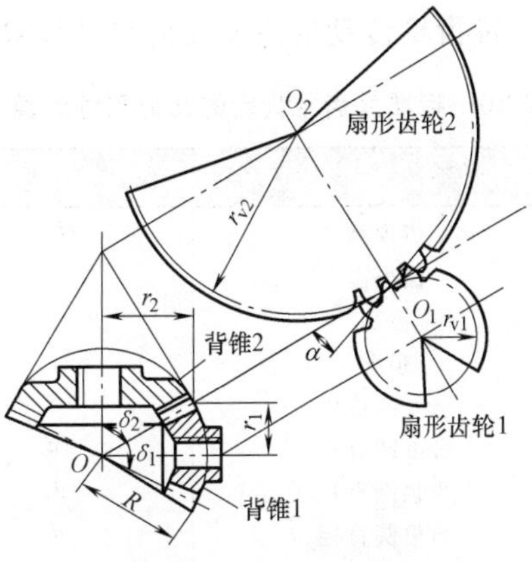

图 7-29 锥齿轮的当量齿轮

一对锥齿轮的啮合传动相当于一对当量齿轮的啮合传动，因此，圆柱齿轮传动的一些结论，可以直接应用于锥齿轮传动。例如，由圆柱齿轮传动的正确啮合条件可知，锥齿轮的正确啮合条件为两锥齿轮大端的模数和压力角分别相等；若锥齿轮的当量齿轮不发生根切，则该锥齿轮也不会发生根切。因此，锥齿轮不发生根切的最少齿数为

$$z_{min} = z_{vmin}\cos\delta \tag{7-35}$$

二、直齿锥齿轮的几何关系和几何尺寸计算

锥齿轮的几何尺寸计算是以大端为基准的，其齿顶高系数 $h_a^*=1$，顶隙系数 $c^*=0.2$。图 7-30 所示为一对锥齿轮传动，轴交角 $\delta_1+\delta_2=90°$，R 为分度圆锥的锥顶到大端的距离，称为锥距。齿宽 b 与锥距 R 的比值称为锥齿轮的齿宽系数，用 ψ_R 表示，一般取 $\psi_R=0.25\sim$

0.3。由 $b=\psi_R R=\psi_R \frac{d_1}{2}\sqrt{u^2+1}$ 计算出的齿宽应圆整，并取大小齿轮的齿宽 $b_1=b_2=b$。

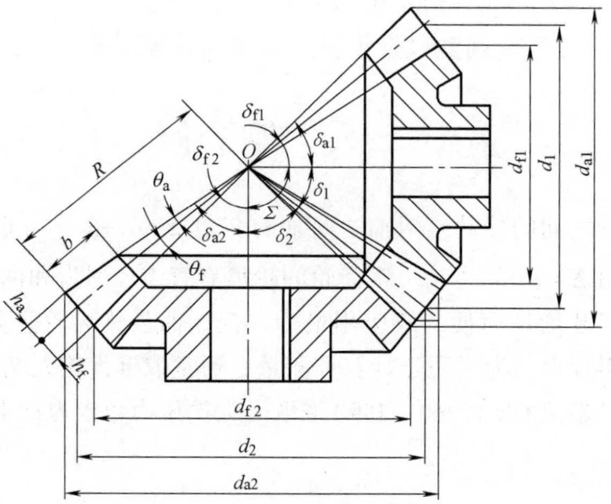

图 7-30　锥齿轮传动

锥齿轮传动的主要几何尺寸计算公式列于表 7-10 中。

表 7-10　标准直齿锥齿轮的几何尺寸计算公式（$\Sigma=\delta_1+\delta_2=90°$）

名　称	代　号	计 算 公 式
齿顶高	h_a	$h_a=h_a^* m=m \quad (h_a^*=1)$
齿根高	h_f	$h_f=(h_a^*+c^*)m=1.2m \quad (c'=0.2)$
齿高	h	$h=h_a+h_f=(2h_a^*+c^*)m=2.2m$
顶隙	c	$c=c^* m=0.2m$
分度圆锥角	δ	$\delta_1=\arctan(z_1/z_2), \delta_2=\arctan(z_2/z_1)$
分度圆直径	d	$d=zm$
齿顶圆直径	d_a	$d_{a1}=d_1+2h_a\cos\delta_1, d_{a2}=d_2+2h_a\cos\delta_2$
齿根圆直径	d_f	$d_{f1}=d_1-2h_{f1}\cos\delta_1, d_{f2}=d_2-2h_{f2}\cos\delta_2$
锥距	R	$R=\frac{d_1}{2}\sqrt{u^2+1}$
齿根角	θ_f	$\theta_f=\arctan(h_f/\mathrm{R})$
顶锥角	δ_a	$\delta_{a1}=\delta_1+\theta_f, \delta_{a2}=\delta_2+\theta_f$
根锥角	δ_f	$\delta_{f1}=\delta_1-\theta_f, \delta_{f2}=\delta_2-\theta_f$

三、直齿锥齿轮的强度计算

1. 受力分析

一对锥齿轮啮合传动时，轮齿间的相互作用力为法向力 F_n。为便于分析计算，一般将法向力 F_n 视为作用在分度圆锥的齿宽中点（节点）C 处（见图 7-31）。并将法向力 F_n 分解为相互垂直的三个分力，即圆周力 F_t、径向力 F_r 和轴向力 F_a，各力的计算公式为

$$\left.\begin{aligned}F_{t1}&=F_{t2}=2T_1/d_{m1}\\F_{r1}&=F_{a2}=F_{t1}\tan\alpha\cos\delta_1\\F_{a1}&=F_{r2}=F_{t1}\tan\alpha\sin\delta_1\\F_{n1}&=F_{n2}=F_{t1}/\cos\alpha\end{aligned}\right\}\tag{7-36}$$

式中，d_{m1} 为小齿轮齿宽中点处的分度圆直径，单位为 mm，$d_{m1}=(1-0.5\psi_R)d_1$。

锥齿轮的圆周力 F_t 和径向力 F_r 方向的确定与直齿轮传动相同，轴向力 F_a 的方向由各锥齿轮的小端指向大端。

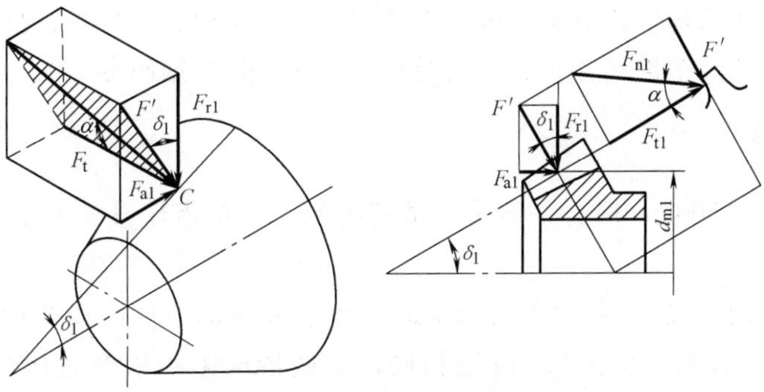

图 7-31 锥齿轮传动受力分析

2. 强度计算

锥齿轮传动的强度计算可以近似地按平均分度圆处的当量齿轮传动进行计算，对一对钢制标准直齿锥齿轮啮合，其齿面接触疲劳强度和齿根抗弯疲劳强度的计算公式分别为：

（1）接触强度计算公式的应用

校核公式：

$$\sigma_H=670.4\sqrt{\frac{KT_1\sqrt{u+1}}{(1-0.5\psi_R)^2ud^2}}\leqslant[\sigma_H]\tag{7-37}$$

设计公式：

$$d_1\geqslant\sqrt[3]{\frac{670.4^2KT_1}{(1-0.5\psi_R)^2\psi_Ru[\sigma_H]^2}}\tag{7-38}$$

如果不是一对钢制标准直齿锥齿轮啮合，以上两式中系数 670.4 应更换为 $670.4Z_E/189.8$。

（2）抗弯强度计算公式的应用

校核公式：

$$\sigma_F=\frac{2KT_1Y_F}{bd_1m(1-0.5\psi_R)^2}\leqslant[\sigma_F]\tag{7-39}$$

设计公式：

$$m \geqslant \sqrt[3]{\frac{4KT_1 Y_F}{\psi_R(1-0.5\psi_R)^2 z_1^2\sqrt{u^2+1}[\sigma_F]}} \tag{7-40}$$

式中，Y_F 应按锥齿轮的当量齿数 $z_v = z/\cos\delta$ 在表 7-8 中查取；m 为大端模数，单位为 mm；其余符号及单位与直齿圆柱齿轮计算相同。

第十三节 齿轮的结构设计

为了制造生产各类符合工作要求的齿轮，需考虑确定齿轮的整体结构形式和各部分的结构尺寸。齿轮的整体结构形式取决于齿轮直径大小、毛坯种类、材料、制造工艺要求和经济性等因素。轮体各部分结构尺寸，通常按经验公式或经验数据确定。

一、锻造齿轮

齿顶圆直径 $d_a \leqslant 500$mm 时，一般采用锻造毛坯。根据齿轮直径大小不同，常采用以下几种结构形式。

1）对齿根圆直径与轴径相差不大的齿轮，可制成与轴一体的齿轮轴，如图 7-32 所示。齿轮轴刚度大，但轴的材料必须与齿轮相同，某些情况下可能会造成材料浪费或不便于加工。

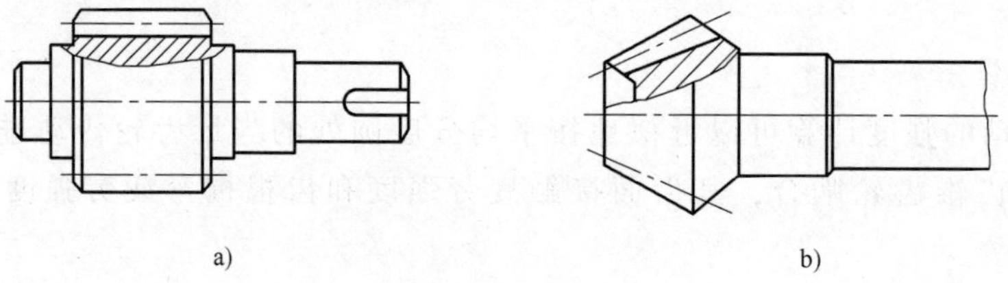

图 7-32 齿轮轴

a）圆柱齿轮轴 b）锥齿轮轴

2）对齿顶圆直径 $d_a \leqslant 200$mm 的齿轮，可采用实体式齿轮，如图 7-33 所示。

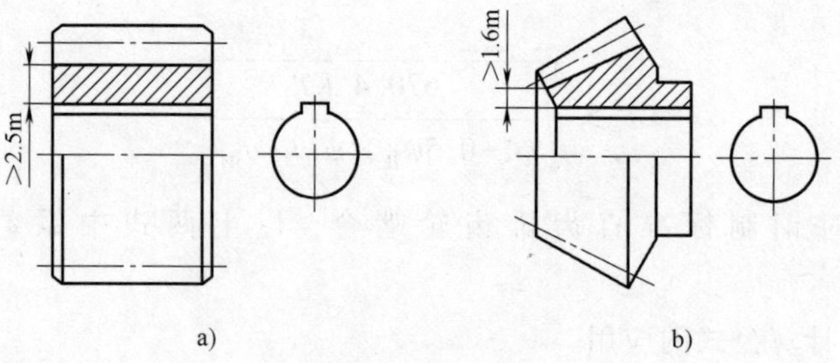

图 7-33 实体式齿轮

a）圆柱齿轮 b）锥齿轮

3）对齿顶圆直径 $200\text{mm} < d_a \leqslant 500$mm 的齿轮，常采用腹板式齿轮，如图 7-34 所示。

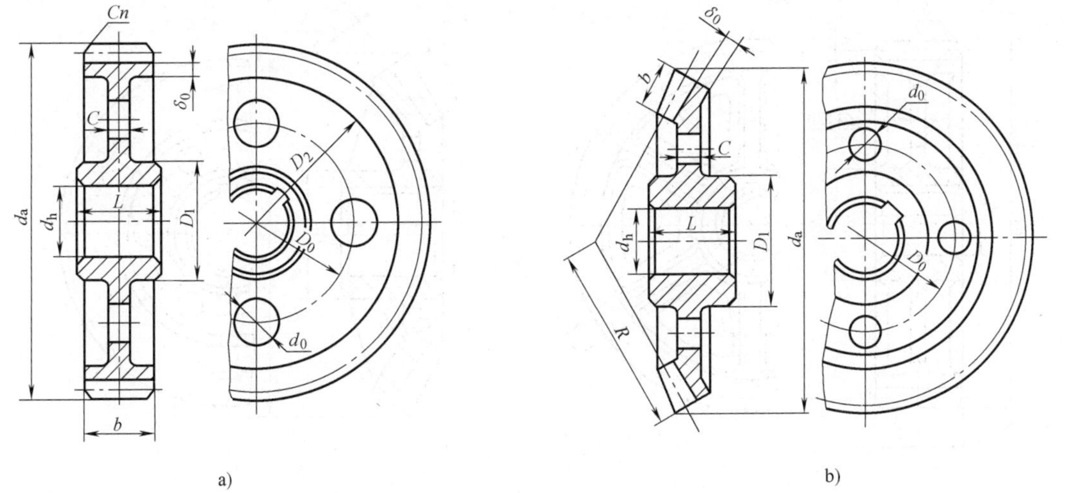

图 7-34 腹板式齿轮

a）圆柱齿轮 $D_1=1.6d_h$，$D_2=d_a-10m_n$，$D_0=0.5(D_1+D_2)$，$d_0=15\sim25\text{mm}$，

$C=(0.2\sim0.3)d_h$，$\delta_0=(2.5\sim4)m_n$，但不小于 10mm；

当 $b=(1\sim1.5)d_h$ 时，取 $L=b$，否则取 $L=(1.2\sim1.5)d_h$

b）锥齿轮 $D_1=1.6d_h$，$L=(1\sim1.2)d_h$，$\delta_0=(3\sim4)m$，但不小于 10mm；

$C=(0.1\sim0.17)R$，D_0、d_0 按结构而定

二、铸造齿轮

齿顶圆直径 d_a>500mm 的齿轮，或虽 $d_a\leqslant$500mm 但形状复杂、不便于锻造的齿轮，常采用铸造毛坯（铸铁或铸钢）。d_a>500mm 时，通常采用轮辐式齿轮，如图 7-35 所示。

第十四节 齿轮传动的润滑方式

齿轮传动的润滑方式主要取决于齿轮的圆周速度。当 $v\leqslant12\text{m/s}$ 时，多采用油池润滑；当 $v>12\text{m/s}$ 时，最好采用喷油润滑，用油泵将润滑油直接喷到啮合区。一般可根据齿轮的圆周速度选择润滑油的黏度。表 7-11 列出了润滑油的荐用值，根据查得的黏度选定润滑油的牌号。

表 7-11 齿轮传动荐用的润滑油运动黏度 （单位：mm^2/s）

齿轮材料	圆周速度 v/(m/s)						
	<0.5	0.5~1	1~2.5	2.5~5	5~12.5	12.5~25	>25
铸铁、青铜	320	200	150	100	80	60	—
钢 $\sigma_b=450\text{MPa}$	500	320	220	150	100	80	60
1000~1250MPa	500	500	320	220	150	100	80
1250~1600MPa	1000	500	500	320	220	150	100
渗碳或表面淬火钢	1000	500	500	320	220	150	100

注：多级减速器的润滑油黏度应按各级黏度的平均值选取。

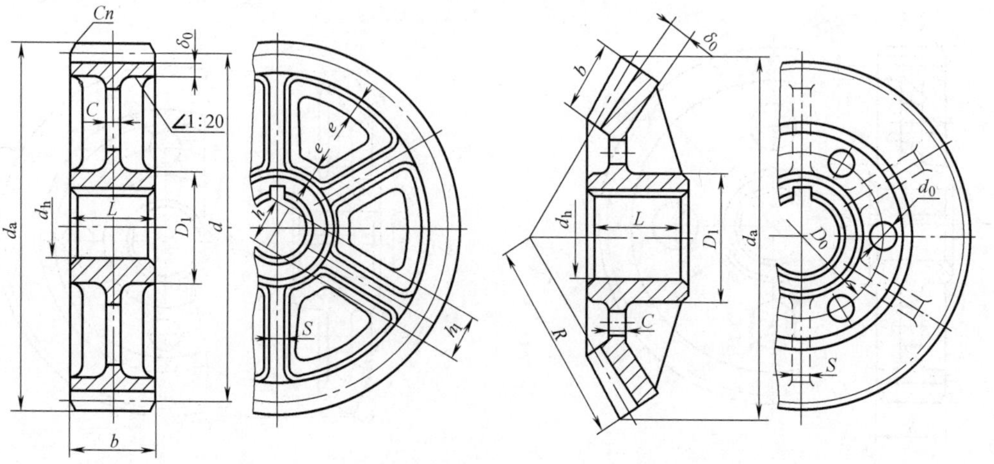

a)　　　　　　　　b)

图 7-35　轮辐式齿轮

a）圆柱齿轮　$D_1=1.6d_h$（铸钢），$D_1=1.8d_h$（铸铁），$L=(1.2\sim1.5)d_h$（$L\geqslant d$），

$h=0.8d_h$，$h_1=0.8hC=h/5$，$S=h/6$，但不小于 10mm；

$\delta_0=(2.5\sim4)m_n$，但不小于 8mm；$e=0.8\delta_0$，$n=0.5m_n$

b）锥齿轮　$D_1=1.6d_h$（铸钢），$D_1=1.8d_h$（铸铁），$L=(1.2\sim1.5)d_h$，

$\delta_0=(3\sim4)m_n$，但不小于 10mm；$C=(0.1\sim0.17)R$，但不小于 10mm；

$S=0.8C$，但不小于 10mm；D_0、d_0 按结构而定

思　考　题

7-1　如何才能保证一对齿轮的瞬时传动比恒定不变？

7-2　什么是标准齿轮？什么是标准安装？

7-3　分度圆与节圆、啮合角与压力角各有什么区别？

7-4　齿廓工作段的理论啮合线和实际啮合线有何区别？

7-5　标准渐开线圆柱齿轮的根圆是否都大于基圆？

7-6　当两渐开线标准直齿圆柱齿轮传动的安装中心距大于标准中心距时，传动比、啮合角、节圆半径、分度圆半径、基圆半径、顶隙和侧隙等是否发生变化？

7-7　齿轮传动和重合度 $\varepsilon=1.4$ 时的物理意义是什么？

7-8　常见的齿轮失效形式有哪些？失效的原因是什么？

7-9　有哪些因素影响齿轮实际承受载荷的大小？

7-10　为什么把 Y_F 称为齿形系数？有哪些参数影响它的数值？为什么？

7-11　与直齿轮传动强度计算相比，斜齿轮传动的强度计算有何不同之处？

7-12　如何确定斜齿轮传动的许用接触应力？其道理何在？

7-13　按什么原则进行直齿锥齿轮传动的强度计算？直齿锥齿轮与直齿圆柱齿轮的强度计算有何异同？

7-14　根据齿轮的工作特点，对轮齿材料的力学性能有何基本要求？什么材料最适合做齿轮？为什么？

7-15　齿轮传动有哪些润滑方式？它们的使用范围如何？

习　题

7-1　一对标准直齿圆柱齿轮的齿数比 $u=3/2$，模数 $m=2.5\text{mm}$，中心距 $a=120\text{mm}$，试分别求出齿数和分度圆直径、齿顶高、齿根高。

7-2　一对标准斜齿圆柱齿轮的传动比 $i=4.3$，中心距 $a=170\text{mm}$，小齿轮齿数 $z_1=21$，试确定齿轮的主要参数：m_n、β、d_1、d_2。

7-3　一台两级标准斜齿圆柱齿轮减速器（见图 7-36），已知：齿轮 2 的模数 $m_n=3\text{mm}$，齿数 $z_2=51$，$\beta=15°$。左旋；齿轮 3 的模数 $m_n=5\text{mm}$，$z_3=17$，试问：

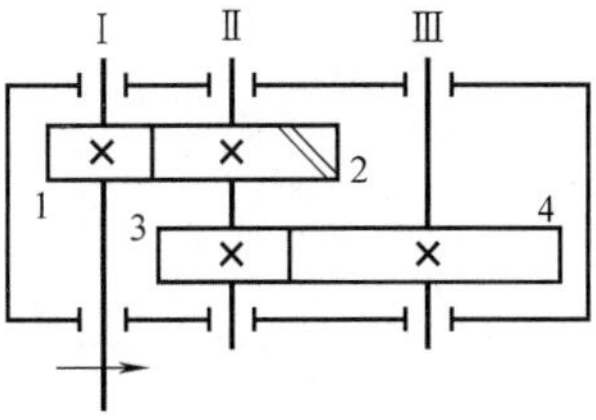

图 7-36　习题 7-3 图

1）使中间轴Ⅱ上两齿轮的轴向力方向相反，斜齿轮 3 的旋向应如何选择？

2）若Ⅰ轴转向如图 7-36 所示，标明齿轮 2 和齿轮 3 切向力 F_t、径向力 F_r 和轴向力 F_a 的方向。

3）斜齿轮 3 的螺旋角 β 应取多大值才能使Ⅱ轴的轴向力相互抵消？

7-4　试设计一闭式直齿圆柱齿轮传动，已知 $P_1=7.5\text{kW}$，$n_1=1450\text{r/min}$，$n_2=700\text{r/min}$，二班制，工作 8 年，齿轮对轴承为不对称布置。要求：传动平稳，结构紧凑，齿轮精度为 7 级。

7-5　已知：电动机驱动的一级斜齿轮减速机，中心距 $a=230\text{mm}$，$m_n=3\text{mm}$，$\beta=11°58'7''$，$z_1=25$，$z_2=125$；小齿轮材料为 40Cr 调质，齿面硬度为 260~280HBW，大齿轮材料为 45 钢正火，齿面硬度为 230~250HBW；小齿轮转速 $n_1=975\text{r/min}$，大齿轮转速 $n_2=195\text{r/min}$，三班制，工作平稳，工作 10 年，试求该减速机的许用功率（单位为 kW）。

7-6　已知：二级斜齿、直齿圆柱齿轮减速器，高速级为斜齿轮传动。电动机驱动，输入功率 $P=35\text{kW}$，转速 $n=1470\text{r/min}$，高速级传动比 $i=5$，载荷为中等冲击。试选取齿轮材料及热处理方法并计算高速级传动。

第八章

蜗杆传动

第一节　蜗杆传动的特点和类型

扫码看视频

一、蜗杆传动的特点及应用

蜗杆传动通常用于传递空间交错90°的两轴之间的运动和动力，由蜗杆蜗轮组成（见图8-1)，一般蜗杆为主动件。通过蜗杆1轴线并垂直于蜗轮2轴线的平面称为中间平面，在中间平面上，蜗杆蜗轮的传动相当于齿条和齿轮的传动；当蜗杆绕轴 O_1 旋转时，蜗杆相当于螺旋驱动螺母做轴向移动，而这里蜗轮轮齿就相当于部分螺母，使蜗轮绕轴 O_2 旋转。可见蜗杆传动与螺旋传动、齿轮传动均有许多内在联系。

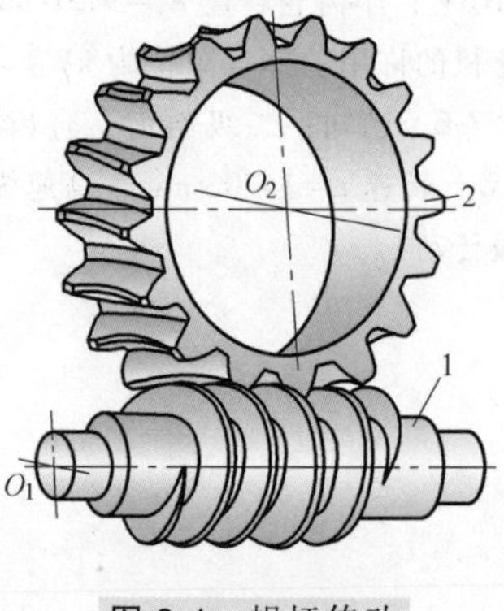

图8-1　蜗杆传动

1—蜗杆　2—蜗轮

蜗杆传动具有以下特点：

1. 单级传动比大，结构紧凑

蜗杆和螺旋一样，也有单线、双线和多线之分，螺纹的线数就是蜗杆的头数 z_1，通常 z_1 较小（常取单头或双头），在动力传动中，一般单级取传动比为10~80；当功率很小并且主要用来传递运动（如分度机构）时，传动比甚至可达1000。

2. 传动平稳，噪声小

与螺旋传动相似，由于蜗杆与蜗轮啮合过程是连续的，因此其传动比齿轮平稳，噪声也小。

3. 可以实现自锁

与螺旋传动相同，当蜗杆导程角 γ 小于其齿面间的当量摩擦角 ρ 时，将形成自锁，即只能是蜗杆驱动蜗轮，而蜗轮不能驱动蜗杆。这对某些要求反行程自锁的机械设备（如起重机械）很有意义。

4. 传动效率低

由于蜗杆蜗轮的齿面间存在较大的相对滑动，所以摩擦热损耗大，传动效率低。η 通常为0.7~0.8，自锁蜗杆传动的啮合效率 η 低于0.5。因此，需要良好的润滑和散热条件，不适用于大功率传动（一般不超过 50kW）。

5. 成本较高

为了减摩耐磨，蜗轮齿圈通常需用青铜制造，成本较高。

二、蜗杆传动的类型

普通圆柱蜗杆是应用较广泛的蜗杆传动。这种传动蜗杆的加工通常和车制螺纹相似。由于刀具加工位置的不同，普通圆柱蜗杆又分为阿基米德蜗杆、渐开线蜗杆、法向直廓蜗杆等多种。

车制阿基米德蜗杆时，将刃形为标准齿条形的车刀水平放置在蜗杆轴线所在的平面内，刀尖夹角 $2\alpha=40°$。车出的蜗杆其轴向剖面Ⅰ—Ⅰ上的齿形相当于齿条齿形，在垂直于蜗杆轴线剖面上的齿廓是阿基米德螺旋线。与之相啮合的蜗轮一般是在滚齿机上用蜗轮滚刀展成切制的。滚刀形状和尺寸必须与所切制蜗轮相啮合的蜗杆相当，只是滚刀外径要比实际蜗杆大两倍顶隙，以使蜗杆与蜗轮啮合时有齿顶间隙，这样加工出来的蜗轮在中间平面上的齿形是阿基米德齿形（见图 8-2a）。

渐开线蜗杆（见图 8-2b）的端面齿廓为渐开线，加工蜗杆时，刀刃顶平面与蜗杆基圆柱相切，在切于基圆柱的剖面内，齿廓一侧为直线，另一侧为外凸曲线，而其端面齿廓是渐开线，齿面为渐开线螺旋面。此蜗杆可以用平面砂轮来磨，容易得到高精度，但需要专用机床。这种蜗杆适用于高转速、大功率和要求精密的多头蜗杆传动。

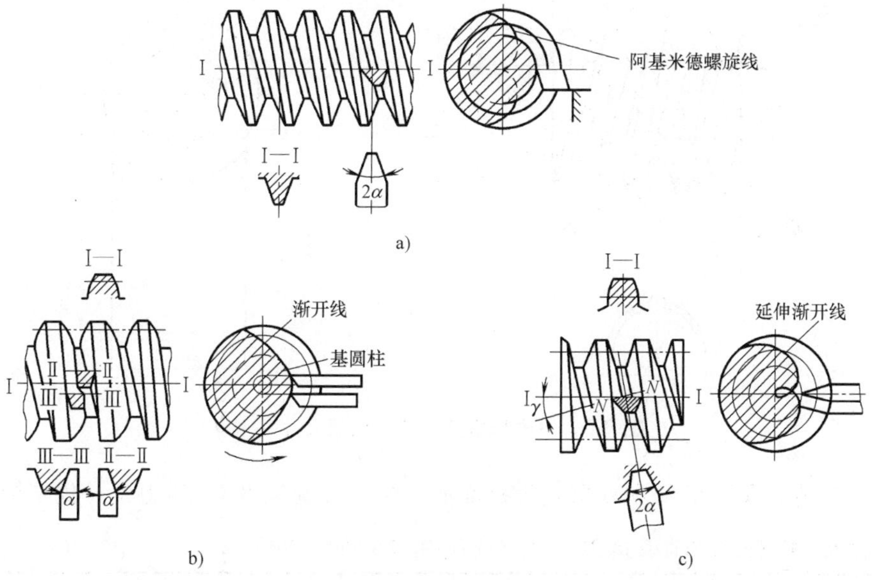

图 8-2　圆柱蜗杆

a）阿基米德蜗杆　b）渐开线蜗杆　c）法向直廓蜗杆

法向直廓蜗杆（见图 8-2c）的端面齿廓为近似延伸渐开线。加工蜗杆时，刀具的切削平面在垂直于齿槽（或齿厚）中点的螺旋线的法平面内。这种蜗杆的磨削是用直母线的砂轮在普通螺纹磨床上进行的，这种蜗杆常用于机床的多头精密蜗杆传动。

第二节　普通圆柱蜗杆传动的主要参数和几何尺寸

由于在中间平面上蜗杆与蜗轮的啮合关系相当于齿条与渐开线齿轮的啮合关系。因此其设计计算均以中间平面的参数和几何关系为准，并用齿轮传动的计算方法进行设计计算。

一、普通圆柱蜗杆传动的主要参数

1. 蜗杆传动的正确啮合条件及模数 m 和压力角 α

如图 8-3 所示，在中间平面内蜗轮与蜗杆的啮合相当于渐开线齿轮与齿条的啮合。蜗杆的轴向齿距 p_{x1} 等于蜗轮的端面齿距 p_{t2}，也即蜗杆的轴向模数 m_{x1} 等于蜗轮的端面模数 m_{t2}；蜗杆的轴向压力角 α_{x1} 等于蜗轮的端面压力角 α_{t2}。又因蜗杆与蜗轮轮齿呈螺旋线状，蜗杆轴与蜗轮轴的交错角通常为 90°，蜗杆与蜗轮轮齿的螺旋线方向必须相同，且蜗杆导程角 γ 等于蜗轮的螺旋角 β。因此，蜗杆传动的正确啮合条件为

$$\left.\begin{aligned} m_{x1}&=m_{t2}=m \\ \alpha_{x1}&=\alpha_{t2}=\alpha \\ \gamma&=\beta \end{aligned}\right\} \tag{8-1}$$

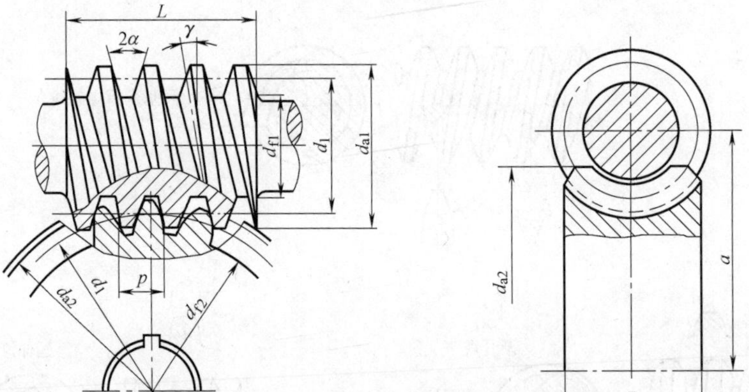

图 8-3　蜗轮与蜗杆的基本几何尺寸关系

为便于制造，我国将 m 和 α 规定为标准值，模数 m 见表 8-1，压力角 α 规定为 20°。

表 8-1　模数 m、蜗杆分度圆直径 d_1 及 m^2d_1（摘自 GB/T 10085—2018）　　（单位：mm）

m	1	1.25		1.6		2			
d_1	18	20	22.4	20	28	(18)	22.4	(28)	35.5
m^2d_1/mm³	18	31.5	35	51.2	71.68	72	89.6	112	142

m	2.5				3.15				4			
d_1	(22.4)	28	(35.5)	45	(28)	35.5	(45)	56	(31.5)	40	(50)	71
m^2d_1/mm³	140	175	221.9	281	277.8	352.2	446.5	555.6	504	640	800	1136

（续）

m	5	6.3	8
d_1	(40) 50 (63) 90	(50) 63 (80) 112	(63) 80 (100) 140
m^2d_1/mm^3	1000 1250 1575 2250	1985 2500 3175 4445	4032 5376 6400 8960
m	10	12.5	16
d_1	(71) 90 (112) 160	(90) 112 (140) 200	(112) 140 (180) 250
m^2d_1/mm^3	7100 9000 11200 16000	14062 17500 21875 31250	28672 35840 46080 64000

2. 蜗杆分度圆直径 d_1 和分度圆柱上的导程角 γ

与齿条相应，人们定义蜗杆上理论齿厚与理论齿槽宽相等的圆柱称为蜗杆的分度圆柱。由于切制蜗轮的滚刀必须与其相啮合蜗杆的直径和齿形参数相当，为了减少滚刀数量并便于标准化，对每一个模数规定有限个蜗杆的分度圆直径 d_1 值（见表 8-1）。

将蜗杆分度圆柱展开，如图 8-4 所示，蜗杆分度圆柱上的导程角 γ，由图可得

$$\tan\gamma=\frac{z_1p_{x1}}{\pi d_1}=\frac{z_1m}{d_1} \tag{8-2}$$

式中，z_1、m 值确定后，蜗杆导程角 γ 即可求出。

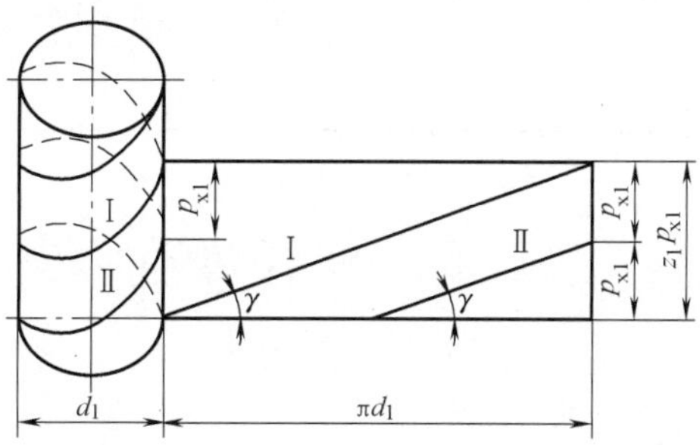

图 8-4 导程角 γ

3. 蜗杆头数 z_1 和蜗轮齿数 z_2

螺杆头数 z_1 的选择与传动比、效率、制造等有关。若要得到大传动比，可取 $z_1=1$，但传动效率较低。当传动功率较大时，为提高传动效率可采用多头蜗杆，取 $z_1=2$ 或 4。头数过多，加工精度不易保证。

蜗轮齿数 $z_2=iz_1$。为了提高传动效率，可增加蜗杆头数，蜗轮齿数 z_2 不少于 26；动力蜗杆传动，一般 $z_2=27\sim80$。若 z_2 过多，会使结构尺寸过大，蜗杆长度也随之增加，导致蜗杆刚度降低，影响啮合精度。z_1 和 z_2 的推荐值见表 8-2。

表 8-2 z_1、z_2 荐用值

传动比 $i=z_2/z_1$	≈5	7~13	14~24	28~40	40
蜗杆头数 z_1	6	4	2	1,2	1
蜗轮齿数 z_2	29~31	28~52	28~48	28~80	>40

二、普通圆柱蜗杆传动的几何计算

标准普通圆柱蜗杆传动的基本几何尺寸关系如图 8-3 所示，其计算公式见表 8-3。

表 8-3 蜗杆传动基本几何尺寸的计算公式

名 称	符 号	蜗 杆	蜗 轮
分度圆直径	d	d_1	$d_2=mz_2$
中心距	a	$a=(d_1+d_2)/2$	

（续）

名　称	符　号	蜗　杆	蜗　轮
齿顶圆直径 齿根圆直径 蜗轮最大外圆直径 蜗轮齿顶圆弧半径 蜗轮齿根圆弧半径	d_a d_f d_{e2} R_{a2} R_{f2}	$d_{a1}=d_1+2m$ $d_{f1}=d_1-2.4m$	$d_{a2}=d_2+2m$ $d_{f2}=d_2-2.4m$ $d_{e2}=d_{a2}+m$ $R_{a2}=d_{f1}+0.2m$ $R_{f2}=d_{a1}+0.2m$
蜗轮轮缘宽度	B		$z_1\leqslant 3$ 时，$B\leqslant 0.75d_{a1}$ $z_1=4$ 时，$B\leqslant 0.67d_{a1}$
蜗杆分度圆柱导程角 蜗杆轴向螺距	γ p		$\gamma=\arctan z_1 m/d_1$ $p=\pi m$
蜗杆螺旋部分长度	L		$z_1=1$、2 时，$L\geqslant(11+0.06z_2)m$ $z_1=4$ 时，$L\geqslant(12.5+0.09z_2)m$ 磨削蜗杆加长量： 当 $m<10$mm 时，加长 25mm 当 $m=10\sim16$mm 时，加长 35～40mm

第三节　蜗杆传动的失效形式、设计准则和材料选择

一、失效形式

蜗杆传动的主要失效形式为齿面点蚀、胶合、磨损和轮齿折断等，但是由于蜗杆传动在齿面间有较大的相对滑动，与齿轮相比，其磨损、点蚀和胶合的现象更易发生，而且失效通常发生在蜗轮轮齿上。

二、设计准则

在闭式蜗杆传动中，蜗轮齿多因齿面胶合或点蚀而失效，因此，通常按齿面接触疲劳强度进行设计。此外，由于闭式蜗杆传动散热较为困难，为避免胶合，还应做热平衡计算。

在开式蜗杆传动中，蜗轮齿多因齿面磨损和轮齿折断而失效，因此，应以保证齿根抗弯疲劳强度作为开式蜗杆传动的主要设计准则。

三、蜗杆和蜗轮材料的选择

基于蜗杆传动的特点，蜗杆副的材料组合首先要求具有良好的减摩、耐磨、易于磨合的性能和抗胶合能力。此外，也要求有足够的强度。

1. 蜗杆的材料

蜗杆绝大多数采用碳钢或合金钢制造，其螺旋面硬度越高、光洁程度越高，耐磨性就越好。对于高速重载的蜗杆常用 20Cr、20CrMnTi 等合金钢渗碳淬火，表面硬度可达 56～62HRC；或用 45 钢、40Cr 等钢表面淬火，硬度可达 45～55HRC；淬硬蜗杆表面应磨削或抛光。一般蜗杆可采用 40 钢、45 钢等碳钢调质处理，硬度为 217～255HBW。在低速或手摇传动中，蜗杆也可不经热处理。

2. 蜗轮的材料

在高速、重要的传动中，蜗轮常用铸造锡青铜 ZCuSn10Pb1 制造，它的抗胶合和耐磨性能好，允许的滑动速度 v_s 可达 25m/s，易于切削加工，但价格贵。在滑动速度 $v_s<12$m/s 的蜗杆传动中，可采用含锡量低的铸造锡锌铅青铜 ZCuSn5Pb5Zn5 或无锡青铜，如铸造铝铁青铜 ZCuAl10Fe3，它的强度较高，价廉，但切削性能差，抗胶合能力较差，宜用于配对经淬火的蜗杆滑动速度 $v_s<10$m/s 的传动。在滑动速度 $v_s<2$m/s 的传动中，蜗轮也可用球墨铸铁、灰铸铁。但蜗轮材料的选取并不完全取决于滑动速度 v_s 的大小，对重要的蜗杆传动，即使 v_s 值不高，也常采用锡青铜制作蜗轮。

第四节　普通圆柱蜗杆的强度计算

一、蜗杆传动的运动分析和受力分析

1. 运动分析

蜗杆传动的运动分析目的是确定传动件的转向及滑动速度。在蜗杆传动中，一般蜗杆为主动，蜗轮的转向取决于蜗杆的转向与螺旋线方向以及蜗杆与蜗轮的相对位置，如图 8-5a 所示，蜗杆为右旋、下置，当蜗杆按图示方向 n_1 回转时，则蜗杆的螺旋齿将与其啮合的蜗轮轮齿沿 v_2 方向向左推移，故蜗轮沿顺时针方向 n_2 回转。上述转向判别也可用螺旋定则来进行：当蜗杆为右（左）旋时，用右（左）手四指弯曲的方向代表蜗杆的旋转方向，蜗轮的节点速度 v_2 的方向与大拇指指向相反，从而确定蜗轮的转向。图 8-5b 表明 v_1 与 v_2 相互垂直，轮齿间有很大的相对滑动。v_1 与 v_2 的相对速度 v_s 称为滑动速度，它对蜗杆传动发热和啮合处润滑情况以及损坏有相当大的影响。由图可知

$$v_s=\frac{v_1}{\cos\gamma}=\frac{\pi d_1 n_1}{60\times1000\cos\gamma} \tag{8-3}$$

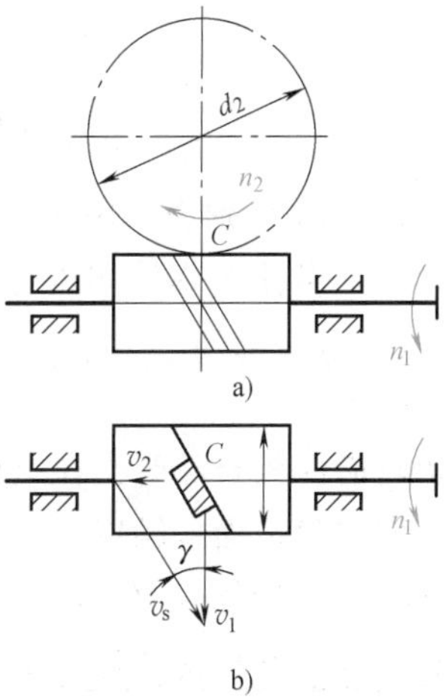

图 8-5　蜗杆传动转向及滑动速度

式中，d_1 为蜗杆分度圆直径，单位为 mm；v_1 为蜗杆节点圆周速度，单位为 m/s；n_1 为蜗杆转速，单位为 r/min；γ 为蜗杆分度圆柱上导程角。

2. 受力分析

蜗杆传动的受力分析和斜齿圆柱齿轮传动相似，如图 8-6 所示，将啮合节点 C 处齿间法向力 F_n 分解为三个互相垂直的分力：圆周力 F_t、轴向力 F_a 和径向力 F_r。蜗杆为主动件，作用在蜗杆上的圆周力 F_{t1} 与蜗杆在该点的圆周速度方向相反；蜗轮是从动件，作用在蜗轮上的圆周力 F_{t2} 与蜗轮在该点的圆周速度方向相同，当蜗杆轴与蜗轮轴交错角 $\Sigma=90°$时，作用于蜗杆上的圆周力 F_{t1} 等于蜗轮上的轴向力 F_{a2}，但方向相反；作用于蜗轮上的圆周力 F_{t2} 等于蜗杆上的轴向力 F_{a1}，方向也相反；蜗杆、蜗轮上的径向力 F_{r1}、F_{r2} 都分别由啮合节点 C 沿半径方向指向各自的中心，且大小相等、方向相反。如果 T_1 和 T_2 分别表示作用于蜗杆和蜗轮上的转矩，则各力的大小按下式确定：

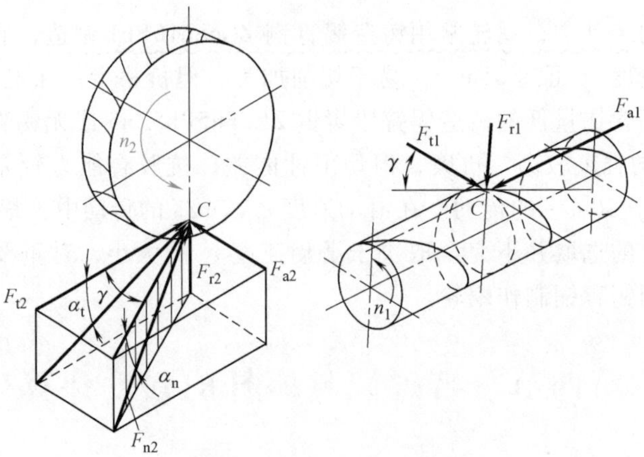

图 8-6　蜗杆传动的受力分析

$$F_{t1}=F_{a2}=2T_1/d_1 \tag{8-4}$$

$$F_{t2}=F_{a1}=2T_2/d_2=2T_1 i\eta/d_2 \tag{8-5}$$

$$F_{r1}=F_{r2}\approx F_{a1}\tan\alpha \tag{8-6}$$

$$F_{n1}=F_{n2}\approx F_{a1}/\cos\alpha_n\cos\gamma=2T_2/d_2\cos\alpha_n\cos\gamma \tag{8-7}$$

式中，T_1、T_2 分别为作用在蜗杆和蜗轮上的转矩，单位为 N · mm；i、η 为传动比和传动效率；d_1、d_2 分别为蜗杆和蜗轮的分度圆直径，单位为 mm；α 为压力角，$\alpha=20°$。

二、蜗杆传动的齿面接触强度计算

蜗轮齿面胶合与磨损在蜗杆传动中虽属常见的失效形式，但目前尚无成熟的计算方法；不过它们均随齿面接触应力的增加而加剧，因此可统一作为齿面接触强度进行条件性计算，并在选取许用接触应力 $[\sigma_H]$ 值时考虑胶合和磨损失效的影响。这样，蜗轮齿面的接触强度计算便成为蜗杆传动最基本的轮齿强度计算。

蜗杆传动的齿面接触强度计算与斜齿轮类似，也是以赫兹公式为计算基础。将蜗杆作为齿条，蜗轮作为斜齿轮以其节点处啮合的相应参数代入赫兹公式，对于钢制蜗杆和青铜或铸铁制的蜗轮可得：

蜗轮齿面接触强度的校核公式为

$$\sigma_H=\frac{480}{mz_2}\sqrt{\frac{KT_2}{d_1}}\leqslant[\sigma_H] \tag{8-8}$$

蜗轮齿面接触强度的设计公式为

$$m^2 d_1\geqslant\left(\frac{480}{[\sigma_H]z_2}\right)^2 KT_2 \tag{8-9}$$

式中，$[\sigma_H]$ 为蜗轮的许用接触应力，单位为 MPa，可查表 8-4；T_2 为作用在蜗轮上的转矩，单位为 N · mm；K 为载荷系数，用来考虑载荷集中和动载荷的影响，$K=1\sim1.3$，当载荷平稳，滑动速度低以及制造和安装精度较高时，取低值；d_1 为蜗杆分度圆直径，单位为 mm。

表 8-4 常用的蜗轮材料及其许用接触应力

蜗轮材料牌号	铸造方法	适用滑动速度/(m/s)	许用接触强度[σ_H]/MPa 滑动速度/(m/s)						
			0.5	1	2	3	4	6	8
ZCuSn10Pb1	砂型 金属型	≤25	134 200						
ZCuSn5Pb5Zn5	砂型 金属型 离心浇注	≤12	128 134 174						
ZCuAl10Fe3	砂型 金属型 离心浇注	≤10	250	230	210	180	160	120	90
ZCuZn38Mn2Pb2	砂型 金属型	≤10	215	200	180	150	135	95	75
HT150 HT200	砂型	≤2	130	115	90	—	—	—	—

注：1. 表中 [σ_H] 用于蜗杆螺旋表面硬度>350HBW 时，若≤350HBW 时，需降低 15%～20%。
2. 当传动为短时间工作时，锡青铜的 [σ_H] 值可提高 40%～50%。

根据式（8-9）求得 m^2d_1 后，再按表 8-1 确定 m 及 d_1 的标准值。蜗轮轮齿抗弯强度所限定的承载能力，大都超过齿面点蚀和热平衡计算（见本章第五节）所限定的承载能力。一般情况下，蜗轮轮齿折断的情况很少发生，当蜗轮采用脆性材料并承受强烈冲击时，应进行抗弯强度计算，需要计算时可参阅有关文献。

第五节 蜗杆传动的效率、润滑和热平衡计算

一、蜗杆传动的效率计算

闭式蜗杆传动的效率为

$$\eta=\eta_1\eta_2\eta_3 \tag{8-10}$$

式中，η_1 为啮合效率；η_2 为搅油效率，一般 $\eta_2=0.94\sim0.99$；η_3 为轴承效率，滚动轴承 $\eta_3=0.99\sim0.995$，滑动轴承 $\eta_3=0.97\sim0.99$。

上述三项效率中，啮合效率 η_1 是三项效率中的最低值。η_1 可按螺旋副的效率公式计算。当蜗杆主动时，有

$$\eta_1=\frac{\tan\gamma}{\tan(\gamma+\rho_v)} \tag{8-11}$$

式中，ρ_v 为蜗杆与蜗轮轮齿面间的当量摩擦角。当量摩擦角 ρ_v 与蜗杆蜗轮的材料、表面情况、相对滑动速度及润滑条件有关。啮合中齿面间的滑动，有利于油膜的形成，所以滑动速

度越大，当量摩擦角越小。表 8-5 为实验所得的当量摩擦角。

表 8-5　蜗杆传动的当量摩擦角 ρ_v

蜗轮齿圈材料		锡青铜		无锡青铜	灰铸铁	
钢蜗杆齿面硬度		≥45HRC	其他情况	≥45HRC	≥45HRC	其他情况
滑动速度 v_s /(m/s)	0.01	6°17′	6°51′	10°12′	10°12′	10°45′
	0.05	5°09′	5°43′	7°58′	7°58′	9°05′
	0.10	4°34′	5°09′	7°24′	7°24′	7°58′
	0.25	3°43′	4°17′	5°43′	5°43′	6°51′
	0.50	3°09′	3°43′	5°09′	5°09′	5°43′
	1.0	2°35′	3°09′	4°00′	4°00′	5°09′
	1.5	2°17′	2°52′	3°43′	3°43′	4°34′
	2.0	2°00′	2°35′	3°09′	3°09′	4°00′
	2.5	1°43′	2°17′	2°52′		
	3.0	1°36′	2°00′	2°35′		
	4	1°22′	1°47′	2°17′		
	5	1°16′	1°40′	2°00′		
	8	1°02′	1°29′	1°43′		
	10	0°55′	1°22′			
	15	0°48′	1°09′			
	24	0°45′				

分析式（8-11）可知，当蜗杆导程角 γ 接近于 45°时啮合效率 η_1 达到最大值。在此之前，η_1 随 γ 的增大而增大，故动力传动中常用多头蜗杆以增大 γ。但大导程角的蜗杆制造困难，所以在实际应用中 γ 很少超过 27°。

在初步设计时，蜗杆传动的总效率 η 可近似地取为：

1. 闭式传动

$$z_1=1\text{时},\quad \eta=0.70\sim0.75$$

$$z_1=2\text{时},\quad \eta=0.75\sim0.82$$

$$z_1=4\text{时},\quad \eta=0.87\sim0.92$$

2. 开式传动

$$z_1=1,2\text{时},\ \eta=0.60\sim0.70$$

二、蜗杆传动的润滑

为了提高蜗杆传动的效率、降低工作温度，避免胶合和减少磨损，必须进行良好的润滑。蜗杆传动所用润滑油的黏度及润滑方法见表 8-6。

表 8-6　蜗杆传动润滑油的黏度和润滑方法

滑动速度 v_s/(m/s)	≤1	<1~2.5	≤2.5~5	>5~10	>10~15	>15~25	>25
工作条件	重载	重载	中载	—	—	—	—
运动黏度 $\gamma_{40℃}$/(mm²/s)	1000	680	320	220	150	100	68
润滑方法	浸油润滑			浸油或喷油润滑	压力喷油润滑		

三、蜗杆传动热平衡计算

所谓热平衡，就是要求蜗杆传动正常连续工作时，由摩擦产生的热量应小于或等于箱体表面散发的热量，以保证温升不超过许用值。蜗杆传动的发热量较大，对于闭式传动，如果散热不充分，温升过高，就会使润滑油黏度降低，减小润滑作用，导致齿面磨损加剧，甚至引起齿面胶合。所以，对于连续工作的闭式蜗杆传动，应进行热平衡计算。转化为热量的摩擦耗损功率为

$$P_S = 1000P(1-\eta) \tag{8-12}$$

经箱体表面散发热量的相当功率为

$$P_C = KA(t_1 - t_2) \tag{8-13}$$

达到热平衡时 $P_S = P_C$，则蜗杆传动的热平衡条件是

$$t_1 = \frac{1000P(1-\eta)}{KA} + t_2 \leqslant [t] \tag{8-14}$$

式中，P 为传动输入的功率，单位为 kW；K 为散热系数，单位为 $W/m^2 \cdot ℃$；通风良好时，$K = 14 \sim 17.5W/m^2 \cdot ℃$；通风不良时，$K = 8.5 \sim 10.5W/m^2 \cdot ℃$；$A$ 为有效散热面积，指内部有油浸溅且外部与流通空气接触的箱体表面积，单位为 m^2；η 为传动总效率；t_1、t_2 分别为润滑油的工作温度和环境温度，单位为℃；$[t]$ 为允许的润滑油工作温度，一般 $[t] = 70 \sim 75℃$。

在设计中，如果 $t_1 > [t]$，可采用下列措施以增加传动的散热能力：

1）在蜗轮箱体外表面上铸出或焊上散热片，以增加散热面积，散热片本身面积按 50% 计算。

2）在蜗杆轴上装风扇时，可取 $K = 21 \sim 28W/m^2 \cdot °C$（见图 8-7a）。

3）用上述方法，散热能力仍不够时，可在箱体油箱内装蛇形水管，用循环水冷却（见图 8-7b）。

4）对温控要求较高的蜗杆传动采用压力喷油循环润滑（见图 8-7c）。

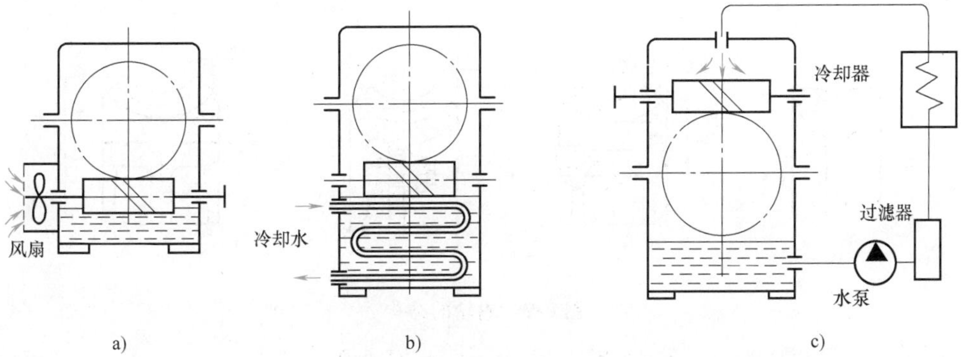

图 8-7 蜗杆传动的冷却方法

第六节 蜗杆和蜗轮的结构

一、蜗杆的结构

蜗杆通常和轴制成一体，称为蜗杆轴。对于铣削的蜗杆（见图 8-8a），轴径 d 可大于蜗杆根圆直径 d_{f1}，以增加蜗杆刚度；对于车制的蜗杆（见图 8-8b），轴径 d 应比 d_{f1} 小 2~4mm。只有在蜗杆直径很大（$d_{f1}/d \geqslant 1.7$）时，才可将蜗杆齿圈和轴分别制造，然后再套装在一起。

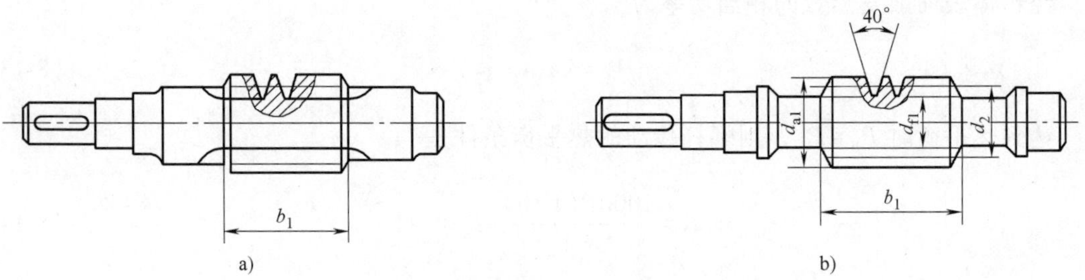

图 8-8 蜗杆的结构

a）铣削的蜗杆 b）车制的蜗杆

二、蜗轮的结构

铸铁蜗轮和直径小于 100mm 的青铜蜗轮适宜制成整体式（见图 8-9a）。为了节省贵重的铜合金，对直径较大的蜗轮通常采用组合结构，即齿圈用青铜制造，而轮心用钢或铸铁制成。采用组合结构时，齿圈和轮心间可以用 H7/s5 或 H7/s6 过盈配合连接。为了工作可靠，沿着结合面圆周装上 4~8 个螺钉（见图 8-9b），螺钉孔的中心线均向材料较硬的一边偏移 2~3mm，以便于钻孔。当蜗轮直径大于 600mm 或磨损后需要更换齿圈的场合，轮圈与轮心可用加强杆螺栓连接（见图 8-9c）（GB/T 27—2013）。对于大批量生产的蜗轮，常将青铜齿圈直接镶铸在铸铁轮心上（见图 8-9d），为了防止滑动应在轮心上予制出槽。

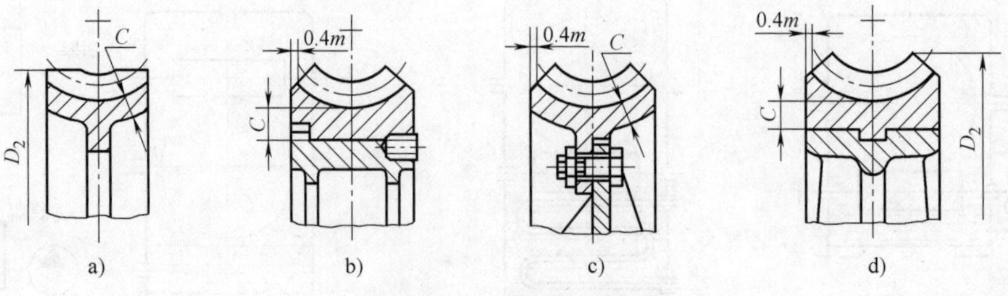

图 8-9 蜗轮的结构

a）整体式 $C \approx 1.5m$ b）组合式 $C \approx 1.6m+1.5\text{mm}$

c）加强杆螺栓连接孔式 $C \approx 1.5m$ d）镶铸式 $C \approx 1.6m+1.5\text{mm}$

例 一单级闭式蜗杆传动。已知输入功率 $P=7.5\text{kW}$，蜗杆转速 $n_1=960\text{r/min}$，蜗轮转速 $n_2=48\text{r/min}$，工作机载荷平稳，单向连续回转，室温 $t_2=20℃$，允许润滑油的工作温度 $[t]=75℃$，试求箱体散热面积 A。

解 1）选择材料并确定许用应力。由蜗杆转速和功率值，初步确定齿面滑动速度 $v_s=6\text{m/s}$，蜗轮材料选用 ZCuSn5Pb5Zn5，砂型铸造；蜗杆材料选用 45 钢，表面淬火 45~50HRC。由表 8-4 查得 $[\sigma_H]=128\text{MPa}$。

2）选择蜗杆头数 z_1 和蜗轮齿数 z_2。由传动比 $i=n_1/n_2=960/48=20$，查表 8-2 取 $z_1=2$，则 $z_2=iz_1=20\times2=40$。

3）按齿面接触强度设计。按式（8-9）

$$m^2d_1\geqslant\left(\frac{480}{[\sigma_H]z_2}\right)^2KT_2$$

式中
$$T_2=9.55\times10^6\frac{P_2}{n_2}=9.55\times10^6\frac{P_1\eta}{n_2}$$

取 $\eta=0.81$，则

$$T_2=9550\times10^3\frac{7.5\times0.81}{48}\text{N}\cdot\text{mm}=1208672\text{N}\cdot\text{mm}$$

载荷平稳，取 $K=1.05$，将已知数据代入得

$$m^2d_1\geqslant\left(\frac{480}{128\times40}\right)^2\times1.05\times1208672\text{mm}^3=11155\text{mm}^3$$

查表 8-1 取 $m=10\text{mm}$，$d_1=112\text{mm}$，则

$$\gamma=\arctan\frac{z_1m}{d_1}=\arctan\frac{2\times10}{112}=10.1247°(10°07'30'')$$

4）验算滑动速度

$$v_s=\frac{\pi d_1n_1}{60\times1000\times\cos\gamma}=\frac{\pi\times112\times960}{60\times1000\times\cos10.1247}\text{m/s}=5.72\text{m/s}$$

与原假设接近，材料选用合适。

5）主要尺寸计算。由表 8-3 中公式计算可得：$d_2=400\text{mm}$，$a=256\text{mm}$，$d_{a1}=132\text{mm}$，$d_{f1}=88\text{mm}$，$d_{a2}=420\text{mm}$，$d_{f2}=376\text{mm}$，$d_{e2}=430\text{mm}$，$R_{e2}=84\text{mm}$，$b=99\text{mm}$，$L=170\text{mm}$（磨削再加长 36mm）。

6）热平衡计算。按式（8-14）

$$t_1=\frac{1000P(1-\eta)}{KA}+t_2\leqslant[t]$$

式中，$P=7.5\text{kW}$；通风良好，取 $K=15\text{W/m}^2\cdot℃$；允许润滑油的工作温度 $[t]=75℃$；室温 $t_2=20℃$。

由 $$\eta=\eta_1\eta_2\eta_3$$

取 $\eta_2=0.94$，$\eta_3=0.995$。因 $v_s=5.72\text{m/s}$，查表 8-5 得 $\rho_v\approx1°14'30''$，则代入计算有

$$\eta_1=\frac{\tan\gamma}{\tan(\gamma+\rho_v)}=\frac{\tan10°07'30''}{\tan(10°07'30''+1°14'30'')}=0.88$$

故 $\eta=0.88\times0.94\times0.995=0.83$，与原假设接近。

7）箱体散热面积

$$A=\frac{1000P(1-\eta)}{K([t]-t_2)}=\frac{1000\times7.5\times(1-0.83)}{15\times(75-20)}\text{m}^2=1.55\text{m}^2$$

8）箱体设计（略）。

思　考　题

8-1　蜗杆传动适用于哪些场合？为什么？

8-2　为什么蜗杆传动的效率较低？

8-3　蜗杆传动与齿轮传动相此，在失效形式方面有何异同之处？为什么会产生这些异同点？

8-4　何谓蜗杆传动的中间平面？

8-5　安装蜗杆传动时，蜗杆的轴向定位和蜗轮的轴向定位是不是都要很准确？为什么？

8-6　蜗杆传动的常见失效形式有哪些？应采取何种措施加以防止？

8-7　蜗杆传动为什么要进行热平衡计算？如何改善传动的散热条件？

8-8　蜗杆和蜗轮的常用材料有哪些？一般根据什么条件来选择？

习　　题

8-1　标出图 8-10 中各分图未注明的蜗杆或蜗轮的螺旋线方向和转动方向（蜗杆均为主动）以及三个

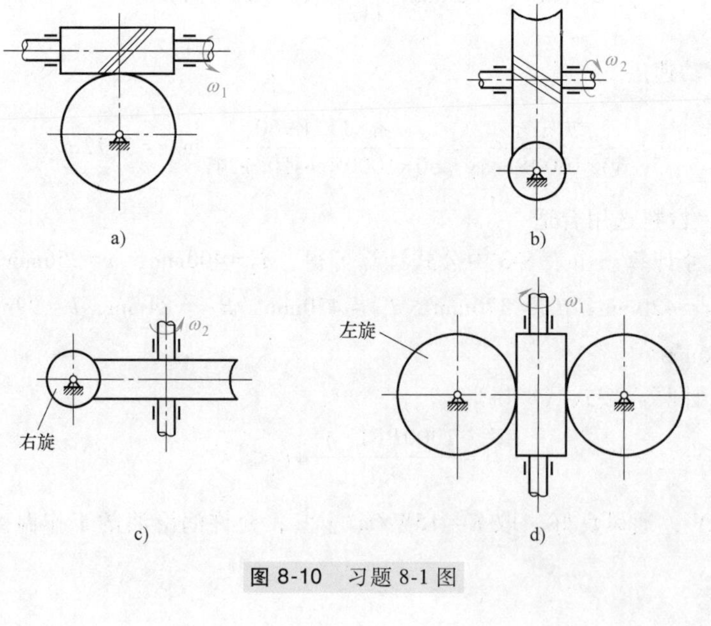

图 8-10　习题 8-1 图

分力的方向。

8-2 一单级蜗杆减速器，输入功率 $P_1=3\text{kW}$，$z_1=2$，箱体散热面积约为 1m^2，通风条件较好，室温 20℃，试验算油温是否满足要求。

8-3 如图 8-11 所示，一闭式蜗杆传动，已知：蜗杆输入功率 $P=3\text{kW}$，转速 $n_1=1450\text{r/min}$，蜗杆头数 $z_1=2$，蜗轮齿数 $z_2=40$，模数 $m=4\text{mm}$，蜗杆分度圆直径 $d_1=40\text{mm}$，蜗杆和蜗轮间的当量摩擦系数 $f'=0.1$。

试求：

1）啮合效率 η_1 和总效率 η。

2）作用在蜗杆轴上的转矩 T_1 和蜗轮轴上的转矩 T_2。

3）作用在蜗杆和蜗轮上的各分力的大小和方向。

8-4 如图 8-12 所示，一手动绞车采用圆柱蜗杆传动。已知 $m=8\text{mm}$，$z_1=1$，$d_1=80\text{mm}$，$z_2=40$，卷筒直径 $D=200\text{mm}$，试计算：

1）升重物 1m 时，蜗杆应转多少转？

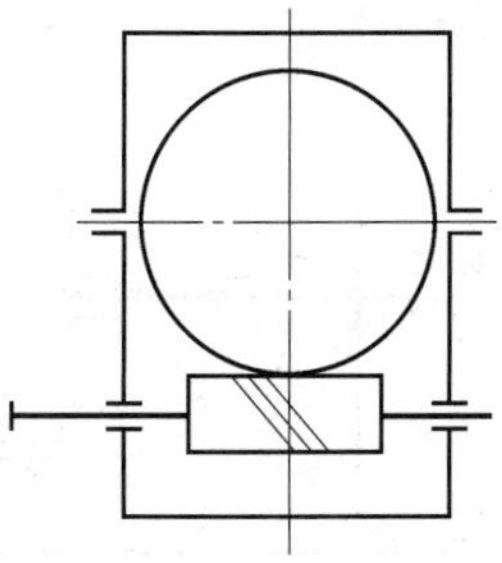

图 8-11 习题 8-3 图

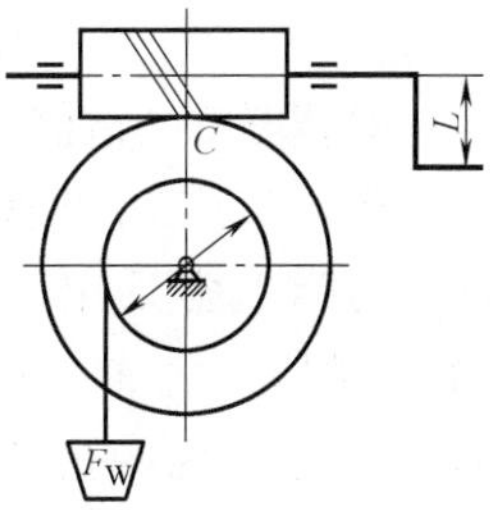

图 8-12 习题 8-4 图

2）蜗杆与蜗轮间的当量摩擦系数 $f'=0.18$，该机构能否自锁？

3）若重物 $F_W=5\text{kN}$，手摇时施加的力 $F=100\text{N}$，手柄转臂的长度 L 应是多少？

8-5 试设计一闭式单级圆柱蜗杆传动，已知：蜗杆轴上输入功率 $P_1=8\text{kW}$，蜗杆转速 $n_1=1450\text{r/min}$，蜗轮转速 $n_2=80\text{r/min}$，载荷平稳，单向转动，工作寿命三年，每日工作 16h，批量生产。

第九章

轮 系

第一节 轮系的分类及应用

前面仅就一对齿轮的啮合传动和设计问题进行了研究。但为了满足机械实现变速和获得大传动比等不同的工作需要，实际上常采用一对以上的齿轮组成的齿轮传动系统。例如，机床、汽车上使用的变速器、差速器，工程上广泛应用的齿轮减速器等，大多由一对以上齿轮组成。如图 9-1 所示的汽车变速器，通过一系列的齿轮传动，可将输入轴Ⅰ的一种转速变换为输出轴Ⅲ的 4 种不同的转速。这种由一系列齿轮组成的齿轮传动系统称为轮系。

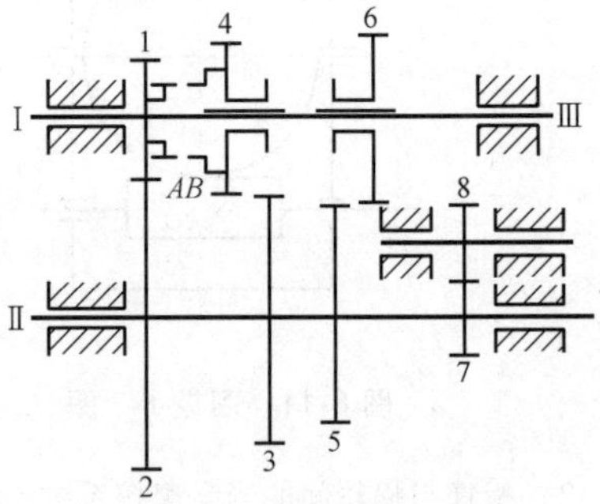

图 9-1 汽车变速器

一、轮系的分类

通常根据轮系运转时其各齿轮轴线的几何位置是否固定，将轮系分为三大类。

1. 定轴轮系

如图 9-1 所示的汽车变速器，当轮系运转时，各齿轮的几何轴线位置都是固定的，则该轮系称为定轴轮系。

2. 周转轮系

当轮系运转时，至少有一个齿轮的几何轴线可绕另一齿轮的几何轴线转动，则该轮系称为周转轮系。如图 9-2 所示，齿轮 2 既绕自身几何轴线 O_2 转动，又绕齿轮 1 的固定几何轴线 O_1 转动，如同自然界的行星一样，既有自转又有公转，故齿轮 2 称为行星轮；支持行星轮的构件 H 称为行星架（或系杆）；与行星轮相啮合且轴线位置固定的齿轮 1 和 3 称为太阳轮。基本周转轮系由行星轮、支持它的行星架和与行星轮相啮合的太阳轮构成。行星架与太阳轮的几何轴线必须重合，否则轮系不能传动。

周转轮系可根据其自由度的不同分为两类：如图 9-2 所示的周转轮系中，轮系的自由度为 2，需要两个原动件，则称其为差动轮系。若在上述差动轮系中，把两个太阳轮 1 和 3 中的某一个固定不动，此时周转轮系的自由度变为 1，只需一个原动件，则称其为行星轮系。

3. 复合轮系

若轮系中既含定轴轮系又含周转轮系，或者由几部分周转轮系所组成，则该轮系称为复合轮系。

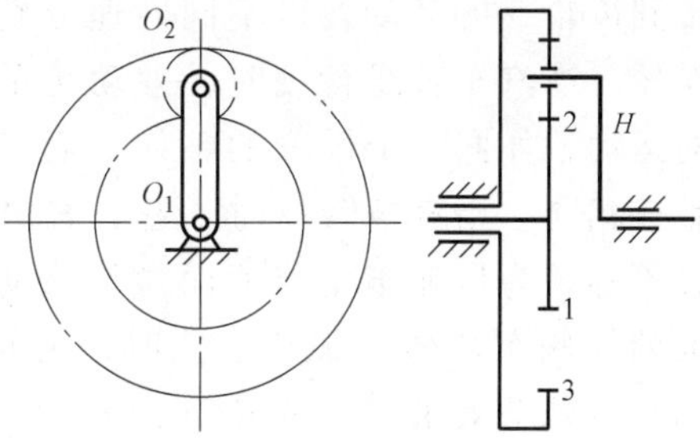

图 9-2　周转轮系

二、轮系的应用

在各种机械设备中轮系的应用十分广泛，它的主要功用为以下几点。

1. 实现相距较远的两轴间的传动

如图 9-3 所示，当输入轴与输出轴相距较远而需用齿轮传动时，如果只用一对齿轮传动，则两轮尺寸会很大；如果采用轮系传动，可以使结构紧凑，从而达到节约材料、减轻机器重量等目的。

2. 实现变速传动和换向

在主动轴转速不变的情况下，利用轮系可使从动轴得到多种不同的转速和转向的变换。如图 9-1 所示的汽车变速器，若输入轴Ⅰ转速一定，则可通过不同的齿轮相啮合，使变速器输出轴Ⅲ获得 4 种不同大小和转向的转速。

3. 获得大的传动比

当两轴间需要较大的传动比时，可采用定轴轮系来实现，但多级齿轮传动会导致结构复杂。若采用行星轮系，则可以在使用较少齿轮的情况下，得到很大的传动比。如图 9-4 所示的行星轮系，当 $z_1=100$，$z_2=101$，$z_2'=100$，$z_3=99$ 时，其传动比 i_{H1} 可达 10000。

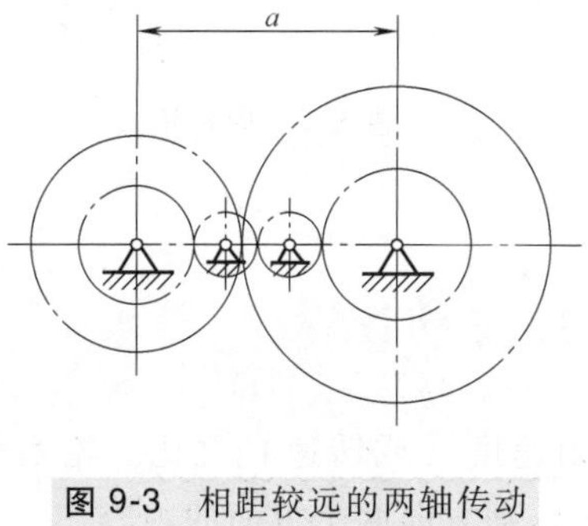

图 9-3　相距较远的两轴传动

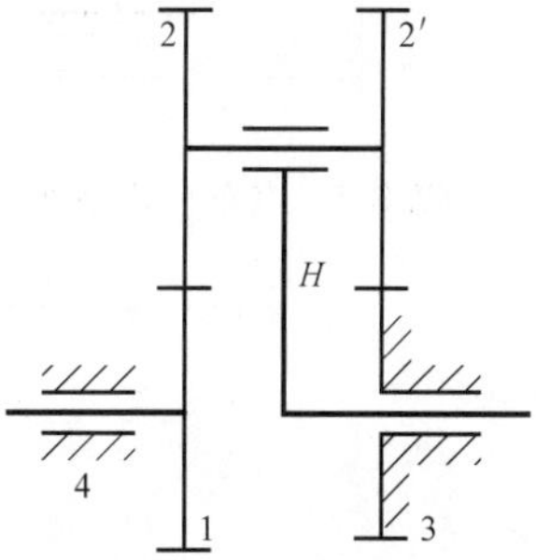

图 9-4　大传动比行星轮系

4. 实现运动的合成和分解

运动的合成是将两个输入运动合为一个输出运动；运动的分解是将一个输入运动分为两个输出运动。运动的合成和分解都可用差动轮系实现。

（1）运动的合成　如图 9-5 所示的加法机构，其运动的合成常采用锥齿轮组成的差动轮系来实现。一般取 $z_1=z_3$，则可得到 $2n_H=n_1+n_3$，说明输出构件（行星架 H）的运动是两个输入构件（齿轮 1 和 3）运动的合成。这种合成运动广泛用于机床、计算机构等机械装置中。

（2）运动的分解　如图 9-6 所示的汽车后桥差速器，其中由齿轮 1、2、3 和 4（行星架 H）组成的主体部分与图 9-5 所示轮系相同，是差动轮系。当汽车转弯时，它能将发动机传到齿轮 5 的运动，以不同转速分别传递给左、右两车轮。当汽车直线行驶时，差动轮系各轮之间没有相对运动，如同一个固联的整体一起转动，则左右车轮转速相同。当汽车转弯时，左、右两车轮由于转弯半径不等，为保证车轮与地面做纯滚动，需使转弯半径大的外侧车轮转速加快。此时，齿轮 1、2、3 和 4 之间产生差动效果。于是按 $2n_4 = n_1 + n_3$ 和两车轮转弯半径条件，将齿轮 4（即行星架 H）的转速分配到左、右两个车轮上。

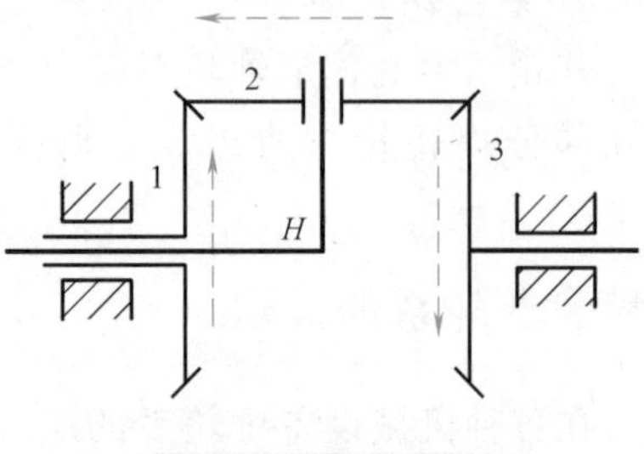

图 9-5 加法机构

拓展视频

风力发电

5. 结构小、重量轻时，可实现大功率传动

如图 9-7 所示的周转轮系，在同一圆周上均布着三个行星轮，显然，整个轮系的承载能力得到了提高，而齿轮的尺寸却较小；同时，行星轮公转产生的惯性力也得到了相应的平衡，这种轮系特别适合于飞行器。

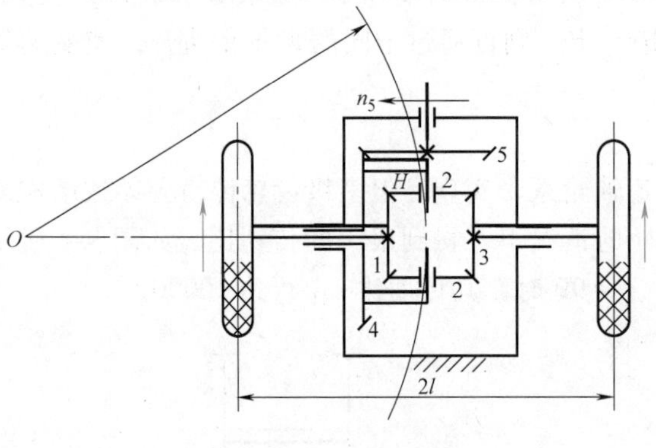

图 9-6 汽车后桥差速器

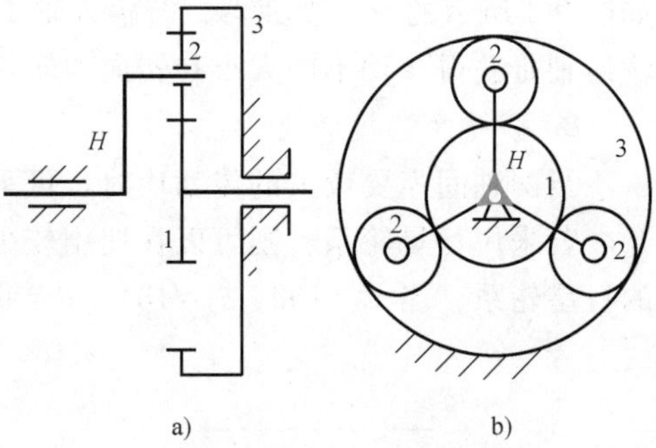

图 9-7 周转轮系

第二节 定轴轮系及其传动比

轮系的传动比是指该轮系中，输入轴与输出轴的角速度（或转速）之比。轮系传动比的计算，包括计算传动比的大小，以及确定两轴的相对转动方向两个方面的内容。

一、平面定轴轮系的传动比计算

所有齿轮的轴线都互相平行的轮系，即全部由圆柱齿轮组成的轮系，称为平面轮系。如图 9-8 所示，一对圆柱齿轮传动比可用下式表示：

$$i_{12} = \frac{\omega_1}{\omega_2} = \frac{n_1}{n_2} = \pm\frac{z_2}{z_1}$$

齿轮外啮合时，主、从动轮转动方向相反（见图 9-8a），传动比取负号；齿轮内啮合时，主、从动轮转动方向相同（见图 9-8b），传动比取正号。

图 9-9 所示为由几何轴线平行的圆柱齿轮组成的平面定轴轮系，则各对啮合齿轮的传动

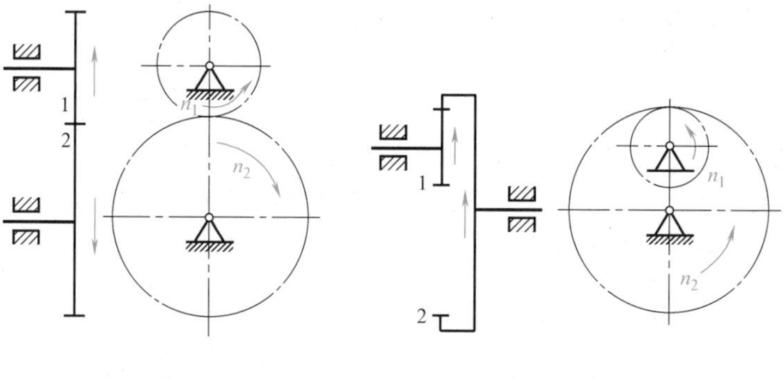

图 9-8　一对圆柱齿轮传动
a）外啮合传动　b）内啮合传动

比为

$$i_{12}=\frac{n_1}{n_2}=-\frac{z_2}{z_1}$$

$$i_{2'3}=\frac{n_{2'}}{n_3}=+\frac{z_3}{z_{2'}}$$

$$i_{3'4}=\frac{n_{3'}}{n_4}=-\frac{z_4}{z_{3'}}$$

$$i_{45}=\frac{n_4}{n_5}=-\frac{z_5}{z_4}$$

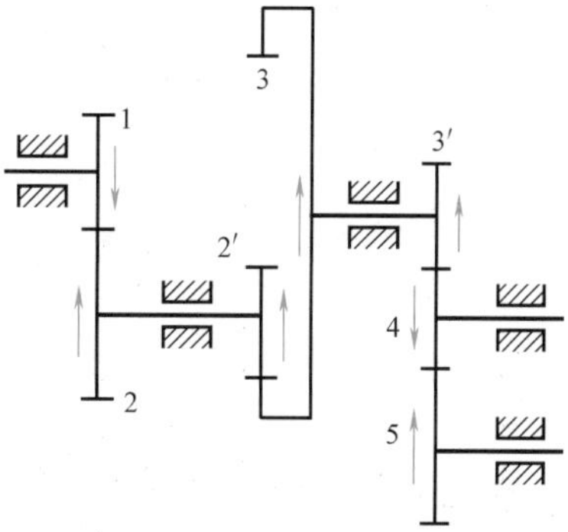

图 9-9　平面定轴轮系

因同一轴上齿轮的转速相等，故 $n_2=n_{2'}$，$n_3=n_{3'}$。现将各对齿轮传动比连乘，则得轮系转动比为

$$i_{15}=\frac{n_1}{n_5}=\frac{n_1}{n_2}\cdot\frac{n_{2'}}{n_3}\cdot\frac{n_{3'}}{n_4}\cdot\frac{n_4}{n_5}=i_{12}\cdot i_{2'3}\cdot i_{3'4}\cdot i_{45}$$

$$=\left(-\frac{z_2}{z_1}\right)\cdot\left(+\frac{z_3}{z_{2'}}\right)\cdot\left(-\frac{z_4}{z_{3'}}\right)\cdot\left(-\frac{z_5}{z_4}\right)=(-1)^3\frac{z_2z_3z_4z_5}{z_1z_{2'}z_{3'}z_4}$$

上式表明：平面定轴轮系传动比的数值等于组成该轮系各对啮合齿轮传动比的连乘积，也等于各对啮合齿轮中所有从动轮的齿数乘积与所有主动轮的齿数乘积之比；首、末两轮的转向关系取决于外啮合次数。

设轮 1 为起始主动轮，轮 K 为最末从动轮，则由上述可得出平面定轴轮系传动比的一般表达式为

$$i_{1K}=\frac{n_1}{n_K}=(-1)^m\frac{\text{首末两轮间各对啮合齿轮从动轮的齿数积}}{\text{首末两轮间各对啮合齿轮主动轮的齿数积}} \tag{9-1}$$

式中，m 为轮系中齿轮的外啮合次数。当 m 为奇数时，i_{1K} 为负号，说明首末两轮转向相反；当 m 为偶数时，i_{1K} 为正号，说明首末两轮转向相同。定轴轮系的转向关系也可用箭头在图上逐对标出。

在图 9-9 所示的轮系中，齿轮 4 既是主动轮，又是从动轮。显然，它不改变传动比的大

小，但却能改变从动齿轮的转向，这种齿轮称为惰轮或过桥齿轮。

二、空间定轴轮系的传动比

如图 9-10 所示为空间定轴轮系，轮系中除包括有圆柱齿轮外，还含有锥齿轮、蜗杆蜗轮等，其传动比的大小仍可用式（9-1）计算，但传动比的符号不能用 $(-1)^m$ 来判断，只能用画箭头的方法来确定其各轮的转向。

例 9-1　如图 9-10 所示的空间定轴轮系，已知各轮齿数 $z_1=15$，$z_2=25$，$z_2'=z_4=14$，$z_3=24$，$z_4'=20$，$z_5=24$，$z_6=40$，$z_7=2$（右旋），$z_8=60$。若 $n_1=800\text{r/min}$，求轮系传动比 i_{18}，蜗轮 8 的转速和转向。

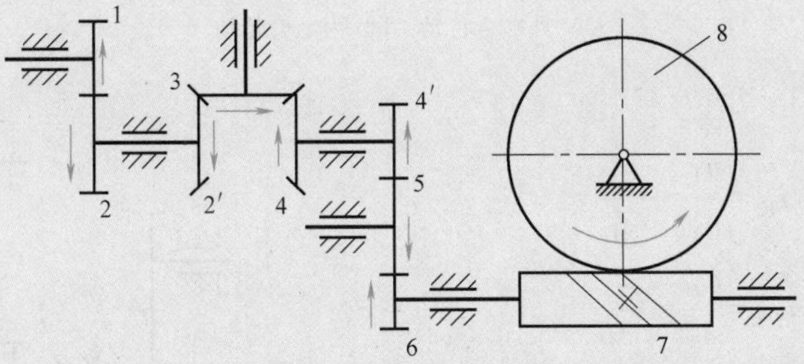

图 9-10　空间定轴轮系

解　按式（9-1）计算传动比的大小

$$i_{18}=\frac{n_1}{n_8}=\frac{z_2z_3z_4z_5z_6z_8}{z_1z_{2'}z_3z_{4'}z_5z_7}=\frac{25\times40\times60}{15\times20\times2}=100$$

$$n_8=\frac{n_1}{i_{18}}=\frac{800}{100}\text{r/min}=8\text{r/min}$$

因首、末两轮不平行，故传动比不必加符号。各轮转向用画箭头的方法确定，蜗轮 8 的转向如图 9-10 所示为逆时针方向。

第三节　周转轮系及其传动比

周转轮系中由于有转动着的行星架，致使行星轮既做自转又做公转，而不是绕定轴的简单转动。因此，周转轮系传动比的计算就不能直接用定轴轮系的传动比公式计算。

如图 9-11a 所示的周转轮系，现采用“反转法”，即根据相对运动的原理，假想地给整个周转轮系加上一个绕轴线 OO 转动的公共转速（$-n_H$）后，行星架 H 相对静止不动，而各构件间的相对运动并不改变。这样，所有齿轮则成为绕定轴转动的齿轮，周转轮系便转化为假想的定轴轮系（见图 9-11b），该假想的定轴轮系称为原周转轮系的转化轮系。利用求解定轴轮系传动比的方法，借助于转化轮系，就可以求解周转轮系的传动比。

轮系转化前后各构件的转速变化情况见表 9-1。

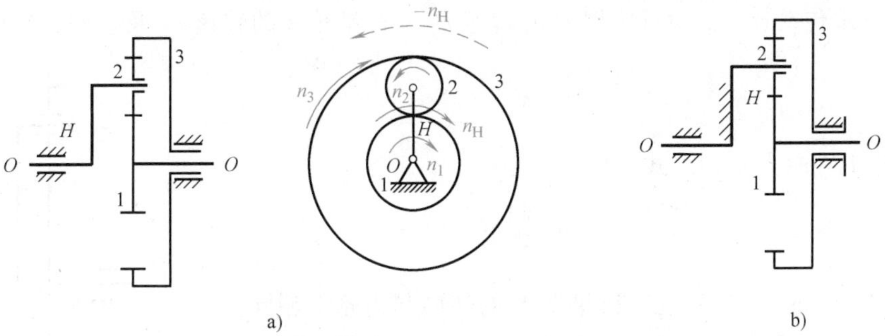

图 9-11　周转轮系的转化轮系

表 9-1　轮系转化前后各构件的转速变化情况

构件	周转轮系中各构件转速	转化轮系中各构件转速
n_1	n_1	$n^H=n_1-n_H$
2	n_2	$n_2^H=n_2-n_H$
3	n_3	$n_3^H=n_3-n_H$
H	n_H	$n_H^H=n_H-n_H=0$

表 9-1 中，n_1^H、n_2^H、n_3^H、n_H^H 表示转化轮系中，各构件对行星架 H 的相对转速。

既然周转轮系的转化轮系是一个定轴轮系，那么转化轮系的传动比可直接套用定轴轮系传动比公式进行计算。即

$$i_{13}^H=\frac{n_1^H}{n_3^H}=\frac{n_1-n_H}{n_3-n_H}=-\frac{z_2z_3}{z_1z_2}$$

式中，负号表示齿轮 1 和齿轮 3 在转化轮系中的转向相反。将上式写成一般形式为

$$i_{GK}^H=\frac{n_G^H}{n_K^H}=\frac{n_G-n_H}{n_K-n_H}=\pm\frac{G\text{ 到 }K\text{ 各对啮合齿轮从动轮齿数乘积}}{G\text{ 到 }K\text{ 各对啮合齿轮主动轮齿数乘积}} \tag{9-2}$$

式中，i_{GK}^H 为转化轮系中由主动轮 G 至从动轮 K 的传动比。

应用式（9-2）计算周转轮系传动比时应注意以下几点：

1）式中的齿轮 G、K 及行星架 H 的轴线平行或重合。如图 9-5 所示的周转轮系中，因齿轮 1、3 和行星架 H 的转动轴线相互平行，则 $i_{13}^H=\frac{n_1-n_H}{n_3-n_H}=-\frac{z_3}{z_1}$；而由于齿轮 1、2 及行星架 H 的转动轴线不平行，则 $i_{12}^H\neq\frac{n_1-n_H}{n_2-n_H}$。

2）式中的“±”号表明了转化轮系中齿轮 G、K 间的转向关系。

3）转速 n_G、n_K 和 n_H 均为代数值，代入公式时必须带正负号。假定某一方向转速为正，则与其同向者取正号，与其反向者取负号。

例 9-2　如图 9-12 所示的周转轮系中，各轮齿数为 $z_1=27$，$z_2=17$，$z_3=61$，转速 $n_1=6000\text{r/min}$，求传动比 i_{1H} 和行星架 H 的转速 n_H、行星轮 2 的转速 n_2 及它们的转向。

解
$$i_{13}^{H}=\frac{n_1-n_H}{n_3-n_H}=-\frac{z_3}{z_1}$$

设齿轮 1 转向为正，由式（9-2）得

$$\frac{6000-n_H}{0-n_H}=-\frac{61}{27}$$

解得 $n_H=1840\text{r/min}$，正号说明行星架 H 的转向与齿轮 1 相同。

$$i_{1H}=\frac{n_1}{n_H}=\frac{6000}{1840}=3.26$$

$$i_{12}^{H}=\frac{n_1-n_H}{n_2-n_H}=-\frac{z_2}{z_1}$$

代入数据得

$$\frac{6000-1840}{n_2-1840}=-\frac{17}{27}$$

解得 $n_2=-4767\text{r/min}$，负号表示齿轮 2 的转向与齿轮 1 相反。

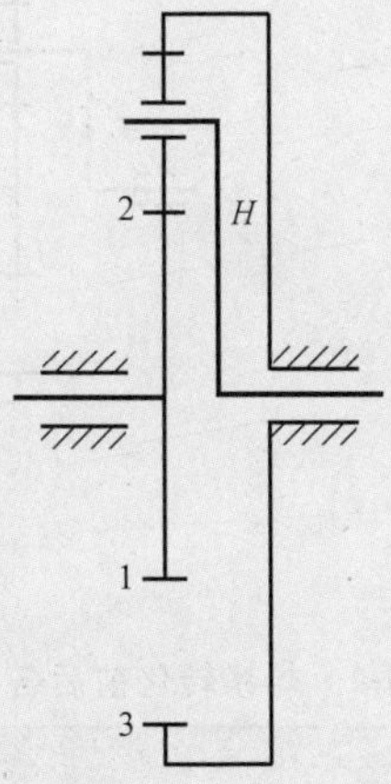

图 9-12　周转轮系

例 9-3　如图 9-4 所示为大传动比减速器。已知各轮齿数为 $z_1=100$，$z_2=101$，$z_{2'}=100$，$z_3=99$，试求传动比 i_{H1}。

解　由于太阳轮 3 固定（即 $n_3=0$），所以该轮系为行星轮系。由式（9-2）得

$$i_{13}^{H}=\frac{n_1-n_H}{n_3-n_H}=\frac{z_2z_3}{z_1z_{2'}}$$

$$i_{1H}=\frac{n_1}{n_H}=1-i_{13}^{H}=1-\frac{z_2z_3}{z_1z_{2'}}=1-\frac{101\times99}{100\times100}=\frac{1}{10000}$$

则
$$i_{H1}=\frac{n_H}{n_1}=\frac{1}{i_{1H}}=10000$$

以上计算说明，行星架 H 转 10000r，太阳轮只转 1r，且两构件转向相同。表明行星轮系可用少数几个齿轮获得很大的传动比，结构尺寸比定轴轮系紧凑。

若将 z_1 由 100 改为 99，则

$$i_{1H}=\frac{n_1}{n_H}=1-i_{13}^{H}=1-\frac{z_2z_3}{z_1z_{2'}}=1-\frac{101\times99}{99\times100}=-\frac{1}{100}$$

即
$$i_{H1}=\frac{n_H}{n_1}=\frac{1}{i_{1H}}=-100$$

计算结果表明，同一种结构形式的行星轮系，由于某一齿轮的齿数略有变化，使其传动比发生很大变化；同时，从动轮的转向也改变了。这也说明构件实际回转方向的判断，必须根据计算结果确定。

第四节 复合轮系及其传动比

复合轮系是由定轴轮系和周转轮系，或由几个基本周转轮系组合而成。计算复合轮系传动比时，首先必须正确区分各个基本周转轮系和定轴轮系，然后分别列出其传动比计算公式，最后联立求解。

正确区分各个轮系的关键是找出基本的周转轮系。而找基本周转轮系的一般方法是先找到行星轮，然后找出行星架（注意其形状不一定是简单的杆状），以及与行星轮相啮合的太阳轮。这样，行星轮、行星架及太阳轮就构成了一个基本的周转轮系。当各个基本周转轮系区分出以后，剩下的就是定轴轮系。

例 9-4 图 9-13 为电动卷扬机减速器，已知各轮齿数为 $z_1=24$，$z_2=35$，$z_{2'}=21$，$z_3=78$，$z_{3'}=18$，$z_4=30$，$z_5=78$，求传动比 i_{15}。

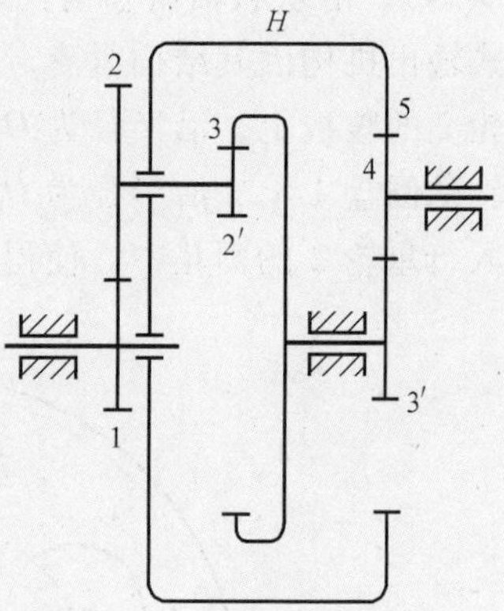

图 9-13 电动卷扬机减速器

解 在该复合轮系中，齿轮 1、2、2′、3 及 H 组成周转轮系，齿轮 3′、4、5 组成定轴轮系。

对于周转轮系：

$$i_{13}^{H}=\frac{n_1-n_H}{n_3-n_H}=-\frac{z_2z_3}{z_1z_{2'}}=-\frac{35\times78}{24\times21}=-\frac{65}{12} \tag{1}$$

对于定轴轮系：

$$i_{3'5}=\frac{n_{3'}}{n_5}=-\frac{z_5}{z_{3'}}=-\frac{78}{18}=-\frac{13}{3} \tag{2}$$

联立方程式（1）、式（2）且 $n_3=n_3'$，$n_H=n_5$，可得

$$i_{15}=\frac{n_1}{n_5}=\frac{269}{9}=29.9$$

正号说明齿轮 1 和齿轮 5 的转向相同。

第五节 几种特殊行星轮系传动简介

除前面介绍的一般行星轮系以外，工程上还常采用其他几种特殊行星轮系。比较常用的有：渐开线少齿差行星齿轮传动、摆线针轮行星传动和谐波齿轮传动等。它们共同的特点是结构紧凑、传动比大、重量轻和效率高。

一、渐开线少齿差行星齿轮传动

图 9-14 所示为渐开线少齿差行星轮系，其主要由固定的太阳轮 1、行星轮 2、行星架 H（输入端）、输出轴 V 及等角速比机构 W 组成。这种轮系用于减速时，行星架 H 为主动件。当行星架 H 高速转动时，行星轮 2 便做平面回转运动，即行星轮一方面绕轴线 O_1 做公转，另一方面又绕其自身轴线 O_2 做自转。通过等角速比机构 W，将行星轮的转动同步传给输出

轴 V。其传动比可按式（9-2）计算：

$$i_{21}^{H}=\frac{n_2-n_H}{n_1-n_H}=\frac{n_2-n_H}{0-n_H}=\frac{z_1}{z_2}$$

故
$$i_{H2}=\frac{n_H}{n_2}=-\frac{z_2}{z_1-z_2}$$

由上式可知，太阳轮 1 与行星轮 2 齿数差越少，传动比 i_{H2} 越大。通常齿数差为 1~4，所以称为少齿差行星齿轮传动。当齿数差 $z_1-z_2=1$ 时，传动比有最大值 $i_{H2}=-z_2$。

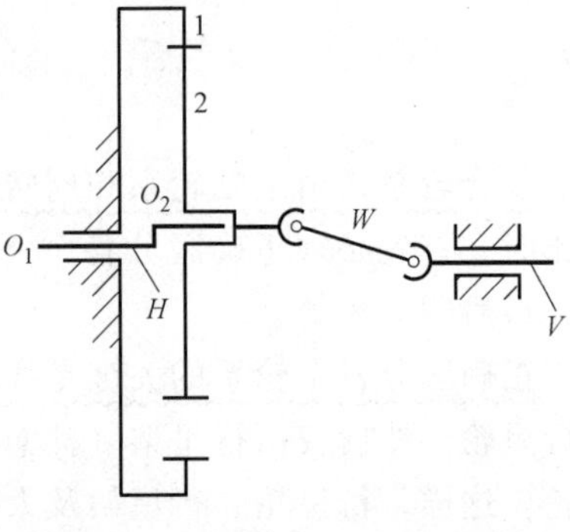

图 9-14　渐开线少齿差行星轮系

等角速比机构 W 可以采用双万向联轴器（见图 9-14）、滑块联轴器和销孔式输出机构等。其中，销孔式输出机构因其结构紧凑、效率高而常被采用，其结构和工作原理如图 9-15 所示。在行星轮 2 的腹板上，沿半径为 O_2O_h 的圆周上制有若干个均布的圆孔（图中为 6 个）；而在输出轴的圆盘 1 上，沿半径为 O_1O_s 的圆周上又均布着相同数量的圆柱销，这些圆柱销对应地插入行星轮 2 的圆孔中，使得行星轮和输出轴连接起来。

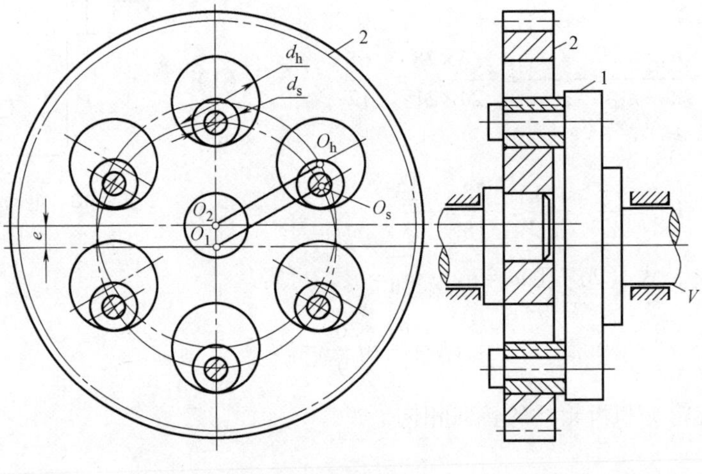

图 9-15　等角速比机构

1—圆盘　2—行星轮

设行星架的偏心距为 e，行星轮上圆孔的直径为 d_h，输出轴上销套的直径为 d_s。设计时，取 $d_h/2-d_s/2=e$，即 $O_sO_h=O_1O_2=e$，$O_2O_h=O_1O_s$，则 $O_1O_2O_sO_h$ 构成一平行四边形，这样，不论行星轮转到哪一位置，O_2O_h 与 O_1O_s 总保持平行。因此，输出轴 V 的转速始终与行星轮 2 的转速相同。

二、摆线针轮行星传动

图 9-16 所示为摆线针轮行星传动，太阳轮的内齿是带套筒的圆柱销形针齿，故又称为

针轮 1，行星轮 2 的齿形通常为短幅外摆线的等距曲线，两轮的齿数差等于 1。故该传动装置的传动比为

$$i_{H2}=\frac{n_H}{n_2}=-\frac{z_2}{z_1-z_2}=-z_2$$

摆线针轮行星传动除具有传动比大、结构紧凑、重量轻及效率高的优点外，还因同时啮合的齿数多以及齿廓之间为滚动摩擦，而具有传动平稳、承载能力强、轮齿磨损小、使用寿命长等优点。其缺点是加工工艺较复杂、精度要求较高、必须用专用机床和刀具来加工。

三、谐波齿轮传动

图 9-17 所示为谐波齿轮传动，它主要由波发生器 H（相当于行星架）、刚轮 1（相当于太阳轮）和柔轮 2（相当于行星轮）组成。刚轮 1 是一个刚性内齿轮，柔轮 2 是一个容易变形的薄壁圆筒外齿轮，内壁孔略小于波发生器 H 的长度。

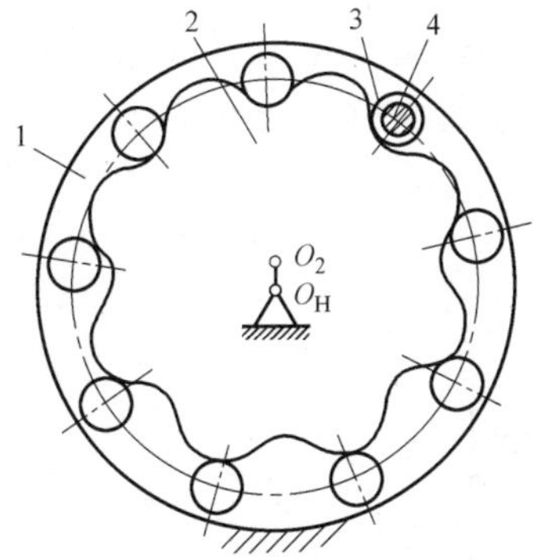

图 9-16 摆线针轮行星传动

1—针轮 2—行星轮

3—针齿套 4—针齿销

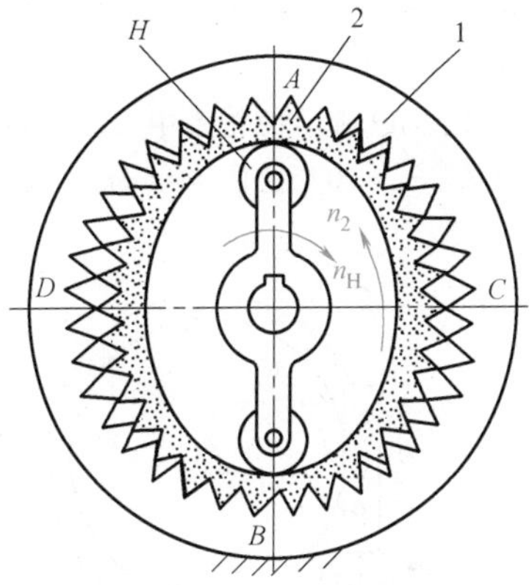

图 9-17 谐波齿轮传动

1—刚轮 2—柔轮 H—波发生器

在波发生器的作用下，迫使柔轮产生弹性变形而呈椭圆形。当椭圆形长轴两端轮齿进入啮合时，短轴两端轮齿脱开，其余部位的轮齿处于过渡状态。随着主动件波发生器的回转，柔轮的长、短轴位置将不断变化，使轮齿的啮合和脱开位置不断改变，从而实现运动的传递。若刚轮 1 固定不动，则传动比为

$$i_{H2}=\frac{n_H}{n_2}=-\frac{z_2}{z_1-z_2}$$

目前，谐波齿轮的齿形多采用渐开线齿形。

谐波齿轮传动除上述共有的优点外，这种传动可由柔轮直接输出，其结构更为紧凑；同时啮合的齿数多，承载能力强，且平稳无冲击；因齿侧间隙小，还适应于双向传动。但由于柔轮周期性地发生变形，所以对柔轮的材料、加工和热处理要求较高。

思　考　题

9-1　轮系有哪些主要功用？它是如何进行分类的？

9-2　当主动轮的转向给定以后，可用什么方法来确定定轴轮系从动轮的转向？周转轮系中主、从动轮的转向关系又该怎样确定？

9-3　惰轮有什么特点？什么时候采用惰轮？

9-4　什么是周转轮系的转化轮系？i_{GK}^{H} 是不是周转轮系中 G、K 两齿轮的传动比？当 i_{GK}^{H} 为正值时，G、K 两轮的转向相同吗？

9-5　能否用转化轮系传动比计算公式求任何轮系中行星轮系的传动比？为什么？

9-6　如何从一个复合轮系中划分出定轴轮系部分和各基本周转轮系部分？

习　题

9-1　图 9-18 所示为一滚齿机工作台传动机构，工作台与蜗轮 5 固联。若已知 $z_1=z_{1'}=15$，$z_2=35$，$z_{4'}=1$，$z_5=40$，滚刀 $z_6=1$，$z_7=28$。今要切制一个齿数 $z_{5'}=64$ 的齿轮，应如何选配交换齿轮组各轮的齿数 $z_{2'}$、z_3 和 z_4。

9-2　在图 9-19 所示的轮系中，已知各轮齿数为 $z_1=15$，$z_2=25$，$z_{2'}=15$，$z_3=30$，$z_{3'}=15$，$z_4=30$，$z_{4'}=2$，$z_5=60$，$z_{5'}=20$（模数 $m=4\text{mm}$）。若 $n_1=500\text{r/min}$，求齿条 6 的线速度的大小和方向。

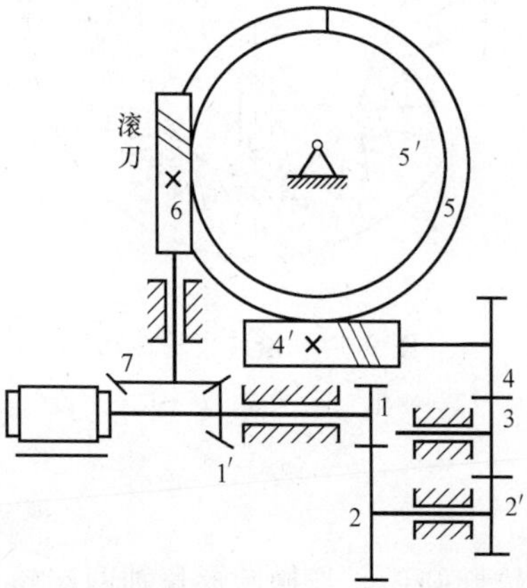

图 9-18　习题 9-1 图

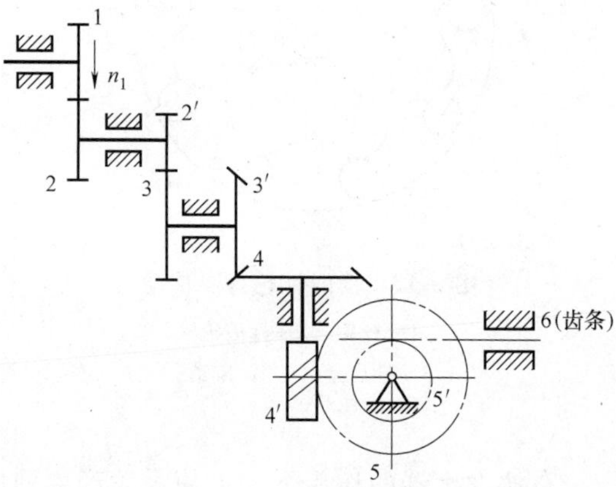

图 9-19　习题 9-2 图

9-3　在图 9-20 所示的手动葫芦中，已知各轮齿数分别为 $z_1=12$，$z_2=28$，$z_{2'}=14$，$z_3=54$，求手动链轮 S 和起重链轮 H 的传动比 i_{SH}。

9-4　在图 9-21 所示的轮系中，已知各轮齿数分别为 $z_1=15$，$z_2=25$，$z_{2'}=20$，$z_3=60$。又 $n_1=200\text{r/min}$，$n_3=50\text{r/min}$。分别求出当 n_1 和 n_3 转向相同或相反时，n_H 的大小和转向。

9-5　在图 9-22 所示的轮系中，已知各轮齿数分别为 $z_1=20$，$z_2=30$，$z_{2'}=50$，$z_3=80$，$n_1=50\text{r/min}$，求 n_H 的大小和转向。

9-6　在图 9-23 所示的某涡轮螺旋桨发动机主减速器传动机构中，已知各轮齿数分别为 $z_1=z_{1'}=35$，$z_2=z_{2'}=31$，$z_3=z_{3'}=97$，求该减速器的传动比 i_{1H}。

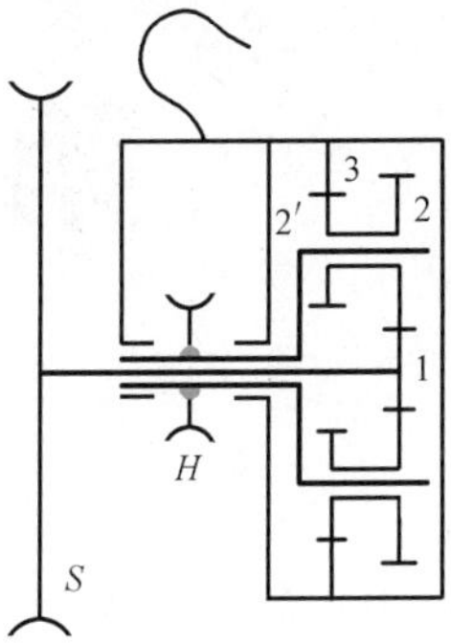

图 9-20　习题 9-3 图

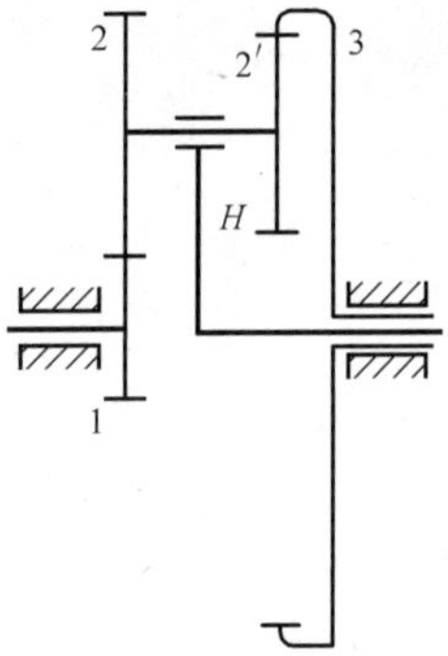

图 9-21　习题 9-4 图

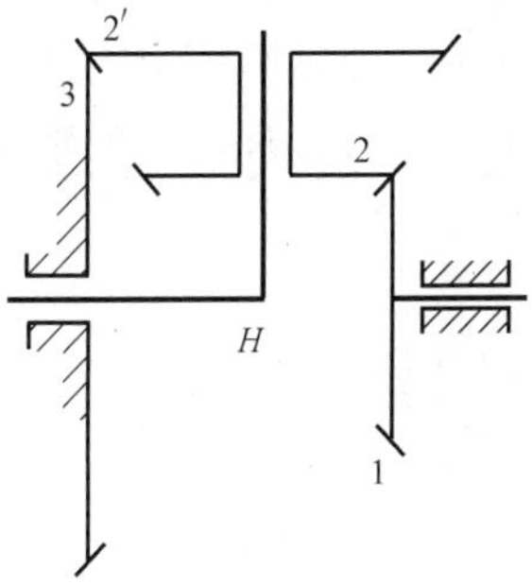

图 9-22　习题 9-5 图

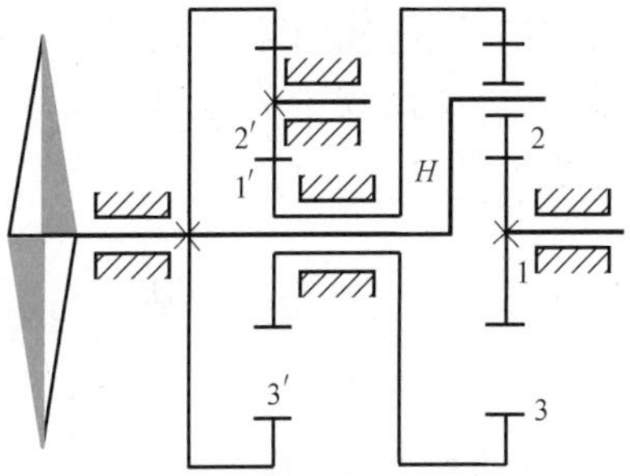

图 9-23　习题 9-6 图

第十章 滚动轴承

滚动轴承由于具有摩擦阻力小、起动灵敏、效率高、旋转精度高、润滑简便和装拆方便等优点已被广泛地应用于各种机器和机构中，并已标准化且由专业轴承厂家生产。因此，学习滚动轴承设计的主要任务就是按实际工作条件选择合适类型及其合理尺寸的轴承，并进行合理的轴承组合设计。

第一节 滚动轴承的类型和代号

一、滚动轴承的构造

滚动轴承结构如图 10-1 所示，一般由内圈 1、外圈 2、滚动体 3 和保持架 4 四部分组成。

一般情况下，内圈与轴一起运转；外圈装在轴承座中起支承作用；用保持架将滚动体均匀隔开，避免各滚动体之间直接接触而相互摩擦；有些滚动轴承没有内圈、外圈或保持架，但滚动体为其必备的主要元件。常见滚动体类型如图 10-2 所示。

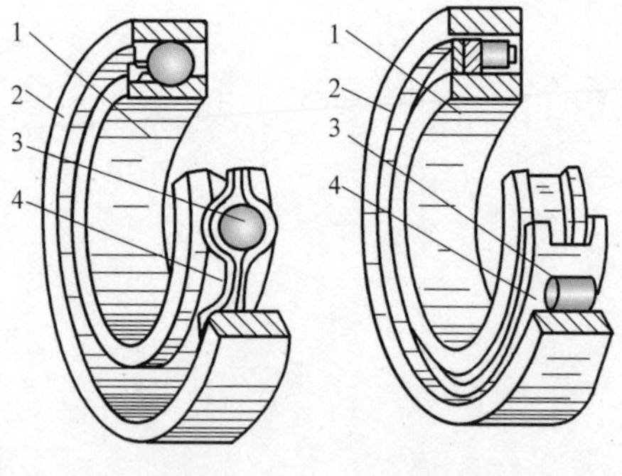

图 10-1 滚动轴承结构

1—内圈 2—外圈 3—滚动体 4—保持架

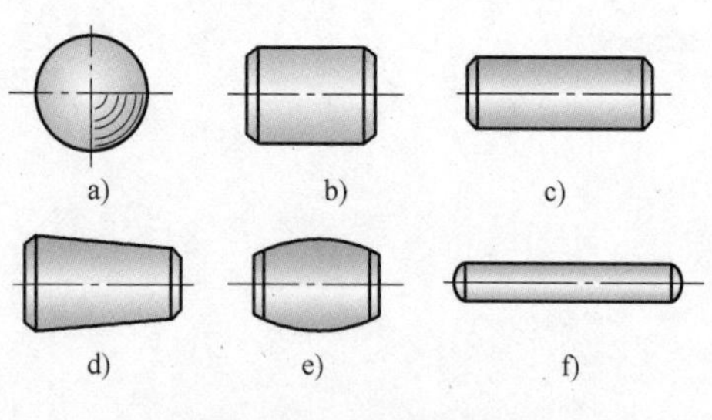

图 10-2 滚动体类型

a）钢球滚珠 b）短圆柱滚子 c）长圆柱滚子 d）圆锥滚子 e）鼓形滚子 f）针形滚子

在工作过程中，滚动体与内、外圈是点或线接触而相对转动，它们表面接触应力很大，所以要求其材料应具有良好的接触疲劳强度和冲击韧性，一般采用 GCr15、GCr15SiMn、

GCr6、GCr9 等轴承钢制造，经热处理后表面硬度可达 61~65HRC。保持架多用低碳钢通过冲压成形方法制造，根据要求也可采用非铁金属或塑料等材料。

拓展视频

多元的陶瓷

二、滚动轴承的结构特性和类型

1. 结构特性

（1）游隙　滚动轴承内外圈和滚动体之间在轴向和径向存在一定的间隙，即有相对位移，其最大位移量称为游隙（见图 10-3）。游隙大小对轴承的运转精度、寿命、温度变化和噪声等影响很大，因此在轴承使用过程中应对游隙进行合理选择和调整。

（2）接触角　各类轴承的接触角见表 10-1，滚动体与外圈滚道接触点（线）的法线与轴承半径方向的夹角 α 为轴承的接触角，接触角反映了轴承承受径向和轴向载荷的相对能力。

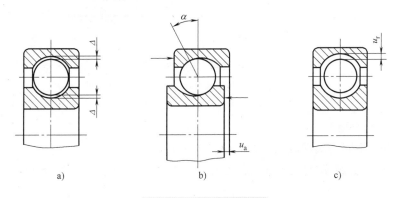

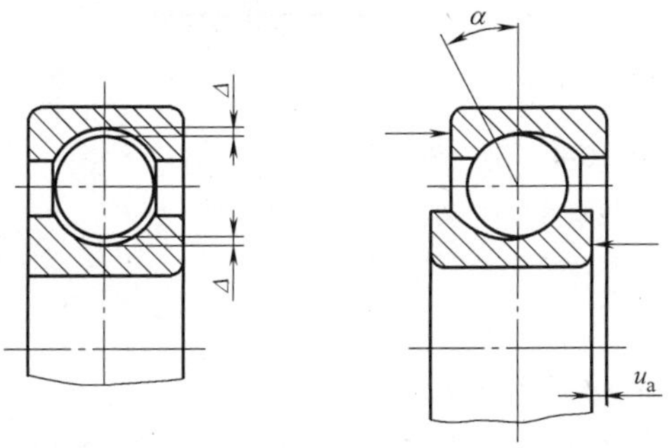

a)　　　　b)　　　　c)

图 10-3　滚动轴承游隙

a）游隙　b）轴向游隙　c）径向游隙

表 10-1　各类轴承的接触角

轴承种类	向心轴承		推力轴承	
	径向接触	角接触	角接触	轴向接触
接触角 α	$\alpha=0°$	$0°<\alpha\leqslant 45°$	$45°<\alpha<90°$	$\alpha=90°$
图例（以球轴承为例）	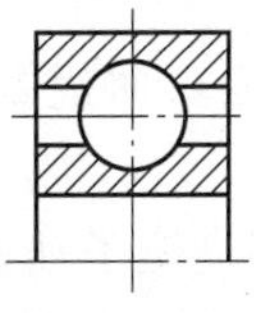	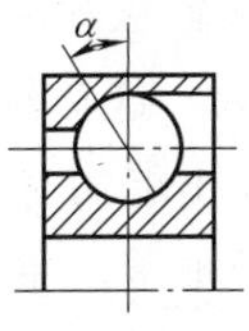	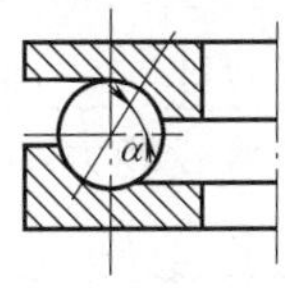	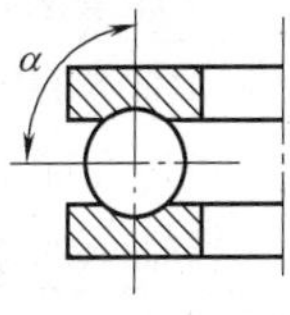

（3）偏位角　由于加工、安装误差或轴的变形等会引起轴承内、外圈中心线发生相对偏斜，其偏斜角称为偏位角 θ，如图 10-4 所示。通过表 10-2 可知：各类轴承的允许偏位角有较大差别，如果轴承实际工作中偏位角较大，就要求轴承具有自动调心作用，来补偿由于上述原因造成的偏位角，因此这类轴承也称为调心轴承。

（4）极限转速　轴承在一定载荷和润滑条件下，允许的最高转速称为极限转速。滚动轴承转速过高会使摩擦面间产生高温，使润滑失效，从而导致滚动体、内外圈回火或胶合而损坏。各类轴承极限转速的比较见表 10-2。

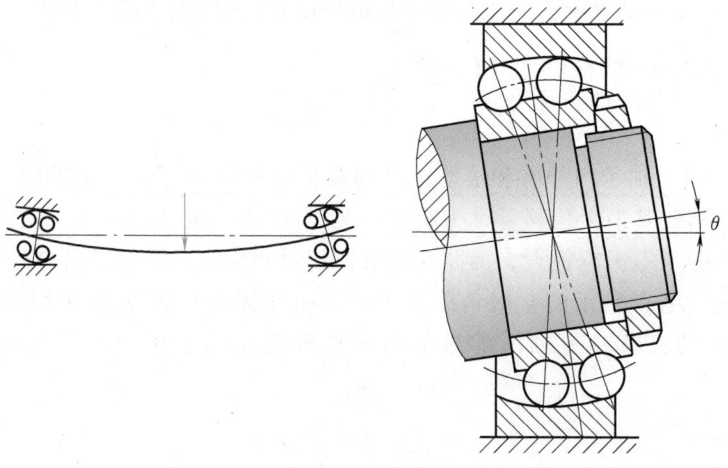

图 10-4　偏位角

a）中心线倾斜　b）调心轴承

2. 滚动轴承的类型

按结构特点的不同，滚动轴承有多种分类方法。

（1）按轴承承受载荷的方向或接触角的不同　可分为向心轴承和推力轴承（见表 10-1）。

当轴承接触角 $0°\leqslant\alpha\leqslant45°$时，轴承只承受或主要承受径向载荷，该类轴承称为向心轴承。当 $\alpha=0°$时，轴承只承受径向载荷，故称为径向接触轴承；当 $0°<\alpha\leqslant45°$时，轴承主要承受径向载荷，也可承受较小的轴向载荷，这类轴承称为角接触向心轴承。

当轴承接触角 $45°<\alpha\leqslant90°$时，轴承只承受或主要承受轴向载荷，该类轴承称为推力轴承。当 $\alpha=90°$时，轴承只承受轴向载荷，故称为轴向接触轴承；当 $45°<\alpha<90°$时，轴承主要承受轴向载荷，也可承受较小的径向载荷，这类轴承称为角接触推力轴承。

（2）按滚动体的类型　轴承可分为球轴承和滚子轴承。

当轴承的滚动体为球时，称为球轴承。这类轴承与滚道表面接触为点接触，摩擦系数小，高速性能好，但承载能力小，承受冲击能力也小。

当轴承的滚动体不是球时，称为滚子轴承。主要包括圆柱滚子轴承、滚针滚子轴承、圆锥滚子轴承和调心滚子轴承等。这类轴承与滚道表面接触为线接触，摩擦系数大，高速性能较球轴承稍差，但承载能力较大，承受冲击能力也大。

（3）按滚动体的列数　轴承可分为单列、双列及多列。

（4）按工作时轴承能否起调心作用　可分为调心轴承和非调心轴承。

（5）按安装轴承时其内、外圈可否分别安装　分为可分离轴承和不可分离轴承。

（6）按公差等级　可分为 0、6、6x、5、4、2 级滚动轴承，其中 2 级精度最高，0 级精度为普通级。另外 6x 公差等级只用于圆锥滚子轴承。

常用滚动轴承的类型、代号及特性见表 10-2。

表 10-2 常用滚动轴承的类型、代号及特性

轴承名称及类型代号	结构简图及承载方向	极限转速	允许偏位角	主要特性及应用
深沟球轴承 60000	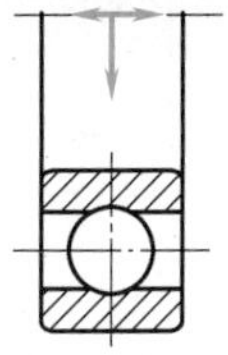	高	8′~16′	主要承受径向载荷,也可承受一定的双向轴向载荷,价格低,应用较广
调心球轴承 10000	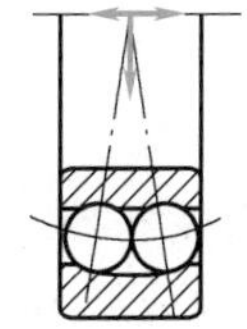	中	2°~3°	主要承受径向载荷,也能承受较小的轴向载荷,可自动调心,主要用于刚度较小的长轴、多支点轴或各轴孔不能保证同心的场合
圆柱滚子轴承 N0000(外圈无挡边) NU0000(内圈无挡边)	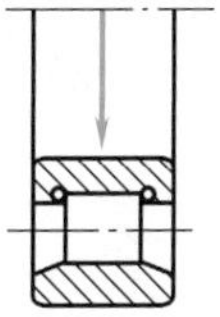	较高	2′~4′	承受较大的径向载荷,但不能承受轴向载荷,内外圈可分离,装拆方便,主要用于刚度大和对中性好的轴
调心滚子轴承 20000C(CA)	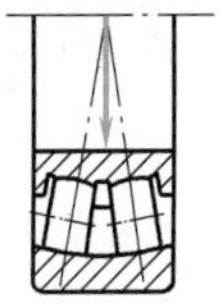	低	0.5°~2°	与调心轴承相似,但能承受很大的径向载荷和较小的轴向载荷,主要用于重型机械
滚针轴承 NA0000(有内圈) RNA0000(无内圈)	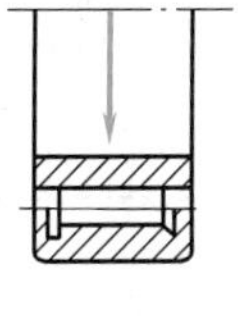	低	0	只能承受很大的径向载荷,径向尺寸很小;一般无保持架,因而滚针间有摩擦,极限转速很低,且不允许有偏位角。多用于转速低,径向尺寸受限制的场合
角接触球轴承 70000C($\alpha=15°$) 70000AC($\alpha=25°$) 70000B($\alpha=40°$)	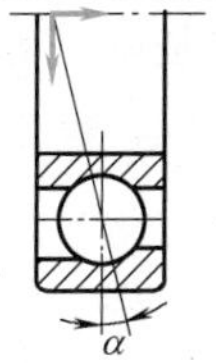 α	较高	2′~10′	能同时承受径向、轴向载荷共同作用,接触角越大,承受轴向载荷的能力越大。适用于较高转速且径向与轴向载荷同时存在的场合,成对使用
圆锥滚子轴承 30000	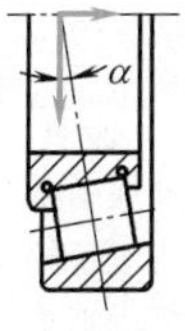	中	2′	有$\alpha=10°\sim18°$和$27°\sim30°$两种,能同时承受径向、轴向载荷共同作用,但承载能力高于角接触球轴承。极限转速低,内外圈可分离,便于调节轴承间隙,成对使用
推力球轴承 52000	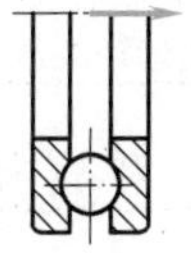	低	0	只能承受轴向载荷,不允许有偏位角,极限转速低,套圈可分离。用于轴向载荷大、转速低的场合。可与深沟球轴承共同使用

（续）

轴承名称及类型代号	结构简图及承载方向	极限转速	允许偏位角	主要特性及应用
推力调心滚子轴承 29000	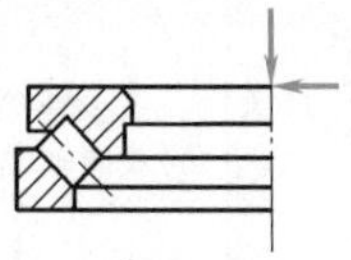	中	1°~2.5°	能承受很大的轴向载荷和很大的径向载荷。使用于重型机械

三、滚动轴承的代号

由于滚动轴承的种类很多，每种轴承的结构、尺寸、精度和技术要求又有不同，为了便于生产、设计和选用，GB/T 272—2017 对滚动轴承的代号构成及其所表示的内容做了统一的规定。

滚动轴承的代号由前置代号、基本代号和后置代号构成，其顺序与分别所表示的内容见表 10-3。

表 10-3　轴承代号的构成

前置代号	基本代号				后置代号（组）							
字母	数字或字母	尺寸系列代号		数字	1	2	3	4	5	6	7	8
		数字	数字									
成套轴承分部件代号	类型代号	宽度系列代号	直径系列代号	内径代号	内部结构	密封与防尘套圈变型	保持架及其材料	轴承材料	公差等级	游隙	配置	其他

1. 基本代号

轴承的基本类型、结构和尺寸，是组成轴承基本代号的基础。除滚针轴承之外，轴承基本代号由轴承类型代号、尺寸系列代号及内径代号三部分构成。

（1）类型代号　用数字或大写拉丁字母表示，见表 10-4。

表 10-4　常用滚动轴承类型代号

轴承类型	新代号	原代号	轴承类型	新代号	原代号
双列角接触球轴承	0	6	深沟球轴承	6	0
调心球轴承	1	1	角接触球轴承	7	6
调心滚子轴承和推力调心滚子轴承	2	3 和 9	推力圆柱滚子轴承	8	9
圆锥滚子轴承	3	7	圆柱滚子轴承	N	2
推力球轴承	5	8	外球面球轴承	U	0
			四点接触球轴承	QJ	6

（2）尺寸系列代号　由轴承的宽（高）度系列代号和直径系列代号组成，见表 10-5。

表 10-5 向心轴承、推力轴承尺寸系列代号

直径系列代号	向心轴承								推力轴承			
	宽度系列代号								高度系列代号			
	8	0	1	2	3	4	5	6	7	9	1	2
	尺寸系列代号											
7	—	—	17	—	37	—	—	—	—	—	—	—
8	—	08	18	28	38	48	58	68	—	—	—	—
9	—	09	19	29	39	49	59	69	—	—	—	—
0	—	00	10	20	30	40	50	60	70	90	10	—
1	—	01	11	21	31	41	51	61	71	91	11	—
2	82	02	12	22	32	42	52	62	72	92	12	22
3	83	03	13	23	33	—	—	—	73	93	13	23
4	—	04	—	24	—	—	—	—	74	94	14	24
5	—	—	—	—	—	—	—	—	—	95	—	—

直径系列代号表示内径相同的同类轴承有几种不同的外径和宽度，如图 10-5 所示。

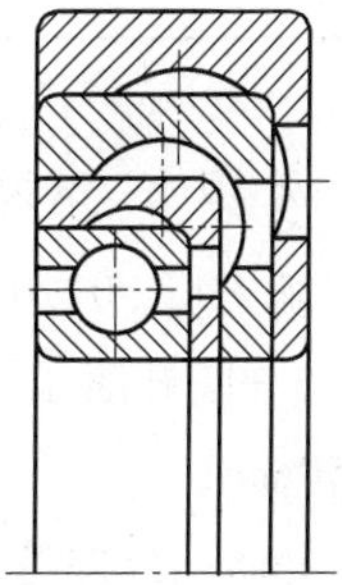

图 10-5 直径系列

宽度系列代号表示内、外径相同的同类轴承宽度的变化。

（3）内径代号 表示轴承的内径尺寸，见表 10-6。

2. 前置代号和后置代号

当轴承的结构、形状、公差和技术要求等有改变时，在轴承基本代号左边加前置代号；在轴承基本代号右边加后置代号来表示。

前置代号用字母表示，前置代号很少用到，可查有关标准。

后置代号用字母（或字母加数字）表示，并与基本代号空半个汉字距离或用符号“—”“/”分隔，后置代号共分 8 组。其排列顺序及含义见表 10-3。

后置代号中内部结构代号以及公差等级代号见表 10-7 和表 10-8。

表 10-6 滚动轴承内径代号

轴承公称内径/mm		内径代号	示例
10~17	10	00	深沟球轴承 6200 $d=10$mm
	12	01	
	15	02	
	17	03	
20~495		公称内径除以 5 的商数，商数为一位数时，需在商数左面加“0”	调心滚子轴承 23208 $d=40$mm
≥500 和 22、28、32		直接用公称内径毫米数表示，但在其与尺寸系列代号之间用“/”分开	调心滚子轴承 230/500 $d=500$mm 深沟球轴承 62/22 $d=22$mm

表 10-7　后置代号中的内部结构常用代号及含义

轴承类型	代　号	含　义	示　例
角接触球轴承	B	$\alpha=40°$	7210B
	C	$\alpha=15°$	7005C
	AC	$\alpha=25°$	7210AC
圆锥滚子轴承	B	接触角 α 加大	32310B
	E	加强型	N207E

表 10-8　后置代号中的公差等级代号及含义

代　号	含　义	示　例
/PN	公差等级符合标准规定的普通级,代号中省略不表示	6203
/P6	公差等级符合标准规定的 6 级	6203/P6
/P6X	公差等级符合标准规定的 6X 级	30210/P6X
/P5	公差等级符合标准规定的 5 级	6203/P5
/P4	公差等级符合标准规定的 4 级	6203/P4
/P2	公差等级符合标准规定的 2 级	6203/P2

例 10-1　试说明滚动轴承代号 30210/P6X 和 61202 的意义。

解　1. 30210/P6X

3—圆锥滚子轴承；0—宽度系列代号为 0；2—直径系列代号为 2；10—轴承内径为 $d=50\text{mm}$；

P6X—公差等级为 6X 级。

2. 61202

6—深沟球轴承；1—宽度系列代号为 1；2—直径系列代号为 2；02—轴承内径 $d=15\text{mm}$；公差等级为普通级（代号省略）。

第二节　滚动轴承的选择计算

一、轴承类型的选择

在选用轴承时，首先要确定轴承的类型。而轴承类型的选择要在充分了解各类轴承特点的基础上，综合考虑轴承的工作条件、使用要求等因素。一般来讲，轴承类型选择要考虑以下几个方面。

1. 载荷

轴承在工作时所承受载荷的大小、方向和性质是轴承类型选择的主要依据。滚子轴承属于线接触，所承受的载荷较大；球轴承属于点接触，所承受的载荷较小。

当轴承受纯轴向载荷时，应选用推力轴承；当轴承受纯径向载荷时，应选用深沟球轴承、圆柱滚子轴承或滚针轴承；当轴承同时受径向载荷和轴向载荷时：若轴向载荷较小时，可选用深沟球轴承或接触角较小的角接触球轴承、圆锥滚子轴承；若轴向载荷较大时，可选用接触角较大的角接触球轴承、圆锥滚子轴承；若轴向载荷很大而径向载荷较小时，宜选用角接触推力轴承或者选用向心轴承和推力轴承组合在一起的支承结构。

2. 转速

对滚动轴承来讲，一般转速对轴承类型的选择没有什么影响，但要注意其转速一定要低于极限转速。相对来说，深沟球轴承、角接触球轴承和圆柱滚子轴承的极限转速较高，适用于高速；推力轴承受离心力影响，只适用于低速。

3. 调心

轴承内外圈的偏位角不能超过允许值。由于各种原因不能保证两个轴承座空间的同轴度或轴的挠度较大时，应选用调心球轴承或调心滚子轴承。

4. 装调

在选择轴承类型时，要考虑到轴承的安装与调整是否方便。如圆锥滚子轴承（3 类）和圆柱滚子轴承（N 类）的内外圈可分离以及带内锥孔和紧定套的轴承非常便于装拆和紧固。

5. 经济

在满足使用要求的前提下，尽量选用低价格的轴承以降低产品的成本。一般来讲，球轴承比滚子轴承价格低，轴承的公差等级越高其价格也越高，深沟球轴承价格最低。

二、滚动轴承的疲劳寿命计算

1. 失效形式

（1）疲劳点蚀　图 10-6 所示为推力轴承，在工作中承受轴向载荷 F_a，滚动体随着上圈的转动而转动，这样上、下圈与滚动体的接触点不断发生变化，其接触应力 σ_H 也随着做周期性的变化。

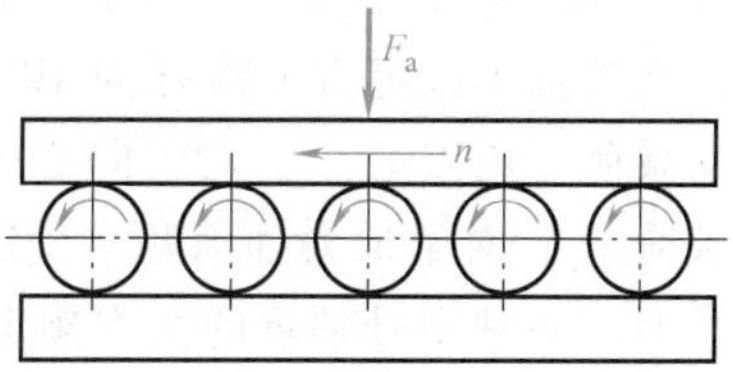

图 10-6　推力轴承

图 10-7 所示为向心轴承，在工作中承受径向载荷 F_r，滚动体随着内圈的转动而转动，这样内、外圈与滚动体的接触点不断发生变化，其接触应力 σ_H 也随着做周期性的变化，其变化情况如图 10-8 所示。交变的接触应力会引起轴承主要元件的疲劳点蚀。

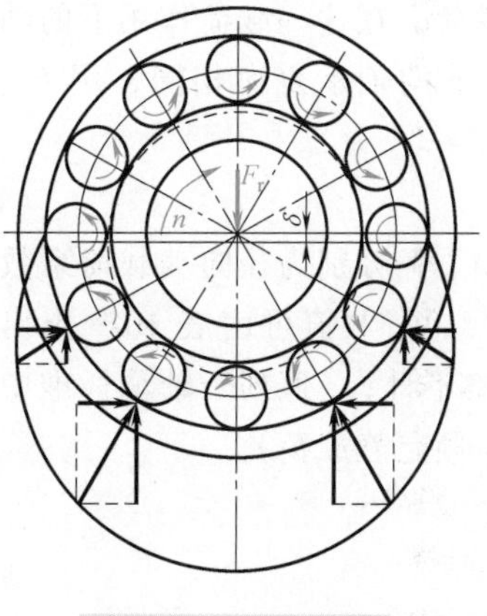

图 10-7　向心轴承

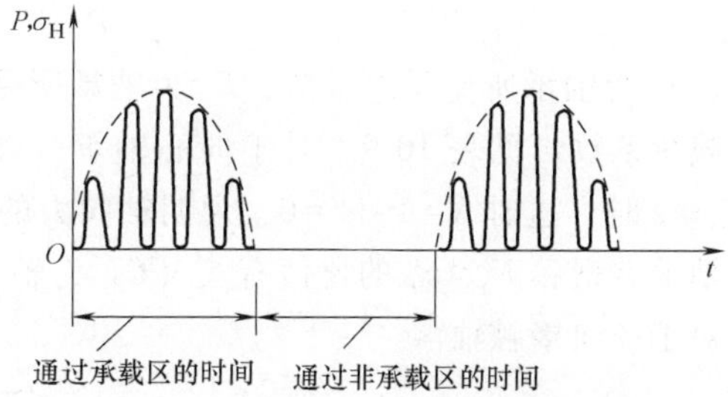

图 10-8　各元件载荷及应力变化情况

(2) 塑性变形　在轴承转速很低或只做低速摆动的情况下，当轴承所受负荷过大时，轴承一般不会因疲劳点蚀而失效，将会使各元件接触处的局部应力超过材料屈服强度，出现塑性变形，在表面形成凹坑。

(3) 其他　在工作过程中，由于使用、维护和保养不当，也会造成轴承非正常性损坏，如滚动体过度磨损、轴承破裂、保持架破碎以及腐蚀等也会造成轴承失效。

2. 计算准则

在选择轴承时，应针对轴承不同的工作情况分析其可能发生的失效形式进而进行必要的计算：在一般情况下工作的轴承，其主要失效形式是疲劳点蚀，应按基本额定动载荷进行疲劳寿命计算；对于不转或转速极低（$n \leqslant 10\mathrm{r/min}$）的轴承，因其主要失效形式为塑性变形，在强度计算时应按额定静强度进行。

3. 滚动轴承疲劳寿命计算

(1) 轴承寿命　轴承在工作过程中，其内圈、外圈或滚动体出现疲劳点蚀前所工作的总转数（或在一定转速下所工作的小时数）。

(2) 基本额定寿命　实际上，由于轴承材料内部组织不均匀以及制造、安装过程中的工艺差异，即使同一批轴承各轴承寿命相差也很大，甚至相差几十倍。所以轴承寿命是以可靠度来定义的。就是同一批同种型号的轴承在相同条件下运转，其可靠度为90%的轴承所能达到或超过的寿命称为基本额定寿命。也就是说，这批轴承达到基本额定寿命时，已有10%的轴承因发生疲劳点蚀而失效，还有90%的轴承因没有发生疲劳点蚀还能继续工作。用 L 表示，单位为 $10^6\mathrm{r}$；也可用 L_h 表示，单位 h。

(3) 基本额定动载荷　为了表征轴承抗疲劳点蚀的能力，可以用一批轴承进入运转状态并且当其基本额定寿命恰好为 $10^6\mathrm{r}$ 时，轴承所能承受的载荷来表示，这一载荷称为基本额定动载荷，用 C 表示。对于向心轴承基本额定动载荷是指纯径向载荷，称为径向基本额定动载荷 C_r；对于推力轴承基本额定动载荷是指纯轴向载荷，称为轴向基本额定动载荷 C_a。各种类型、各种型号轴承的基本额定动载荷值可在轴承标准中查得。

(4) 当量动载荷　要计算轴承的寿命，就必须知道轴承在运转过程中受到的载荷，而滚动轴承的基本额定动载荷是在向心轴承只受径向负荷、推力轴承只受轴向负荷的特定条件下确定的，在实际工作中，轴承经常是同时既受径向负荷又受轴向负荷，为了能与额定动载荷进行比较，就提出了当量动载荷的概念。

所谓当量动载荷是一假想载荷，其方向同基本额定动载荷，在这一载荷作用下的轴承寿命与在实际工作条件（径向负荷和轴向负荷的共同作用）下的轴承寿命相同，用 P 表示。其计算公式为

$$P = XF_\mathrm{r} + YF_\mathrm{a} \tag{10-1}$$

式中，F_r 为轴承所受径向载荷；F_a 为轴承所受轴向载荷；X、Y 分别为径向动载荷系数和轴向动载荷系数，见表10-9。对于向心轴承，当 $F_\mathrm{a}/F_\mathrm{r} > e$ 时，X、Y 值可由表10-9查出；当 $F_\mathrm{a}/F_\mathrm{r} \leqslant e$ 时，这时 $X=1$，$Y=0$，说明轴向力的影响可以忽略不计；e 值列于轴承标准中，其值与轴承类型和 $F_\mathrm{a}/C_{0\mathrm{r}}$ 的比值有关（$C_{0\mathrm{r}}$ 为轴承的径向基本额定静载荷）。

对于径向接触轴承

$$P = F_\mathrm{r}$$

对于轴向接触轴承

$$P=F_a$$

表 10-9 当量动载荷的径向系数 X 和轴向系数 Y

类型(代号)		iF_a/C_{0r}	e	单列轴承				双列轴承(或成对安装单列)			
				$F_a/F_r\leq e$		$F_a/F_r>e$		$F_a/F_r\leq e$		$F_a/F_r>e$	
				X	Y	X	Y	X	Y	X	Y
深沟球轴承(6)		0.025 0.04 0.07 0.13 0.25 0.5	0.22 0.24 0.27 0.31 0.37 0.44	1	0	0.56	2.0 1.8 1.6 1.4 1.2 1.0				
调心球轴承(1)		—	$1.5\tan\alpha$					1	$0.42\cot\alpha$	0.65	$0.65\cot\alpha$
调心滚子轴承(2)		—	$1.5\tan\alpha$					1	$0.45\cot\alpha$	0.67	$0.67\cot\alpha$
角接触球轴承(7)	C($\alpha=15°$)	0.015 0.029 0.058 0.087 0.12 0.17 0.29 0.44 0.58	0.38 0.40 0.43 0.46 0.47 0.50 0.55 0.56 0.56	1	0	0.44	1.47 1.40 1.30 1.23 1.19 1.12 1.02 1.00 1.00	1	1.65 1.57 1.46 1.38 1.34 1.26 1.14 1.12 1.12	0.72	2.39 2.28 2.11 2.00 1.93 1.82 1.66 1.63 1.63
	AC($\alpha=25°$)	—	0.68	1	0	0.41	0.87	1	0.92	0.67	1.41
	B($\alpha=40°$)	—	1.14	1	0	0.35	0.57	1	0.55	0.57	0.93
圆锥滚子轴承(3)		—	$1.5\tan\alpha$	1	0	0.4	$0.4\cot\alpha$	1	$0.45\cot\alpha$	0.67	$0.67\cot\alpha$

注：1. 表中 i 为滚动体列数；C_{0r} 为径向基本额定静载荷，由手册可查得。

2. 接触角 α 按不同轴承的型号确定。

（5）角接触轴承轴向载荷 F_a 的计算　由于接触角 α 的存在，当角接触轴承承受径向载荷 F_r 时，轴承外圈对于某一个滚动体的支承力 F_{Qi} 处于法线方向，如图 10-9 所示。F_{Qi} 可分解为径向分力 F_{Ri} 和轴向分力 F_{Si}。所有滚动体轴向分力的总和称为角接触轴承的内部轴向力，用 F_S 表示，其方向指向外圈的开口方向，其大小可由表 10-10 所列。

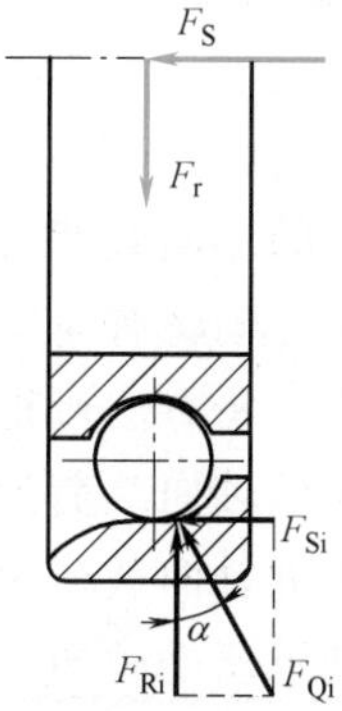

图 10-9 径向载荷产生的轴向分力

表 10-10 滚动轴承内部轴向力 F_S

轴承类型	圆锥滚子轴承(3 类)	角接触球轴承(7 类)		
		C 型($\alpha=15°$)	AC 型($\alpha=25°$)	B 型($\alpha=40°$)
F_S	$F_r/(2Y)$	eF_r	$0.68F_r$	$1.14F_r$

注：Y，e 是对应表 10-9 中 $F_a/F_r>e$ 的值。

为使轴承的内部轴向力相互抵消，达到力平衡，以免轴产生轴向窜动，通常采用两个轴承成对使用、对称安装，其安装方式有正装（如图 10-10a 所示，两轴承外圈窄边相对）和反装（如图 10-10b 所示，两轴承外圈宽边相对）两种，图中 F_{Ka} 为轴向外载荷。这样两轴承的实际支反力作用点应在 O_1、O_2 两点。

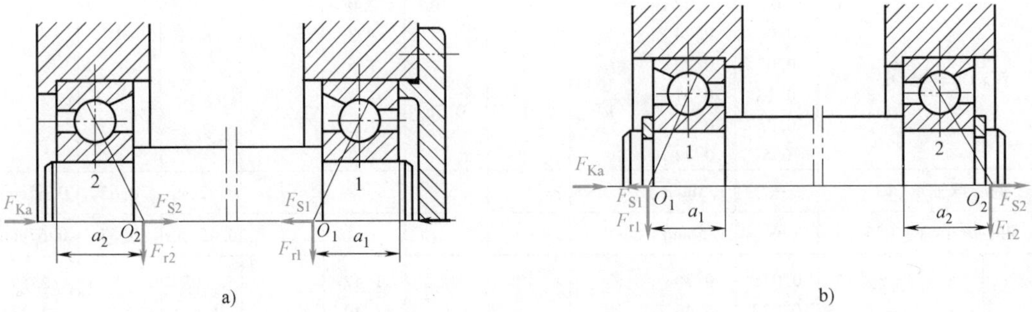

图 10-10　角接触轴承的安装方式

a）正装　b）反装

由于轴承内部轴向力的产生，在计算当量动载荷时，式（10-1）中的 F_a 应根据整个轴上所有轴向受力（F_{Ka}、F_{S1}、F_{S2}）之间的平衡关系来确定两轴承最终受到的轴向载荷 F_{a1}、F_{a2}。

以图 10-10a 所示的正装轴承为例。

当 $F_{S2}+F_{Ka}>F_{S1}$ 时，轴将有向右移动的趋势，轴承 1 被端盖顶住而压紧。从而轴承 1 上将受到平衡力 $F_{S1'}$ 的作用，而轴承 2 则处于放松状态。轴与轴承组件处于平衡状态，则 $F_{S2}+F_{Ka}=F_{S1}+F_{S1'}$，即 $F_{S1'}=F_{S2}+F_{Ka}-F_{S1}$。轴承 1 除受内部轴向力 F_{S1} 及轴向平衡力 $F_{S1'}$ 以外，还受其他轴向力 F_{Ka} 及 F_{S2} 的作用；轴承 2 仅受自身的内部轴向力 F_{S2} 的作用，即

压紧端轴承 1 所受的轴向载荷为　　$F_{a1}=F_{S2}+F_{Ka}$

放松端轴承 2 所受的轴向载荷为　　$F_{a2}=F_{S1}+F_{S1'}-F_{Ka}=F_{S2}$

当 $F_{S2}+F_{Ka}<F_{S1}$ 时，轴将有向左移动的趋势，轴承 2 被端盖顶住而压紧，而轴承 1 则处于放松状态。采用上述分析方法可得：

压紧端轴承 2 所受的轴向载荷为　　$F_{a2}=F_{S1}-F_{Ka}$

放松端轴承 1 所受的轴向载荷为　　$F_{a1}=F_{S2}+F_{S2'}+F_{Ka}=F_{S1}$

综上，计算两端轴承所受轴向载荷的步骤为：

1）根据轴承类型和表 10-10 查出内部轴向力 F_{S1}、F_{S2} 的对应计算公式。

2）根据轴上所有轴向力的合力（F_{S1}、F_{S2}、F_{Ka}）判断哪个轴承被压紧，哪个轴承被放松。

3）压紧端轴承所受的轴向载荷 F_a 等于除去自身内部轴向力以外的其他轴向力的代数和。

4）放松端轴承所受的轴向载荷 F_a 等于自身内部轴向力。

（6）滚动轴承基本额定寿命计算　大量的实验证明，滚动轴承所承受的载荷 P 与寿命 L

之间的关系如图 10-11 中曲线所示，该曲线称为疲劳寿命曲线，其表达方程为

$$LP^{\varepsilon}=\text{常数} \quad (10\text{-}2)$$

式中，P 为当量动载荷，单位为 N；L 为基本额定寿命，单位为 10^6r；ε 为轴承寿命指数，对于球轴承 $\varepsilon=3$，对于滚子轴承 $\varepsilon=10/3$。

当基本额定寿命 $L=1$（10^6r）时，轴承所能承受的载荷为基本额定动载荷 C。这样式（10-2）可写为

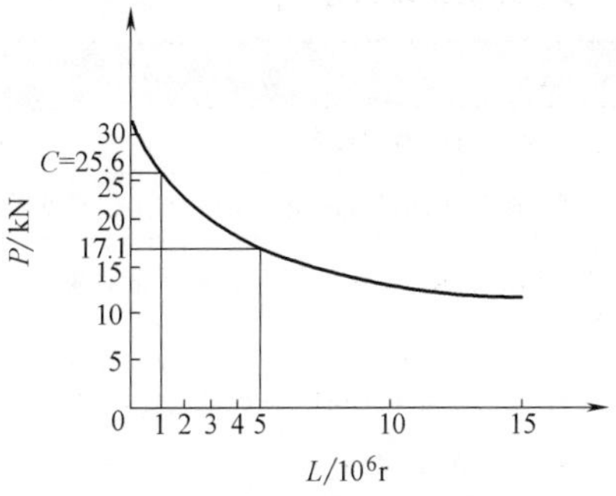

图 10-11 载荷与寿命变化曲线

$$LP^{\varepsilon}=1\times C^{\varepsilon}$$

即

$$L=\left(\frac{C}{P}\right)^{\varepsilon} \quad (10^6\text{r}) \quad (10\text{-}3)$$

式（10-3）为轴承基本额定寿命的理论计算公式。

实际计算轴承寿命时，常用小时作为计算单位。轴承在工作过程中，其工作温度对基本额定动载荷会产生影响；冲击、振动对轴承的寿命也会产生影响。考虑到这两方面的因素，在实际工作情况下的轴承寿命计算公式应为

$$L_h=\frac{10^6}{60n}\left(\frac{f_T C}{f_P P}\right)^{\varepsilon} \quad (\text{h}) \quad (10\text{-}4)$$

上式也可写成

$$C=\frac{f_P P}{f_T}\left(\frac{60n}{10^6}L_h\right)^{1/\varepsilon} \quad (\text{N}) \quad (10\text{-}5)$$

式中，L_h 为以小时为单位的基本额定寿命，单位为 h；n 为轴的转速，单位为 r/min；f_T 为温度系数，考虑温度对基本额定动载荷的影响，见表 10-11；f_P 为载荷系数，考虑载荷性质对当量动载荷的影响，见表 10-12。

可根据式（10-5）确定轴承型号。

表 10-11 温度系数 f_T

工作温度/℃	<100	125	150	175	200	225	250	300
f_T	0.95	0.90	0.85	0.80	0.75	0.70	0.60	

表 10-12 载荷系数 f_P

载荷性质	举例	f_P
无冲击或轻微冲击	电动机、汽轮机、通风机、水泵	1.0~1.2
中等冲击	机床、车辆、内燃机、冶金机械、起重机械、减速器	1.2~1.8
强烈冲击	轧钢机、破碎机、钻探机、剪床	1.8~3.0

各类轴承预期寿命的参考值见表 10-13。

表 10-13　轴承参考寿命 L_h

使用条件	参考寿命 L_h/h
不经常使用的机器和设备	300~3000
短期或间断使用的机械,中断使用不致引起严重后果,如手动机械、农业机械、装配吊车和回柱绞车等	3000~8000
间断使用的机械,中断使用将引起严重后果,如发电站辅助设备、流水线传动装置、升降机和胶带输送机等	8000~12000
每天 8h 工作的机械(利用率不高),如电动机、一般齿轮装置、破碎机和起重机等	10000~25000
每天 8h 工作的机械(利用率较高),如机床、工程机械、印刷机械和木材加工机械等	20000~30000
24h 连续工作的机械,如压缩机、泵、电动机、轧机齿轮装置和矿井提升机等	40000~50000
24h 连续工作的机械,中断使用将引起严重后果,如造纸机械、电站主要设备、矿用水泵和通风机等	>100000

三、滚动轴承的静载荷计算

滚动轴承的静承载能力是由允许的塑性变形量决定的，在静载荷或冲击载荷作用下的轴承会产生过大的塑性变形量，会影响到轴承的使用性能。因此，对于缓慢摆动或极低速运转的轴承，应按静载荷选择轴承的尺寸。

关于滚动轴承的静载荷计算内容，可查有关资料，这里不做详细介绍。

例 10-2　某机械传动轴两端采用深沟球轴承，已知：轴的直径 $d=65\text{mm}$，转速 $n=1250\text{r/min}$，轴承所承受的径向载荷 $F_r=5400\text{N}$，轴向载荷 $F_a=2381\text{N}$，在常温下运转，轻微冲击，轴承预期寿命为 5000h，试确定轴承型号。

解　预选轴承型号 6313，由轴承标准可查得 $C_r=72.2\text{kN}$，$C_{0r}=56.5\text{kN}$。

$\frac{F_a}{C_{0r}}=\frac{2381}{56500}=0.042$，查表 10-9 可得 $e=0.24$。

$\frac{F_a}{F_r}=\frac{2381}{5400}=0.441>e$，查表 10-9 可得 $X=0.56$，$Y=1.80$。

查表 10-12 可得 $f_P=1.2$；由表 10-11 可得 $f_T=1$，代入式（10-1）及式（10-5）得

$$P=XF_r+YF_a=(0.56\times5400+1.8\times2381)\text{N}=7310\text{N}$$

$$C'=\frac{f_P P}{f_T}\sqrt[\varepsilon]{\frac{60nL_h}{10^6}}=\left(\frac{1.2\times7310}{1}\sqrt[3]{\frac{60\times1250\times5000}{10^6}}\right)\text{N}=63257\text{N}<C_r$$

所以 6313 轴承能满足寿命要求，所选轴承合适。

例 10-3　一减速器轴，根据其工作特点，选用一对角接触球轴承（见图 10-12），初选型号为 7211AC。已知轴承所受径向载荷 $F_{r1}=3300\text{N}$，$F_{r2}=1000\text{N}$，轴向外载荷 $F_A=900\text{N}$，轴的转速 $n=1750\text{r/min}$，轴承在常温下工作，工作时存在中等冲击，轴承预期寿命 10000h，试问所选轴承是否合适？

解　1. 计算轴承所受轴向力

由表 10-10 查得 7211AC 轴承内部轴向力计算公式为

$$F_S = 0.68F_r$$

则

$$F_{S1} = 0.68F_{r1} = 0.68\times3300\text{N} = 2244\text{N}$$

（方向如图所示）

$$F_{S2} = 0.68F_{r2} = 0.68\times1000\text{N} = 680\text{N}$$

（方向如图所示）

因　$F_{S2}+F_A = (680+900)\text{N} = 1580\text{N}<F_{S1}$

故轴承 1 被放松，轴承 2 被压紧，所以

$$F_{a1} = F_{S1} = 2244\text{N}$$

$$F_{a2} = F_{S1}-F_A = F_{S1}-F_{Ka} = (2244-900)\text{N} = 1344\text{N}$$

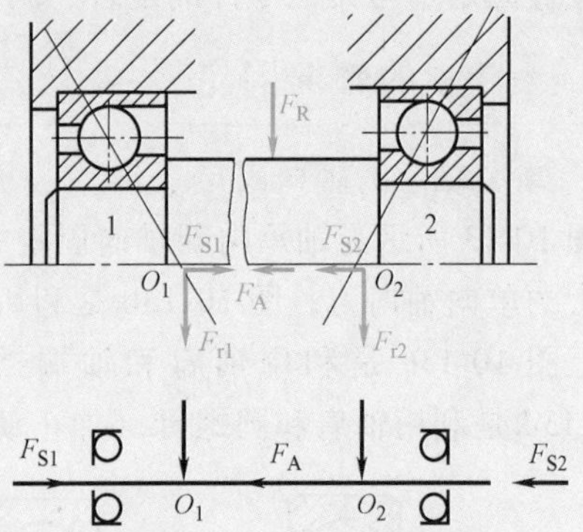

图 10-12　角接触球轴承

2. 计算轴承的当量动载荷 P_1、P_2

由表 10-9 查得 7211AC 轴承的 $e=0.68$，则

$$\frac{F_{a1}}{F_{r1}}=\frac{2244}{3300}=0.68=e,\frac{F_{a2}}{F_{r2}}=\frac{1344}{1000}=1.344>e$$

查表 10-9 得 7211AC 的 $X_1=1$，$Y_1=0$；$X_2=0.41$，$Y_2=0.87$。

查表 10-12 取 $f_P=1.4$，则轴承的当量动载荷为

$$P_1=f_P(X_1F_{r1}+Y_1F_{a1})=1.4\times(1\times3300+0\times2244)\text{N}=4620\text{N}$$

$$P_2=f_P(X_2F_{r2}+Y_2F_{a2})=1.4\times(0.41\times1000+0.87\times1344)\text{N}=2211\text{N}$$

3. 计算轴承寿命

对于两个相同型号的轴承，其所受当量动载荷大者其寿命应短。由于 $P_1>P_2$，所以只计算轴承 1 的寿命即可。

查轴承标准可得 7211AC 轴承的 $C_r=50500\text{N}$。

取 $\varepsilon=3$，$f_T=1$（表 10-11），则由式（10-4）得

$$L_h=\frac{10^6}{60n}\left(\frac{f_TC}{P_1}\right)^{\varepsilon}=\left[\frac{10^6}{60\times1750}\times\left(\frac{1\times50500}{4620}\right)^3\right]\text{h}=12437\text{h}>10000\text{h}$$

由此可见，所选轴承寿命大于轴承预期寿命，故所选轴承合适。

第三节　滚动轴承的组合设计

根据实际工作需要合理地选择轴承类型和尺寸（型号）是保证轴承正常工作的必要条件，但在轴承使用过程中，还必须考虑到轴承和其他相关零件的关系，也就是要解决轴承的

轴向位置固定、与其他零件的配合、调整、装拆、润滑与密封等一系列问题。

一、轴承的轴向固定

1. 单个轴承的轴向固定

图 10-13 所示为轴承内圈轴向固定的常用方法：图 10-13a 是利用轴肩做单向固定，能承受较大的单向轴向力；图 10-13b 是利用轴肩和弹性挡圈做双向固定，挡圈能承受较小的轴向力；图 10-13c 是利用轴肩和轴端挡板做双向固定，挡板能承受一般大小的轴向力；图 10-13d 是利用轴肩和圆螺母（加止动垫圈机械锁紧）做双向固定，能承受很大的轴向力。

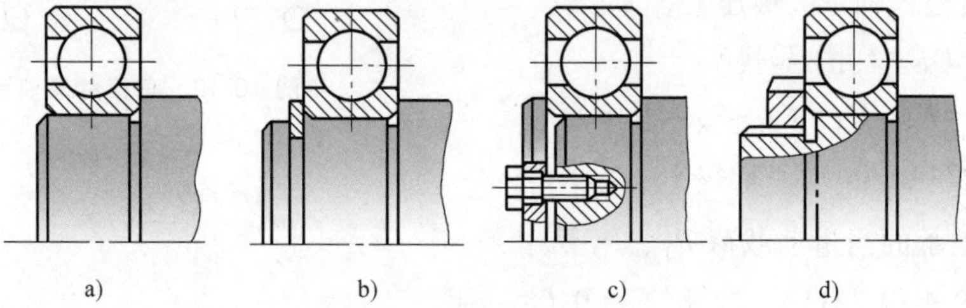

图 10-13　轴承内圈轴向固定方法

图 10-14 所示为轴承外圈轴向固定的常用方法：图 10-14a 利用轴承盖做单向固定，可承受较大的轴向力；图 10-14b 利用孔内凸肩和孔用弹性挡圈做双向固定，可承受较小的轴向力；图 10-14c 利用孔内凸肩和轴承盖做双向固定，能承受大的轴向力。

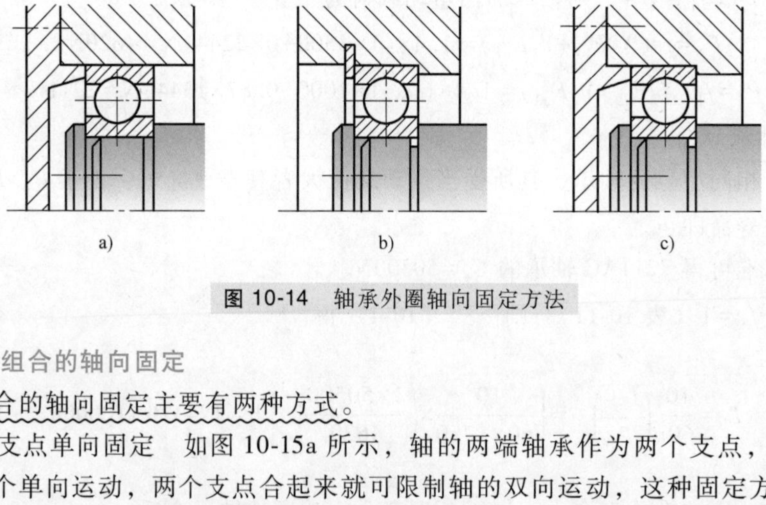

图 10-14　轴承外圈轴向固定方法

2. 轴承组合的轴向固定

轴承组合的轴向固定主要有两种方式。

（1）双支点单向固定　如图 10-15a 所示，轴的两端轴承作为两个支点，每个支点都能限制轴的一个单向运动，两个支点合起来就可限制轴的双向运动，这种固定方式称为双支点单向固定（也称为两端固定）。这种固定方式主要用于温度变化不大的短轴（跨距 $L \leq 350$mm），可承受轴向载荷。考虑到轴受热后的膨胀伸长，在轴承端盖与轴承外圈端面之间留有补偿间隙 c，$c=0.2\sim0.4$mm（图 10-15b）。

（2）单支点双向固定　在图 10-16a 所示的支承结构中，轴的两个支点中只有左端的支点限制轴的双向移动，承受轴向力，右端的支点可做轴向移动（称为游动支承），不能承受轴向载荷，这种固定方式称为单支点双向固定（也称为一端固定、一端游动）。该固定方式适用于温度变化较大的长轴（跨距 $L>350$mm）。

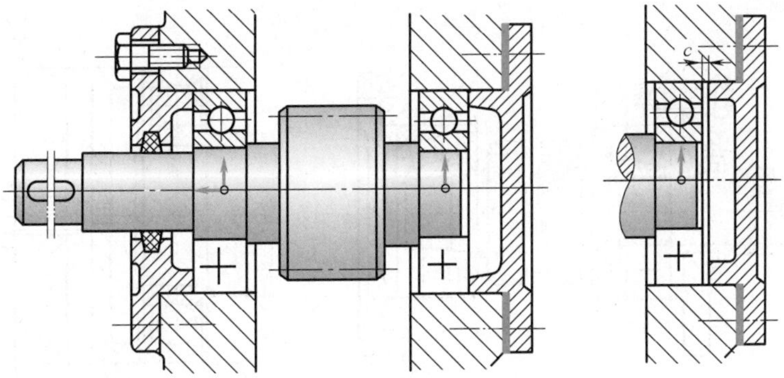

a)　　b)

图 10-15 双支点单向固定

在选择滚动轴承作为游动支承时，如选用深沟球轴承应在轴承外圈与端盖之间留有适当间隙（见图 10-16a）；如选用圆柱滚子轴承（见图 10-16b），可以靠轴承本身具有内、外圈可分离的特性达到游动目的，但这时内外圈均需固定。

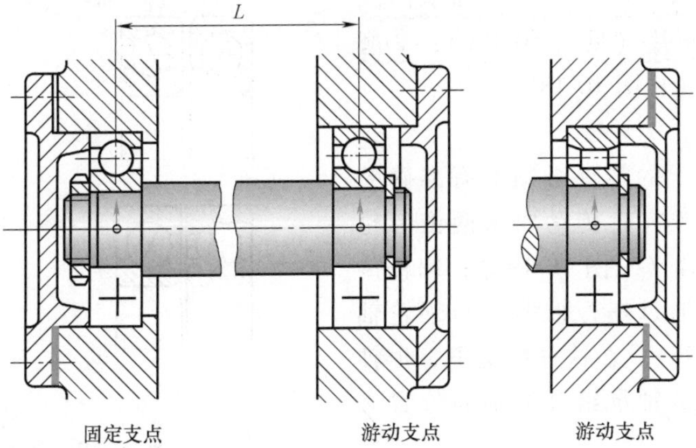

a)　　b)

图 10-16 单支点双向固定

二、轴承组合的调整

1. 轴承间隙的调整

在有些场合，当采用轴承作为支承时要求其精度高、噪声低以及良好的支承刚度，这就需要对轴承间隙做调整。其调整方法有：①加减轴承盖与机座间调整垫片的厚度（见图 10-17a）；②利用调整螺钉 1 通过压盖 3 移动外圈位置，调整好后再用螺母 2 锁紧（见图 10-17b）。

2. 轴承的预紧

为了满足某些机器对轴承的旋转精度和刚度较高的要求，在安装轴承时要加一定的轴向预紧力，以消除轴承内部的游隙并使套圈与滚动体产生预变形，当轴承工作受载时仍不会出现游隙，这种方法称为轴承的预紧。

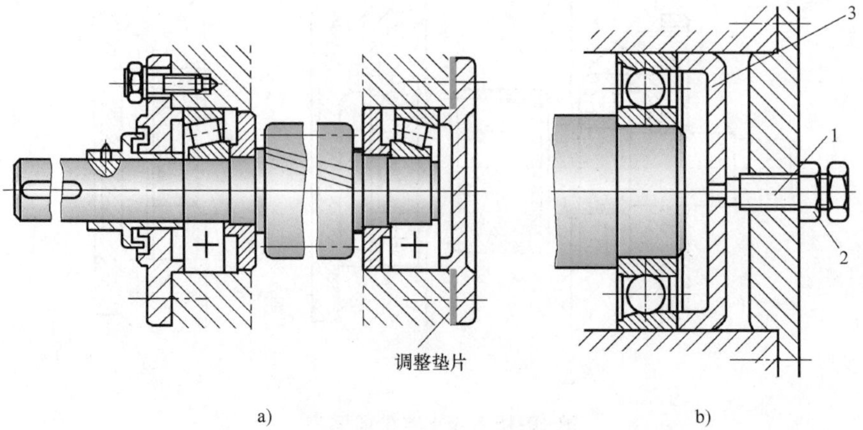

图 10-17　轴承间隙的调整

1—调整螺钉　2—螺母　3—压盖

预紧的方法有两种：①在一对轴承内圈或外圈之间加金属垫片（见图 10-18a）；②磨窄轴承内圈或外圈（见图 10-18b）。

3. 轴承组合位置的调整

有些安装在轴上的零件必须要有准确的工作位置，例如：锥齿轮传动要求两锥齿轮的节锥顶点必须重合（见图 10-19a）；蜗杆传动的中间平面必须通过蜗杆轴线并与蜗轮轴线垂直（见图 10-19b）。在这种情况下，由轴及其轴上零件组成的轴承组合的轴向位置必须可以调整。

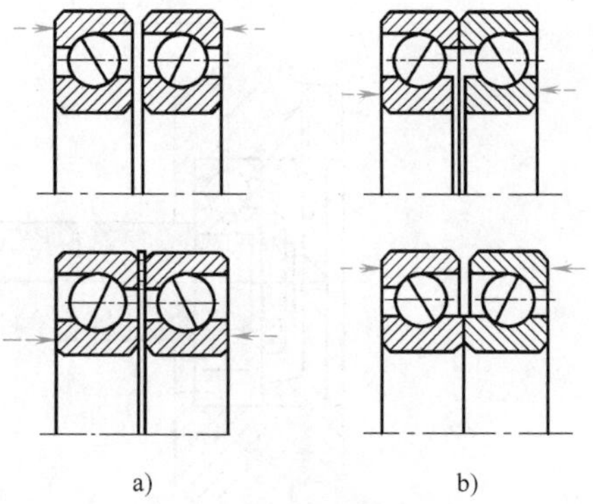

图 10-18　轴承预紧

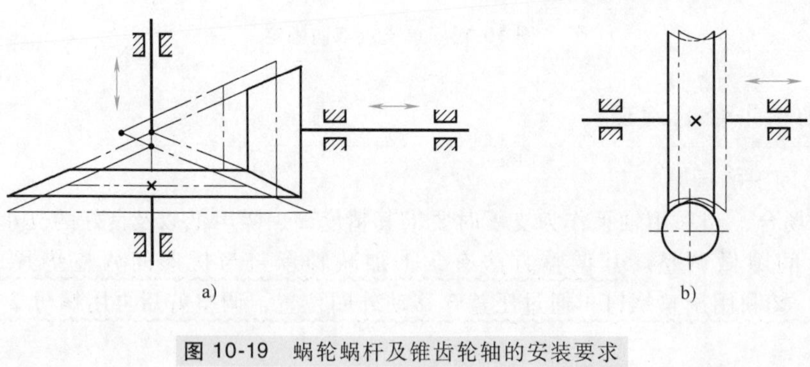

图 10-19　蜗轮蜗杆及锥齿轮轴的安装要求

图 10-20 所示为锥齿轮传动的轴承组合位置的调整方式，套杯与机座间的调整垫片 1 就是用来调整轴承组合（锥齿轮与轴）轴向位置的；而轴承盖与套杯间的调整垫片 2 是用来调整轴承间隙的。

三、滚动轴承的配合

滚动轴承是标准件，因此轴承外圈与轴承座孔的配合采用基轴制，而轴承内圈与轴的配合采用基孔制，轴承内圈孔为基准孔，但其极限偏差取负值，较一般配合紧一些。图 10-21为轴承配合标注时，所采用的标注轴承内径和外径的公差符号。

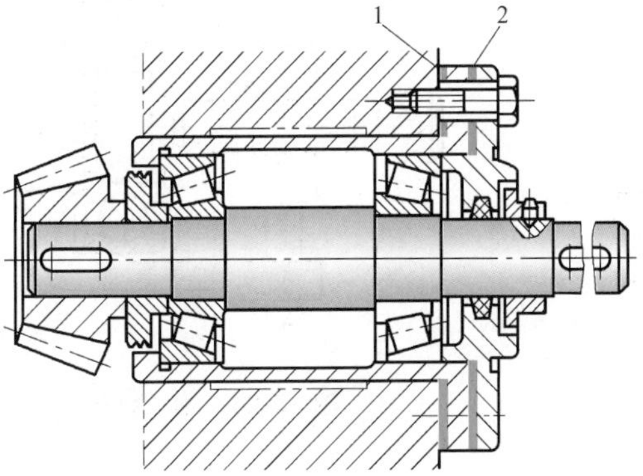

图 10-20　轴承组合位置的调整方式

1、2—调整垫片

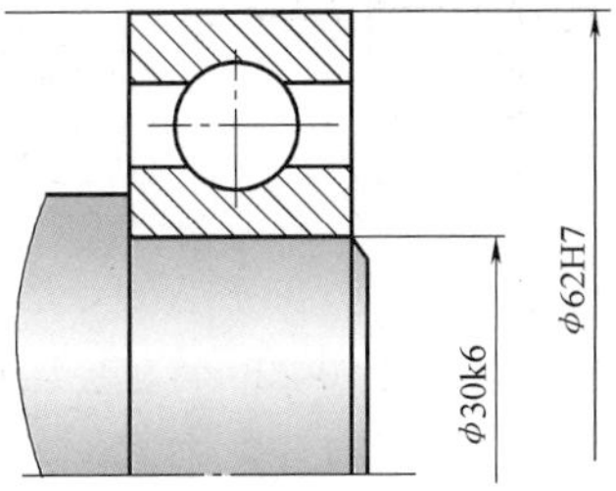

图 10-21　轴承的配合

一般来讲，选择轴承配合时要考虑以下因素：

(1) 载荷　载荷较大时，选择较紧的配合；当载荷方向不变时，转动圈配合要紧一些，而不动圈配合要松一些。

(2) 装拆　经常装拆的轴承配合，要选间隙配合或过渡配合。

(3) 转速　转速较高、振动较大的要选择过盈配合。

一般情况下，内圈与轴一起转动，外圈固定不动，故内圈与轴常取具有过盈的过渡配合，轴常用的公差带有：r6、n6、m6、k6、j6；外圈与座孔常取较松的过渡配合，座孔公差有：G7、H7、J7、K7、M7。

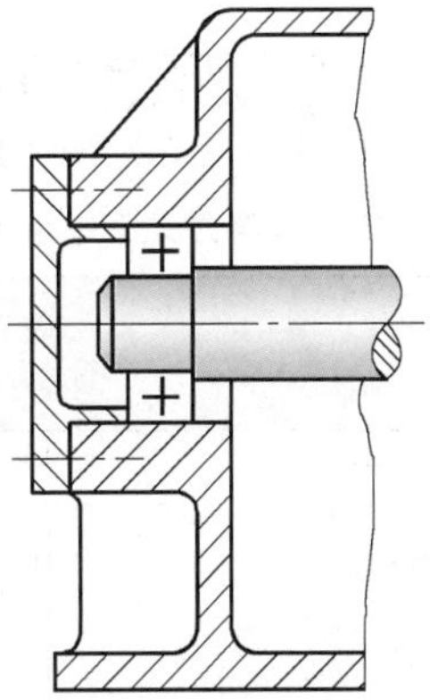

图 10-22　轴承座加强肋

四、滚动轴承支承部位的刚度和同轴度

轴承支承部位是受载较大的地方，如果刚度不够，会产生相当大的变形；如果两轴承孔的同轴度不符合要求，则会卡住滚动体，使轴承不能正常运转。因此，轴承座处箱体应具有一定的壁厚或采用加强肋（见图 10-22），以提高轴承座刚度。为提高两轴承孔的同轴度，位于箱体同一轴线的两个轴承座孔应一次镗出。

五、滚动轴承的装拆

滚动轴承属于精密组件，因此在轴承组合设计时就要考虑到轴承装拆的规范性，以免引起轴承的精度降低从而损坏轴承和相关的其他零件。

轴承的安装主要有冷压法（见图 10-23）、热套法。

轴承的拆卸要使用专门的拆卸工具（见图 10-24）。为便于拆卸，轴上定位轴肩的高度应小于轴承内圈的高度。与轴承配合的轴和衬套，都有规定的安装尺寸，这些尺寸都要按轴承标准查取。

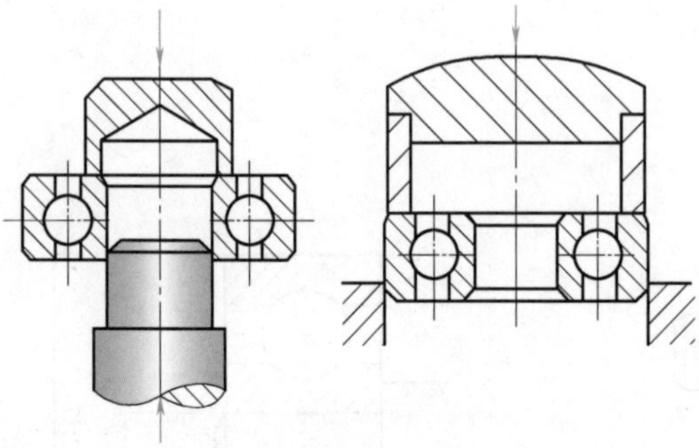

图 10-23　冷压法装轴承

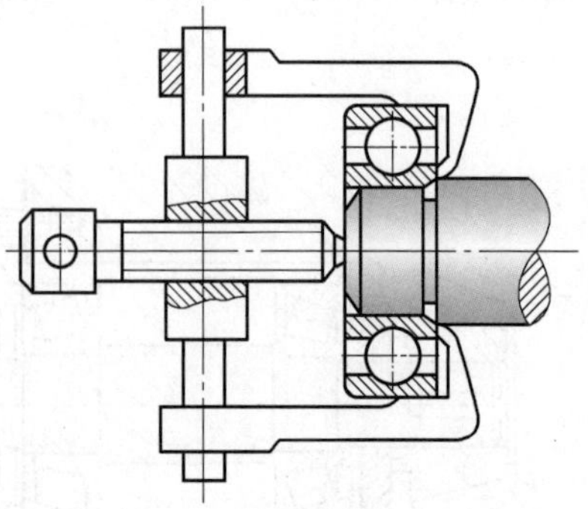

图 10-24　轴承拆卸

第四节　滚动轴承的润滑和密封

滚动轴承中的各元件在工作中的相互摩擦会引起轴承温升、磨损和振动，因此良好的润滑是确保滚动轴承正常工作的必不可少的条件；为了防止润滑剂外流和灰尘侵入轴承内部，还必须考虑轴承的密封。

一、滚动轴承的润滑

滚动轴承的润滑方式有油润滑和脂润滑两种。选择哪种润滑方式由速度因数 dn 值来决定（见表 10-14）。d 为轴承内径（mm）；n 为轴承套圈转速（r/min）。

表 10-14　各种润滑方式下轴承的允许 dn 值　（单位：10^4mm · r/min）

轴承类型	脂润滑	油润滑			
		油浴	滴油	循环油	喷雾
深沟球轴承	16	25	40	60	>60
调心球轴承	16	25	40	50	
角接触球轴承	16	25	40	60	>60
圆柱滚子轴承	12	25	40	60	>60
圆锥滚子轴承	10	16	23	30	
调心滚子轴承	8	12		25	
推力球轴承	4	6	12	15	

脂润滑简单方便，密封性好，油膜强度高，承载能力强，但只适用于低速（dn 值较小）。装填润滑脂量一般不超过轴承内空隙的 1/3~1/2。

油润滑摩擦系数小、润滑可靠，具有冷却散热和清洗作用。但需要油量较大，一般适用于 dn 值较大的场合。选择油润滑时，根据工作温度和 dn 值由图 10-25 选出润滑油的黏度，根据其黏度确定其润滑油牌号。

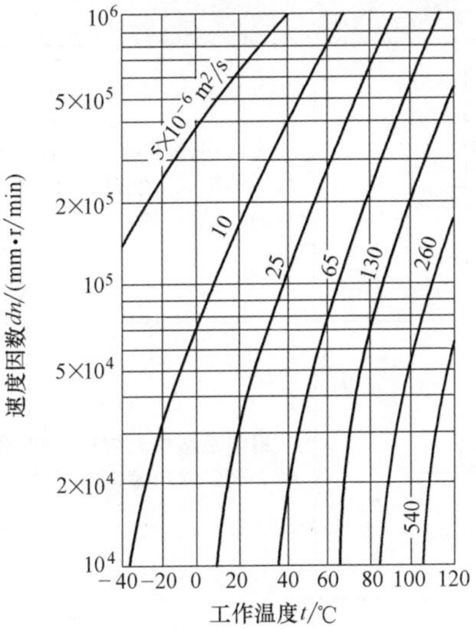

图 10-25 润滑油黏度选择

二、滚动轴承的密封

滚动轴承的密封主要分接触式密封、非接触式密封和组合式密封三种形式。各种密封形式的结构特点及应用可参阅表 10-15。

表 10-15 密封装置的类型、特点及应用

密封形式		简图	特点	适用范围
非接触式	间隙式	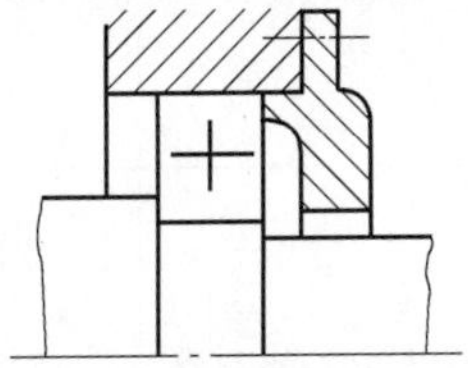 缝隙式	一般间隙为 0.1～0.3mm，间隙越小，间隙宽度越长，密封效果越好	适用于环境比较干净的脂润滑
		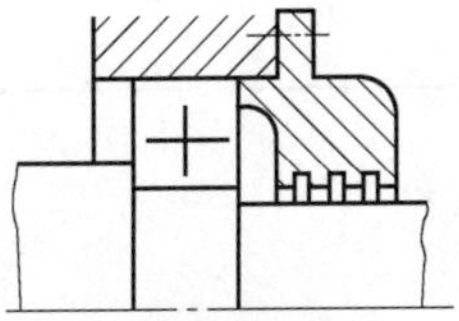 油沟式	在端盖配合面上开 3 个以上宽 3～4mm、深 4～5mm 的沟槽，并在其中填充脂	适用于脂润滑
	迷宫式	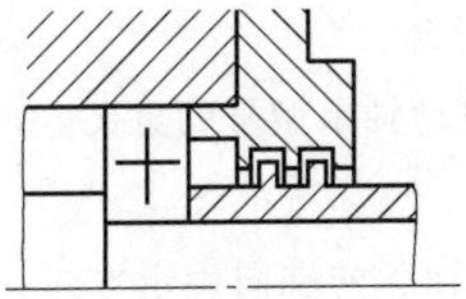 径向迷宫	迷宫曲路由轴套和端盖的径向间隙组成。曲路沿径向展开，装拆方便	适用于较脏的工作环境，如金属切削机床的工作端

（续）

密封形式		简　图	特　点	适用范围
非接触式	迷宫式	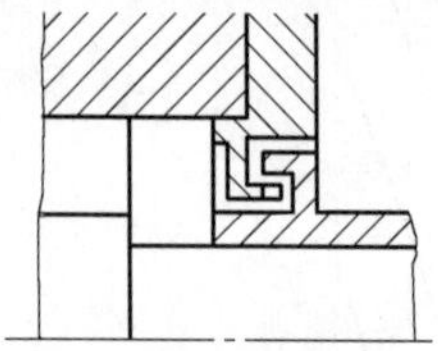 轴向迷宫	迷宫曲路由轴套和端盖的轴向间隙组成。装拆方便，端盖不需剖分，应用较广	与径向迷宫应用相同，但比径向迷宫应用广泛
接触式	毡圈密封	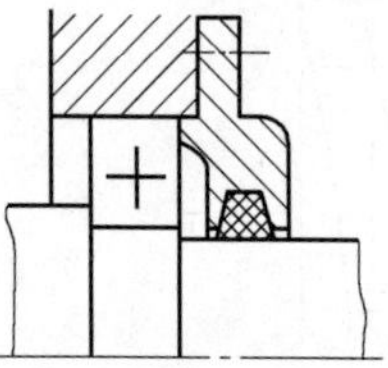 单毡圈	用羊毛毡填充槽中，使毡圈与轴表面经常摩擦以实现密封	用于环境干燥、干净的脂密封，一般接触处的圆周速度不大于5m/s
接触式	唇型密封圈密封	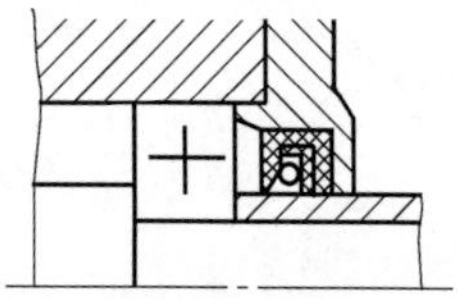 双密封唇	双唇型密封圈密封把唇紧箍在轴上，有效防外界灰尘、杂物侵入，防止油泄漏	用于油润滑密封，滑动速度不大于7m/s，工作温度不大于100℃
接触式	唇型密封圈密封	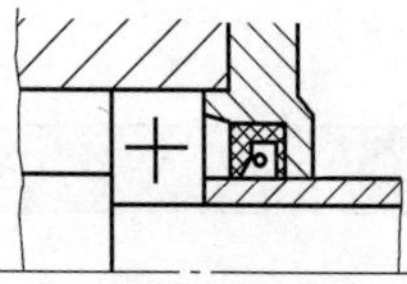 单密封唇向外	单密封唇背向轴承，以防外界灰尘、杂物侵入，也可防油外泄	同双密封唇的结构
组合式	迷宫毡圈组合	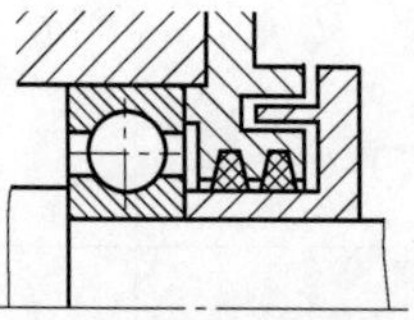	迷宫与毡圈密封组合，密封效果好	适用油或脂润滑的密封，接触处圆周速度不大于7m/s

思　考　题

10-1　典型滚动轴承的组成元件有哪些？说明各元件所的作用。

10-2　球轴承和滚子轴承各有什么优缺点，各适用于什么场合？

10-3　说明 NA4913、NU206、7000C、32207/p5、1205 各滚动轴承型号的意义。

10-4　选择滚动轴承类型时要考虑的因素有哪些？

10-5　就图 10-20 所示锥齿轮的轴承组合设计，试说明 1）轴承的轴向固定方式；2）轴承间隙如何调整；3）轴上锥齿轮轴向位置调整方法；4）密封方式。

习　　题

10-1　某矿山机械转轴，两端轴颈直径 $d=70\text{mm}$，每个轴承承受径向载荷 $F_r=5400\text{N}$，轴向载荷 $F_a=2000\text{N}$，转速 $n=1250\text{r/min}$，工作时存在中等冲击，预期寿命为5000h，试选择轴承型号（建议选用6类轴承）。

10-2　有一减速器的输入轴，如图10-26所示，采用一对角接触球轴承（7306C）支承，已知：转速 $n=1560\text{r/min}$，两轴承所受径向载荷 $F_{r1}=1440\text{N}$，$F_{r2}=1390\text{N}$，轴向外载荷 $F_A=380\text{N}$，常温下工作，载荷平稳，试求两轴承寿命。

10-3　图10-27所示为一锥齿轮轴，采用圆锥滚子轴承作为支承，经简化后，作用在齿轮上的轴向力 $F_a=950\text{N}$，径向力 $F_r=1000\text{N}$，方向如图所示，$a=80\text{mm}$，$b=120\text{mm}$，轴径 $d=40\text{mm}$，转速 $n=1450\text{r/min}$，常温下工作，有轻微冲击，预期寿命为20000h，试选用轴承型号。

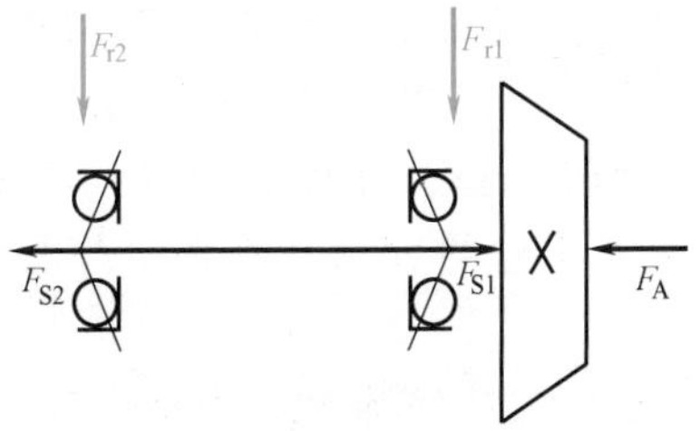

图10-26　习题10-2图

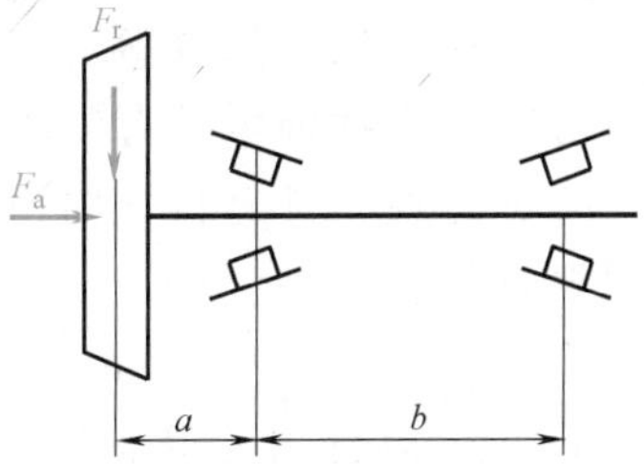

图10-27　习题10-3图

10-4　试分析图10-28所示齿轮轴系结构设计中的错误，并加以改正，轴承采用脂润滑。

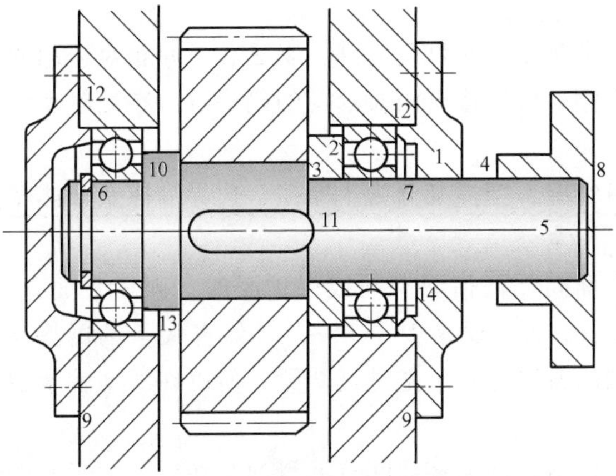

图10-28　习题10-4图

第十一章

滑动轴承

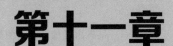

轴承分为滚动轴承和滑动轴承两大类。虽然滚动轴承具有一系列优点，在机械设备上获得了广泛应用，但在高速、重载、结构上要求剖分等场合下，又必须采用滑动轴承，这是因为滑动轴承具有一些滚动轴承不能替代的特点。其主要优点是：结构简单，制造、装拆方便；具有良好的耐冲击性和吸振性能，运转平稳，旋转精度高；寿命长。其主要缺点是：维护复杂、润滑条件要求高、当轴承处于边界润滑状态时，摩擦磨损较严重。

由于其优异的性能，因而在内燃机、发电机、轧钢机、雷达、汽轮机、卫星通信地面站及天文望远镜中多采用滑动轴承。此外，在低速重载、有冲击和环境恶劣的场合，如破碎机、水泥搅拌机、滚筒清沙机等机器中也常采用滑动轴承。

第一节　摩擦状态

摩擦可分两大类：一类是发生在物质内部，阻碍分子间相对运动的内摩擦；另一类是当相互接触的两个物体发生相对滑动或有相对滑动的趋势时，在接触表面上产生的阻碍相对滑动的外摩擦。

根据摩擦表面间润滑情况，摩擦又分为干摩擦、边界摩擦及液体摩擦。

1. 干摩擦

干摩擦是指两摩擦表面间无任何润滑剂或保护膜时，固体表面直接接触的摩擦（见图11-1a）。此时，摩擦系数 f 最大，通常大于0.3，必然有大量的摩擦功损耗和严重的磨损。在滑动轴承中表现为强烈的升温，甚至把轴瓦烧毁。所以在滑动轴承中不允许出现干摩擦。

2. 边界摩擦

边界摩擦也称为边界润滑。两摩擦面间有润滑油存在后，由于润滑油与金属表面的吸附作用，在金属表面会形成一层边界油膜，它可能是物理吸附膜，也可能是化学反应膜。边界油膜很薄（厚度小于1μm），不足以将两金属表面分隔开来，在相互运动时，两金属表面微观的凸峰部分仍将相互接触，这种状态称为边界摩擦（见图11-1b）。由于边界膜也有较好的润滑作用，故摩擦系数较小，$f=0.1\sim0.3$，磨损也较轻。但边界膜强度不高，在较大压力作用下容易破坏，而且温度高时强度显著降低，所以使用中对压力和温度以及运动速度要加以限制，否则边界膜破坏，将会出现干摩擦状态，产生严重磨损。

3. 液体摩擦

液体摩擦也称为液体润滑。若两摩擦表面有充足的润滑油，且满足一定的条件，则在两摩擦表面间形成较厚的压力油膜，相对运动的两表面被液体完全隔开（见图 11-1c），没有物体表面间的摩擦，只有液体之间的摩擦，这种摩擦称为液体摩擦，属于内摩擦。液体摩擦的摩擦系数最小，$f=0.001\sim0.13$，不会发生金属表面的磨损，是理想的摩擦状态。但实现液体摩擦（液体润滑）必须具备一定的条件（见本章第六节）。

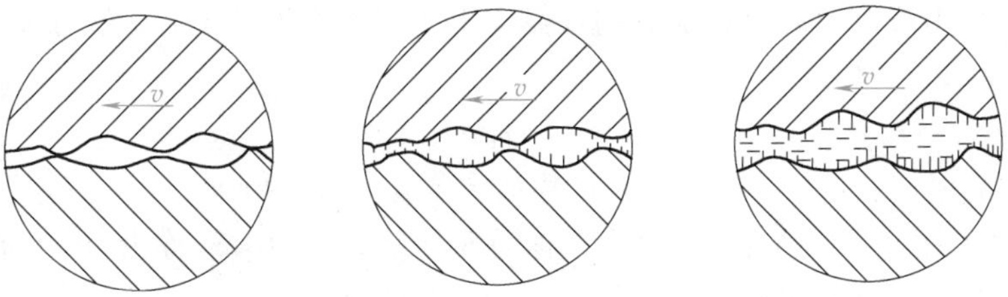

图 11-1 摩擦状态

a）干摩擦 b）边界摩擦 c）液体摩擦

在一般机器中，两摩擦面间多处于干摩擦、边界摩擦和液体摩擦的混合状态，称为混合摩擦。

第二节 润滑剂和润滑装置

一、摩擦、磨损、润滑的基本知识

1. 摩擦、磨损

在外力作用下，一物体相对于另一物体运动或有相对滑动的趋势时，在接触表面上就会产生抵抗滑动的切向阻力，这一现象称为摩擦，其所产生的阻力称为摩擦力。摩擦是一种不可逆过程，其结果必然产生能量损耗和摩擦表面物质的不断损失或转移，即磨损。磨损会使零件的表面形状和尺寸遭到缓慢而连续的破坏，使机器的效率及可靠性逐渐降低，从而丧失原有的工作性能，最终还可能导致零件的突然破坏。因此，在设计时预先考虑如何避免或减轻磨损，以保证机器达到设计寿命，就具有很大的现实意义。

关于磨损分类的方法有很多种，大体上可概括为两类：一类是根据磨损结果着重对磨损表面外观的描述，如点蚀磨损、胶合磨损和擦伤磨损等；另一类则是根据磨损机理来分类，如黏着磨损、磨料磨损、疲劳磨损及腐蚀磨损。

2. 润滑

轴承润滑的目的在于降低摩擦功耗，减少磨损，提高效率，延长机件的寿命，同时还有冷却、吸振和防锈等作用。机械中所用的润滑剂有气体、液体、半固体和固体物质，其中液体润滑油和半固体的润滑脂被广泛采用。

（1）润滑油 用作润滑剂的油类可概括为三类：全损耗系统用油、矿物油和化学合成油。矿物油主要是石油产品，因其来源充足、成本低廉、适用范围广而且稳定性好，故应用最为广泛。润滑剂的几种主要性能指标有黏度、油性和凝点等。

1）黏度。在轴承中，润滑油最重要的物理性能是黏度，它也是选择润滑油的主要依据。黏度是表示润滑油黏性的指标，即流体抵抗变形的能力，它表征油层间内摩擦阻力的大小，黏度的大小可以用动力黏度和运动黏度等指标来表示。

动力黏度（绝对黏度）η：相距1m，面积各为$1m^2$的两层平行液体间，产生1m/s的相对移动速度时，所需施加的力为1N，则这种液体的动力黏度为1Pa·s，$1Pa\cdot s=1N\cdot s/m^2$。Pa·s是国际单位制（SI）的黏度单位。

运动黏度γ：用液体的动力黏度η与同温度下该液体的密度ρ的比值η/ρ表示黏度，称为运动黏度，即

$$\gamma=\eta/\rho$$

式中，ρ为液体的密度，单位为kg/m^3，矿物油密度$\rho=850\sim900kg/m^3$。

运动黏度过去在计量单位中为cm^2/s，称为St（斯）。1/100St称为cSt（厘斯），单位为mm^2/s。GB/T 3141—1994规定采用润滑油在40℃时的运动黏度的平均值（mm^2/s）作为油的牌号。

润滑油黏度的大小不仅直接影响摩擦副的运动阻力，而且对流体润滑油膜的形成及承载能力有决定性作用。黏度是选择润滑油的主要依据。

影响润滑油黏度的主要因素是温度和压力，其中温度的影响最显著。润滑油的黏度随温度变化而变化，温度越高，黏度越小。

润滑油的黏度越高，其油膜承载能力越大。故低速不易形成动压油膜或工作载荷大时，应选用黏度高的润滑油。对受冲击载荷或往复运动的零件，因不易形成液体油膜，也应采用黏度大的润滑油。

2）油性。油性是指润滑油在金属表面上的吸附能力。油性好的润滑油，其油膜吸附力大且不易破坏。

3）凝点。凝点是指润滑油冷却到不能流动时的最高温度。低温润滑时，应选择凝点低的油。

（2）润滑脂　润滑脂是润滑油与各种稠化剂（如钙、锂、钠等金属皂）的混合物。其密封简单，不易流失，不需经常添加，因此在垂直的摩擦表面也可应用。润滑脂受温度的影响不大，对载荷和速度的变化有较大的使用范围，但摩擦损失大，效率低，故不适宜于高速。总的来说，低速而带有冲击的机器，均可以使用润滑脂润滑。

润滑脂主要有以下几类。

1）钙基润滑脂。其具有良好的抗水性，目前应用最多。但耐热能力差，工作温度不宜超过55～65℃。

2）钠基润滑脂。其具有较高的耐热性，工作温度可达120℃，但抗水性差。由于它能与少量水乳化，从而保护金属免遭腐蚀，比钙基润滑脂有更好的防锈能力。

3）锂基润滑脂。其既能抗水、耐高温（工作温度为-20～150℃），而且有较好的机械安定性，是一种多用途的润滑脂。

二、润滑装置

除合理地选择润滑剂外，合理地选择润滑方法和润滑装置也是十分重要的。下面介绍常用的润滑方法和润滑装置。

1. 油润滑

油润滑的润滑方法有间歇供油润滑和连续供油润滑两种。

间歇供油润滑有手工油壶注油和油杯注油供油。这种润滑方法只适用于低速不重要的轴承或间歇工作的轴承。

对于重要轴承，必须采用连续供油润滑。连续供油润滑方法及装置主要有以下几种：

（1）针阀式油杯　图 11-2 所示为针阀式油杯。针阀式油杯可调节油滴速度，改变供油量，当手柄卧倒时，针阀受弹簧推压向下而堵住底部油孔。手柄转 90°变为直立状态时针阀上提，下端油孔敞开，润滑油流进轴承，调节油孔开口大小可以调节油量。在轴承停止工作时，可通过油杯上部手柄关闭油杯，停止供油。

（2）芯捻式油杯　如图 11-3 所示。用毛线和棉线做成油芯浸在油槽内，利用毛细管作用将油引到轴承工作表面上。这种装置可使润滑油连续而均匀供应，但这种方法不易调节供油量。

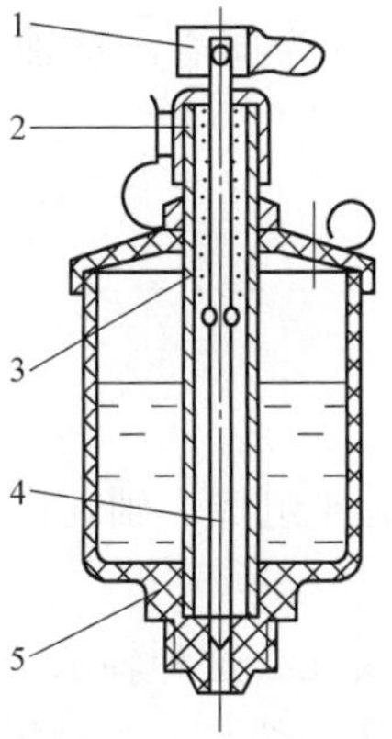

图 11-2　针阀式油杯

1—手柄　2—调节螺母

3—弹簧　4—针阀　5—杯体

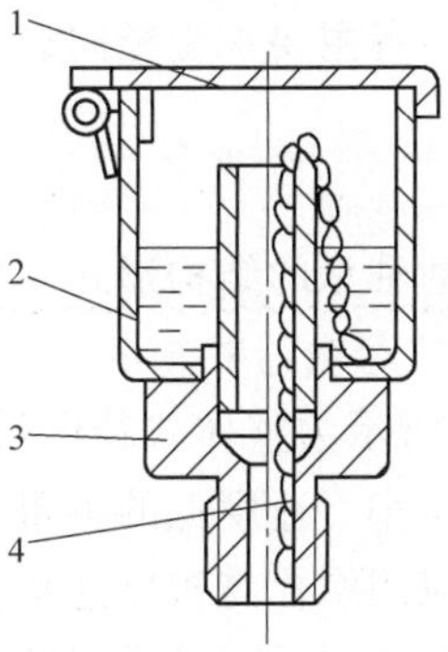

图 11-3　芯捻式或线纱润滑式油杯

1—盖　2—杯体

3—接头　4—油芯

（3）飞溅润滑　飞溅润滑主要用于润滑如减速器、内燃机等机械中的轴承。通常直接利用传动齿轮或甩油环（见图 11-4），将油池中的润滑油溅到轴承上或箱壁上，再经油沟导入轴承工作面以润滑轴承。采用传动齿轮溅油来润滑轴承，齿轮圆周速度 $v \geqslant 2\text{m/s}$；采用甩油环溅油来润滑轴承，适用于转速为 500～3000r/min 的水平轴上的轴承，转速太低，油环不能把油溅起，而转速太高，油环上的油会被甩掉。

（4）压力循环润滑　压力循环润滑是一种强制润滑方法。润滑油泵将一定压力的油经油路导入轴承，润滑油经轴承两端流回油池，构成循环润滑。这种供油方法供油量充足，润滑可靠，并有冷却和冲洗轴承的作用。但润滑装置结构复杂、费用较高。常用于重载、高速或载荷变化较大的轴承中。

2. 脂润滑

润滑脂只能间歇供给。常用润滑装置有如图 11-5 所示的旋盖式油杯。旋盖式油杯靠旋紧杯盖将杯内润滑脂压入轴承工作面，只能做间歇供油。

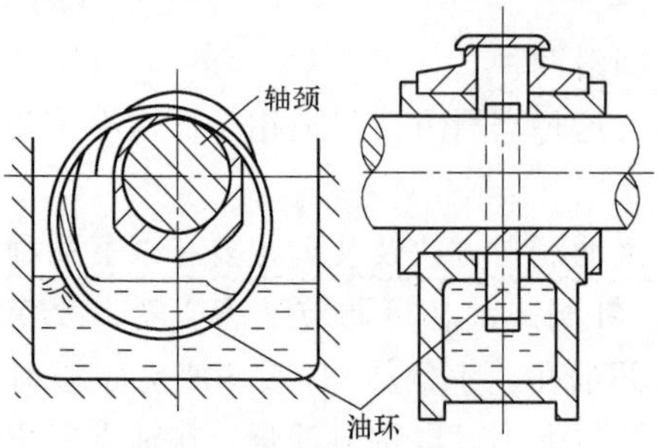

图 11-4　甩油环润滑

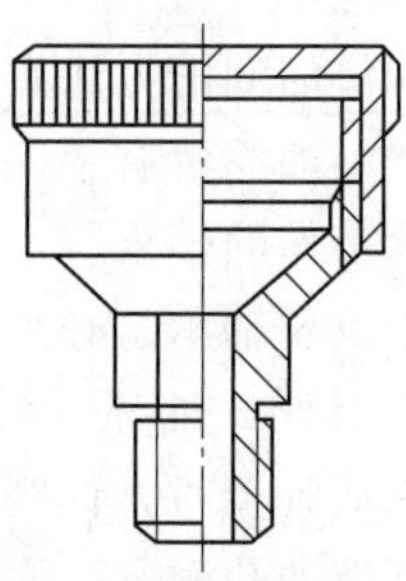

图 11-5　旋盖式油杯

第三节　滑动轴承的结构形式

滑动轴承按所受载荷的方向主要分为：径向滑动轴承（又称为向心滑动轴承）和推力滑动轴承。前者主要承受径向载荷，后者主要承受轴向载荷。

一、径向滑动轴承

径向滑动轴承的结构形式主要有整体式和剖分式两大类。

1. 整体式径向滑动轴承

图 11-6 所示为整体式径向滑动轴承，其由轴承座 3 和轴瓦 4 组成。轴瓦压装在轴承座中。对于载荷小、速度低的不重要场合，可以不用轴瓦。

轴承座应用螺栓与机座连接，顶部设有安装注油油杯的螺纹孔。这种轴承结构简单、成本低。但轴瓦磨损后，轴承间隙过大，无法调整，且轴颈只能从端部装入。对粗重的轴和具有中颈轴的轴，如内燃机的曲轴，就不便安装或无法安装。因此，整体式轴承常用于低速、轻载或间歇工作而不需要经常拆装的轴承中，如手动机械、农业机械等。

2. 剖分式径向滑动轴承

剖分式径向滑动轴承由轴承座 4、轴承盖 3、剖分轴瓦 2 和双头螺柱 1 等组成，如图 11-7 所示。根据所受载荷的方向，剖分面最好与载荷方向近于垂直。多数轴承的剖分面

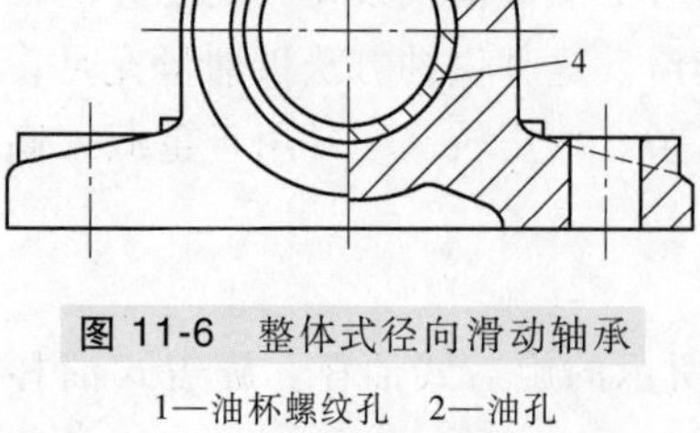

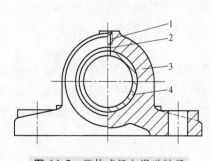

图 11-6　整体式径向滑动轴承

1—油杯螺纹孔　2—油孔

3—轴承座　4—轴瓦

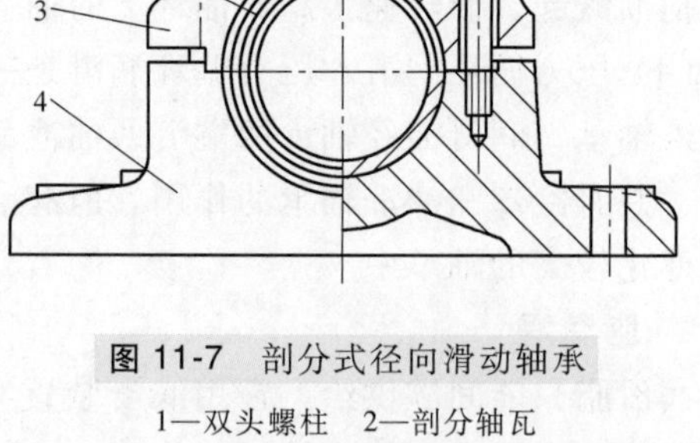

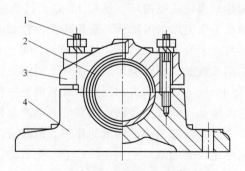

图 11-7　剖分式径向滑动轴承

1—双头螺柱　2—剖分轴瓦

3—轴承盖　4—轴承座

是水平的。当剖分面为水平面时，轴承称为对开式正滑动轴承；当剖分面与水平面成一定角度时（通常倾斜 45°），轴承称为对开式斜滑动轴承。为防止轴承盖和轴承座横向错位并便于装配时对中，轴承盖和轴承座的剖分面均制成阶梯状。剖分式滑动轴承装拆方便，还可以通过增减剖分面处的垫片厚度来调节轴颈与轴承间的间隙。

二、推力滑动轴承

推力滑动轴承结构形式如图 11-8 所示。轴颈端面与止推轴瓦组成摩擦副。实心端面推力轴颈（见图 11-8a），由于磨合或工作时，中心与边缘的磨损不均匀，越接近边缘部分磨损越快，以至于中心部分压强极高。为克服此缺点，可设计成空心端面轴颈（见图 11-8b）和环状轴颈（见图 11-8c）。当载荷较大时，可采用多环轴颈，这种结构的轴承能承受双向载荷。但推力环数目不宜过多，一般为 2~5 个，否则载荷分布不均现象十分严重。

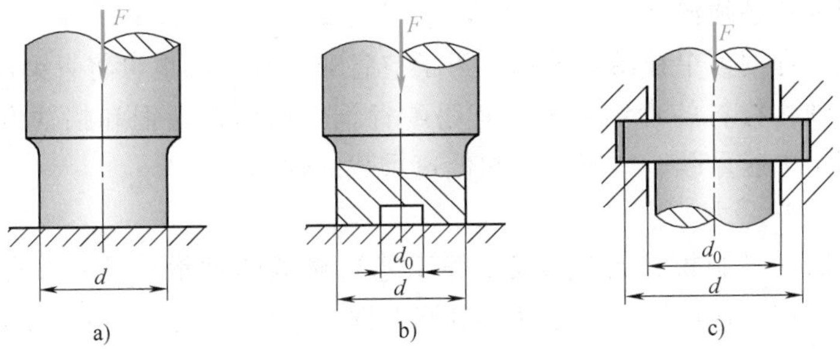

图 11-8 推力滑动轴承结构形式

a）实心端面推力轴颈 b）空心端面轴颈 c）环状轴颈

第四节 轴瓦及轴承衬材料

轴瓦是轴承直接和轴颈相接触的零件，为了节省贵重金属或其他需要，常在轴瓦内表面上贴附一层金属，称为轴承衬，不重要的轴承也可以不装轴瓦。所谓轴承材料指的是轴瓦和轴承衬材料。滑动轴承最常见的失效形式是轴瓦磨损、胶合（烧瓦）、疲劳剥落和由于制造工艺原因而引起的轴承衬脱落，其中主要是磨损和胶合。

一、轴瓦材料

根据轴承的工作情况及主要失效形式，对轴瓦材料的主要要求是：摩擦系数小；导热性好，热膨胀系数小；耐磨、耐蚀、抗胶合能力强；具有良好的嵌藏性及适应性；要有足够的机械强度和可塑性。

实际上任何一种材料都不可能同时满足上述所有要求，应根据具体情况满足主要使用要求。常用的轴瓦和轴承衬材料有以下几种。

1. 轴承合金

轴承合金（又称为白合金、巴氏合金）有锡锑轴承合金和铅锑轴承合金两大类。

锡锑轴承合金的摩擦系数小、抗胶合性能良好、对油的吸附性强、耐蚀性好、易磨合、嵌藏性好，是优良的轴承合金，常用于高速、重载的轴承。但它的价格较贵且机械强度较差，因此，一般只能作为轴承衬材料浇注在钢、铸铁或青铜轴瓦上（见图 11-9）。

铅锑轴承合金的大多性能与锡锑轴承合金相近，但较脆，不宜承受较大的冲击载荷，因此多用于中速、中载的轴承上。

轴承合金元素的熔点大都较低，所以只适用于在 150℃ 以下工作的轴承。

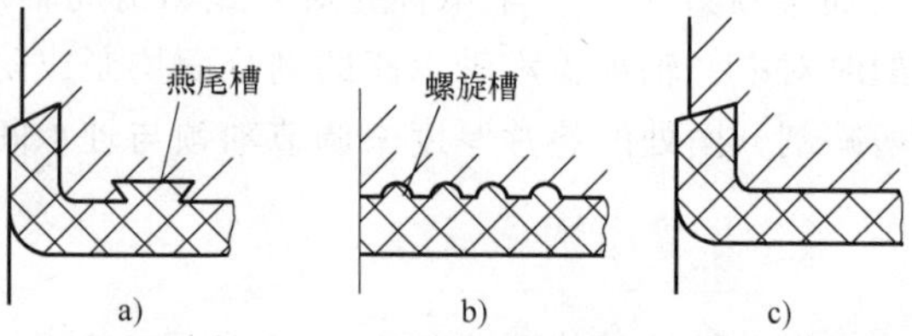

图 11-9　浇注轴承合金的轴瓦

2. 青铜

在一般机械中有 50% 的滑动轴承采用青铜材料。青铜的强度高，承载能力大，耐磨性和导热性都优于轴承合金，它可以在较高的温度（250℃）下工作。但它的可塑性差，不易磨合，与之相配轴颈必须淬硬。

由于其特点，青铜可单独做成轴瓦。为了节省非铁金属，也可将青铜浇注在钢或铸铁轴瓦内壁上。用作轴瓦材料的青铜，主要有锡磷青铜、锡锌铅青铜和铝铁青铜。在一般情况下，它们分别用于中速重载、中速中载和低速重载的轴承。

3. 特殊性能的轴承材料

用粉末冶金法（经制粉、成形、烧结等工艺）做成的轴承，具有多孔性组织，孔隙内可贮存润滑油，常称为含油轴承，它具有自润滑性。工作时，由于轴颈转动的抽吸作用及轴承发热时油的膨胀作用，油便进入摩擦表面间起润滑作用；不工作时，因毛细管作用，油便被吸回到轴承内部，故在相当长的时间内，即使不加润滑油仍能很好地工作。如果定期给以供油，则使用效果更佳。但由于其韧度较小，故宜用于平稳无冲击及中低速度情况下。常用的含油轴承有多孔青铜（青铜-石墨）和多孔铁（铁-石墨）两种。

常用的非金属材料主要有塑料、橡胶、石墨和尼龙等。

塑料具有摩擦系数小，可塑性与磨合性好，耐磨损，耐腐蚀，可用水、油及化学溶液润滑等优点。但其导热性差，热膨胀系数较大，容易变形。为改善此缺陷，可将薄层塑料作为轴承衬材料黏附在金属轴瓦上使用。

橡胶具有较大的弹性，能减轻振动使运转平稳，可以用水润滑，常用于潜水泵、沙石清洗机和钻机等有泥沙的场合。

石墨是一种良好的润滑剂。用石墨制出的轴瓦及轴套，摩擦系数小、抗黏着性好、尺寸稳定性好、不氧化，但其性质很脆，受冲击载荷时易碎。石墨轴瓦的热膨胀系数小，最好用紧配合压在轴套中。

在不重要的或低速轻载的轴承中，也常采用灰铸铁或耐磨铸铁作为轴瓦材料。常用轴瓦材料的性能及许用值见表 11-1。

表 11-1　常用轴瓦材料的性能及许用值 [p]、[v]、[pv]

材料及其代号	[p] /MPa	[v] /m/s	[pv] /(MPa · m/s)	轴颈硬度	特性及用途举例
铸锡锑轴承合金 ZSnSb11Cu6	25(平稳)	80	20	150HBW	用于重载、高速、温度低于 110℃ 的重要轴承，如汽轮机、电动机
	20(冲击)	60	15		

（续）

材料及其代号	[p] /MPa	[v] /m/s	[pv] /(MPa·m/s)	轴颈硬度	特性及用途举例
铸铅锑轴承合金 ZPbSb16Sn16Cu2	15	12	10	150HBW	用于中速、中等载荷的轴承，不易受显著冲击。如车床等的轴承，温度低于120℃
铸锡青铜 ZCuSn5Pb5Zn5	8	3	15	45HRC	用于中载、中速工作的轴承，如减速器、起重机的轴承
铸锡青铜 ZCuSn10P1	15	10	15	45HRC	用于中速、重载及受变载荷的轴承
铸铝青铜 ZCuAl10Fe3	15	4	12	45HRC	最宜用于润滑充分的低速重载轴承

二、轴瓦结构

轴瓦是滑动轴承的主要零件，设计轴承时，除了选择合适的轴瓦材料以外，还应该合理地设计轴瓦结构，否则会影响滑动轴承的工作性能。

常用的轴瓦有整体式和对开式两种结构。

轴瓦在轴承座中应固定可靠，轴瓦形状和结构尺寸应保证润滑良好，散热容易，并有一定的强度和刚度，装拆方便。因此设计轴瓦时，不同的工作条件采用不同的结构形式。

整体式轴瓦如图 11-10 所示。图 11-10a 所示为无油沟的轴瓦，图 11-10b 所示为有油沟的轴瓦。轴瓦和轴承座一般采用过盈配合。为连接可靠，可在配合表面的端部用紧定螺钉固定，如图 11-10c 所示。轴瓦外径与内径之比一般取值为 1.15~1.2。

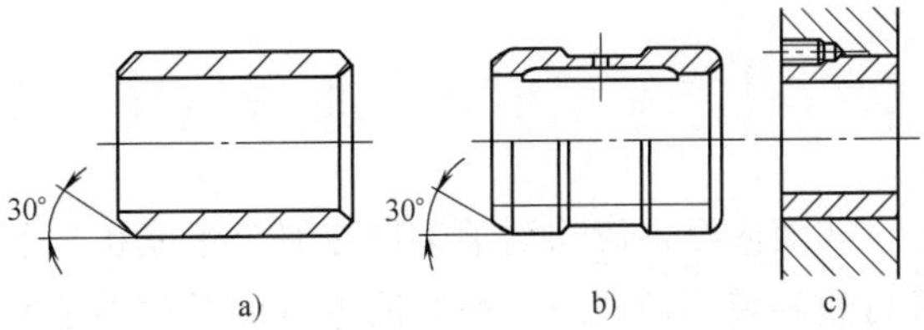

图 11-10 整体式轴瓦

a）无油沟 b）有油沟 c）螺钉固定

剖分式轴瓦（又称为对开式轴瓦）如图 11-11 所示。轴瓦两端的凸缘用来实现轴向定位（见图 11-11a）。轴向油沟也可以开在轴瓦剖分面上（见图 11-11b）。周向定位采用定位销（见图 11-11c）。也可以根据轴瓦厚度采用其他定位方法。轴瓦厚度为 b，轴颈直径为 d，一般取 $b/d>0.05$。轴承衬厚度通常由十分之几毫米到 6mm。

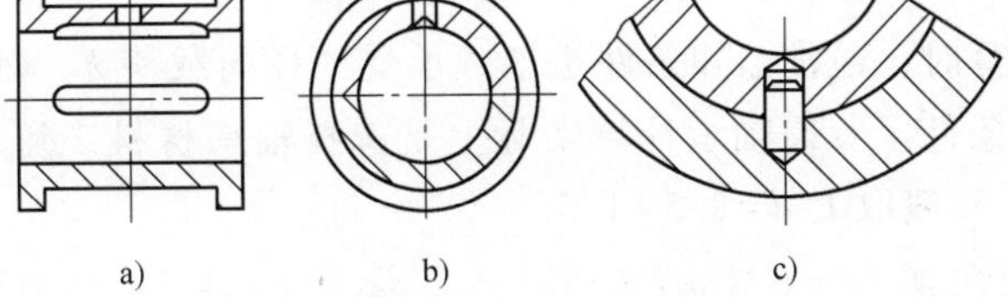

图 11-11 剖分式轴瓦

a）轴向定位 b）轴向油沟 c）周向定位

为了把润滑剂导入整个摩擦面间，在轴瓦或轴颈上方需开设注油孔或油槽，压力供油时油孔也可以开在两侧。为了使润滑油能很好地分布到轴瓦的整个工作面，轴瓦上要开出油沟和油孔。图 11-12 所示为几种常见的油沟形式。为了使润滑油能均匀地分布在整个轴颈长度上，油沟长度一般为轴承长度的 80%；从图中可以看出，油沟有轴向的、周向的和斜向的，也可以设计成其他形式。

设计油沟时必须注意以下问题：轴向油沟不得在轴承的全长上开通，以免润滑剂流失过多；液体摩擦轴承的油沟应开在非承载区，这样可以保证承载区油膜的连续性。周向油沟应开在轴承的两端，以免影响轴承的承载能力。

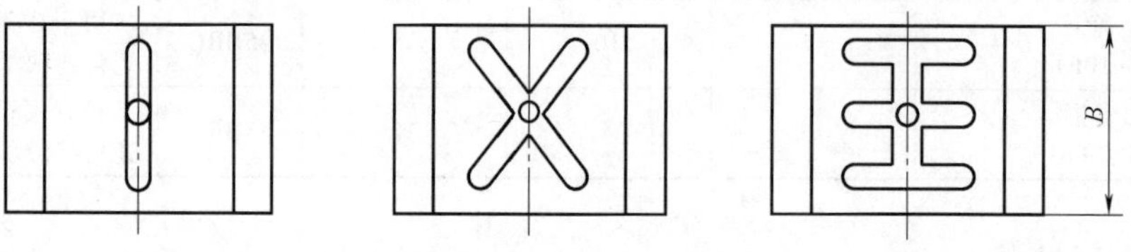

图 11-12　油沟形式

a）轴向油沟　b）斜向油沟　c）周向油沟

拓展视频

焦裕禄主持研制的双筒提升机

轴瓦宽度与轴颈直径之比 B/d 称为宽径比，它是径向滑动轴承中重要参数之一。对于液体摩擦的滑动轴承，常取 $B/d=0.5\sim1$；对于非液体摩擦的滑动轴承，常取 $B/d=0.8\sim1.5$，有时可以更大些。

第五节　非液体摩擦滑动轴承的设计计算

非液体摩擦滑动轴承工作在混合摩擦状态下，轴瓦的主要失效形式是磨损和胶合，因此维持边界膜不遭破裂，是非液体摩擦滑动轴承的设计依据。边界膜的强度与润滑油的油性有关，也与轴瓦材料有关，还与摩擦表面的压力和温度有关。温度高、压力大，边界膜容易破坏。非液体摩擦滑动轴承设计时一旦材料选定，则应限制温度和压力。但计算每点的压力很困难，其规律尚未完全被人们掌握。因此目前采用的计算方法是间接的、条件性的。常用限制平均压力 p 的办法进行条件性计算。轴承的发热量是由摩擦功耗引起的，设平均压力为 p，线速度为 v，摩擦系数为 f，则单位时间内单位面积上的摩擦功可视为 fpv，因此可以用限制表征摩擦功的特征值 pv 来限制轴承的温升。

一、径向滑动轴承的计算

进行滑动轴承计算时，通常已知条件是轴颈承受的径向载荷 F，轴颈的转速 n，轴颈的直径 d 和轴承的工作条件。所谓轴承计算实际上是选择轴承材料，确定轴承的长径比 L/d，然后校核 p，pv 和 v。一般取 $L/d=0.5\sim1.5$。

1. 轴承的单位压强 p

单位压强 p（单位为 MPa）过大不仅可能使轴瓦产生塑性变形破坏边界膜，而且一旦出现干摩擦状态则加速磨损。所以应保证单位压强不超过允许值 $[p]$，即

$$p=\frac{F}{dB}\leqslant[p] \tag{11-1}$$

式中，d 为轴颈的直径，单位为 mm；B 为轴承宽度，单位为 mm；$[p]$ 为轴瓦材料的许用压强，单位为 MPa，其值见表 11-1。

如果式（11-1）不能满足，则应另选材料，改变 $[p]$ 或增大 B，或增大 d，重新计算。

2. 验算轴承的 pv

对速度较高的轴承，常需限制 pv（单位为 MPa · m/s）值。pv 值大表明摩擦功大、温升大、边界膜易破坏，其限制条件为

$$pv=\frac{F}{Bd}\times\frac{\pi dn}{60\times1000}=\frac{Fn}{19100B}\leqslant[pv] \tag{11-2}$$

式中，n 为轴颈转速，单位为 r/min；v 为轴颈圆周速度，单位为 m/s；$[pv]$ 为轴承材料的 pv 许用值，单位为 MPa · m/s，其值见表 11-1；其他符号同前。

对于速度很低的轴，可以不验算 pv，只验算 p。同样，如果 pv 值不满足式（11-2），也应重选材料或改变 B，必要时改变 d。

3. 验算速度 v

对于跨距较大的轴，由于装配误差或轴的挠曲变形，会造成轴及轴瓦在边缘接触，局部产生相当高的压力，若速度很大，则局部摩擦功也很大。这时即使 p 和 pv 都在许用范围内，也可能由于滑动速度过高而加速磨损，因此要求

$$v=\frac{\pi dn}{60\times1000}\leqslant[v] \tag{11-3}$$

式中，$[v]$ 为轴颈速度的许用值，单位为 m/s，见表 11-1；其他符号同前。

例 试按非液体摩擦状态设计电动绞车中卷筒两端的滑动轴承。钢绳拉力 F_0 为 20kN，卷筒转速为 25r/min，结构尺寸如图 11-13 所示，其中轴颈直径 $d=60$mm。

解 1）求滑动轴承上的径向载荷 F。当钢绳在卷筒中间时，两端滑动轴承受力相等，且为钢绳上拉力之半。但当钢绳绕在卷筒的边缘时，一侧滑动轴承上受力达到最大值，为

$$F=F''_r=F_0\times\frac{700}{800}=\left(20000\times\frac{7}{8}\right)\text{N}=17500\text{N}$$

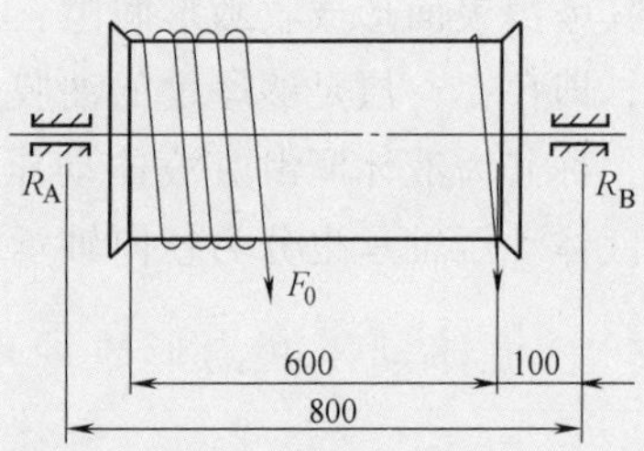

图 11-13 绞车中卷筒结构尺寸

2）取宽径比 $B/d=1.2$，则

$$B=1.2\times60\text{mm}=72\text{mm}$$

3）验算压强 p

$$p=\frac{F}{Bd}=\frac{17500}{72\times60}\text{MPa}=4.05\text{MPa}$$

4）验算 pv 值

$$pv=\frac{Fn\pi}{60000B}=\frac{17500\times25\times\pi}{60000\times72}\text{MPa}\cdot\text{m/s}=0.32\text{MPa}\cdot\text{m/s}$$

根据上述计算，参考表 11-1 可知，选用铸锡青铜 ZCuSn5PbZn5 作为轴瓦材料是足够的，其 $[p]=8\text{MPa}$，$[pv]=15\text{MPa}\cdot\text{m/s}$。

二、推力滑动轴承的计算

推力滑动轴承的计算准则与径向滑动轴承相同。

1. 验算单位压强 p（几何尺寸参见图 11-8）

$$p=\frac{F}{\frac{\pi}{4}(d^2-d_0^2)z}\leqslant[p] \tag{11-4}$$

式中，F 为作用在轴承上的轴向力，单位为 N；d、d_0 分别为止推面的外圆直径和内圆直径，单位为 mm；z 为推力环数目；$[p]$ 为许用压强，单位为 MPa；对于多环推力轴承，由于轴向载荷在各推力环上分配不均匀，表 11-1 中 $[p]$ 值应降低 20%~40%。

2. 验算 pv_{m} 值

$$pv_{\text{m}}\leqslant[pv_{\text{m}}]$$

式中，v_{m} 为环形推力面的平均线速度，单位为 m/s，其值为

$$v_{\text{m}}=\frac{\pi(d_0+d)n}{60\times1000\times2}$$

$$pv_{\text{m}}=\frac{Fn}{30000(d-d_0)}\leqslant[pv_{\text{m}}] \tag{11-5}$$

第六节　液体动压滑动轴承简介*

如果在轴颈和轴瓦工作表面间，利用摩擦表面间的相对运动，以一定的速度带动黏性流体在其摩擦表面形成收敛形间隙，间隙内的流体将产生很大的压力，可以将两摩擦表面完全分开，即存在一层足够厚度的油膜，即使在相当大的载荷作用下，两表面也能维持液体摩擦状态，称其为液体润滑。液体动压滑动轴承就是靠液体动压力使其在液体摩擦状态下工作的。液体动压轴承也分为径向轴承和推力轴承。

一、流体动压润滑形成原理

首先分析两平行板的情况。如图 11-14a 所示，板 A 平行于板 B。B 板静止不动，板 A 以速度 v 向左运动，板间充满润滑油。由于润滑油的黏性以及它与平板间的吸附作用，吸附于板 A 的油层流速为 v，吸附于板 B 的油层流速为零，当板上无载荷时，两板间润滑油的速度呈三角形分布，两板间带进的油量等于带出的油量，润滑油维持连续流动，板 A 不会下沉。但当板 A 上承受载荷 p 时，油将向两边挤出（见图 11-14b），于是板 A 逐渐下沉，直到与板 B 接触。这说明两平行板之间是不可能形成压力油膜的。

如果板 A 与板 B 不平行，板间的间隙沿板的运动方向由大到小呈收敛楔形，板 A 上承受载荷 p，如图 11-14c 所示。当板 A 以速度 v 运动时，如果油层中的速度仍按如图中虚线所

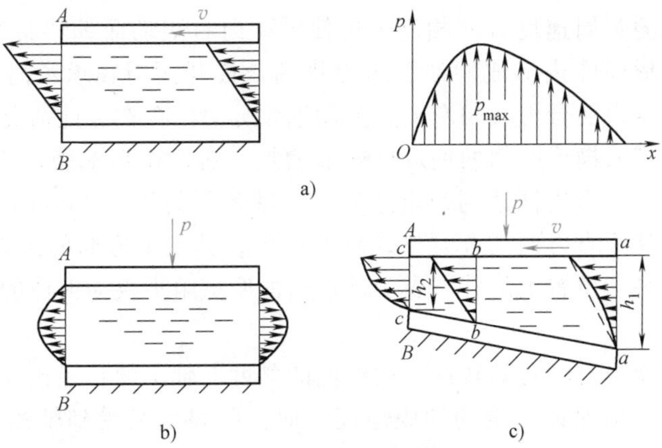

图 11-14　动压油膜承载机理

示的三角形分布，由于入口截面 aa 处的间隙 h_1 大于出口截面 cc 处的间隙 h_2，则进油多而出油少，但润滑油是不可压缩的，润滑油必将在间隙内“拥挤”而形成压力。迫使进口端润滑油的速度图形向内凹，出口端润滑油的速度图形向外凸，油层速度不再是三角形分布，而呈图中实线所示的曲线分布，使带进的油量等于带出的油量，同时，间隙内形成的液体压力将与外载荷 p 平衡，板 B 不会下沉。这就说明在间隙内形成了压力油膜。这种借助于相对运动而在轴承间隙中形成的压力油膜称为动压油膜。

根据以上分析可知，形成动压油膜的必要条件有以下几点：

1）相对滑动表面之间必须形成收敛的楔形间隙（通称油楔）。

2）两工作面间要有一定的相对滑动速度，并使润滑油从大截面流入，从小截面流出。

3）间隙间要连续充满具有一定黏度的润滑油或其他黏性流体。

此外，对一定的载荷 p，必须使黏度 η、速度 v 及间隙等合适匹配。

二、径向滑动轴承动压油膜形成过程

径向滑动轴承的轴颈与轴承孔间必须留有间隙，如图 11-15a 所示，轴颈在静止时，轴颈处于轴承孔的最低位置，并与轴瓦接触。此时两表面间自然形成一收敛的楔形空间。

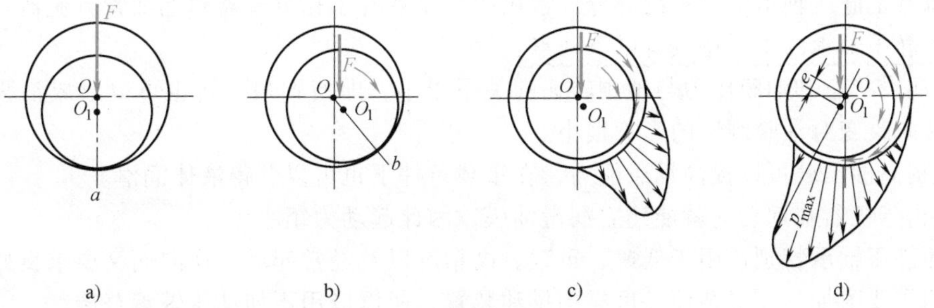

图 11-15　动压油膜形成过程

a）$n=0$　b）$n\approx0$　c）形成油膜　d）正常运转

当轴颈开始转动时，速度极低，带入轴承间隙中的油量较少，这时，轴瓦对轴颈的摩擦力的方向与轴颈表面的圆周速度方向相反，迫使轴颈向右滚动而偏移爬升（见图 11-15b）。随着转速的增大，楔形间隙内形成的油膜压力将轴颈推开而与轴承脱离接触，如图 11-15c 所示，因油膜内各点压力的合力有向左上方推动轴颈分力的存在，此情况不能持久。轴颈表面的圆周速度增大，带入楔形空间的油量也逐渐增加，右侧楔形油膜产生了一定的动压力，将轴颈向左浮起。最后，当机器达到稳定运转时，轴颈则处于图 11-15d 所示的位置。此时油膜内各点的压力，其垂直方向的合力与载荷 F 平衡，其水平方向的压力，左右自行抵消。于是轴颈就稳定在此平衡位置上旋转。由于轴承内的摩擦阻力仅为液体的内阻力，故摩擦系数达到最小值。

动压轴承的承载能力与轴颈的转速、润滑油的黏度、轴承的长径比和楔形间隙尺寸等有关，为获得液体摩擦必须保证一定的油膜厚度，而油膜厚度又受到轴颈和轴承孔表面粗糙度、轴的刚性及轴承、轴颈的几何形状误差等限制，因此需要进行一定的设计计算。

第七节　静压轴承与空气轴承简介*

一、静压轴承

液体静压轴承是依靠一个液压系统供给压力油，压力油进入轴承间隙里，强制形成压力油膜以隔开摩擦表面，靠液体的静压平衡外载荷。油膜的形成与相对滑动速度无关，承载能力主要取决于液压泵的给油压力，因此静压轴承对高速、低速、轻载、重载下都能胜任。理论上，轴瓦无磨损，寿命长，可长时间保持精度不变，而且由于轴承间隙中总有一层压力油膜，所以对轴和轴瓦的制造精度可适当降低，对轴瓦的材料要求也较低。

图 11-16 所示为液体静压径向轴承的工作原理。压力为 p_s 的高压油经节流器降压后流入几个（通常是 4 个）相同并对称的油腔。应注意在外油路中必须配节流器。设忽略轴及轴上零件的质量，当无外载荷时，4 个油腔的油压相等，也即液压泵压力 p_s 通过节流器降压变为 p_c，且 $p_c=p_{c1}=p_{c3}$。当轴承受载荷 F 时，轴颈将向下偏移，使下部油腔间隙减小，流出的油量也随之减少，因而润滑油流过下部节流器时的压降也将减小，但由于液压泵的压力保持不变，所以下部油腔的压力将加大。与此相反，上部油腔的压力将减小。轴承在上下两个油腔之间形成一个压力差平衡载荷 F。

节流器是静压轴承中的关键部分。常用的节流器有小孔节流器和毛细管节流器。

液体静压轴承的主要特点有以下几点：

1）润滑状态和油膜压力与轴颈转速的关系很小，即使轴颈不转也可以形成油膜；转速变化和转向改变对油膜刚性的影响很小。

2）提高油压就可以提高承载能力，在重载条件下也可以获得液体润滑。

3）由于机器在起动前就能建立润滑油膜，因此起动力矩小。

液体静压轴承特别适用于低速、重载、高精度以及经常起动、换向而又要求良好润滑的场合，但需要附加一套复杂而又可靠的供油装置，所以应用不如动压轴承普遍。

二、空气轴承

空气是一种取之不尽的流体，其黏度小，如在 20°C 时，全损耗系统用油的黏度为

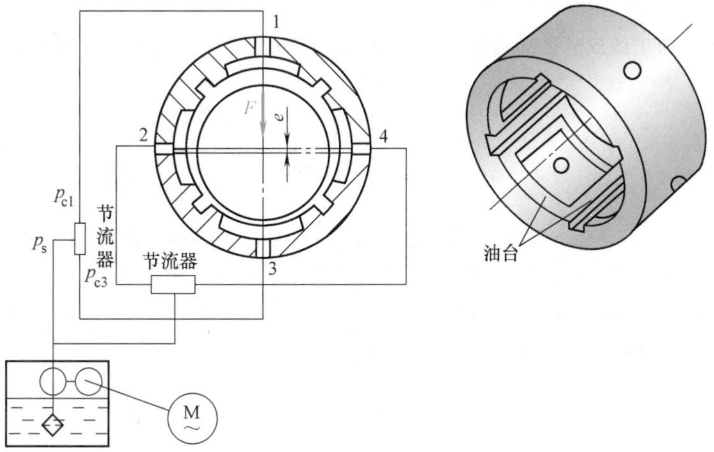

图 11-16 液体静压径向轴承的工作原理

0.072Pa·s，而空气的黏度为 0.89×10^{-5} Pa·s，两者之比为 8100。除黏度低的特点之外，空气黏度随温度的变化也小，而且具有耐辐射性及对机器不会发生污染等，因而在高速（如转速在每分钟十几万转以上）、要求摩擦小、高温（600°C 以上）、低温以及有放射线存在的场合，空气润滑轴承显示了它的特殊功能。例如，在高速磨头、高速离心分离机、原子反应堆和陀螺仪表等尖端技术上，由于采用了空气润滑轴承，克服了使用滚动轴承或液体润滑滑动轴承所不能解决的困难。其主要缺点是承载量不能太大。

思 考 题

11-1 滑动轴承的润滑状态有哪几种？各有什么特点？

11-2 滑动轴承有什么特点？主要应用在什么场合？

11-3 什么是润滑油的油性和黏度？

11-4 对轴瓦材料有哪些要求？为什么要提出这些要求？常用的轴承材料有哪些？为什么有些材料只适合做轴承衬而不能做轴瓦？

11-5 滑动轴承为什么常开设油孔及油槽？油孔及油槽应设在什么位置？为什么？油槽一般有哪些结构？设计时应注意什么问题？

11-6 在普通动压滑动轴承的液体动压润滑计算中，为什么只考虑润滑油的黏温关系而不考虑黏压关系？在什么情况下必须考虑油的黏压关系？

11-7 如何选取普通径向滑动轴承的宽径比 B/d？宽径比取得较大时会发生什么现象？

11-8 设计动压向心滑动轴承时，若宽径比 B/d 取得较大，则轴承端泄量、承载能力及温升变大还是变小？

11-9 对已经设计好的液体动压向心滑动轴承，只改变下面所提到的一个参数，其他参数都保持不变。如果单纯从获得液体摩擦这个条件来看，轴承的承载能力增大了还是减小了？

1）轴转速由 750r/min 改为 1000r/min。

2）宽径比由 $B/d=1$ 改为 $B/d=0.8$。

3）轴颈表面粗糙度值从 $Ra3.2\mu m$ 改为 $Ra6.3\mu m$。

11-10 什么情况下可采用气体润滑轴承？为什么？有何应用实例？哪种气体可作为气体轴承的润滑剂？氧气可以吗？

11-11 如果液体静压轴承的供油系统中，不加节流器而直接把压力油送到轴和轴承滑动表面，能否使轴承稳定工作？

习 题

11-1 一不完全液体润滑径向滑动轴承，已知轴颈直径 $d=100\mathrm{mm}$，轴承宽度 $B=100\mathrm{mm}$，轴的转速 $n=1200\mathrm{r/min}$，轴承材料为 ZCuSn10P1，试问它可以承受的最大径向载荷是多少？

11-2 已知一起重机卷筒的径向滑动轴承所承受的载荷 $F=10000\mathrm{N}$，轴颈直径 $d=90\mathrm{mm}$，轴颈转速 $n=9\mathrm{r/min}$，轴承材料采用铸造青铜，试按不完全液体润滑设计此轴承。

12 第十二章

螺纹连接与螺旋传动

机器是由不同的零件组合而成的，这些零件只有通过连接才能构成完整的机器。在机械制造中，连接是指连接件与被连接件的组合。机械连接根据连接件和被连接件有无相对运动可分为动连接和静连接两类，有相对运动的连接称为动连接；无相对运动的连接称为静连接。根据拆开连接时是否损坏连接件或被连接件，静连接又分为可拆连接和不可拆连接。在多次拆装时不损坏连接件或被连接件的使用性能的称为可拆连接，如螺纹连接、键连接。在拆开时损坏连接件或被连接件的称为不可拆连接，如焊接、铆接。

本章主要讨论利用螺纹进行工作的螺纹连接和螺旋传动。

第一节　螺纹概述

一、螺纹的形成

在直径为 d_1 的圆柱面上，绕一底边长为 πd_1 的直角三角形 ABC，底边 AB 与圆柱体的底面重合，则斜边 AC 在圆柱表面上形成一条螺旋线，如图 12-1a 所示。取一平面图形（见图 12-1b），使其一边与圆柱体的母线贴合，并沿螺旋线移动，移动时保持此平面图形始终通过圆柱体的轴线，此平面图形在空间形成的轨迹构成螺纹。

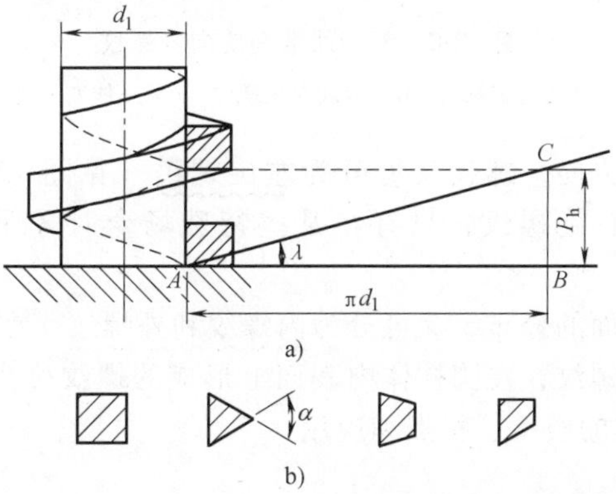

图 12-1　螺纹的形成

a）螺纹的形成　b）平面图形

二、螺纹的类型、特点和应用

根据形成螺纹时平面图形的不同，螺纹可分为矩形螺纹、三角形螺纹、梯形螺纹和锯齿形螺纹等，如图 12-2 所示。

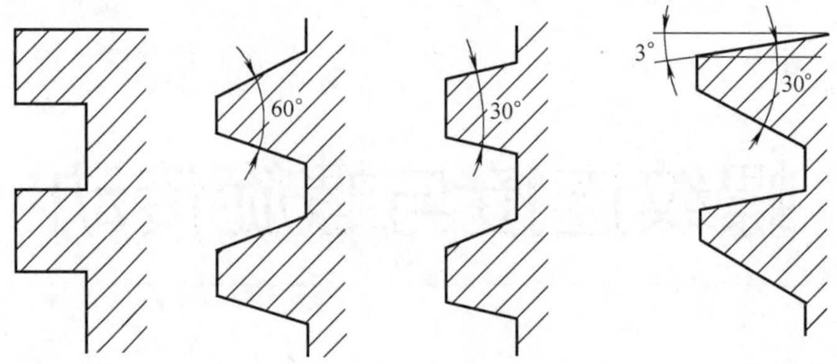

图 12-2　螺纹的分类

a）矩形螺纹　b）三角形螺纹　c）梯形螺纹　d）锯齿形螺纹

按照螺旋线的数目不同，螺纹有单线、双线或多线之分，在圆柱体表面上只有一条螺旋线形成的螺纹称为单线螺纹，在圆柱体表面上若有两条或两条以上等螺距螺旋线形成的螺纹则为双线或多线螺纹，如图 12-3 所示。由于制造上的原因，螺纹线数一般不超过 4 条。单线螺纹一般用于连接，也可用于传动，多线螺纹常用于传动。

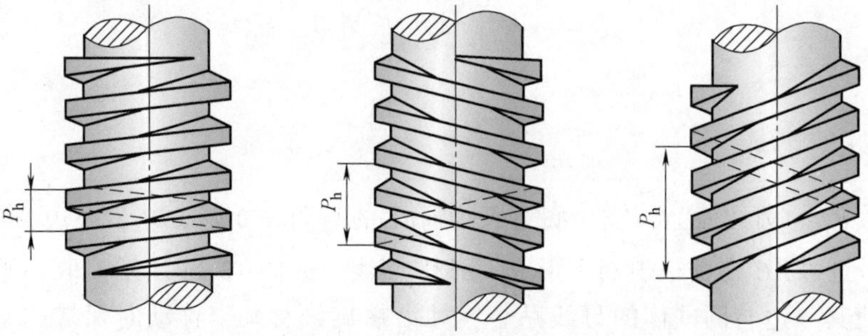

图 12-3　不同线数和旋向的螺纹

a）单线右旋螺纹　b）双线左旋螺纹　c）三线右旋螺纹

此外，按螺纹的绕行方向，螺纹又可分为左旋螺纹（见图 12-3b）和右旋螺纹（见图 12-3 a、c），最常用的是右旋螺纹，只有在某些特殊场合时才采用左旋螺纹，并应特别注明。

螺纹按在内、外圆柱面的分布，又可分为内螺纹和外螺纹。在圆柱体外表面上形成的螺纹称为外螺纹，如螺栓的螺纹；在圆柱体内表面上形成的螺纹称为内螺纹，如螺母的螺纹。表 12-1 中列出了常用螺纹的类型、特点和应用。

三、螺纹的主要参数

以图 12-4 所示的普通外螺纹为例来说明螺纹基本参数。

表 12-1　常用螺纹的类型、特点和应用

类型	牙型图	特点和应用
普通螺纹	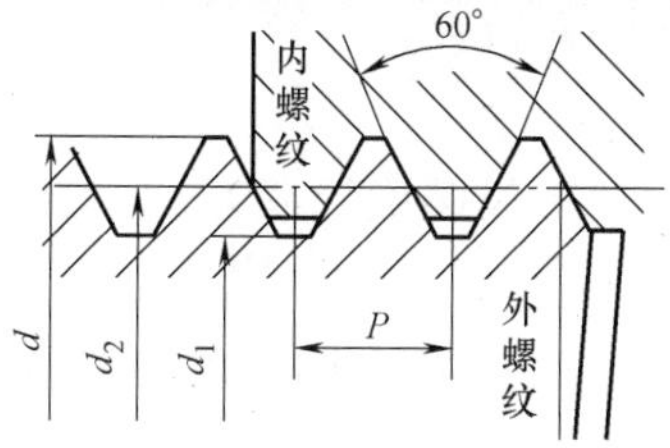	牙型为三角形，牙型角 $\alpha=60°$，牙顶和牙底处削平，当量摩擦系数大，自锁性好。同一公称直径按螺距大小分粗牙和细牙；一般连接用粗牙螺纹，细牙螺纹用于薄壁零件，也用于受变载、冲击、振动的连接中和液压系统中一些连接及微调机构中
55°非密封管螺纹	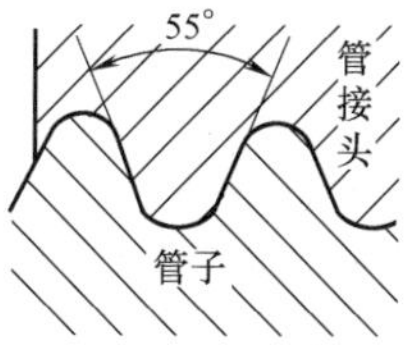	牙型为三角形，牙型角 $\alpha=55°$，牙顶和牙底有一定的圆角，内外螺纹旋合后，牙型间无间隙，密封性好，用于工作压力在1.6MPa以下的水、煤气管路、润滑和电线管路系统
矩形螺纹	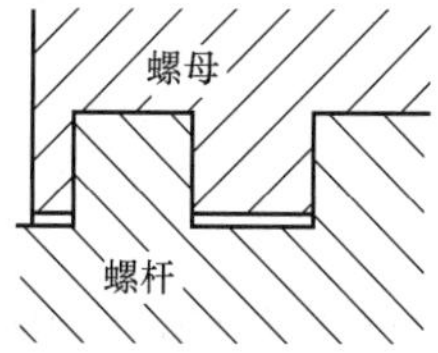	牙型为正方形，牙型角 $\alpha=0°$，牙厚为螺距的一半，传动效率比其他螺纹高，但相同条件下，强度较低，精确加工困难，磨损后的间隙不易补偿，是非标准螺纹。矩形螺纹常用于传动
梯形螺纹	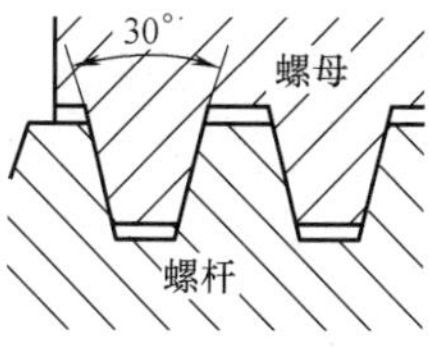	牙型为等腰梯形，牙型角 $\alpha=30°$，与相同的矩形螺纹比，效率略低、强度高、易加工、磨损后间隙可补偿，广泛应用于传动，如丝杠
锯齿形螺纹	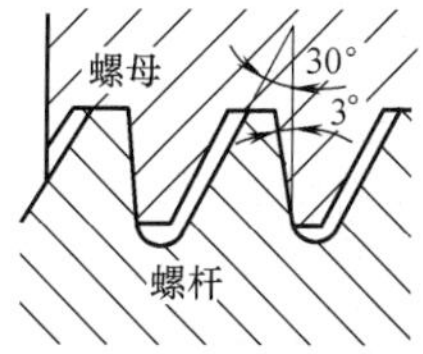	牙型为锯齿形，常用牙型角 $\alpha=33°$，工作面牙侧角 $\beta=3°$，非工作面牙侧角 $\beta=30°$，锯齿形螺纹综合了矩形螺纹效率高和梯形螺纹强度高的优点，一般用于承受单向压力的传动螺纹。如锻压机械、轧钢机械的压力螺旋

1. 大径 $d(D)$

螺纹的最大直径，即与外螺纹牙顶（或内螺纹牙底）相切的假想圆柱的直径，是螺纹的公称直径。

2. 小径 $d_1(D_1)$

螺纹的最小直径，即与外螺纹牙底（或内螺纹牙顶）相切的假想圆柱的直径。在强度计算中常作危险截面的计算直径。

3. 中径 $d_2(D_2)$

一个假想圆柱的直径，该圆柱母线通过圆柱螺纹上牙厚与牙槽宽相等的地方。$d_2\approx$

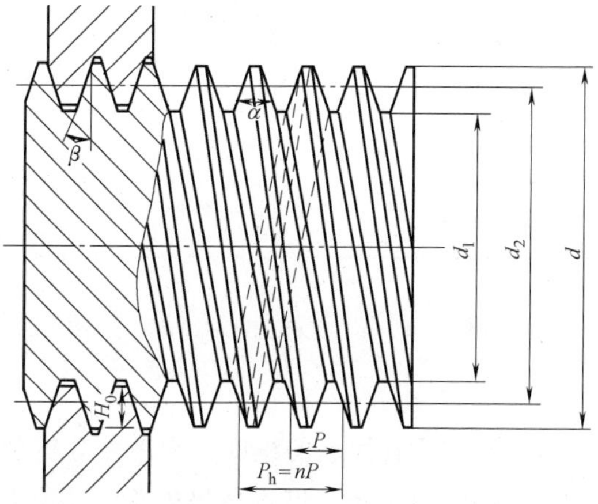

图 12-4　螺纹的主要参数

$(d_1+d)/2$。它是确定螺纹几何参数关系和配合性质的直径。

4. 螺距 P

相邻两牙体上的对应牙侧与中径线相交两点间的轴向距离。

5. 导程 P_h

最邻近的两同名牙侧与中径线相交两点间的轴向距离。设螺旋线数为 n，则 $P_h=nP$。

6. 螺纹升角 λ

在中径圆柱上螺旋线的切线与垂直于螺纹轴线平面间的夹角。由图 12-1 可知：

$$\tan\lambda=\frac{P_h}{\pi d_2}=\frac{nP}{\pi d_2} \tag{12-1}$$

7. 牙型角 α

在螺纹牙型上，两相邻牙侧间的夹角。

8. 牙侧角 β

在螺纹牙型上，一个牙侧与垂直于螺纹轴线平面间的夹角。

9. 接触高度 H_0

在两个同轴配合螺纹的牙型上，外螺纹牙顶至内螺纹牙顶间的径向距离，即内、外螺纹的牙型重叠径向高度。

表 12-2 列出了粗牙普通螺纹的基本尺寸。其他螺纹的尺寸可查 GB/T 196—2003。

表 12-2　粗牙普通螺纹的基本尺寸（GB/T 196—2003）　（单位：mm）

公称直径 $d(D)$	螺距 P	大径 $d(D)$	中径 $d_2(D_2)$	小径 $d_1(D_1)$
4	0.7	4	3.545	3.242
5	0.8	5	4.480	4.134
6	1	6	5.350	4.917
8	1.25	8	7.188	6.647
10	1.5	10	9.026	8.376
12	1.75	12	10.863	10.106
16	2	16	14.701	13.835
20	2.5	20	18.376	17.294
24	3	24	22.051	20.752
30	3.5	30	27.727	26.211
36	4	36	33.402	31.670
39	4	39	36.402	34.670
42	4.5	42	39.077	37.129

四、螺旋副的受力分析、效率和自锁

1. 矩形螺纹

以螺母与螺杆组成的螺旋副为例来分析受力，如图 12-5a 所示，在轴向载荷 F_Q 作用下的螺旋副的相对运动，可将螺母看作一滑块沿螺旋线运动。将螺纹沿中径展开，转动螺母时，相当于滑块（螺母）在水平驱动力 F_t 的推动下，沿斜面等速向上运动，如图 12-5b 所示。通过分析，螺旋副的相对运动的受力分析可简化成图 12-5b 所示的受力分析。

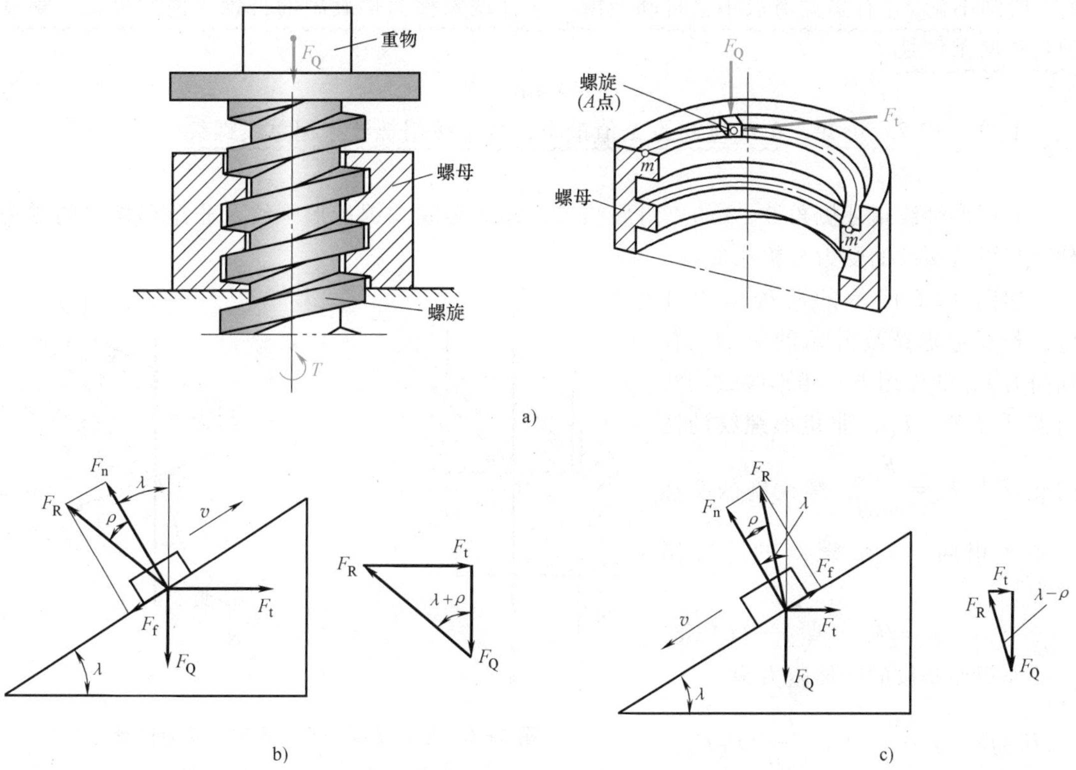

图 12-5　螺旋副的受力分析

滑块等速上升时，滑块受外载荷 F_Q、水平推力 F_t、斜面对滑块的法向支反力 F_n、与运动方向相反的摩擦力 F_f 的作用，将 F_n 与 F_f 合成为 F_R，F_n 与 F_R 之间的夹角为摩擦角 ρ

$$\rho = \arctan f \tag{12-2}$$

式中，f 是螺旋副之间的摩擦系数。

由于滑块等速运动，所以滑块上的力 F_Q、F_R、F_t 处于平衡，组成封闭的力三角形，由图 12-5b 可知

$$F_t = F_Q \tan(\lambda + \rho) \tag{12-3}$$

旋紧螺母所需的转矩为

$$T = F_t \frac{d_2}{2} = F_Q \tan(\lambda + \rho) \frac{d_2}{2} \tag{12-4}$$

等速旋紧螺母，使其沿力 F_Q 反向移动，螺母旋转一周，驱动功 $W_1 = 2\pi T$，滑块上升的距离为导程 P_h，其有效功 $W_2 = F_Q P_h$，螺旋副的效率为

$$\eta = \frac{W_2}{W_1} = \frac{F_Q P_h}{2\pi T} = \frac{F_Q \pi d_2 \tan\lambda}{F_Q \tan(\lambda + \rho) \pi d_2} = \frac{\tan\lambda}{\tan(\lambda + \rho)} \tag{12-5}$$

当松开螺母时，相当于滑块沿斜面等速下滑。滑块在轴向力 F_Q、水平力 F_t、支反力 F_R 作用下平衡，如图 12-5c 所示，由力三角形可知

$$F_t = F_Q \tan(\lambda - \rho) \tag{12-6}$$

由式（12-6）可知，当 $\lambda \leqslant \rho$ 时，则 $F_t \leqslant 0$，这表明要使滑块下滑，必须施加一相反的 F_t，否则不论 F_Q 有多大滑块不会自动下滑，这种现象称为螺旋副的自锁。由此可见，螺旋副自锁的条件是

$$\lambda \leqslant \rho \tag{12-7}$$

由式（12-7）可知，单线螺纹的 λ 值最小，故连接用螺纹多用单线螺纹。

2. 非矩形螺纹

非矩形螺纹指牙侧角 $\beta \neq 0$ 的三角形螺纹、梯形螺纹和锯齿形螺纹。非矩形螺纹的受力分析与矩形螺纹的受力分析相似。

如图 12-6 所示的两种螺纹牙型，若不考虑螺纹升角的影响，在轴向力 F_Q 的作用下，矩形螺纹的法向支反力 $F_n = F_Q$，非矩形螺纹的法向支反力 $F'_n = \dfrac{F_Q}{\cos\beta}$，螺纹副的摩擦系数 f 相同，矩形螺纹的摩擦阻力为

$$F_f = fF_n = fF_Q \tag{12-8}$$

非矩形螺纹的摩擦阻力为

$$F'_f = fF'_n = f\frac{F_Q}{\cos\beta} = F_Q\frac{f}{\cos\beta} = F_Q f_v \tag{12-9}$$

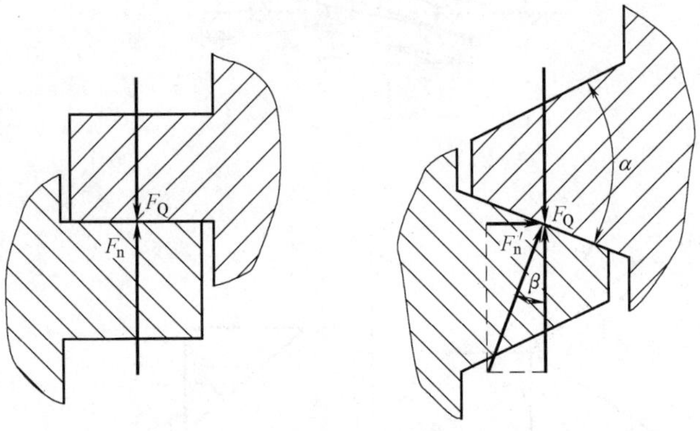

图 12-6　矩形螺纹与非矩形螺纹受力比较

a）矩形螺纹　b）非矩形螺纹

$$\tan\rho_v = f_v = \frac{f}{\cos\beta} \tag{12-10}$$

式中，f_v 为当量摩擦系数；ρ_v 为当量摩擦角，单位为（°）；β 为螺纹牙侧角，单位为（°）。

比较式（12-8）和式（12-9）可知，矩形螺纹与非矩形螺纹受力的区别仅表现在摩擦阻力上，因此用当量摩擦系数 f_v 及当量摩擦角 ρ_v 来替代式（12-3）~式（12-7）中的摩擦系数 f 和摩擦角 ρ，即得非矩形螺纹的关系式。

当旋紧螺母时，作用在螺纹中径处的水平力 F_t 为

$$F_t = F_Q \tan(\lambda + \rho_v) \tag{12-11}$$

旋紧螺母所需的转矩 T 为

$$T = F_t\frac{d_2}{2} = F_Q\tan(\lambda + \rho_v)\frac{d_2}{2} \tag{12-12}$$

螺旋副的效率 η 为

$$\eta = \frac{\tan\lambda}{\tan(\lambda + \rho_v)} \tag{12-13}$$

螺旋副的自锁条件为

$$\lambda \leqslant \rho_v = \arctan\frac{f}{\cos\beta} \tag{12-14}$$

由式（12-13）可知，为提高螺旋副的传动效率，应适当提高 λ，尽量降低 ρ_v 值，所以

传动螺纹常用小牙型角的矩形或梯形多线螺纹；由式（12-14）可知，为保证连接可靠，应采用牙侧角较大的螺纹，如三角形螺纹。

第二节 螺纹连接的基本类型和标准连接件

一、螺纹连接的基本类型

常用的螺纹连接有螺栓连接、螺钉连接、双头螺柱连接和紧定螺钉连接四种类型，它们的主要类型、结构尺寸、特点和应用见表 12-3。

表 12-3 螺纹连接的主要类型、结构尺寸、特点和应用

类型		结构	尺寸关系	特点及应用
螺栓连接	普通螺栓连接	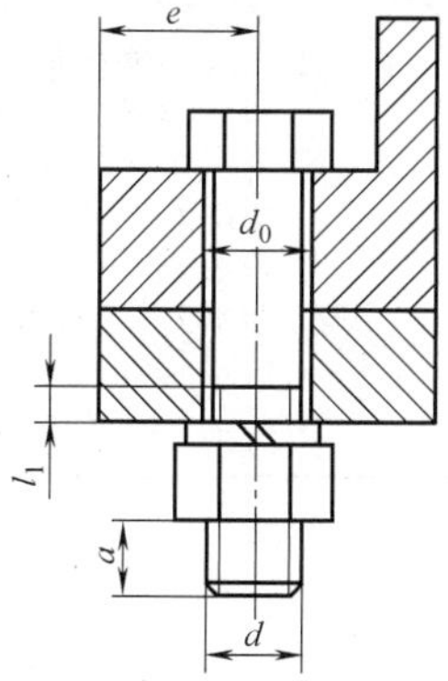	螺纹余留长度 l_1 为 静载荷 $l_1 \geqslant (0.3\sim0.5)d$ 变载荷 $l_1 \geqslant 0.75d$ 螺纹伸出长度 a 为 $a=(0.2\sim0.3)d$ 螺纹轴线到边缘的距离 e 为 $e=d+(3\sim6)\text{mm}$	被连接件上只需加工通孔而无须切制螺纹。由于被连接件上的通孔与螺栓间留有间隙，故通孔加工精度要求不高，结构简单，装拆方便，常用于被连接件便于加工成通孔的场合。工作时，螺栓受轴向拉力
	铰制孔用螺栓连接	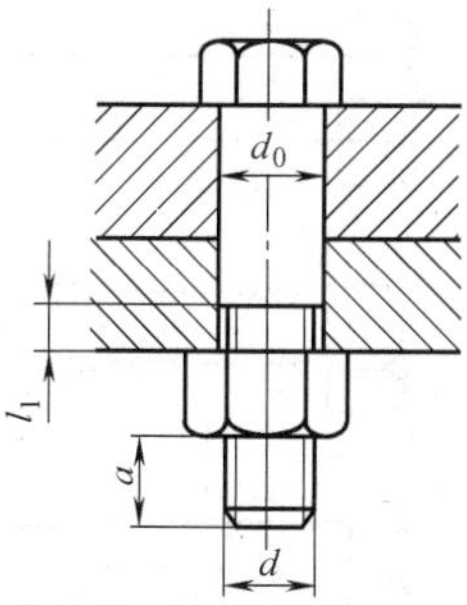	l_1 尽可能小，其值为 $l_1=(0.1\sim0.3)d$ 其他尺寸同上	孔与螺栓杆之间没有间隙，多采用过渡配合，孔的加工精度要求较高。这种连接能精确固定被连接件的位置，利于承受横向载荷。工作时，一般受剪切力
双头螺柱连接		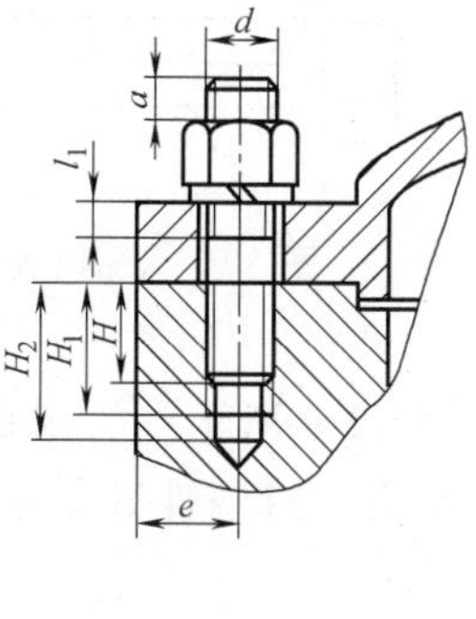	螺纹拧入深度 H 为 钢或青铜 $H\approx d$ 铸铁 $H\approx(1.25\sim1.5)d$ 铝合金 $H\approx(1.5\sim2.5)d$ 螺纹孔深度 H_1 为 $H_1=H+(2\sim2.5)P$ 钻孔深度 H_2 为 $H_2=H_1+(0.5\sim1)d$	螺柱一端拧入被连接件之一的螺纹孔内，另一端穿过另一被连接件的孔，用螺母将两被连接件连接在一起。用于被连接件之一太厚、不便加工成通孔，或无法拧紧螺母及为了结构紧凑必须采用不通孔的且经常装拆的场合

（续）

类型	结构	尺寸关系	特点及应用
螺钉连接	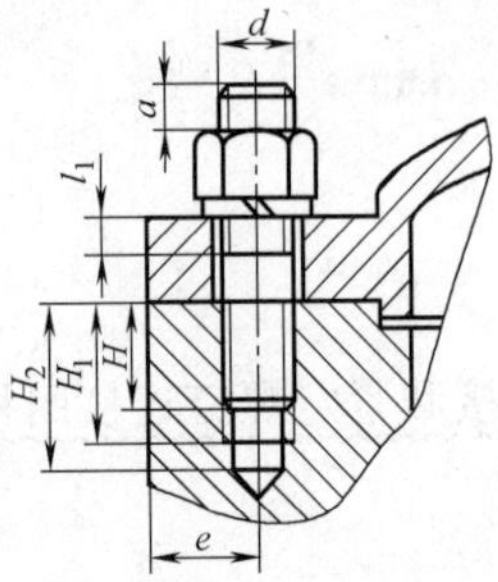	l_1、e 值同螺栓连接 H、H_1、H_2 同双头螺柱连接	不用螺母，螺钉穿过被连接件的通孔，旋入另一被连接件的螺纹孔内。结构简单，用于被连接件之一太厚或无法拧紧螺母，不经常装拆的场合
紧定螺钉连接	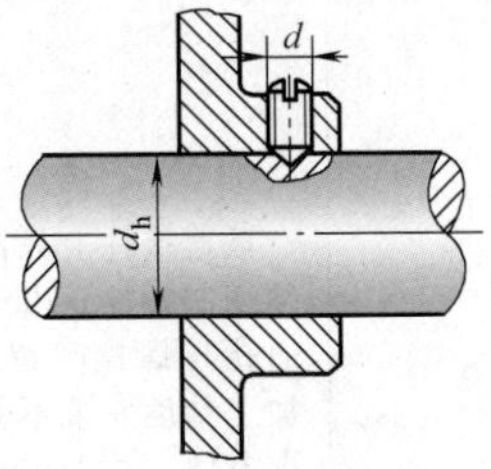	$d=(0.2\sim0.3)d_h$	旋入被连接件之一的螺纹孔内，其末端顶住另一被连接件的表面或顶入相应的坑内，主要用于固定两个零件的相对位置，并传递不大的力或转矩，多用于轴与轴上零件的连接

二、标准螺纹连接件

螺纹连接件的类型很多，在机械制造中常见的有螺栓、螺钉、双头螺柱、紧定螺钉、螺母和垫圈，这些零件大多已标准化，设计时尽可能按标准选用。

1. 螺栓

螺栓头部的类型很多，如图 12-7 所示。应用最广的是六角头螺栓，精度分为 A、B、C 三级，通用机械制造中常用 C 级。螺栓杆部可制出一段螺纹或全部螺纹，螺纹可用粗牙或细牙。螺栓也应用于螺钉连接中。

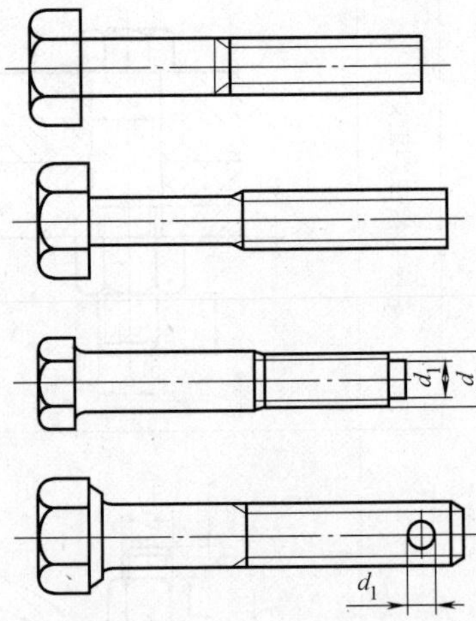

图 12-7　螺栓头部类型

2. 双头螺柱

如图 12-8 所示，双头螺柱的结构分 A、B 两种，两端都制有螺纹，两端螺纹可相同或不同，螺柱可带退刀槽或制成全螺纹的螺柱。螺柱的一端常用于旋入一被连接件的螺纹孔中，称为座端，旋入后不拆卸，另一端（螺母端）则用于安装螺母以固定其他零件。

3. 螺钉

螺钉的头部形状有圆头、扁圆头和六角头等多种，如图 12-9 所示。头部螺钉旋具槽有一字槽、十字槽和内六角孔等形式。十字槽的螺钉头部强度高，对中性好，便于自动装配；内六角孔螺钉能承受较大的扳手力矩，连接强度高。

4. 紧定螺钉

紧定螺钉的头部和尾部都有不同的形状，如图 12-10 所示。紧定螺钉的末端要顶住被连接件的表面或相应的凹坑，常用的有锥端、平端和圆柱端等形状。锥端用于紧定零件表面较硬或不经常拆卸的场合；平端接触面积较大，不伤零件表面，常用于经常拆卸的场合；圆柱端压入被连接的零件的凹坑内，用于紧定空心轴上的零件位置。

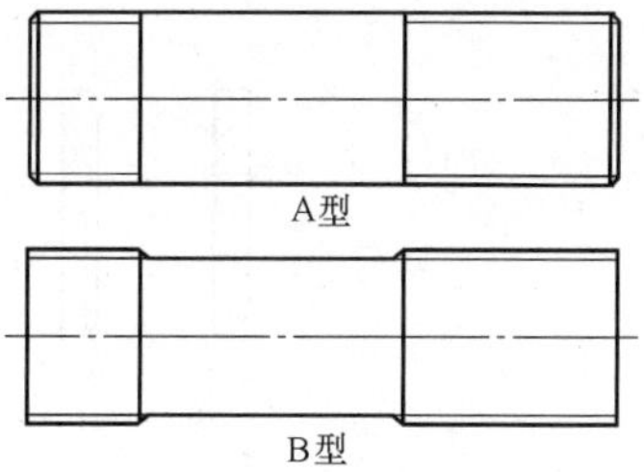

图 12-8　双头螺柱结构

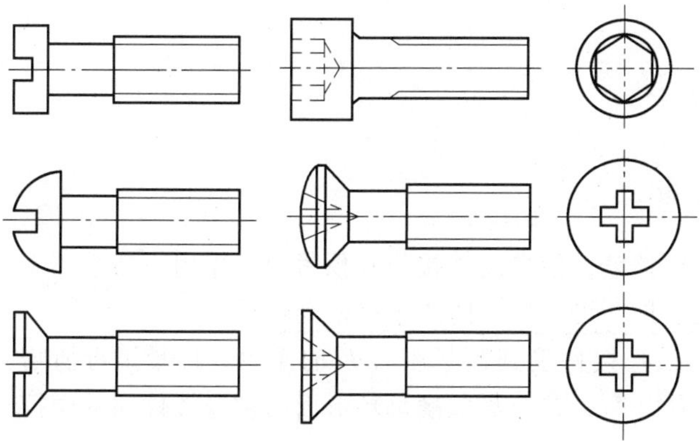

图 12-9　螺钉的头部结构

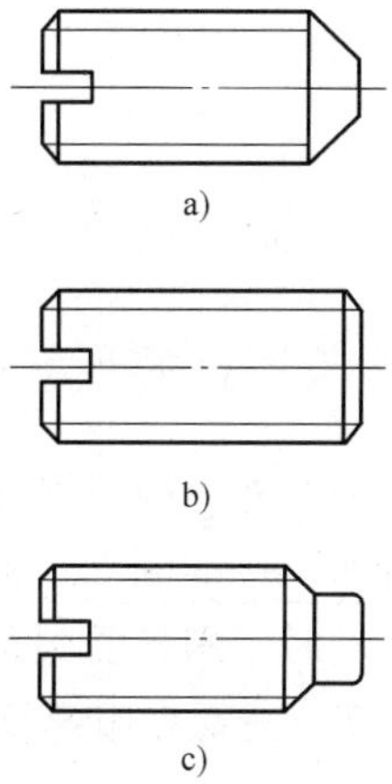

图 12-10　紧定螺钉的尾部结构

a）锥端　b）平端　c）圆柱端

5. 螺母

螺母的形状有六角的、圆的等，如图 12-11 所示。根据螺母的厚度不同，分为标准的和薄的两种，薄螺母常用于受剪切力的螺栓上或空间尺寸受限制的场合；标准螺母用于经常装拆易于磨损的场合；圆螺母与止动垫圈配用，常用于轴上零件的轴向固定。

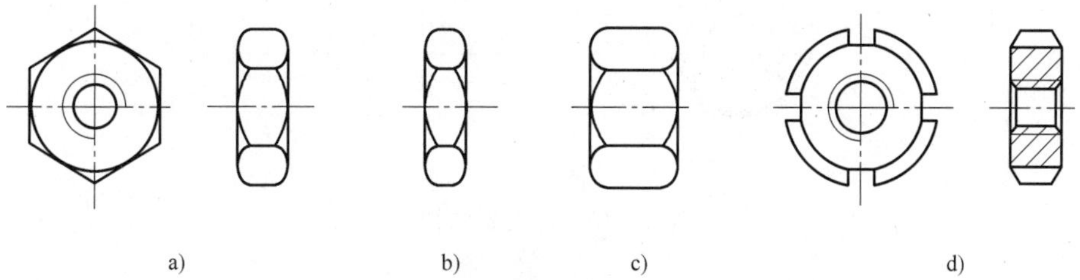

图 12-11　螺母

a）六角螺母　b）六角薄螺母　c）六角厚螺母　d）圆螺母

6. 垫圈

垫圈是螺纹连接中不可缺少的附件，常放在螺母和被连接件之间，主要作用是增加被连接件的支承面积，避免拧紧螺母时擦伤被连接表面，也有的起防松作用。垫圈的形状如图 12-12 所示。

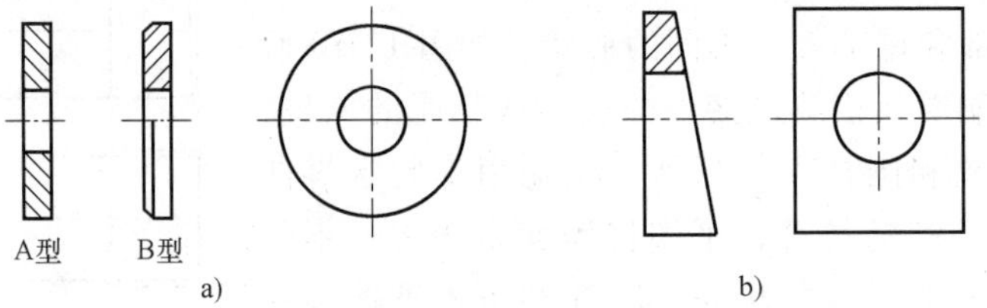

图 12-12　垫圈的形状

a）平垫圈　b）斜垫圈

第三节　螺纹连接的预紧和防松

一、螺纹连接的预紧力和预紧力矩

除个别情况外，螺纹连接在装配时必须拧紧，使螺纹连接受到预紧力的作用，预紧的主要目的是增加连接的刚性，提高连接的紧密性、可靠性，防止连接松动。

拧紧螺母时，螺栓受到预紧拉力 F'，被连接件受到预紧压力 F' 的作用。拧紧螺母所需的拧紧力矩 T，一要克服螺纹副间的摩擦力矩 T_1，二要克服螺母环形面与被连接件间的摩擦力矩 T_2（见图 12-13）。

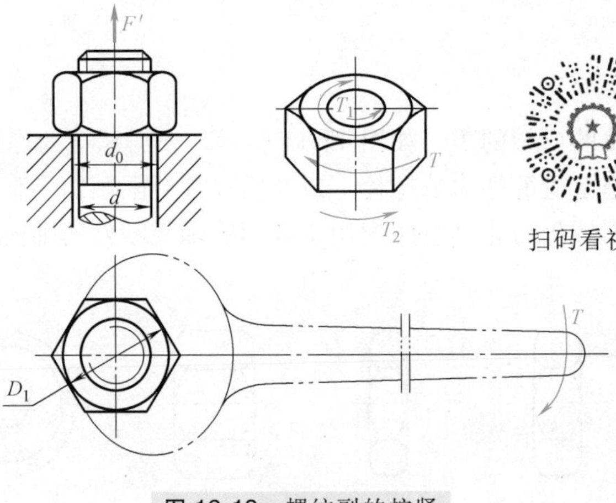

扫码看视频

图 12-13　螺纹副的拧紧

故
$$T=T_1+T_2$$

对于 M10～M68 的粗牙普通螺纹，有

$$T\approx 0.2F'd \tag{12-15}$$

式中，d 为螺纹的公称直径，单位为 mm；F' 为预紧力，单位为 N；T 为预紧力矩，单位为N · mm。

对于一般连接，可以不控制预紧力，预紧的程度靠经验而定，对于重要的螺纹连接（如气缸盖上的螺栓连接）应严格控制预紧力，以保证装配的质量，满足连接的强度和紧密性。控制预紧力矩较方便的方法是采用图 12-14a 所示的定力矩扳手或图 12-14b 所示的测力矩扳手。

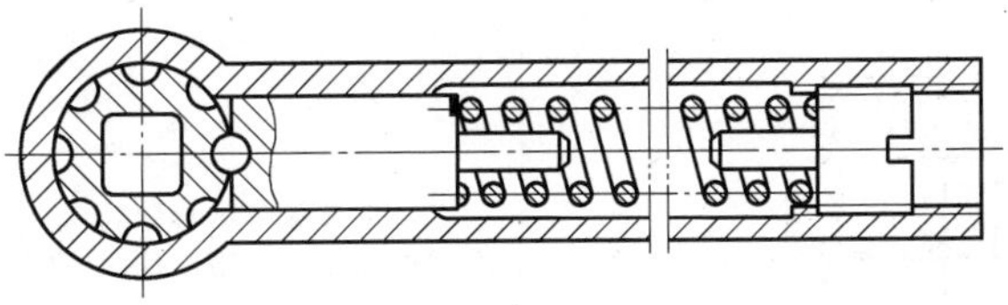

a)

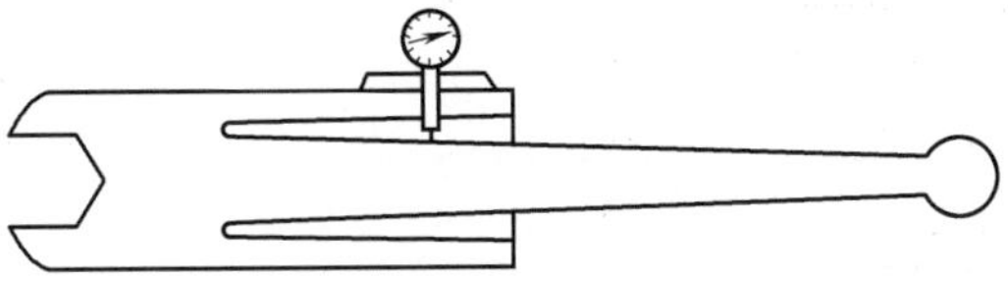

b)

图 12-14　定力矩扳手和测力矩扳手

a）定力矩扳手　b）测力矩扳手

二、螺纹连接的防松

一般连接采用单线普通螺纹连接，螺纹的升角 $\lambda = 1°42' \sim 3°2'$，当量摩擦角 $\rho_v = 6°30' \sim 10°30'$，满足自锁条件。同时拧紧后，螺母支承面与被连接件之间存在着摩擦力，故在静载荷和温度变化不大时，能够保证连接自锁而不松脱。但在冲击、振动或变化载荷的作用下，螺纹副和支承面之间的摩擦力可能减小或瞬间消失，连接出现松动，导致连接失效。在高温或温度变化较大的情况下工作的连接，也可能产生松动。因此，为保证连接安全可靠，设计时必须考虑连接的防松。螺纹防松的实质在于防止螺纹副的相对转动。按照工作原理的不同，螺纹防松分摩擦防松、机械防松和破坏螺纹副的防松。常用的防松方法见表 12-4。

表 12-4　螺纹连接常用的防松方法

防松方法		结构形式	特点及应用
摩擦防松	对顶螺母	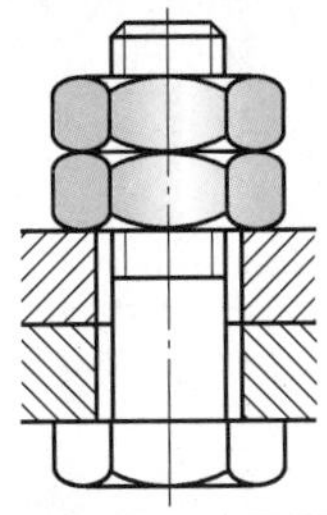	利用两螺母的对顶作用，使螺栓始终受到附加的拉力和附加摩擦力的作用。结构简单，效果好，适用于平稳、低速和重载的连接
	弹簧垫圈	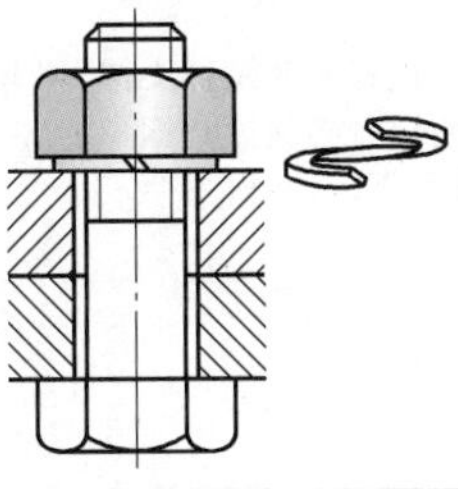	弹簧垫圈材料为弹簧钢，装配后垫圈被压平，其反弹力能使螺纹间保持压紧力和摩擦力。结构简单，使用方便，防松效果差，一般用于不重要的连接

（续）

防松方法		结构形式	特点及应用
摩擦防松	锁紧螺母	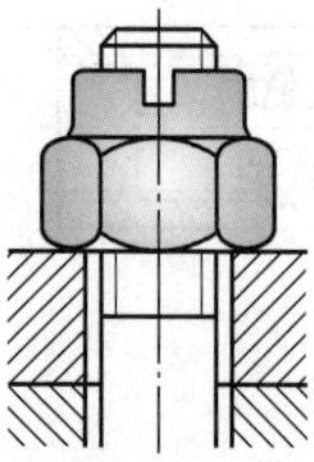	螺母上部为非圆形收口或开槽收口，螺栓拧入时张开，利用弹性使螺纹副横向压紧，防松可靠，可多次装拆
机械防松	开槽螺母与开口销	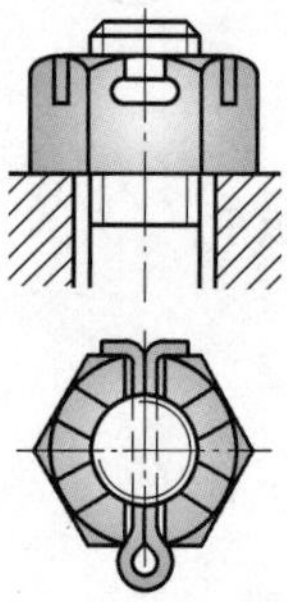	开槽螺母拧紧后，开口销穿过螺母槽和螺栓尾部的小孔。防松可靠，但装配不便，用于变载、振动部位的重要连接
	止动垫圈	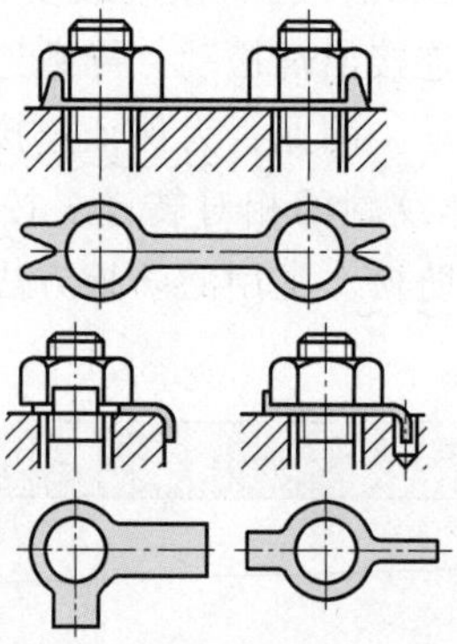	用低碳钢制造单个或双联止动垫圈，用垫圈褶边固定螺母和被连接件的相对位置，防松效果好
	串联钢丝	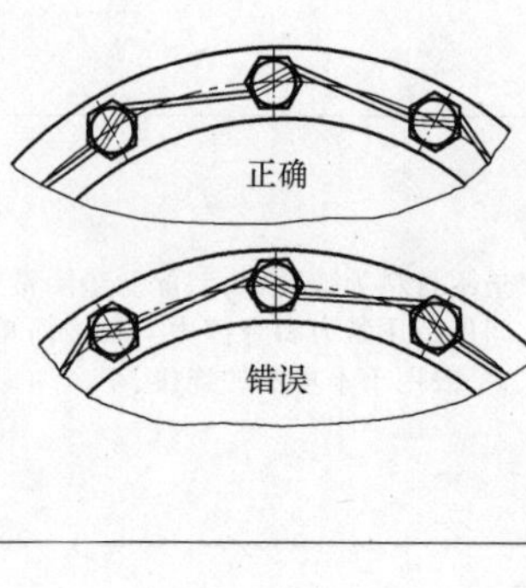	用低碳钢丝穿入各螺钉头部，将各螺钉串联起来，使其相互制动。使用时必须注意钢丝的穿入方向。适用于螺钉组连接，防松可靠，但装拆不便

（续）

防松方法		结构形式	特点及应用
破坏螺纹副的防松	黏结法	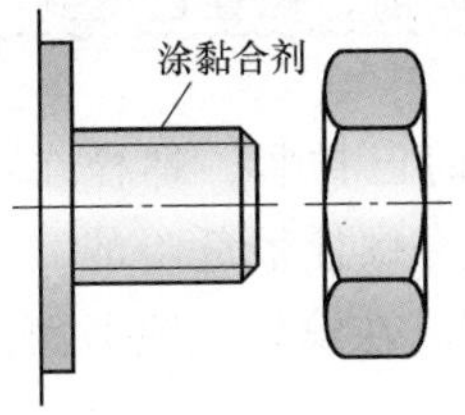	在旋合表面涂黏合剂，拧紧螺母后，黏合剂固化后防松
	冲点法	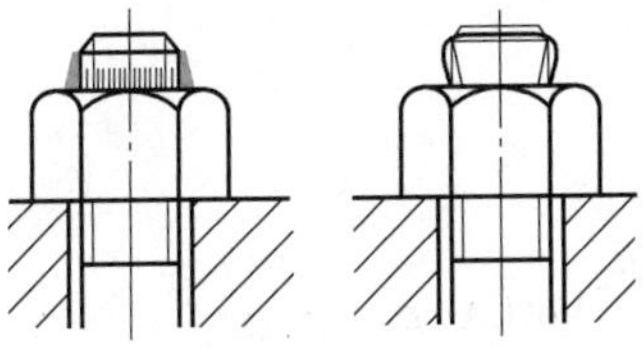	强迫螺母、螺栓螺纹副局部产生变形，防止其松动，但拆卸后螺母、螺栓不能重新使用

第四节 单个螺栓的受力分析和强度计算

零件用螺栓进行连接时，通常使用螺栓组。在进行强度计算时，在螺栓组中找出受力最大的螺栓及其所受的力，作为强度计算的依据。对于单个螺栓来讲，其受力的形式不外乎分轴向载荷和横向载荷两种。受轴向载荷的螺栓连接（受拉螺栓）主要失效形式是螺纹部分发生塑性变形或断裂，因而其设计准则应该保证螺栓的抗拉强度；而受横向载荷的螺栓连接（受剪螺栓）主要失效形式是螺栓杆被剪断或孔壁和螺栓杆的接合面上出现压溃。其设计准则是保证连接的挤压强度和螺栓的剪切强度，其中连接的挤压强度对连接的可靠性起决定性作用。螺纹的其他部分的尺寸，是根据等强度条件和使用经验规定的，通常不需要进行强度计算。

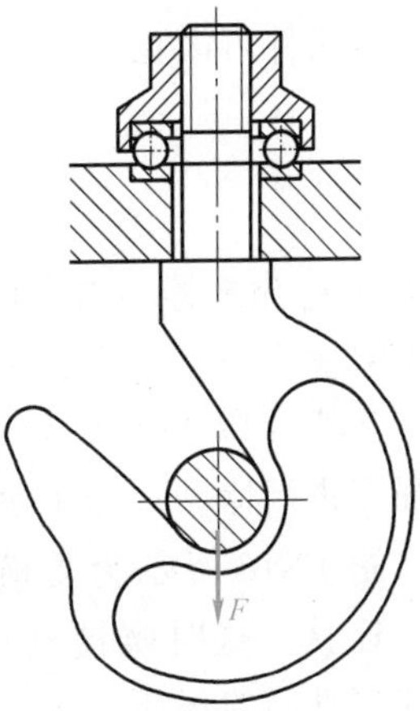

图 12-15 起重吊钩

一、普通螺栓的强度计算

1. 松螺栓连接的强度计算

松螺栓连接在工作时，螺栓不需要拧紧，即在工作之前，螺栓不受载荷的作用。这种连接在进行强度计算时只受工作载荷的作用，如图 12-15 所示的起重吊钩用的螺栓连接即是这种连接。当承受轴向载荷 F 时，螺纹部分的强度条件为

$$\sigma=\frac{F}{A}=\frac{4F}{\pi d_1^2}\leqslant[\sigma] \tag{12-16}$$

或设计公式

$$d_1\geqslant\sqrt{\frac{4F}{\pi[\sigma]}} \tag{12-17}$$

式中，F 为轴向工作载荷，单位为 N；d_1 为螺栓的小径，单位为 mm；$[\sigma]$ 为螺栓的许用拉

应力，单位为 MPa，见表 12-6。

2. 紧螺栓连接的强度计算

螺栓连接在装配时必须拧紧，即在承受工作载荷以前，螺栓已受到一定的预紧力 F' 的作用，这种连接为紧螺栓连接。

（1）只受预紧力作用的螺栓连接　螺栓连接装配时已拧紧，螺栓在预紧力 F' 的作用下而拉伸，同时受螺纹副摩擦转矩 T_1 的作用而发生剪切，螺栓最危险的截面上受由 F' 引起的拉应力 σ 和由转矩 T_1 引起的扭转切应力 τ 的复合作用。在螺栓危险截面上由 F' 产生的拉应力为

$$\sigma=\frac{F'}{\pi d_1^2/4}$$

由转矩 T_1 引起的扭转切应力为

$$\tau=\frac{T_1}{W_{\mathrm{T}}}=\frac{F'\tan(\lambda+\rho_{\mathrm{v}})d_2/2}{\pi d_1^3/16}=\frac{2d_2}{d_1}\tan(\lambda+\rho_{\mathrm{v}})\frac{F'}{\pi d_1^2/4}$$

式中，W_{T} 为抗扭截面系数，对于圆形 $W_{\mathrm{T}}=\dfrac{\pi d_1^3}{16}$。

对于 M12~M68 的粗牙普通螺纹，取 d_2、λ 的平均值，$\tan\rho_{\mathrm{v}}=0.15$ 代入上式，得 $\tau\approx 0.5\sigma$。根据第四强度理论，其螺栓危险截面上的当量应力为

$$\sigma_{\mathrm{v}}=\sqrt{\sigma^2+3\tau^2}=\sqrt{\sigma^2+3\times(0.5\sigma)^2}\approx 1.3\sigma$$

其强度条件可简化为

$$\sigma_{\mathrm{v}}=\frac{4\times 1.3F'}{\pi d_1^2}\leqslant[\sigma] \tag{12-18}$$

$$d_1\geqslant\sqrt{\frac{4\times 1.3F'}{\pi[\sigma]}} \tag{12-19}$$

式中，σ_{v} 为螺栓的当量拉应力，单位为 MPa；$[\sigma]$ 为螺栓的许用拉应力，单位为 MPa，见表 12-6。

从式（12-18）可知，螺栓在拧紧后，受拉伸和扭转的联合作用，在计算时，可只按抗拉强度进行计算，将计算的拉力增大 30%来考虑扭转的影响。

图 12-16 所示为受横向载荷的紧螺栓连接，这时螺栓只受预紧力 F'，被连接件间的正压力为 F'，其外载荷 F_{R} 靠接合面产生的摩擦力来平衡，根据平衡条件得

$$fF'm\geqslant KF_{\mathrm{R}}$$

$$F'\geqslant\frac{KF_{\mathrm{R}}}{fm} \tag{12-20}$$

式中，F' 为预紧力，单位为 N；f 为被连接件接合面之间的摩擦系数；m 为被连接件接合面数；K 为可靠系数，$K=1.1\sim1.3$。

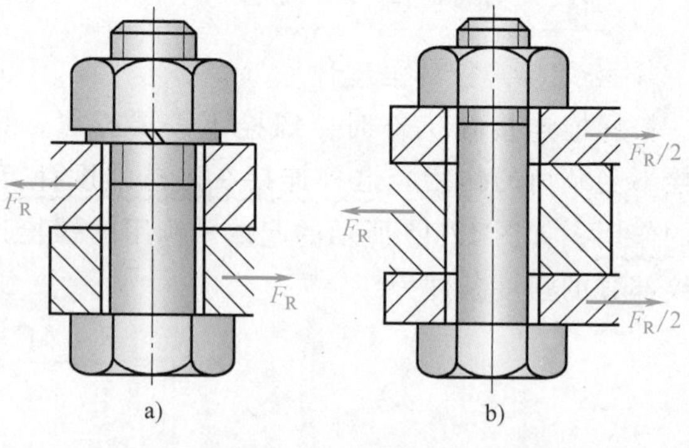

图 12-16　受横向载荷的紧螺栓连接

a）$m=1$　b）$m=2$

按式（12-20）求出 F'后，按式（12-18）或式（12-19）进行强度计算或设计。

若 $m=1$，$K=1$，$f=0.2$，则 $F' \geqslant 5F_R$，必将使螺栓的结构尺寸增大，另外，在振动、冲击、变载荷的作用下，由于摩擦系数的变动，将使连接的可靠性降低，有可能使连接松动。为避免该缺陷，采用图 12-17 所示的减载装置，用抗剪零件来承受横向载荷，螺栓只保证连接，不再承受工作载荷。

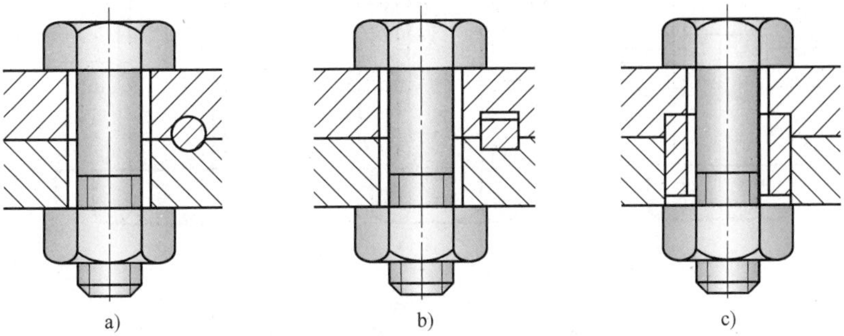

图 12-17　承受横向载荷的抗剪零件

a）销　b）键　c）套筒

（2）受预紧力和轴向工作载荷的螺栓连接　图 12-18 所示为气缸盖的螺栓连接，这种螺栓预紧后，又受轴向载荷的作用，螺栓所受的总载荷 F_0 并不等于预紧力与轴向载荷之和。其大小与预紧力、轴向工作载荷、螺栓和被连接件的刚度有关，需按弹性变形协调条件确定。

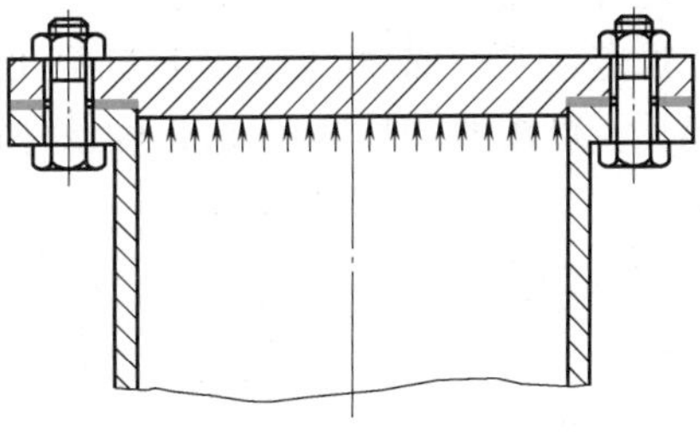

图 12-18　气缸盖的螺栓连接

螺栓和被连接件受载前后的情况如图 12-19 所示。图 12-19a 为螺母刚与被连接件接触，但尚未拧紧，螺栓和被连接件均不受力。图 12-19b 为螺栓已被拧紧，但尚未受工作载荷，这时螺栓承受预紧拉力 F'，螺栓的伸长量为 δ_1，被连接件受预紧压力 F'，压缩量为 δ_2。图 12-19c 为螺栓连接承受工作载荷 F 的作用，在工作载荷作用下，螺栓的伸长量增加了 $\Delta\delta_1$，被连接件因螺栓的伸长而被放松，压缩量减少了 $\Delta\delta_2$，根据变形协调条件，$\Delta\delta_1=\Delta\delta_2=\Delta\delta$，所以，螺栓伸长量由 δ_1 增加至 $\delta_1+\Delta\delta$，受到的载荷由 F'增加至 F_0；被连接件的压缩量 δ_2 减少至 $\delta_2-\Delta\delta$，压力 F'减少至 F''，F''称为残余预紧力。

综上所述，承受轴向载荷的紧螺栓连接，承受工作载荷后，由于螺栓伸长量的加大，被连接件上预紧力的减小，作用在螺栓上的总载荷 F_0 等于工作载荷 F 与残余预紧力 F''之和，即

$$F_0=F+F'' \tag{12-21}$$

随着工作载荷的增加，残余预紧力要减小。当工作载荷增加到一定程度时，残余预紧力减小到零，这时若继续增大 F，则被连接件就会出现缝隙。所以，为保证连接的紧固和紧密性，残余预紧力一定要大于零。残余预紧力可参照以下条件选取：

一般连接，工作载荷稳定时，$F''=(0.2\sim0.6)F$；

一般连接，工作载荷有变化时，$F''=(0.6\sim1.0)F$；

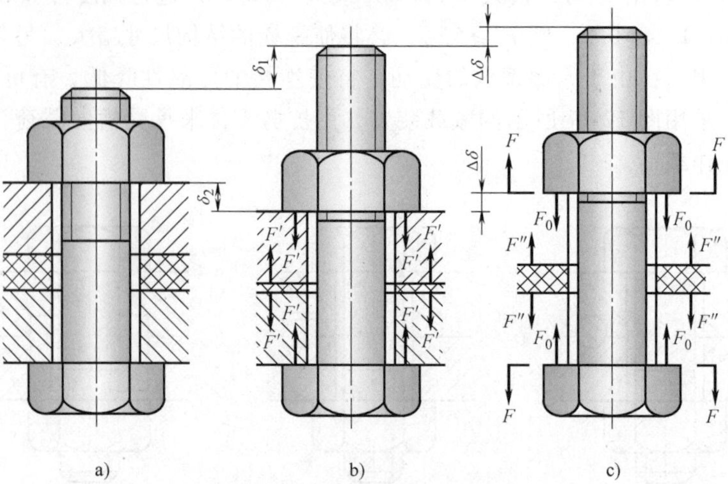

图 12-19　螺栓及被连接件的受力和变形

a）螺母未拧紧　b）螺母拧紧后　c）受工作载荷时

有紧密性要求的连接 $F''=(1.5\sim1.8)F$；

地脚螺栓连接 $F''\geqslant F$。

选定 F''后，按式（12-21）计算出 F_0。考虑承受工作载荷后的螺栓需要补充拧紧，为安全起见，可按式（12-18）的强度条件进行计算，即

$$\sigma_v=\frac{4\times1.3F_0}{\pi d_1^2}\leqslant[\sigma] \tag{12-22}$$

或设计公式

$$d_1\geqslant\sqrt{\frac{4\times1.3F_0}{\pi[\sigma]}} \tag{12-23}$$

许用拉应力［σ］见表 12-6。

二、铰制孔用螺栓连接的强度计算

如图 12-20 所示的铰制孔用螺栓（配合螺栓）连接，当连接承受横向载荷 F_R 作用时，外载荷是靠螺栓杆被剪切及螺栓杆和被连接件钉孔之间的挤压来传递的。假设孔壁和螺栓杆表面的压力分布是均匀的，不考虑预紧力和摩擦力矩，则螺栓杆的剪切强度和挤压强度分别为

剪切强度条件

$$\tau=\frac{F_R}{\frac{\pi d_0^2}{4}m}\leqslant[\tau] \tag{12-24}$$

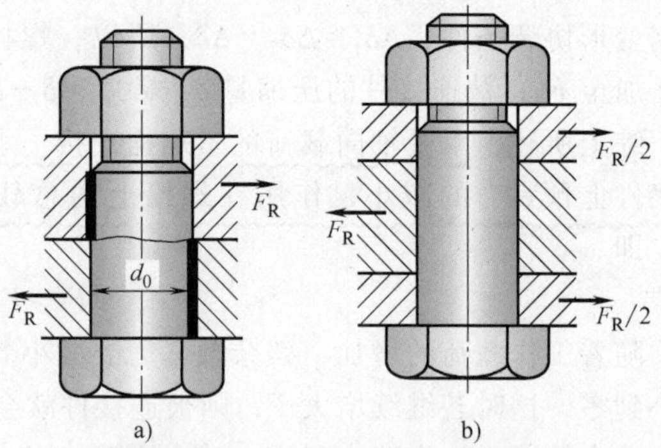

图 12-20　受横向载荷的铰制孔用螺栓连接

a）$m=1$　b）$m=2$

挤压强度条件

$$\sigma_p=\frac{F_R}{d_0h_{min}}\leqslant[\sigma_p] \tag{12-25}$$

式中，d_0 为螺栓杆受剪部分的直径，单位为 mm；m 为螺栓杆受剪面的数目（图 12-20a 中 $m=1$；图 12-20b 中，$m=2$）；h_{min} 为挤压面的最小轴向长度，单位为 mm；$[\tau]$ 为螺栓的许用切应力，单位为 MPa，见表 12-7；$[\sigma_p]$ 为螺栓和被连接件中，低强度材料的许用挤压应力，单位为 MPa，见表 12-7。

三、螺栓连接件的材料和许用应力

螺栓连接件的常用材料有 Q215、Q235、10、35、45 钢。对于承受冲击或变载荷的连接件常用 15Cr、30CrMnSi、15MnVB 等高强度材料。常用的螺栓材料的力学性能见表 12-5。

表 12-5　螺栓、螺钉、螺柱性能等级（摘自 GB/T 3098.1—2010）

性能等级	4.6	4.8	5.6	5.8	6.8	8.8	9.8	10.9	12.9
公称抗拉强度 σ_b/MPa	400		500		600	800	900	1000	1200
屈服强度 σ_s/MPa	240	320	300	400	480	640	720	900	1080
硬度 (HBW_{min})	114	124	147	152	181	245	286	316	380
材料和热处理	碳钢或添加元素的碳钢，也可用易切钢制造					碳钢、添加元素的碳钢(如硼或锰或铬)、合金钢，淬火并回火			合金钢、添加元素的碳钢(如硼或锰或铬)，淬火并回火

注：1. 性能等级表标记的含义："." 前的数字为抗拉强度极限的 1/100 取整，"." 后的数字为屈强比的 10 倍，即 $(\sigma_s/\sigma_b)\times10$。
2. 规定性能等级的螺栓、螺母在图样中只标出性能等级，不标材料牌号。

表 12-6　螺栓的许用拉应力

载荷性质	许用拉应力[σ]	不控制预紧力时 S				控制预紧力时 S
		材料	直径			不分直径
			M6~M16	M16~M30	M30~M60	
静载荷	$[\sigma]=\frac{\sigma_s}{S}$	碳钢	4~3	3~2	2~1.3	1.2~1.5
		合金钢	5~4	4~2.5	2.5	
变载荷		碳钢	10~6.5	6.5	10~6.5	
		合金钢	7.5~5	5	7.5~5	

注：松螺栓连接未经淬火的钢 $S=1.2$，经淬火的钢 $S=1.6$。

表 12-7　螺栓的许用切应力 $[\tau]$ 及许用挤压应力 $[\sigma_p]$

螺栓的许用切应力[τ]	静载荷	$[\tau]=\sigma_s/2.5$
	变载荷	$[\tau]=\sigma_s/(3.5\sim5)$
螺栓或被连接件的许用挤压应力$[\sigma_p]$	静载荷	钢 $[\sigma_p]=\sigma_s/1.25$ 铸铁 $[\sigma_p]=\sigma_b/(2.0\sim2.5)$
	变载荷	按静载$[\sigma_p]$减低 20%~30%

例 12-1　图 12-21 所示为一凸缘联轴器，用 6 个普通螺栓将两半联轴器相连，螺栓中心圆直径 $D=220\text{mm}$，被连轴的转速 $n=960\text{r/min}$，传递的功率 $P=9.5\text{kW}$。联轴器接合面的摩擦系数 $f=0.2$，试确定螺栓的直径。

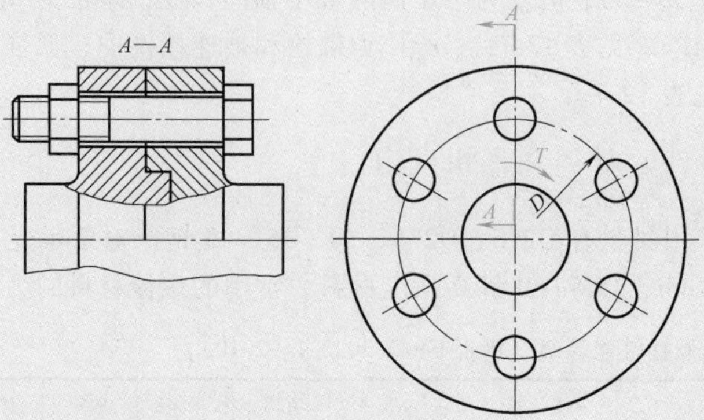

图 12-21　凸缘联轴器

解　(1) 计算作用在联轴器上的转矩 T

$$T=9.55\times10^6\frac{P}{n}=9.55\times10^6\times\frac{9.5}{96}\text{N}\cdot\text{mm}=945052\text{N}\cdot\text{mm}$$

(2) 计算每个螺栓所受的外载荷 F　联轴器的螺栓受到与螺栓轴线垂直并与直径为 D 的圆周相切的圆周力。即螺栓承受横向载荷，总的圆周力

$$F_{R\Sigma}=\frac{2T}{D}$$

故

$$F_{R\Sigma}=\frac{2T}{D}=\frac{2\times945052}{210}\text{N}=9000\text{N}$$

由于每个螺栓的受力情况相同，单个螺栓所受的横向载荷为

$$F_R=\frac{F_{R\Sigma}}{6}=\frac{9000}{6}\text{N}=1500\text{N}$$

(3) 计算每个螺栓的预紧力 F'　螺栓连接的接合面数 $m=1$，接合面间的摩擦系数 $f=0.2$，可靠系数 $K=1.2$，根据式 (12-20) 得

$$F'\geqslant\frac{KF_R}{fm}=\frac{1.2\times1500}{0.2\times1}\text{N}=9000\text{N}$$

(4) 确定螺栓的直径 d　假设螺栓的公称直径 $d=16\text{mm}$，螺栓的材料选 Q235，性能等级为 4.6，由表 12-5 知 $\sigma_s=240\text{MPa}$，由表 12-6 查得 $[\sigma]=\frac{\sigma_s}{S}=\frac{240}{4}\text{MPa}=80\text{MPa}$。由式 (12-19) 求得螺栓的小径为

$$d_1\geqslant\sqrt{\frac{4\times1.3F'}{\pi[\sigma]}}=\sqrt{\frac{4\times1.3\times9000}{\pi\times80}}\text{mm}=13.64\text{mm}$$

由表 12-2 可知，标准粗牙普通螺纹公称直径 $d=16\text{mm}$，小径 $d_1=13.835\text{mm}$，与计算结果较接近，所以原假设成立，选择 M16 的螺栓合适。

例 12-2　如图 12-18 所示的气缸盖的螺栓连接，气缸内径 $D=250\text{mm}$，采用 8 个 M16 的普通螺栓，螺栓的性能等级是 6.8 级，试求气缸所能承受的最大压力。

解　(1) 计算单个螺栓所能承受的总拉力 F_0　由表 12-5 查得，6.8 级螺栓的 $\sigma_s=480\text{MPa}$，由于该连接要求有紧密性，故需要控制预紧力，由表 12-6 查得 $S=1.5$，则许用拉应力为

$$[\sigma]=\frac{\sigma_s}{S}=\frac{480}{1.5}\text{MPa}=320\text{MPa}$$

由表 12-2 查得，M16 的螺栓的小径 $d_1=13.835\text{mm}$，根据式 (12-22) 得螺栓所能承受的总拉力为

$$F_0=\frac{\pi d_1^2[\sigma]}{4\times1.3}=\frac{\pi\times13.835^2\times320}{4\times1.3}\text{N}=37000\text{N}$$

(2) 计算螺栓所能承受的轴向工作载荷 F　由式 (12-21) 知，$F_0=F+F''$；有紧密性要求的连接 $F''=(1.5\sim1.8)F$，取 $F''=1.5F$，则

$$F_0=F+F''=F+1.5F=2.5F$$

故

$$F=\frac{F_0}{2.5}=\frac{37000}{2.5}\text{N}=14800\text{N}$$

(3) 计算气缸所能承受的最大压力 p　气缸盖所受的轴向力为

$$F_\Sigma=ZF=8\times14800\text{N}=118400\text{N}$$

气缸所能承受的最大压力为

$$p=\frac{4F_\Sigma}{\pi D^2}=\frac{4\times118400}{\pi\times250^2}\text{MPa}=2.4\text{MPa}$$

第五节　螺栓组连接的设计

一、螺栓组连接的结构设计

螺栓连接是成组使用的，螺栓组的设计首先确定螺栓的数目及布置形式，再确定螺栓连接的结构尺寸。一般不重要的螺栓连接，可用类比法参考现有设备确定；对于重要的连接，根据连接所受的工作载荷，分析各螺栓的受力状况，找出受力最大的螺栓进行强度计算，确定螺栓的公称直径。在进行螺栓组的结构设计时，应注意以下几点：

1）为便于制造，使接合面受力均匀，被连接件的接合面几何形状应设计成简单的、轴对称的几何形状，如图 12-22 所示。

2）根据载荷的类型，合理布置螺栓位置，使各螺栓的受力合理，如图 12-23 所示。

3）螺栓的布置应留有合理的间距、边距，以满足操作所需的空间。

4）为便于分度，分布在同一圆周上的螺栓数量应为偶数，同组螺栓的直径、长度、材料应相同。

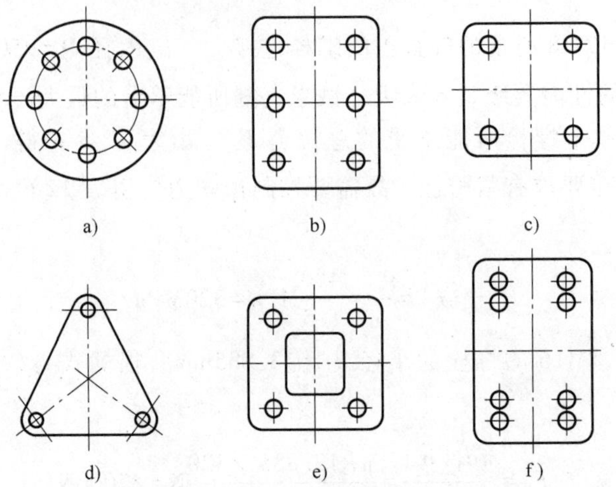

图 12-22　螺栓接合面的几何形状

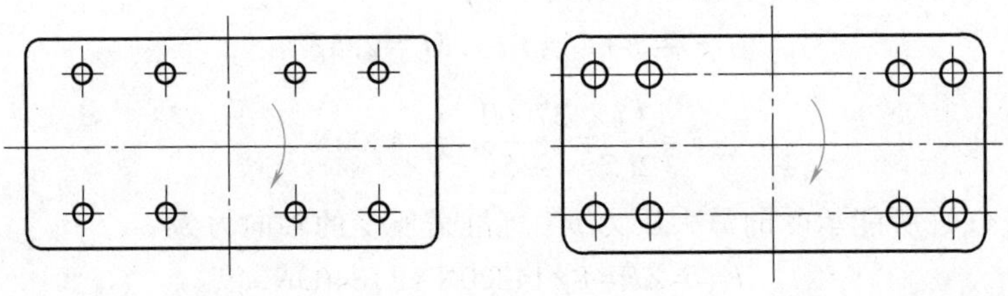

图 12-23　螺栓的布置

a）不合理　b）合理

二、避免螺栓产生附加的弯曲应力

如图 12-24 所示，若被连接件的支承面不平整或倾斜，螺栓的头部或螺母支承面的粗糙不平、倾斜，螺栓就会产生附加弯曲应力，导致连接承载能力降低，应设法避免。在设计

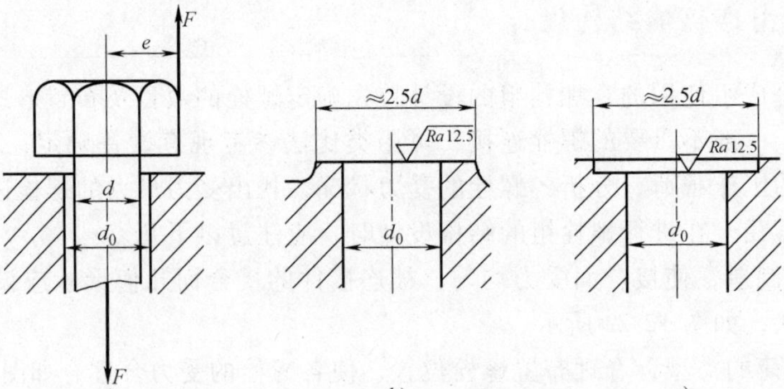

图 12-24　支承面的倾斜、凸台、沉头座孔

a）支承面的倾斜　b）凸台　c）沉头座孔

时，必须注意使支承面平整以及保证螺纹的精度等级。例如，在锻件或铸件等未加工表面上安装螺栓时，常留有凸台或凹坑，便于切削加工获得平整平面；螺母及螺栓头支承表面也要经过加工，采用合适的垫圈等。

第六节　螺旋传动

一、概述

螺旋传动由螺杆和螺母组成，其主要功能是把回转运动转变成直线运动，同时传递运动和动力。

1. 螺旋传动的分类

螺旋传动按用途和受力情况分三类。

（1）传力螺旋　以传递动力为主，可用较小的转矩产生大的轴向力，一般为间歇工作，工作速度不高，且每次工作时间较短。如螺旋压力机、螺旋起重器（见图 12-25）中的螺旋传动均属于此类。

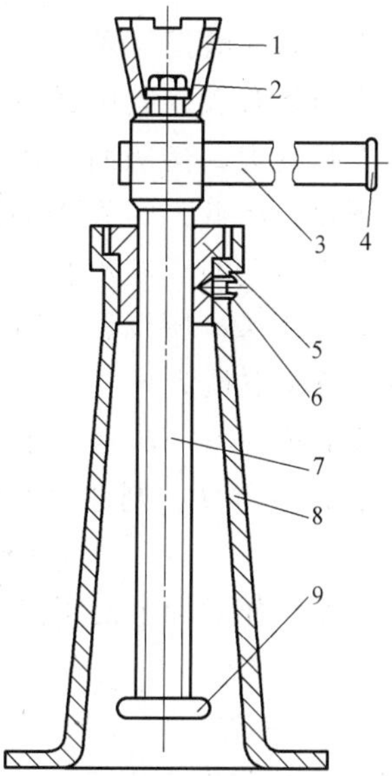

图 12-25　螺旋起重器

1—托杯　2—螺钉　3—手柄　4、9—挡环　5—螺母　6—紧定螺钉　7—螺杆　8—底座

（2）传导螺旋　以传递运动为主，在较长时间内连续工作，有时速度高，且要求具有较高的传动精度，如机床进给机构的螺旋传动。

（3）调整螺旋　用于调整并固定零部件的相对位置。如测量仪器中的微调机构。调整螺旋不经常转动，一般在空载下工作，具有可靠的自锁性。

按照螺旋副的摩擦性质的不同，螺旋传动又可分为以下几种。

（1）滑动螺旋传动　螺旋副相对运动产生的摩擦是滑动摩擦的称为滑动螺旋传动。滑动螺旋传动结构简单、易于加工、便于自锁、但摩擦阻力大、磨损快、传动效率低。

（2）滚动螺旋传动　螺旋副相对运动产生的摩擦是滚动摩擦的称为滚动螺旋传动。

（3）静压螺旋传动　将压力油注入螺旋副内，使螺旋副在工作时工作面被油膜分开的螺旋传动。

滚动螺旋传动和静压螺旋传动，摩擦阻力小、传动效率高、磨损小、工作寿命长。但结构复杂、制造成本高，只有在要求高精度、高效率的重要传动中才宜采用。以下主要介绍滑动螺旋传动的设计计算方法。

2. 螺旋传动的材料、失效形式和设计准则

（1）螺杆的材料　螺杆材料应有足够的强度、较强的耐磨性和良好的加工工艺性。转速较低的普通螺旋传动，一般采用 Q235、45、50 钢，材料不经热处理；重载、转速较高的重要传动，采用 40Cr、65Mn、20CrMnTi 等材料，材料需经热处理，以提高其耐磨性和硬度。

（2）螺母的材料　螺母的材料除具有足够的强度外，同时应具有足够的耐磨性和较好的减摩性。一般传动，采用 ZCuSn10P1、ZCuSn5Pb5Zn5 等耐磨性好的材料；低速、重载时可采用 ZCuAl9Fe4Ni4Mn2、ZCuAl10Fe3；低速、轻载时可采用耐磨铸铁或灰铸铁。

（3）螺旋传动的失效形式和设计准则　螺旋传动采用的螺纹主要是梯形和锯齿形螺纹，其主要失效形式是螺纹的磨损，因此，螺杆的直径、螺母的高度等基本尺寸，通常由耐磨性条件确定。对受力较大的传力螺旋，为防止发生塑性变形或断裂，应校核螺杆和螺母牙的强度；对于有自锁性要求的螺杆，应校核其自锁性；对于长径比较大的螺杆，应校核其稳定性。

二、螺旋传动的设计计算

1. 耐磨性计算

螺旋副的磨损与螺纹工作面上的压强、相对滑动速度、螺纹表面的加工状况及润滑情况等很多因素有关。其中最主要的是螺纹工作面压强的大小，压强越大，接触面的润滑油越容易被挤出，易形成过度磨损。因此，螺旋传动的耐磨性计算，主要限制螺纹工作表面上的压强大小。

如图 12-26 所示，设作用在螺杆上的轴向力为 F（N），螺纹中径为 d_2（mm），螺纹螺距为 P（mm），螺纹工作高度为 h（mm），螺母高度为 H（mm），螺纹工作圈数为 $z=H/P$，则螺纹的承压面积 A（mm^2）为

$$A=\pi d_2 hz$$

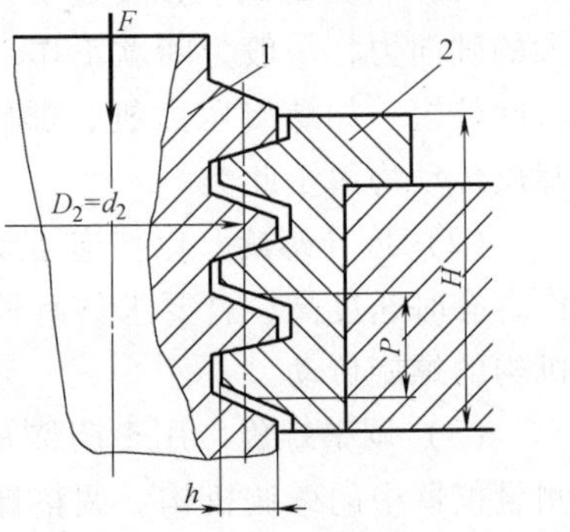

图 12-26　螺旋副的受力

1—螺杆　2—螺母

螺纹工作表面上的压强（单位为 MPa）为

$$p=\frac{F}{A}=\frac{F}{\pi d_2 hz}\leqslant[p] \tag{12-26}$$

式中，$[p]$ 为许用压强，单位为 MPa，见表 12-8。

表 12-8　滑动螺旋副的许用压强 $[p]$

螺杆—螺母的材料	滑动速度/(m/min)	许用压强/MPa
钢—铸铁	<2.4	13~18
	6~12	4~7
钢—青铜	低速，如人力驱动	18~25
	<3.0	11~18
	6~12	7~10
淬火钢—青铜	6~12	10~13

为导出设计公式，令 $\varphi=H/d_2$，又因 $z=H/P$，梯形螺纹的工作高度 $h=0.5P$，锯齿形螺纹的工作高度 $h=0.75P$，将这些式子代入式（12-26）整理后得，螺纹中径的设计公式为

梯形螺纹

$$d_2\geqslant 0.8\sqrt{\frac{F}{\varphi[p]}} \tag{12-27}$$

锯齿形螺纹
$$d_2 \geqslant 0.65\sqrt{\frac{F}{\varphi[p]}} \tag{12-28}$$

φ 的选择原则一般按结构特点选取：对于整体螺母，由于磨损后不能调整间隙，为使受力较均匀，螺纹工作圈数不能太多，故 φ 不能取太大，一般 $\varphi=1.2\sim2.5$；对于剖分式螺母，$\varphi=2.5\sim3.5$。

按式（12-27）或式（12-28）计算出螺纹的中径 d_2 后，按国家标准选出相应的公称直径 d 和螺距 P。螺母高度 $H=\varphi d_2$，并进行圆整。

2. 校核螺杆的强度

工作时的螺杆受轴向力 F，在螺杆上产生轴向拉（压）应力，同时还受螺纹副的转矩 T_1 的作用，使螺杆产生扭转切应力。利用第四强度理论可求出危险截面的当量应力 σ_v，其强度条件为

$$\sigma_v=\sqrt{\sigma^2+3\tau^2}=\sqrt{\left(\frac{F}{A}\right)^2+3\left(\frac{T_1}{W_T}\right)^2}\leqslant[\sigma] \tag{12-29}$$

式中，F 为螺杆受到的轴向拉（压）力，单位为 N；A 为螺杆螺纹段危险截面的面积，$A=\pi d_1^2/4$，单位为mm^2；T_1 为螺杆所受的转矩，$T_1=F\tan(\lambda+\rho_v)\dfrac{d_2}{2}$，单位为 N · mm；$d_2$ 为螺杆螺纹的中径，单位为mm；W_T 为螺杆螺纹段的抗扭截面系数，单位为mm^3，$W_T=\pi d_1^3/16=Ad_1/4$；d_1 为螺杆螺纹的小径，单位为 mm；$[\sigma]$ 为螺杆材料的许用应力，单位为 MPa，$[\sigma]=\dfrac{\sigma_s}{S}$，$S=3\sim5$。

3. 螺杆的稳定性计算

对于长径比大的受压螺杆，当轴向力 F 大于某一临界载荷时，可能丧失稳定性。失稳时的临界载荷与螺杆的材料、螺杆的柔度 $\lambda=\dfrac{\mu l}{i}$有关。此处 μ 为螺杆的长度系数，与螺杆端部支承有关，见表 12-9；l 为螺杆的工作长度单位为 mm；i 为螺杆危险截面的惯性半径单位为 mm。临界载荷可按欧拉公式计算

$$F_c=\frac{\pi^2EI}{(\mu l)^2}$$

式中，E 为螺杆材料的抗压截面模量，单位为 MPa；I 为螺杆危险截面的惯性矩，单位为mm^4，对于圆形，$I=\dfrac{\pi d_1^4}{64}$。

表 12-9　螺杆长度系数

螺杆端部支承情况	长度系数
两端固定	0.50
一端固定、一端不完全固定	0.60
一端铰支、一端不完全固定	0.70
两端不完全固定	0.75
两端铰支	1.00
一端固定、一端自由	2.00

因此，在正常情况下，螺杆承受的轴向力 F 必须小于临界载荷 F_c，则螺杆的稳定性条件为

$$F \leqslant \frac{F_c}{S} \tag{12-30}$$

式中，S 为螺杆稳定性安全系数，传力螺旋 $S=3.5\sim5.0$；传导螺旋 $S=2.5\sim4.0$；精密螺杆或水平螺杆 $S>4$。

思　考　题

12-1　分析螺纹有哪些基本类型及应用场合，各有什么特点？

12-2　螺纹连接的种类有哪些？各用在什么场合？

12-3　承受轴向载荷的紧螺栓连接中，螺栓所受的总载荷为什么等于轴向工作载荷和残余预紧力之和？

12-4　螺纹连接的防松原理和方法各有哪些？

12-5　螺纹副的效率与哪些因素有关？自锁的条件是什么？

12-6　为什么单线普通三角形螺纹主要用于连接，而多线梯形、矩形和锯齿形螺纹主要用于传动？

12-7　螺栓的预紧力的大小如何确定？

12-8　一般连接的螺纹升角较小，能满足自锁条件。为什么连接中仍需考虑防松？

12-9　紧螺栓连接中为什么必须保证一定的残余预紧力？对不同的连接要求，应如何选择？

12-10　设计螺栓连接时，通常要采用凸台或凹坑作为螺母的支承面，为什么？

12-11　受横向载荷的铰制孔用螺栓连接的工作原理是什么？螺栓受什么力的作用？

12-12　对于紧螺栓连接的强度计算公式中，系数 1.3 有何意义？

习　　题

12-1　有一梯形螺纹的螺杆，已知螺纹的公称直径 $d=24$mm，中径 $d_2=22.701$mm，内径 $d_1=20.835$mm，螺距 $P=2$mm，线数 $n=2$，牙型角 $\alpha=30°$，螺纹副的摩擦系数 $f=0.2$，试求：1）螺纹升角和导程；2）当此螺杆用于传动时，举升重物时的效率为多少？是否能自锁？

12-2　图 12-27 所示为某机构的拉杆端部采用粗牙普通螺纹连接，已知拉杆所受的最大载荷 $F=15$kN，载荷平稳，拉杆螺纹的强度级别为 4.6 级，试确定拉杆螺栓的直径。

12-3　如图 12-28 所示的结构，用两个 M12 的螺钉固定一牵引钩。若螺钉的材料为 Q235，装配时控制预紧力，被连接件接合面的摩擦系数 $f=0.2$，求允许的牵引力 F。

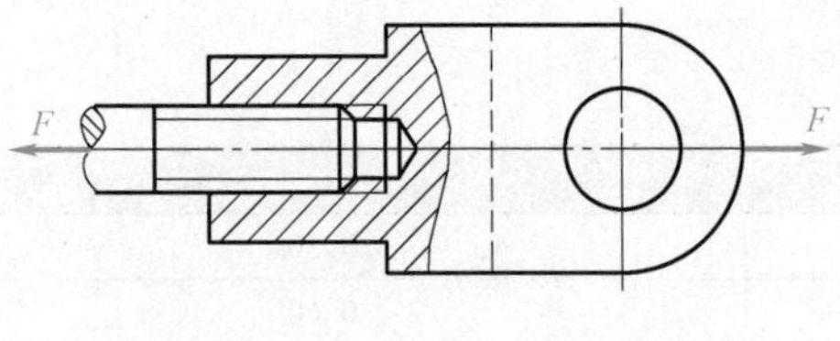

图 12-27　习题 12-2 图

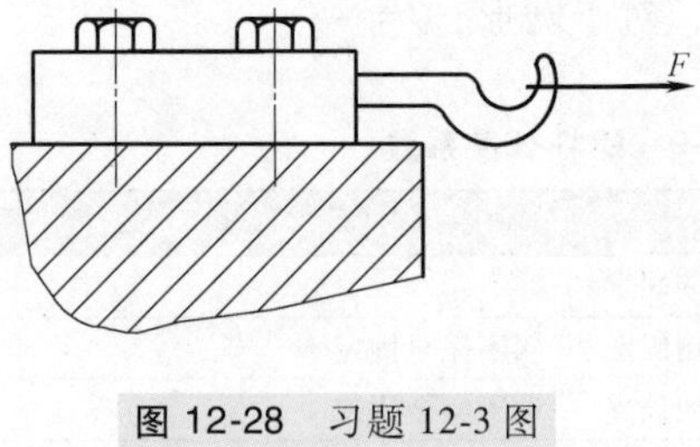

图 12-28　习题 12-3 图

12-4　如图 12-29 所示的凸缘联轴器有 6 个均布于直径 $D_1=195$mm 的圆周上的螺栓连接，联轴器传递的转矩 $T=2600$N · m，试按下列两种情况校核螺栓连接的强度。

1）采用 M16 的小六角头铰制孔用螺栓，如图中方案Ⅰ（上半部）所示。螺栓受剪面处直径 d_0 = 17mm，材料用强度级别为 6.8 级的 45 钢，许用剪切安全系数 $[S_\tau]=2.5$，许用挤压安全系数 $[S_p]$ = 1.25。联轴器的材料用强度级别为 5.8 级的 35 钢，许用挤压安全系数 $[S_p]=2$。

2）采用 M16 的受拉螺栓，如图中方案Ⅱ（下半部）所示，靠两半联轴器接合面间的摩擦力传递转矩。摩擦系数 $f=0.15$，螺栓材料仍用强度级别为 6.8 级的 45 钢，螺纹的小径 $d_1=13.835$mm，可靠系数 $K=1.2$，安装时用测力矩扳手或定力矩扳手控制预紧力，许用安全系数 $[S]=2$。

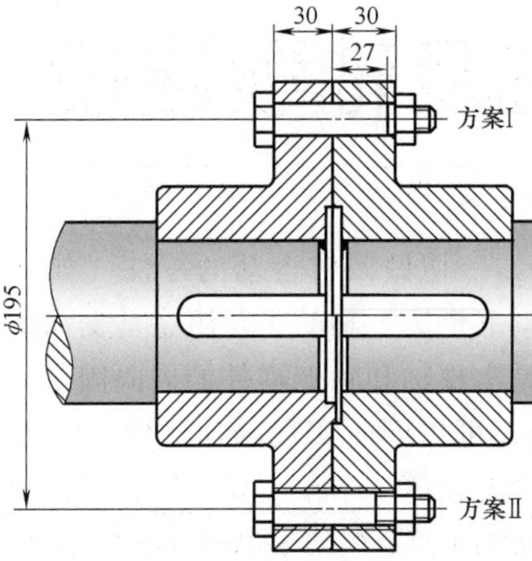

图 12-29　习题 12-4 图

12-5　如图 12-18 所示的气缸盖的螺栓连接，缸体内径 $D=160$mm，气缸内压 $p=2$MPa，螺栓间距不得大于 $4.5d$（d 为螺栓的公称直径），试确定螺栓连接和螺栓分布直径。

12-6　设计螺旋起重器的螺杆和螺母的主要尺寸（见图 12-25）。已知最大起重量 $Q=40$kN，起升高度 $L=200$mm，材料自选。

13

第十三章

轴及轴毂连接

拓展视频

中国创造：乌东德水电站

轴是机器中的重要零件之一，一切做回转运动的零件（如带轮、齿轮等）必须安装在轴上才能传递运动和动力。轴的主要用途是支承回转零件并传递运动和动力。轴毂连接主要是实现轴和轴上零件的周向固定，同时可以传递运动和转矩，有些轴毂连接还可以同时实现轴向固定。常用的有键连接、花键连接、销连接和过盈配合连接等。本章主要内容包括：轴的结构设计；轴的设计计算方法；轴毂连接的类型、特点和普通平键的选择计算。

第一节　轴的分类和材料

一、轴的分类

轴按照其承受的载荷不同，可分为转轴、心轴和传动轴三类。

1. 转轴

工作时既承受弯矩又传递转矩的轴，称为转轴。这类轴在各种机械中最常见，如图 13-1 所示的齿轮减速器中的轴。

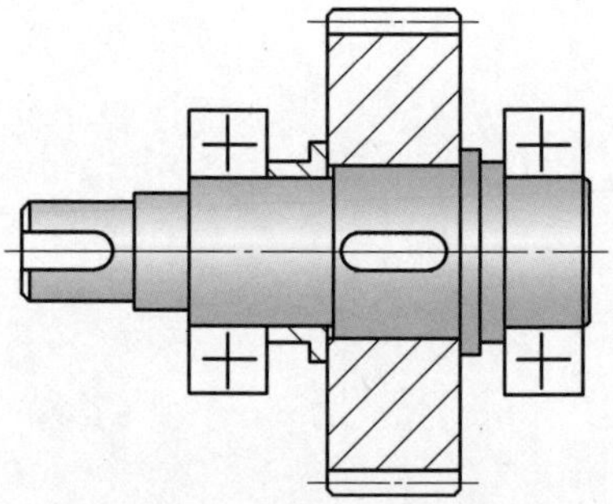

图 13-1　支承齿轮的转轴

2. 心轴

工作时只承受弯矩而不传递转矩的轴，称为心轴。心轴又可分为固定心轴（见图 13-2）和转动心轴（见图 13-3）两类。固定心轴在工作时不随轴上零件转动。转动心轴在工作时随轴上零件一起转动。

3. 传动轴

工作时主要传递转矩而不承受弯矩或承受很小弯矩的轴，称为传动轴。如图 13-4 所示的汽车发动机和后桥间的传动轴。

轴按轴线形状的不同，又可分为直轴（见图 13-1~图 13-4）和曲轴（见图 13-5）两类。曲轴一般通过连杆将回转运动转换成直线运动，常用于往复式机械中。直轴根据外形不同分光轴（见图 13-2 和图 13-3）和阶梯轴（见图 13-1）。直轴一般制成实心的，但由于特殊的要求，如为减小轴的质量或满足在轴中装设其他零件等场合，可将轴制成空心的。为保证轴的刚性和扭转稳定性，空心轴内径与外径的比值一般取 0.5~0.6。

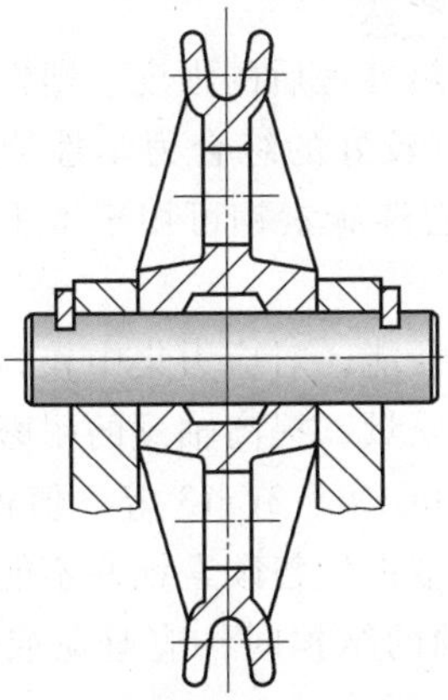

图 13-2　支承滑轮的固定心轴

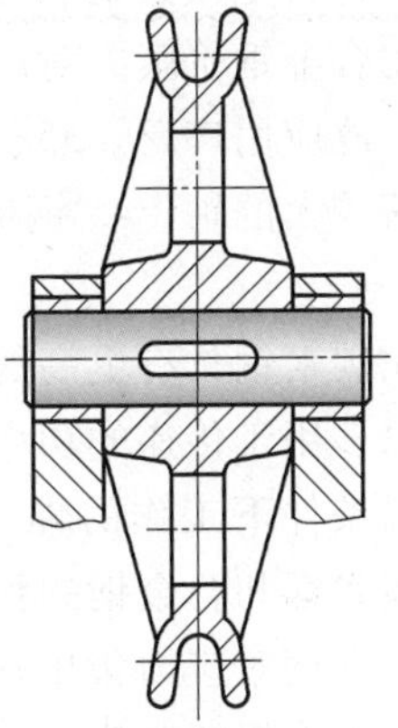

图 13-3　支承滑轮的转动心轴

另外，还有一种特殊用途的轴，称为钢丝软轴，如图 13-6 所示。这种轴由几层紧贴在一起的钢丝构成，具有良好的挠性，可以把运动不受限制的灵活地传到任意位置，常用于振捣器等设备中。本章只讨论直轴。

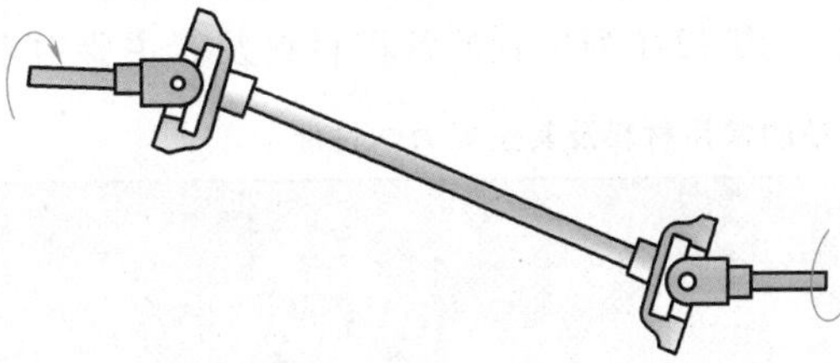

图 13-4　汽车传动轴

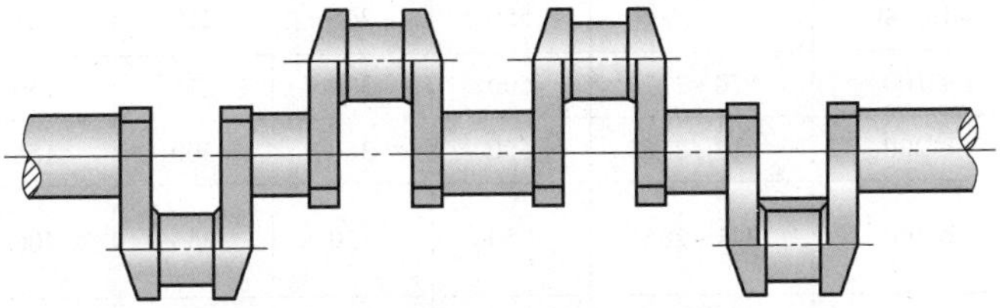

图 13-5　曲轴

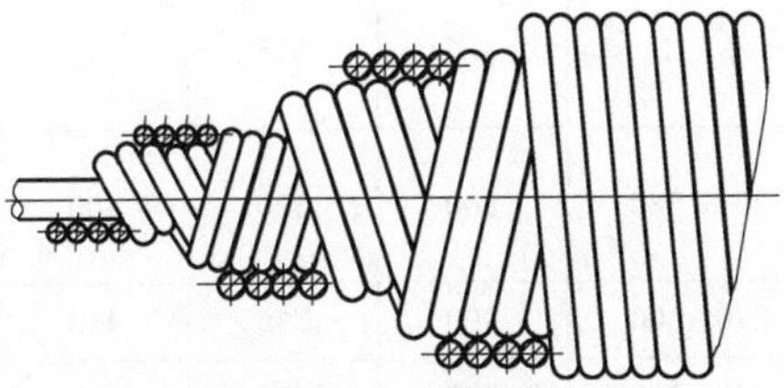

图 13-6　钢丝软轴

二、轴的材料

轴在工作时所受的应力大多为变应力，故它的失效形式常为疲劳失效。所以轴的材料应具有足够的疲劳强度，对应力集中敏感性小，同时要求加工工艺性好，价格合理。

轴常用的材料是碳素钢和合金钢及高强度铸铁和球墨铸铁。

碳素钢比合金钢价廉，对应力集中的敏感性较低，经热处理后的强度、塑性、韧性等力学性能较好，故应用广泛。35、45、50 等优质碳素钢具有较好的综合力学性能，常用于比较重要或载荷较大的轴。45 钢应用最广。Q235、Q275 等普通碳素钢可用于不重要或载荷较小的轴。

合金钢比碳素钢具有更高的力学性能和更好的热处理性能，对应力集中较为敏感，但价格较高，所以多用于传递的功率较大，并要求减小尺寸与质量，提高轴颈的耐磨性，以及处于高温、低温条件下工作的轴。常用的合金钢有 40Cr、40CrNi、3Cr13 等。值得注意的是：在常温下，碳素钢和合金钢的弹性模量相差不大，故用合金钢代替碳素钢并不能提高轴的刚度。另外，合金钢对应力集中敏感性较高，设计合金钢轴的结构时，应避免或减少应力集中，并减小其表面粗糙度值。

球墨铸铁常用于制造一些如曲轴、凸轮轴等形状复杂的轴。球墨铸铁对应力集中敏感性低，耐磨性好，具有良好的吸振性，强度较高，价格低廉等优点，但铸造质量不易控制，可靠性较差。表 13-1 列出轴的常用材料及其主要力学性能。

表 13-1　轴的常用材料及其主要力学性能

材料	热处理	毛坯直径 d/mm	硬度 (HBW)	抗拉强度 σ_b/MPa	屈服强度 σ_s/MPa	弯曲疲劳极限 σ_{-1}/MPa	剪切疲劳极限 τ_{-1}/MPa	应用说明
Q235		>16~40		440	240	200	105	用于不重要的轴
Q275		>16~40		550	265	220	127	
45 钢	正火	≤100	170~217	600	300	275	140	应用最广
	调质	≤200	217~255	650	360	300	155	
40Cr	调质	≤100	241~286	750	550	350	200	用于载荷较大而无很大冲击的轴
20Cr	渗碳淬火回火	≤15	表面 52~62 HRC	850	550	375	215	用于强度和韧度均较高的轴
		>15~60		650	400	280	160	
3Cr13	调质	≤100	>241	835	635	395	230	用于腐蚀条件下的轴
35SiMn	调质	≤100	229~286	800	520	400	205	性能接近 40Cr，用于中小型的轴
40CrNi	调质	≤100	270~300	900	735	430	260	用于很重要的轴
		>100~300	240~270	785	570	370	210	
38SiMnMo	调质	≤100	229~286	735	590	365	210	性能接近 40CrNi，用于重要的轴
		>100~300	217~269	685	540	345	195	
QT400-10			156~197	400	300	145	125	用于制造复杂外形的轴

第二节 轴的结构设计

轴的设计主要解决两个方面的问题，一是轴的结构设计；二是轴的强度计算。

一、轴的设计要求

轴的结构设计就是根据轴上零件的装拆、定位、固定和加工等因素，合理确定轴的各部分的形状和尺寸，包括各轴段的直径、长度和其他必要的尺寸。影响轴结构设计的因素很多，如轴在机器中的安装位置及形式，轴上零件的类型、尺寸、与轴的连接形式、载荷的大小等。所以，轴的结构设计随工作要求的不同而改变。设计时一般要满足以下基本要求：

1）轴和轴上的零件要有准确的工作位置，定位可靠。

2）轴上零件应在轴上可靠地固定，并能传递必要的载荷。

3）轴上的零件应便于装拆和调整。

4）轴要有良好的加工工艺性。

5）轴的受力要均匀，有利于提高轴的强度和刚度。

二、轴的结构设计

下面以图 13-7 所示的减速器输出轴为例，讨论轴的结构设计中的几个问题。

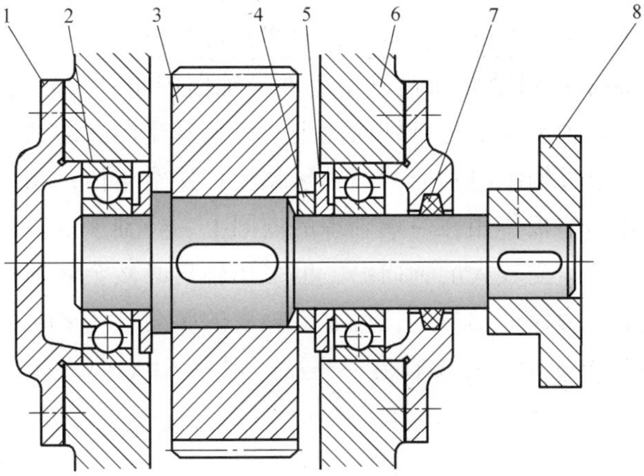

图 13-7 轴的结构

1—轴承端盖 2—滚动轴承 3—齿轮 4—套筒
5—挡油板 6—机架 7—毛毡密封 8—半联轴器

1. 便于制造安装

为便于轴上零件的安装和拆卸，轴常做成阶梯轴。对于一般剖分式箱体中的轴，它的直径从轴端逐渐向中间增大。如图 13-7 所示，可依次将齿轮、套筒、挡油板、右端轴承、轴承端盖、半联轴器从右端向左安装，左端轴承和轴承端盖依次从左端安装。轴与轴承配合的部分称为轴颈，轴颈的直径应根据轴承的内径进行圆整。为了便于安装零件，各轴段的端部应有倒角，其尺寸可参照 GB/T 6403. 4—2008。

为了减少应力集中，提高轴的疲劳强度，相邻轴径的直径变化不应太大，轴径变化处应有过渡圆角。需要磨削加工的轴段，应留有砂轮越程槽（见图 13-8a）；需要切制螺纹的轴段，应留有退刀槽（见图 13-8b），它们的具体尺寸按 GB/T 6403. 5—2008 选取。为了减少加工刀具的种类和提高生产率，轴上相邻直径处的倒角、圆角、砂轮越程槽宽度、螺纹退刀槽的宽度等应尽可能采用相同的尺寸。

在满足使用要求的情况下，轴的形状和尺寸应力求简单，便于加工。

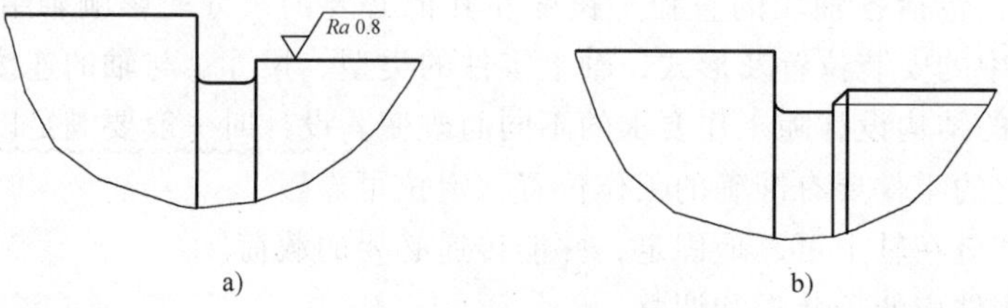

图 13-8 轴的加工工艺

a）砂轮越程槽 b）螺纹退刀槽

2. 轴上零件的固定

为保证轴上零件能正常工作，轴上零件应有准确的工作位置并传递载荷，必须对轴上零件进行轴向和周向定位和固定。

（1）轴向固定 零件的轴向固定是防止零件受力后产生轴向移动。轴向固定的方法很多，常采用轴肩、套筒、轴端挡圈、轴承端盖和圆螺母等形式。

在图 13-7 中，左端轴承用轴肩和轴承端盖进行轴向固定；齿轮用轴肩和套筒进行轴向固定；右端轴承用套筒和轴承端盖进行轴向固定。齿轮若受向右的轴向力，通过套筒作用在右端轴承的内圈上，再通过轴承将轴向力经轴承端盖传递给箱体；相反的齿轮受向左的轴向力的作用，通过轴肩和挡油板作用在左端轴承的内圈上，经轴承端盖传递给箱体。

轴肩的结构简单，可承受较大的轴向力，但采用轴肩必然会使轴的直径加大，轴肩处因截面突变引起应力集中。为保证轴肩定位可靠，轴肩的圆角半径 r 应小于配合零件的圆角半径 R 或倒角 C，如图 13-9 所示。定位轴肩的高度一般取 $h=(0.07\sim0.1)d$，d 为与零件配合的轴段直径。

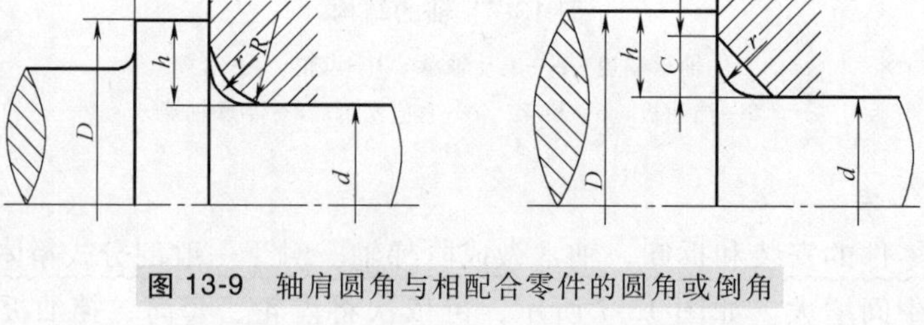

图 13-9 轴肩圆角与相配合零件的圆角或倒角

套筒定位（见图 13-7）结构简单，定位可靠，轴上不需开槽，不影响轴的强度，一般用在轴上相邻两零件之间的轴向定位。

当不便采用套筒或套筒太长时，可采用圆螺母进行轴向定位。圆螺母定位，可承受大的轴向力，但切制螺纹处有较大的应力集中，对轴的强度削弱较大。有双圆螺母和圆螺母与止动垫圈两种定位形式，如图 13-10 所示。

轴端挡圈适用于固定轴端零件，可以承受较大的轴向力，如图 13-11 所示。

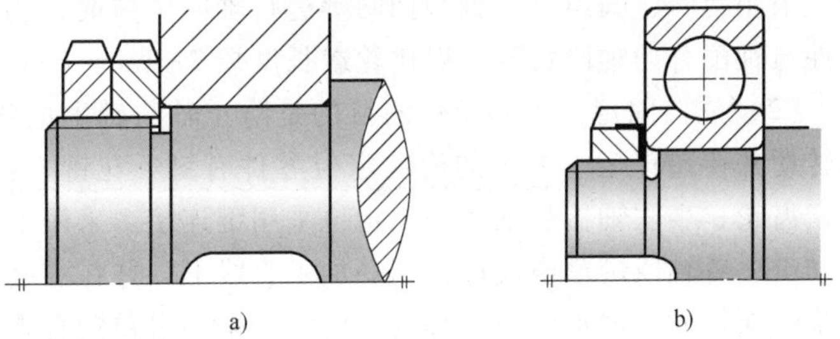

图 13-10　圆螺母定位

a）双圆螺母定位　b）圆螺母与止动垫圈定位

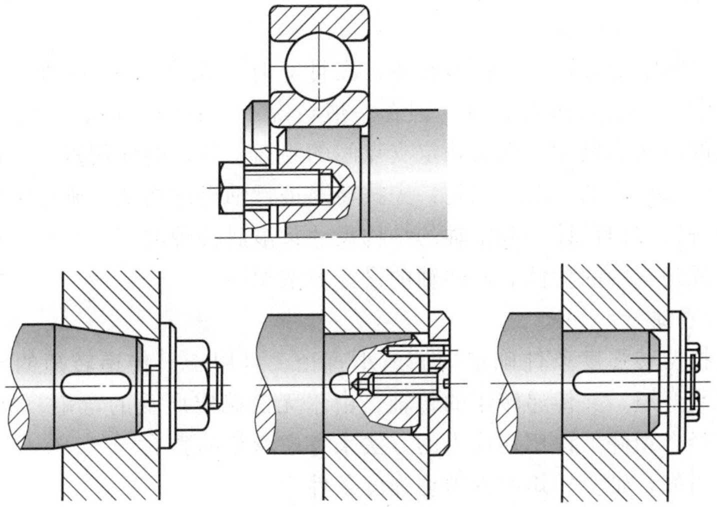

图 13-11　轴端挡圈定位

轴承端盖用螺钉与箱体连接固定轴承的外圈，在一般情况下，利用轴承端盖可实现整个轴的轴向固定，如图 13-7 所示。

当轴向力较小时，可采用弹性挡圈定位和紧定螺钉进行轴向定位，如图 13-12 所示。

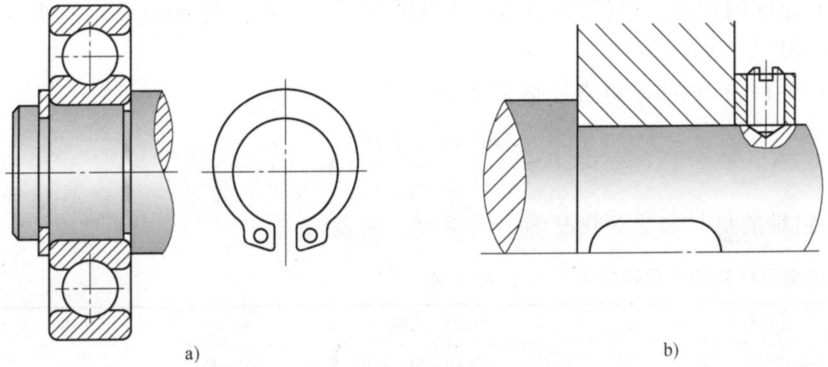

图 13-12　弹性挡圈定位和紧定螺钉定位

a）弹性挡圈定位　b）紧定螺钉定位

采用套筒、圆螺母、轴端挡圈等进行轴向定位时，为使其能与所装零件端面相互靠紧，零件与轴配合的轴段长度一般比轮毂长度短 2~3mm（图 13-7 中齿轮与轴的配合段）。

（2）周向固定　周向定位的目的是防止轴与轴上的零件发生相对转动，使零件与轴一起转动并传递转矩。常用的周向定位零件有键、花键、销或采用过盈配合等。例如图 13-7 中，齿轮、半联轴器与轴的周向定位采用键连接。采用键连接时，轴上有几个键槽时，为便于加工，各轴段键槽应设计在同一加工直线上，并在强度足够的条件下尽量采用同一规格的键槽剖面尺寸。轴承内圈与轴的周向定位采用过盈配合来实现。

第三节　轴的设计计算

一、轴的强度计算

转轴在工作中既承受弯矩，又传递转矩。在计算时，先确定作用在轴上的弯矩和转矩，然后采用材料力学中的公式进行计算。但在一般情况下，在设计时，只已知轴所传递的转矩，并不知道轴的形状和尺寸，无法确定支点间的距离、载荷的作用点，所以弯矩的大小也无法确定。转轴强度计算的一般过程是：先按转矩进行轴径的初估，确定轴的最小直径；再根据所得的直径进行结构设计，确定轴的结构尺寸；最后按轴的当量弯矩进行校核计算。心轴和传动轴可看成是转轴的特例，同转轴的设计方法相同。

1. 按转矩初估轴径

这种方法是按扭转强度条件确定轴的最小直径，可用于只传递转矩的传动轴的精确计算，但对于既承受弯矩，又传递转矩的转轴，由于无法确定所受的弯矩，根据所受的转矩，初估轴的最小直径，用降低许用切应力的方法来考虑弯矩的影响。

由材料力学可知，轴受转矩时的剪切强度条件为

$$\tau_T = \frac{T}{W_T} = \frac{9.55 \times 10^6 P}{0.2 d^3 n} \leqslant [\tau_T] \tag{13-1}$$

式中，τ_T 为轴剖面中的最大扭转切应力，单位为 MPa；T 为轴所传递的转矩，单位为 N · mm；W_T 为轴的抗扭截面系数，单位为mm^3，$W_T = \frac{\pi d^3}{16} \approx 0.2d^3$；$P$ 为轴传递的功率，单位为 kW；n 为轴的转速，单位为 r/min；d 为轴的直径，单位为 mm；$[\tau_T]$ 为许用扭转切应力，单位为 MPa，见表 13-2。

由式（13-1）得轴的基本直径估算式为

$$d \geqslant \sqrt[3]{\frac{9.55 \times 10^6 P}{0.2[\tau_T] n}} = A \sqrt[3]{\frac{P}{n}} \tag{13-2}$$

式中，A 为由轴的材料和受载状况确定的系数，见表 13-2。

表 13-2　轴的常用材料的许用切应力 $[\tau_T]$ 和 A 值

轴的材料	Q235、20 钢	Q275、35 钢	45 钢	40Cr、35SiMn、38SiMnMo
$[\tau_T]$/MPa	15~25	20~35	25~45	35~55
A	149~126	135~112	126~103	112~97

注：当作用在轴上的弯矩比转矩小或只传递转矩时，A 取较小值。

由式（13-2）计算出的直径为轴的最小直径，若该剖面有键槽时，将计算的直径适当加大，当只有一个键槽时增大5%，当有两个键槽时增大7%~10%，然后圆整成整数。

2. 按当量弯矩校核轴径

在估算出轴的直径并依次完成轴的结构设计后，轴的形状和尺寸已知，轴上零件的位置、轴上载荷的大小、作用点以及轴承支点位置均已确定，即可按当量弯矩校核轴的强度。对于一般用途的轴按此种方法计算，对于重要的轴还需要按安全系数法校核其疲劳强度。

现以图13-13所示的单级齿轮减速器的低速轴为例，介绍按当量弯矩校核轴强度的方法。一般步骤如下：

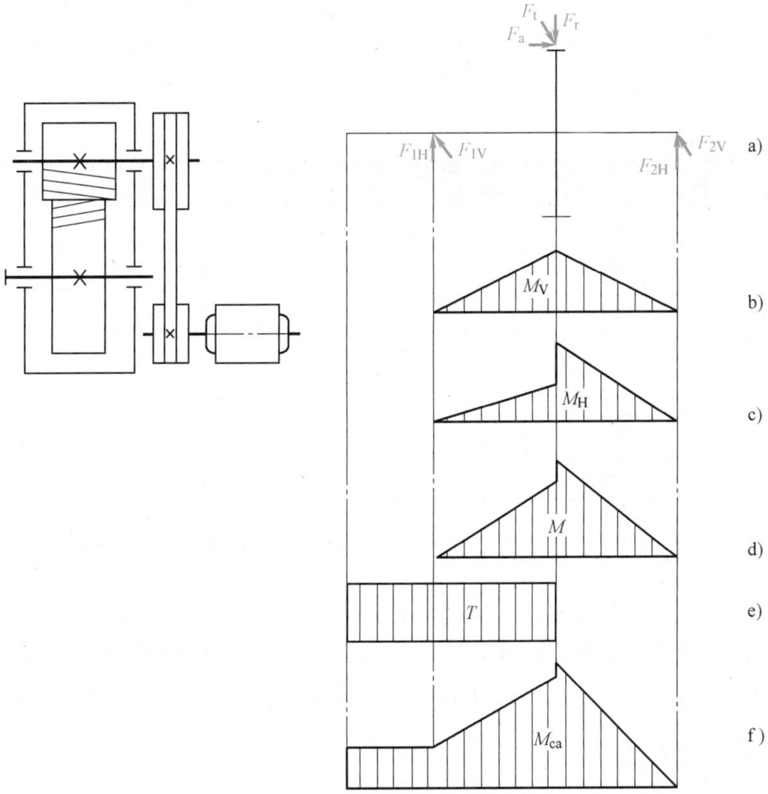

图13-13　轴的载荷分析图

1）作轴的空间受力简图，为简化计算，将齿轮、联轴器等传动零件对轴的载荷视为作用于轮毂宽度中点的集中载荷；支反力作用点在轴承的载荷作用中心；不计零件的自重。将外载荷分解为水平面和垂直面的分力，求出水平面的支反力 F_H 和垂直面的支反力 F_V（见图13-13a）。

2）作出垂直平面弯矩图 M_V（见图13-13b）和水平平面弯矩图 M_H（见图13-13c）。

3）计算合成弯矩 $M=\sqrt{M_H^2+M_V^2}$，并作出合成弯矩图（见图13-13d）。

4）作转矩 T 图（见图13-13e）。

5）计算当量弯矩 $M_{ca}=\sqrt{M^2+(\alpha T)^2}$，并作出当量弯矩图（见图13-13f）。式中 α 为考

虑转矩与弯矩性质不同而设的应力校正系数。对于不变的转矩，取 $\alpha\approx0.3$；对于脉动循环变化的转矩，取 $\alpha\approx0.6$；对于对称循环变化的转矩，取 $\alpha\approx1$，一般情况或转矩变化规律不清楚的，按脉动循环处理。

6）强度校核或轴径计算

强度条件：

$$\sigma_{ca}=\frac{M_{ca}}{W}\approx\frac{M_{ca}}{0.1d^3}\leqslant[\sigma_{-1}]_b \tag{13-3}$$

或

$$d\geqslant\sqrt[3]{\frac{M_{ca}}{0.1[\sigma_{-1}]_b}} \tag{13-4}$$

式中，M_{ca} 为当量弯矩，单位为 N·mm；d 为危险截面轴的直径，单位为 mm；W 为轴的抗弯截面系数，单位为mm^3，$W=\pi d^3/32\approx0.1d^3$；$[\sigma_{-1}]_b$ 为材料在对称循环状态下的许用弯曲应力，单位为 MPa，见表 13-3。

表 13-3 轴的许用弯曲应力 （单位：MPa）

材　料	σ_b	$[\sigma_{+1}]_b$	$[\sigma_0]_b$	$[\sigma_{-1}]_b$
碳素钢	400	130	70	40
	500	170	75	45
	600	200	95	55
	700	230	110	65
合金钢	800	270	130	75
	1000	330	150	90
铸钢	400	100	50	30
	500	120	70	40

注：$[\sigma_0]_b$、$[\sigma_{+1}]_b$ 分别为材料在脉动循环和静应力状态下的许用弯曲应力。

根据式（13-4）计算出的轴径应与结构设计中初估的轴径相比较，若计算出的轴径小于结构设计中初定的轴径，表明原设计合适，否则，应按校核计算所得的轴径做适当修改。

以上公式同样适用于心轴和传动轴的计算，计算心轴时 $T=0$，计算传动轴时 $M=1$。

二、轴的刚度计算

轴受载后将产生弯曲和扭转变形，前者用挠度 y 或偏转角 θ 表示，后者用扭转角 φ 表示。若轴的变形过大，将会影响轴及轴上零件的工作能力。例如，轴的变形过大，会使轴上的齿轮产生边缘接触，影响齿轮传动的工作能力；机床主轴变形过大，将降低工件的加工精度；内燃机凸轮轴变形过大会使气阀不能准确地开启关闭。对刚度要求较高的轴，除进行强度设计或校核外，还要进行弯曲刚度和扭转刚度的计算，使其满足以下刚度条件：

$$y\leqslant[y] \tag{13-5}$$

$$\theta\leqslant[\theta] \tag{13-6}$$

$$\varphi\leqslant[\varphi] \tag{13-7}$$

式中，y、$[y]$ 为挠度、许用挠度，单位为 mm；θ、$[\theta]$ 为偏转角、许用偏转角，单位为 rad；φ、$[\varphi]$ 为扭转角、许用扭转角，单位为（°）/m。

y、θ、φ 的计算，参照材料力学中的有关公式及方法，$[y]$、$[\theta]$、$[\varphi]$ 可从有关机械设计手册中查得。

第四节 轴毂连接

安装在轴上的传动零件，如带轮、齿轮、链轮和凸轮等都以它们的轮毂部分用一定的方法与轴连接在一起的，以传递一定的运动和动力。这种轴与轮毂之间的连接称为轴毂连接，常用的轴毂连接有键连接、花键连接、销连接、过盈配合连接和型面连接等。

一、键连接的类型、特点及应用

键通常用来实现轴与毂之间的周向固定并传递转矩，有些类型的键还能实现轴上零件的轴向固定或轴向移动。键是标准件。键连接的主要类型有平键连接、半圆键连接、楔键连接和切向键连接。

1. 平键连接

如图 13-14a 所示的平键连接，平键的两侧面是工作表面，工作时靠键与键槽侧面的挤压来传递转矩。键的上表面和轮毂的键槽底面之间留有间隙。这种键连接定心性好，装拆方便，应用广泛。根据用途的不同，平键分为普通平键、导向平键和滑键，普通平键用于静连接，导向平键和滑键用于动连接。

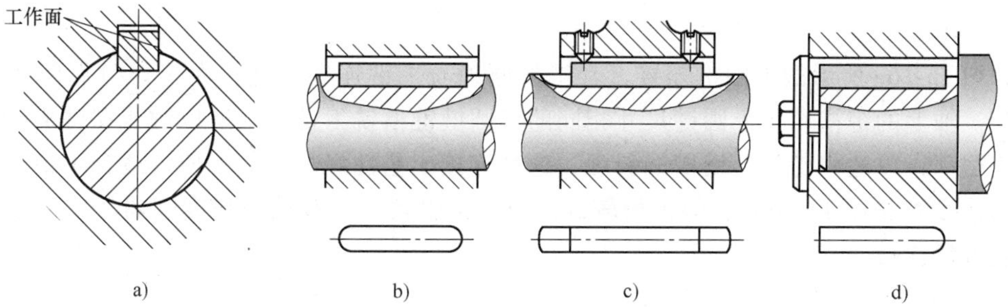

图 13-14 普通平键类型

a）平键连接 b）A 型 c）B 型 d）C 型

普通平键按端部形状分为圆头（A 型）、方头（B 型）和半圆头（C 型）三种。圆头平键应用最广，半圆头平键用于轴端，它们轴上的键槽用指形齿轮铣刀铣出，键在键槽中轴向固定良好，但轴上键槽端部的应力集中较大，键的端部圆头与轮毂键槽不接触，不能承载。方头平键的轴上键槽用盘形铣刀铣出，键槽端部的应力集中小，但要用紧定螺钉把键固定在键槽中，在轴上轴向定位较差。

若轴上的零件在工作过程中必须做轴向移动时（如变速箱中的滑移齿轮），则可以采用导向平键和滑键。导向平键（见图 13-15a）的长度较长，为防止键在键槽中松动，常用螺钉固定在轴上的键槽中，轴上的零件可沿键做轴向移动。为便于拆卸，键上制有起键螺钉孔，便于拧入螺钉使键退出键槽。当零件需滑移的距离较大时，宜采用滑键连接（见图 13-15b），滑键固定在轮毂上，轮毂带动滑键在键槽中做轴向移动。

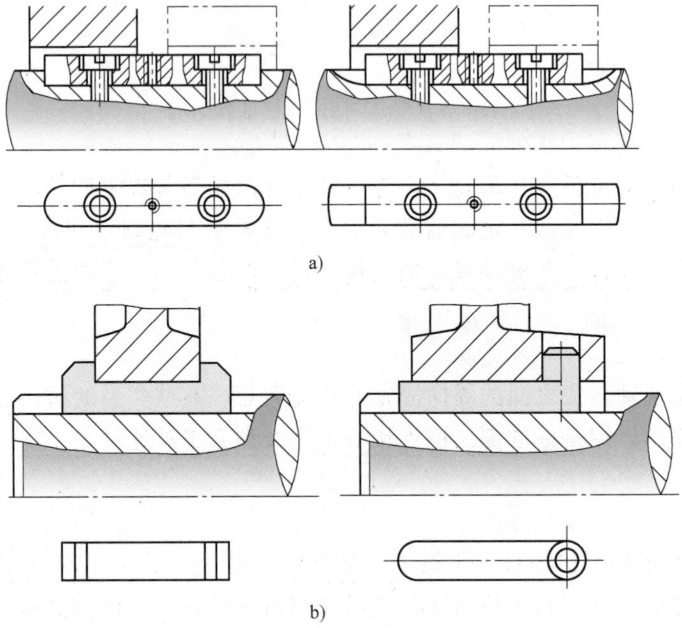

图 13-15 导向平键连接和滑键连接

a）导向平键 b）滑键

2. 半圆键连接

如图 13-16a 所示的半圆键连接，其工作原理与平键连接一样，在工作时靠两侧面来传递转矩。轴上的键槽用与半圆键尺寸相同的半圆键键槽铣刀铣出，所以键能在键槽中绕其几何中心摆动，以适应轮毂上键槽的斜度。这种连接工艺性好，安装方便，适合于锥形轴端与轮毂的连接（见图 13-16b）；但键槽较深，应力集中较大，对轴的强度削弱较大，故一般只用于轻载静连接。

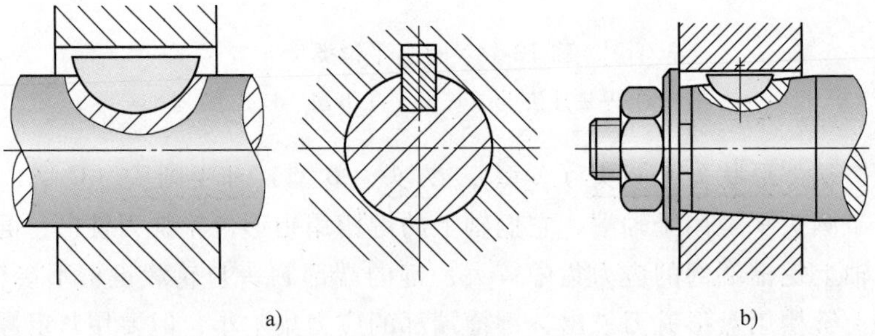

图 13-16 半圆键连接

3. 楔键连接

如图 13-17a 所示的楔键连接，楔键的上下两面是工作面，两侧面与轮毂侧面间留有间隙。键的上表面及与它配合的轮毂键槽底面均有 1∶100 的斜度。装配后，键的上下工作面分别与轮毂和键槽工作面相互楔紧，靠接触面的挤压和摩擦力来传递转矩，同时可以承受单向的轴向载荷，对轮毂起单向的轴向固定作用。楔键连接由于楔紧后，轴和轮毂的配合产生偏心和偏斜，使楔键的定心精度较低，故主要用于转速不高及毂类零件的定心精度要求不高的场合。

楔键分为普通楔键（见图 13-17b）和钩头楔键（见图 13-17c）两种。普通楔键有圆头、方头和单圆头三种形式。装配时，圆头楔键要先放入键槽中，然后打紧轮毂；方头、单圆头和钩头楔键则在轮毂装好后将键放入键槽并打紧。钩头楔键的钩头供拆卸用，安装在轴端时，应注意加装防护罩。

4. 切向键连接

如图 13-18 所示的切向键连接，切向键由两个 1∶100 的楔键组成，装配后，共同楔紧在轮毂和轴之间，切向键的工作表面是一对楔键相互拼合后的两个窄面，工作时，靠工作面上的挤压力和轴与轮毂间的摩擦力来传递转矩。用一个切向键时（见图 13-18a），只能传递单向转矩，若要传递双向转矩，需用两个切向键相隔成 120°～130°（见图 13-18b）。常用于载荷较大，对中要求不严格的场合。由于键槽对轴的削弱较大，一般在直径大于 100mm 的轴上使用。如大型带轮、大型飞轮等与轴的连接。

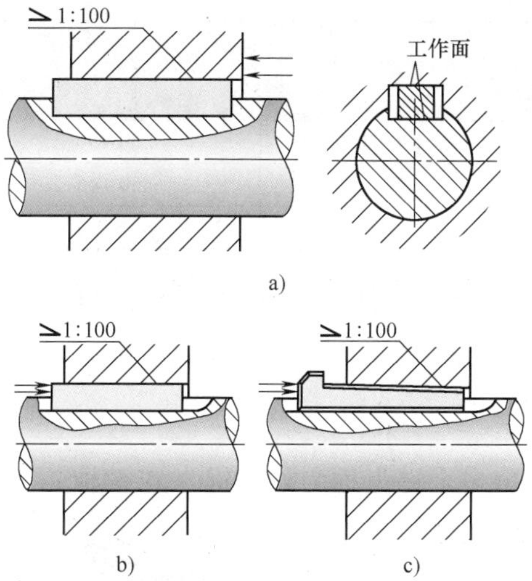

图 13-17　楔键连接

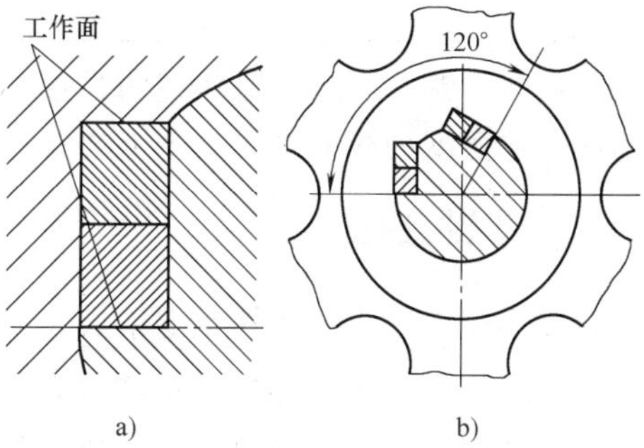

图 13-18　切向键连接

二、平键连接的强度计算

1. 键的选择

键的选择包括键的类型和尺寸的选择两方面。键的类型应根据连接的结构特点、使用要求和工作条件来选择；平键的主要尺寸是键的截面尺寸 $b \times h$（b 为键宽，h 为键高）及键长 L，$b \times h$ 根据轴的直径 d 由标准中查得。键的长度 L 按轴上零件的轮毂宽度而定，一般略小于轮毂的宽度，并符合标准中规定的尺寸系列。对于动连接中的导向键和滑键，可根据轴上零件的轴向滑移距离，按实际结构及键的标准长度尺寸来确定。对于重要的键连接，在选出尺寸后，应对键进行强度校核计算。

2. 键的失效形式和强度计算

普通平键连接的主要失效形式是键、轴槽和毂槽三者中强度最弱的工作面被压溃，当严重过载时，可能出现键体被剪断。一般按挤压强度条件对普通平键进行校核。导向平键和滑键的失效形式是工作表面产生过量的磨损，通常按工作面上的压强进行条件性的强度校核。

如图 13-19 所示，假设键侧面的作用力沿键的工作长度和高度均匀分布，则挤压强度为

$$\sigma_{\mathrm{p}}=\frac{F}{kl}=\frac{2T}{dkl}\leqslant[\sigma_{\mathrm{p}}] \tag{13-8}$$

式中，F 为圆周力，单位为 N；T 为轴所传递的扭矩，单位为 N · mm；k 为键与轮毂槽的接触高度，单位为 mm，近似取 $k=h/2$；l 为键的工作长度，单位为 mm，当用 A 型键时，$l=L-b$；$[\sigma_{\mathrm{p}}]$ 为键连接中较弱材料的许用挤压应力，单位为 MPa，见表 13-4。

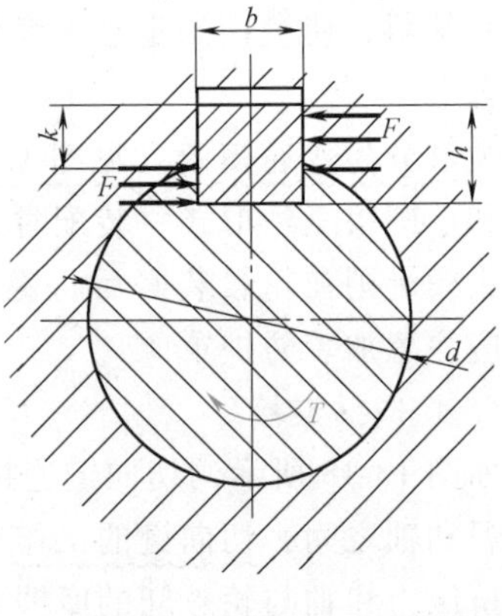

图 13-19　平键连接受力图

表 13-4　键连接的许用挤压应力和许用压强　　（单位：MPa）

许用值	连接中较弱零件的材料	载荷性质		
		静载荷	轻微冲击载荷	冲击载荷
$[\sigma_{\mathrm{p}}]$	钢	125～150	100～120	60～90
	铸铁	70～80	50～60	30～45
$[p]$	钢	50	40	30

若强度不够，可适当增加键的长度或采用两个键按 180°布置，考虑到两个键的载荷不均匀性，在强度校核中可按 1.5 个键计算。

三、花键连接

花键连接由内花键和外花键组成，在轴上加工出多个键齿称为外花键（花键轴），在轮毂孔上加工出多个键槽称为内花键（花键孔），如图 13-20 所示。花键的侧面是工作表面，靠轴与毂齿侧面的挤压来传递转矩。与平键相比，由于花键是多齿传递载荷，可承受大的工作载荷；齿浅，齿根应力集中小，对轴的强度削弱轻；定心精度高，导向性好；所以花键连接一般用于载荷较大、定心性要求高的场合。但外花键和内花键的加工需要专门的设备和工具，加工成本较高。

花键连接可用于静连接和动连接。按齿形的不同，可分为矩形花键（见图 13-21）和渐开线花键（见图 13-22）两类。

矩形花键按齿高的不同，在标准中规定了轻系列和中系列两个系列，轻系列的承载能力小，多用于静连接或轻载中；中系列用于中等载荷的连接。矩形花键的定心方式是小径定心。主要特点是承载能力高，定心精度高，应力

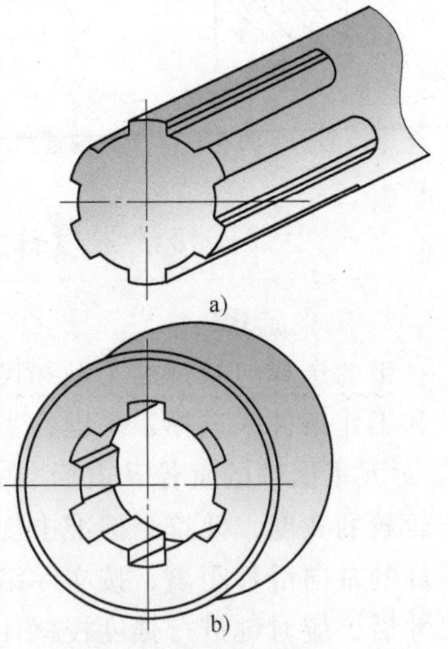
a)
b)

图 13-20　花键
a）外花键　b）内花键

集中小，能用磨削的方法获得较高的精度，广泛用于汽车、机床、飞机及一般机械传动装置。

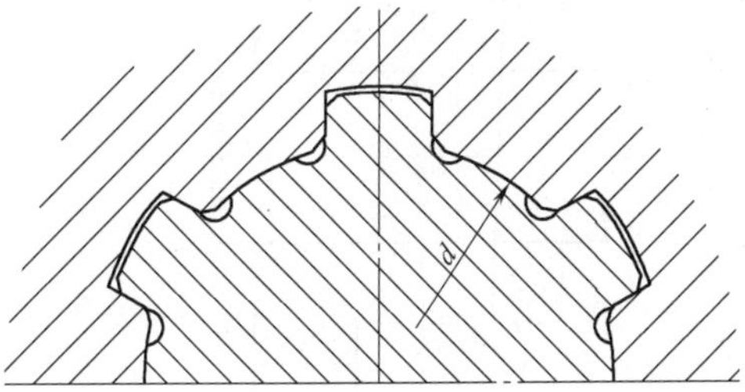

图 13-21　矩形花键

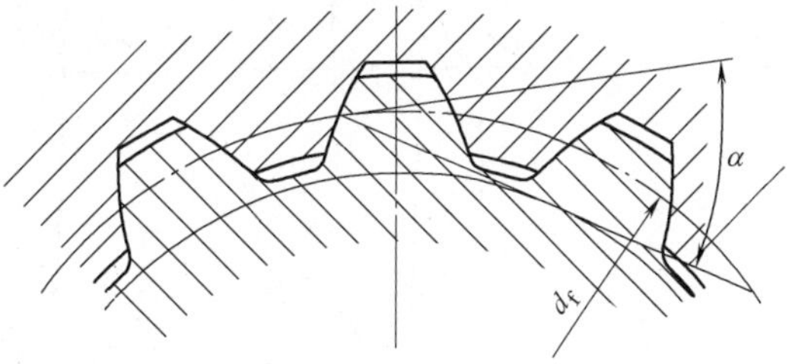

图 13-22　渐开线花键

渐开线花键的齿廓是渐开线，按分度圆压力角的不同，分 30°、37.5°和 45°渐开线花键三种。渐开线花键的定心方式为齿形定心，具有自动定心的作用。可用制造齿轮的方法来加工，工艺性好，加工精度高，应力集中小。当传递的转矩较大且轴径也较大时，宜采用 30°渐开线花键；45°渐开线花键齿的工作高度小，承载能力较低，多用于薄壁零件的轴毂连接。

四、销连接

销连接主要用来确定零件之间的相对位置（见图 13-23a），并可传递不大的载荷（见图 13-23b），还可作为安全装置中的过载剪断元件（见图 13-23c）。

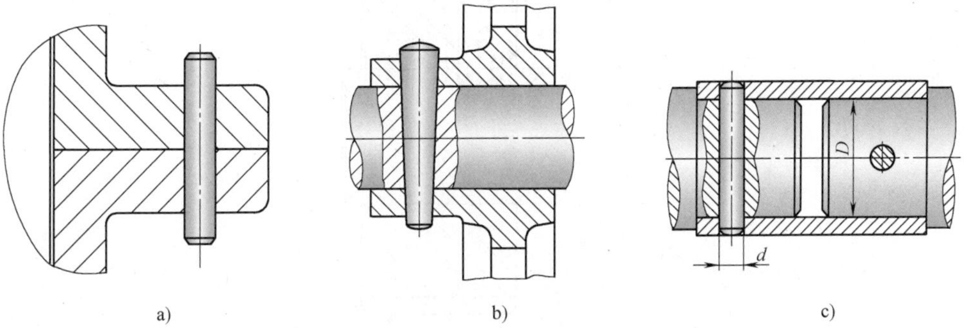

图 13-23　销连接

销是标准件，主要有圆柱销和圆锥销两类。圆柱销（见图 13-23a）靠过盈配合固定在销孔中，多次装拆会降低其定位精度和可靠性。圆锥销（见图 13-23b）具有 1∶50 的锥度，可以自锁，安装方便，定位精度高，可多次装拆而不影响定位精度。端部带螺纹的圆锥销（见图 13-24a、b）可用于不通孔或拆卸困难的场合；开尾圆锥销（见图 13-24c）适用于有冲击、振动的场合。

五、过盈配合连接

过盈配合连接是借助轴和轮毂孔之间的过盈来实现的，两连接零件的配合面为圆柱面的，称为圆柱面过盈连接（见图 13-25）；两连接零件的配合面为圆锥面的称为圆锥面过盈

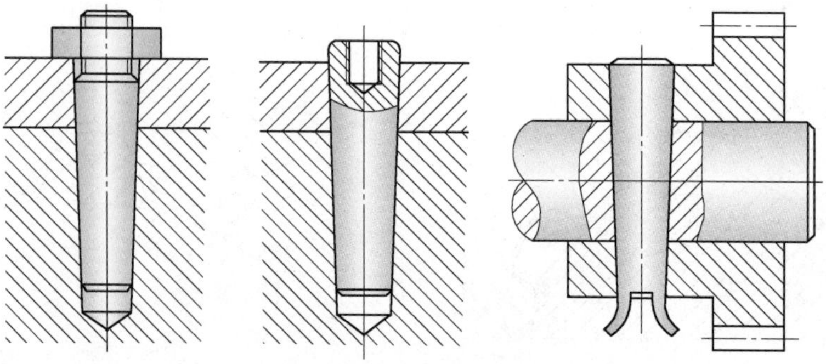

a)　　b)　　c)

图 13-24　端部带螺纹的圆锥销和开尾圆锥销

连接。两零件装配后，由于材料的弹性变形，在配合面间产生很大的压力，工作时靠此径向力产生的摩擦力来传递载荷。过盈量越大，连接越牢固，传递的载荷就越大。

过盈连接结构简单，对中性好，连接强度高，承载能力大，能承受变载荷和冲击载荷；但装配时会擦伤配合面，配合边缘产生应力集中，且装配困难。过盈量较大的配合不能实现多次拆装。

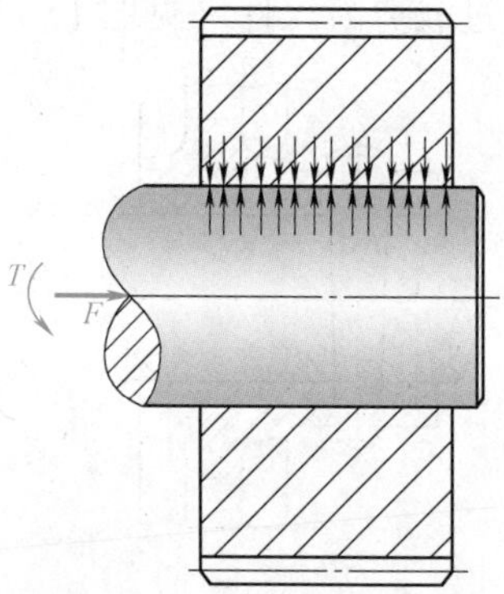

图 13-25　过盈配合连接

思 考 题

13-1　轴按承受的载荷情况，可分哪三种类型？并举例说明。

13-2　轴对材料的要求有哪些？说明轴的常用材料。

13-3　轴的结构设计的主要内容有哪些？

13-4　零件在轴上轴向和周向固定的方法有哪些？各有什么特点？

13-5　说明计算当量弯矩 $M_{ca}=\sqrt{M^2+(\alpha T)^2}$ 的公式中 α 的意义？如何确定其值？

13-6　平键连接、半圆键连接、楔键连接各自的工作面和失效形式是什么？

习　　题

13-1　一台由电动机直接驱动的风机，电动机的功率为 7.5kW，轴的转速 $n=1445\text{r/min}$，轴的材料为 45 钢，试估算轴的最小直径。

13-2　图 13-26 所示为单级直齿圆柱齿轮减速器的输出轴，齿轮与两轴对称布置，轴的转速为 330r/min，传递的功率为 22kW，轴的材料为 45 钢，试按当量弯矩计算该危险截面的直径。

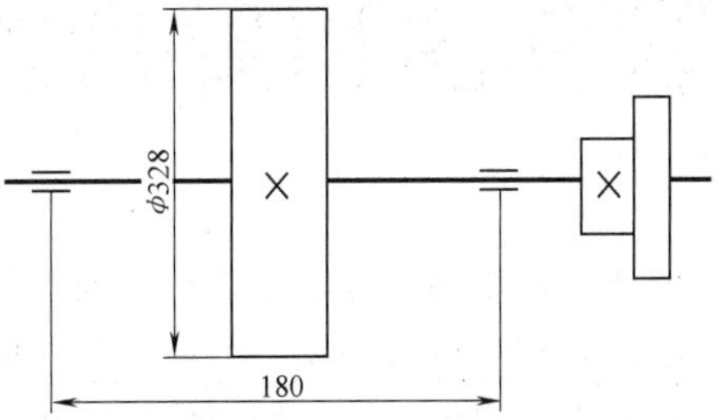

图 13-26　习题 13-2 图

13-3　指出图 13-27 中轴的结构有哪些错误，并画出改进的结构图。

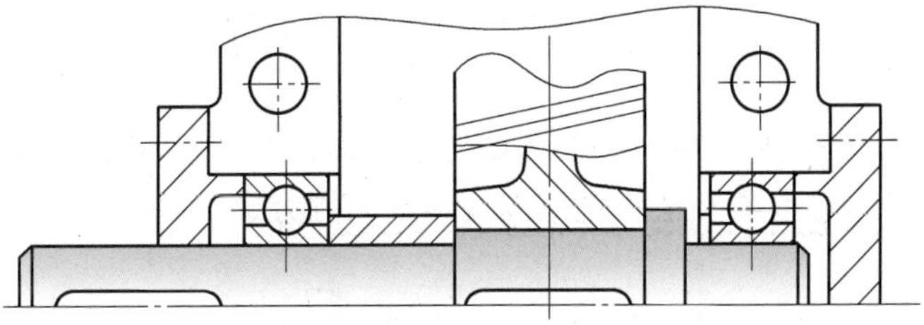

图 13-27　习题 13-3 图

13-4　一齿轮装在轴上，采用 A 型普通平键连接，齿轮、轴、键均采用 45 钢，轴径 $d=80\text{mm}$，轮毂长度 $L=150\text{mm}$，传递转矩 $T=2000\text{N}\cdot\text{m}$，工作中有轻微冲击，试确定平键的尺寸和标记并验算连接的强度。

14 第十四章

联轴器和离合器

联轴器和离合器是机械传动中常用的部件，主要用于轴与轴之间的连接，用以传递运动和转矩。用联轴器连接的两轴，只有在机械停止工作后，经过拆卸，才能使两轴分离；用离合器连接的两轴，则可在机械工作过程中就能方便地使其分离或接合。

联轴器和离合器现大多已标准化，设计时一般可参考手册选用，必要时还需对其中某些零件进行验算。

第一节 联 轴 器

联轴器所连接的两根轴，由于制造、安装等原因，常产生相对位移，如图 14-1 所示。这就要求联轴器在结构上具有补偿一定范围偏移量的能力。

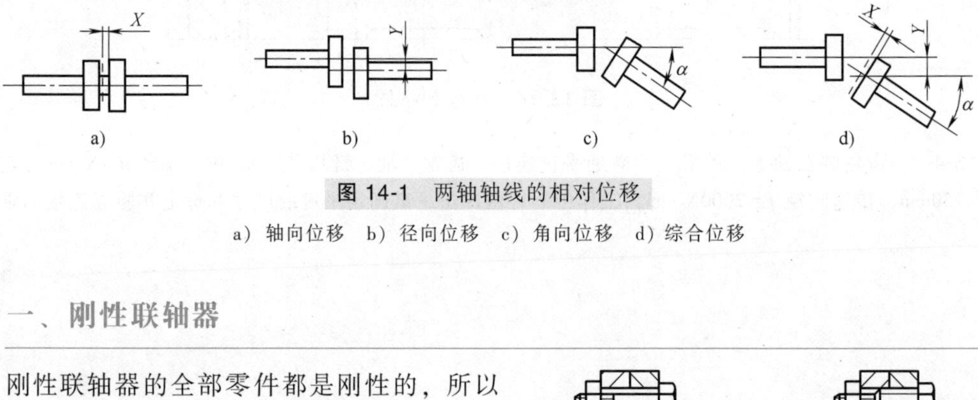

图 14-1 两轴轴线的相对位移

a）轴向位移 b）径向位移 c）角向位移 d）综合位移

一、刚性联轴器

刚性联轴器的全部零件都是刚性的，所以在传递载荷时无法补偿两轴间的相对位移，不能缓和冲击和吸收振动。它的优点是结构简单，价格低廉。

1. 凸缘联轴器

凸缘联轴器是刚性联轴器中应用最为广泛的一种。它是由两个带有凸缘的半联轴器和连接螺栓组成，如图 14-2 所示。它有两种对中方式：一种是用两半联轴器分别具有的凸肩与凹

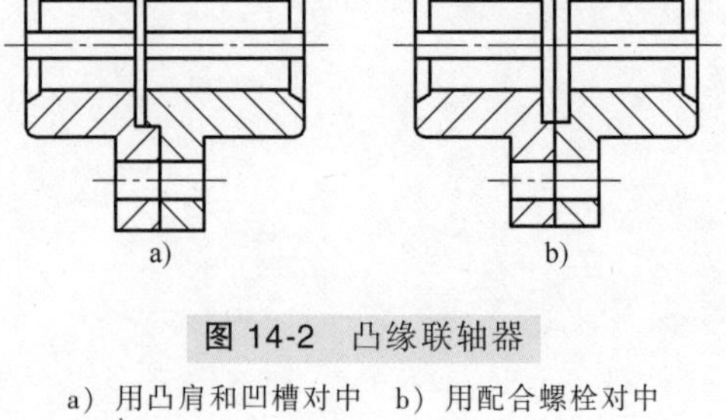

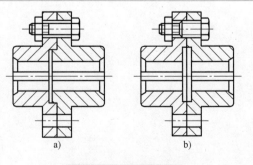

图 14-2 凸缘联轴器

a）用凸肩和凹槽对中 b）用配合螺栓对中

槽相配合而对中（见图 14-2a），对中精度高，但装拆时需做轴向移动；另一种是用配合螺栓连接对中（见图 14-2b），装拆时轴不需要做轴向移动，但螺栓孔需配铰。

工作时，前者靠两个半联轴器接合面间的摩擦力来传递转矩；后者靠螺栓杆的剪切和螺栓杆与孔壁的挤压来传递转矩，这种方式传递转矩的能力较强。

凸缘联轴器结构简单，工作可靠，刚性好，使用和维护方便，可传递大的转矩，但它对两轴的对中性要求较高。主要用于两轴对中精度良好、载荷平稳、转速不高的传动场合。

2. 套筒联轴器

如图 14-3 所示，套筒采用键、销等连接方式与两轴相连接。套筒与轴采用键连接时，可传递较大的转矩，但必须用紧定螺钉做轴向固定；套筒与轴采用销钉连接时，只能传递较小的转矩。由于套筒联轴器径向尺寸较小、结构简单紧凑、易于制造，所以在机床中应用广泛。但这种联轴器装拆不方便，两轴对中性要求较高。适应于低速、轻载、无冲击、安装精度高的场合。

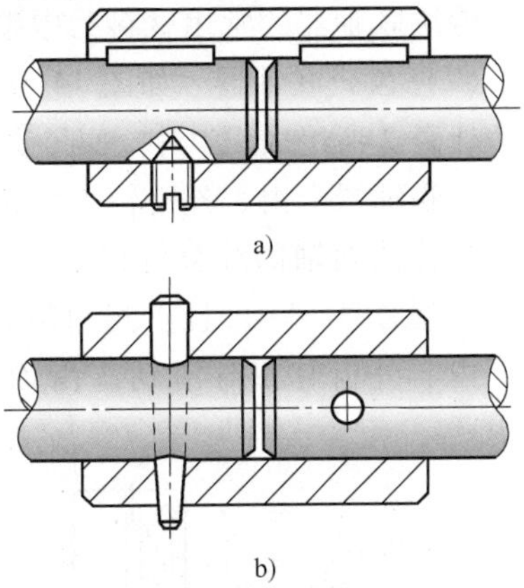

图 14-3　套筒联轴器

a）平键连接　b）圆锥销连接

二、挠性联轴器

1. 无弹性元件的挠性联轴器

挠性联轴器是利用联轴器中元件间的相对滑动来补偿两轴间的相对偏移。此类联轴器承载能力较大，但因无弹性元件而不能缓冲吸振。

（1）滑块联轴器　如图 14-4 所示，滑块联轴器是由两个端面上开有凹槽的半联轴器 1、3 和两侧有凸榫的中间圆盘 2 组成。中间圆盘上两面凸榫在直径方向上相互垂直，安装时分别嵌入 1、3 的凹槽中。半联轴器 1、3 分别固定在主、从动轴上。

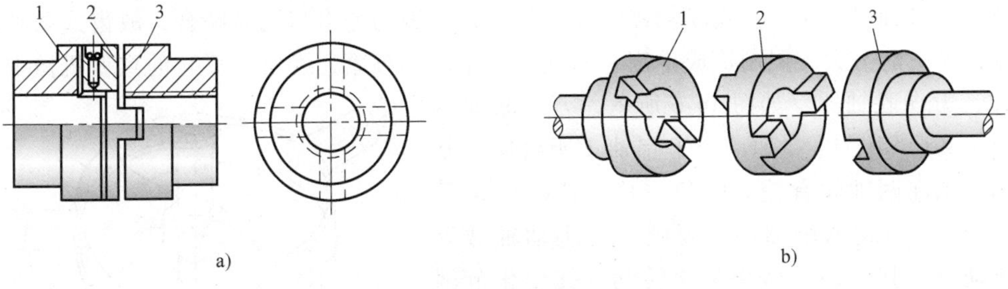

图 14-4　滑块联轴器

a）结构图　b）线形图

1、3—半联轴器　2—中间圆盘

联轴器工作时，十字滑块随两轴转动，同时滑块上的两榫可在两半联轴器的凹槽中滑动，以补偿两轴的径向位移。其允许的径向位移较大（$\leqslant 0.04d$，d 为轴径，单位为 mm），并允许有不大的角位移和轴向位移。

滑块联轴器有结构简单、制造方便、可适应两轴间的综合偏移等优点。但由于十字滑块做偏心转动，工作时会产生较大的离心力，故仅适用于低速、无冲击的场合。为减轻摩擦和磨损，提高其传动效率，需定期进行润滑。

滑块联轴器的常用材料为中碳钢，并需进行表面淬火处理。

（2）齿式联轴器　如图 14-5a 所示，齿式联轴器是由带外齿的两个套筒 1 和带有内齿的两个外壳 2 所组成。其中，两个外壳用螺栓 3 连成一体，两个内套筒通过键和主、从动轴相连。半联轴器上内、外齿轮齿数相等且相互啮合，工作时靠齿的啮合传递转矩。

为补偿两轴的综合位移，常将外齿轮的外圆制成球面（球心在轴线上），齿侧制成鼓形齿（见图 14-5b）且齿侧间隙较大，所以允许两轴发生综合位移。齿式联轴器在工作时，内、外齿有相对滑动，齿面产生磨损，因而，工作时要保证轮齿间可靠的润滑及密封。

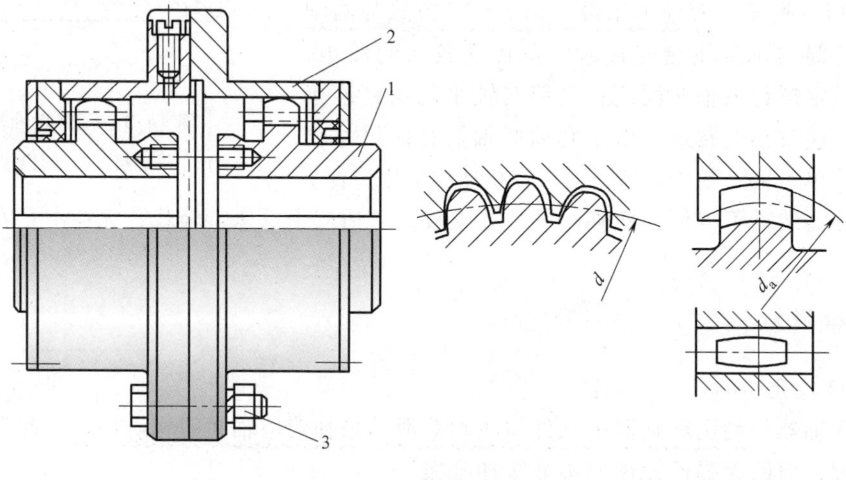

图 14-5　齿式联轴器

1—套筒　2—外壳　3—螺栓

与滑块联轴器相比，齿式联轴器的转速较高，且因为是多齿同时啮合，故齿式联轴器工作可靠，承载能力大，但制造成本高。一般多用于起动频繁，经常正反转的重型机械中。

（3）万向联轴器　如图 14-6 所示，万向联轴器是由两个叉形零件 1、2 和一个十字轴 3 所组成。万向联轴器允许两轴间有较大的角位移，其夹角 α 可达 40°~45°。万向联轴器的主要缺点是主动轴做等角速转动时，其从动轴做变角速转动，其变化范围为 $\omega_1\cos\alpha \leqslant \omega_2 \leqslant \omega_1/\cos\alpha$。因而，在传动时将引起附加动载荷。

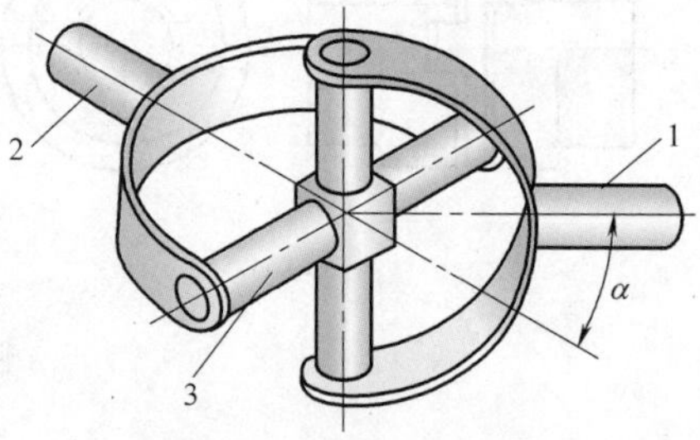

图 14-6　万向联轴器示意图

1、2—叉形零件　3—十字轴

为克服这一缺点，可采用双万向联轴器，如图 14-7 所示。双万向联轴器可使两次角速度变动的影响相互抵消，从而使主动轴 1 与从动轴 2 同步转动，即 $\omega_1=\omega_2$。但各种相互位置必须满足以下两点：

1）主动轴 1、从动轴 2 与中间轴 C 之间的夹角相同，即 $\alpha_1=\alpha_2$。

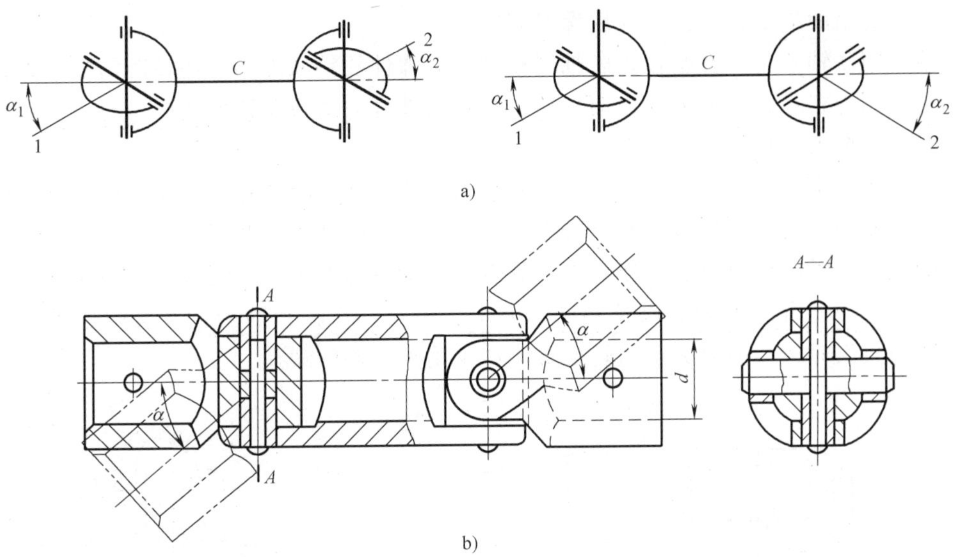

图 14-7　双万向联轴器

a）工作示意图　b）剖视图

2）中间轴两端叉面必须位于同一平面内。

因中间轴的角速度仍是变化的，所以转速不能过高。十字轴万向联轴器结构紧凑，维护方便，在汽车、多头钻床等机器中得到广泛应用。

2. 有弹性元件的挠性联轴器

这类联轴器因装有弹性元件，不但可以靠弹性元件的变形来补偿两轴间的相对位移，而且具有缓冲、吸振的能力。故这种联轴器广泛应用于经常正反转、起动频繁的场合。

弹性元件的材料有金属和非金属两种。金属弹性元件强度高、尺寸小、寿命长，但成本高；非金属弹性元件常用橡胶、尼龙、工程塑料等制成，重量轻，且缓冲吸振性能较好，但它的强度较低、易老化、性能受环境条件影响较大，使用范围受到一定的限制。目前，弹性联轴器应用十分普遍。

（1）弹性套柱销联轴器　弹性套柱销联轴器其结构与凸缘联轴器相似，只是用带有弹性套的柱销代替了连接螺栓。弹性套的材料采用橡胶，截面形状如图 14-8 所示，半联轴器与轴的配合孔可制成锥形或圆柱形，装弹性套的半联轴器通常与从动轴相连接。

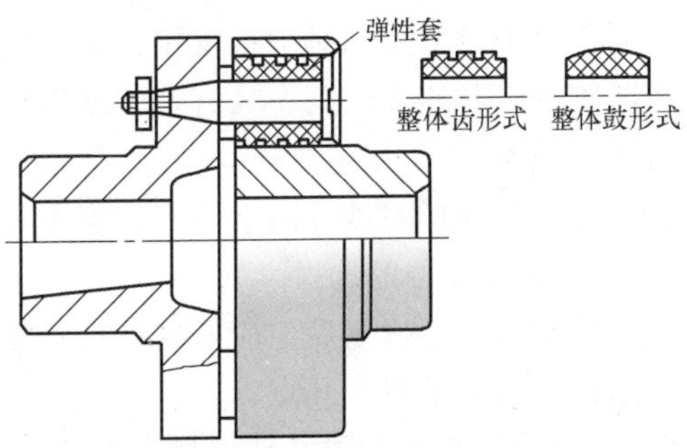

图 14-8　弹性套柱销联轴器截面形状

半联轴器的材料常用 35 钢或 ZG270—500；柱销材料多用 35 钢。

弹性套柱销联轴器结构简单、装拆方便、成本较低，常用来连接载荷较平稳、需正反转或频繁起动，传递中小转矩的高、中速轴。

（2）弹性柱销联轴器　如图 14-9 所示，弹性柱销联轴器的弹性元件为尼龙材料的柱销。为增大角位移的补偿能力，其形状一般制成一端为圆柱形，另一端为腰鼓形。同时为防止柱销脱落，在柱销两端配置了挡板并用螺钉固定。

弹性柱销联轴器与弹性套柱销联轴器相似，但弹性柱销联轴器传递转矩的能力大，结构更为简单，制造容易，更换方便，而且柱销的耐磨性好。适应于速度适中、有正反转或起动频繁、对缓冲要求不高的场合。

（3）轮胎式联轴器　如图 14-10 所示，轮胎式联轴器中间的弹性元件是由橡胶或橡胶织物制成的轮胎环，两端用压板和螺钉分别固结在两个半联轴器的凸缘上。

轮胎式联轴器结构简单、工作可靠、具有良好的综合位移补偿能力和缓冲吸振的能力。适应于起动频繁、有冲击振动以及潮湿、多尘、相对位移较大的场合。缺点是径向尺寸较大，当转矩较大时，会因过大的扭转变形而产生附加的轴向载荷。

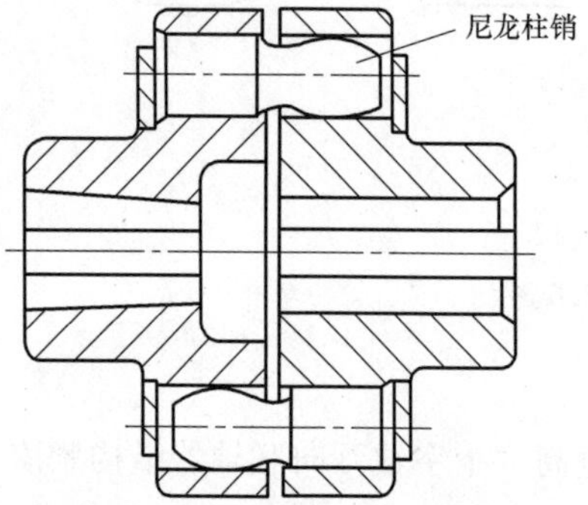

图 14-9　弹性柱销联轴器

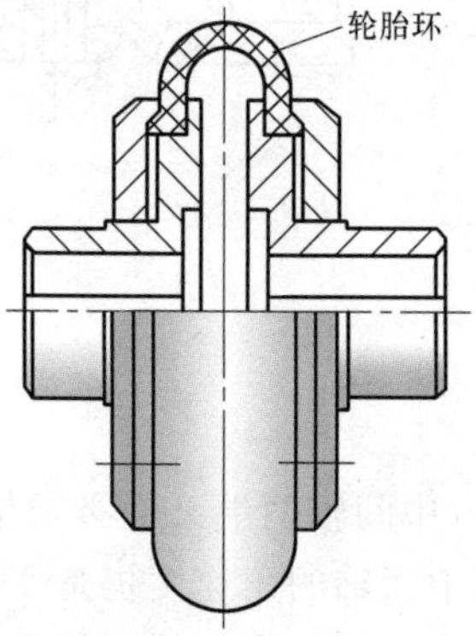

图 14-10　轮胎式联轴器

三、联轴器的选择

标准联轴器的选择包括联轴器的类型选择和尺寸型号的选择。

1. 联轴器类型的选择

选择联轴器类型的原则是联轴器的使用要求和类型特性一致。

通常对中、低速和对中精度刚性较好的轴，可选刚性联轴器；对轴线相交的两轴，选用万向联轴器；对速度较高、且有冲击或振动的轴，选用弹性联轴器；对大功率重载传动，选用齿式联轴器。

由于类型选择时涉及因素较多，也可参考以往使用联轴器的经验进行选择。

2. 联轴器型号的选择

在联轴器类型确定后，应根据计算转矩、轴的转速等，由手册标准选择合适的联轴器型号。选择时应满足以下几点：

1）计算转矩不超过联轴器最大许用转矩。

2）轴径应符合联轴器的孔径范围。

3）转速不超过联轴器的许用转速。

转矩 T_C 按下式计算：

$$T_C = K_A T \tag{14-1}$$

式中，T 为名义转矩，单位为 N · mm；K_A 为工作情况系数，见表 14-1。

表 14-1　工作情况系数 K_A

工作机		原动机			
工作情况	实　例	电动机 汽轮机	四缸以上 内燃机	双缸 内燃机	单缸 内燃机
转矩变化很小	发电机、小型通风机、小型离心泵	1.3	1.5	1.8	2.2
转矩变化小	透平压缩机、木工机床、运输机	1.5	1.7	2.0	2.4
转矩变化中等	搅拌机、增压泵、往复式压缩机、压力机	1.7	1.9	2.2	2.6
转矩变化中等，有冲击	拖拉机、织布机、水泥搅拌机	1.9	2.1	2.4	2.8
转矩变化大，有强烈冲击	造纸机、挖掘机、超重机、碎石机	2.3	2.5	2.8	3.2
转矩变化大，有强烈冲击	压延机、轧钢机	3.1	3.3	3.6	4.0

第二节　离　合　器

根据工作原理的不同，离合器可分为嵌入式和摩擦式两类。它们分别靠牙的相互嵌合和工作的摩擦力来传递转矩。离合器还可以按控制离合的方法不同，分为操纵式和自动式两类。下面介绍几种典型的离合器。

一、牙嵌离合器

牙嵌离合器是嵌入式离合器中的常用类型，如图 14-11 所示，它是由两个半离合器 1、2 组成的。其中半离合器 1 固定在主动轴上，而半离合器 2 则安装在从动轴上并可沿导向平键 3 移动。工作时，利用操纵杆移动滑环 4，使半离合器 2 做轴向移动，从而实现离合器的接合或分离。牙嵌离合器是依靠牙的相互嵌合来传递转矩的。为便于两轴对中，在主动轴端的半联轴器上固定一个对中环 5，从动轴端则可在对中环内自由移动。

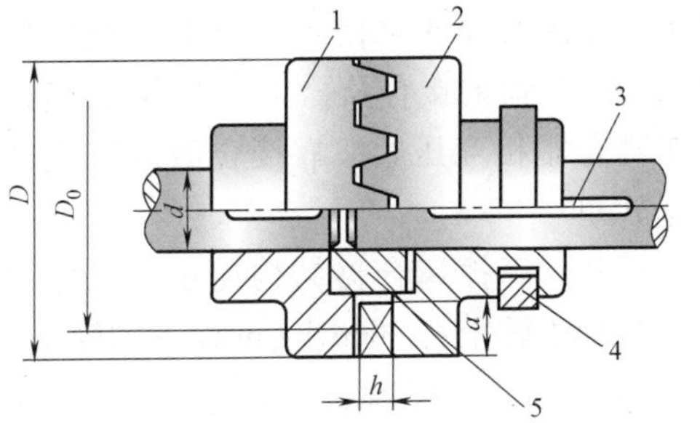

图 14-11　牙嵌离合器

1、2—半离合器　3—导向平键　4—滑环　5—对中环

牙嵌离合器常用的牙型如图 14-12 所示，有三角形、梯形和锯齿形三种。三角形牙用于传递中小转矩的低速离合器；梯形、锯齿形牙强度较高，都能传递较大的转矩。梯形牙能自动补偿磨损后的间隙，从而减少冲击，故应用较为广泛；锯齿形牙的强度最高，承载能力最大，但仅能单向工作。

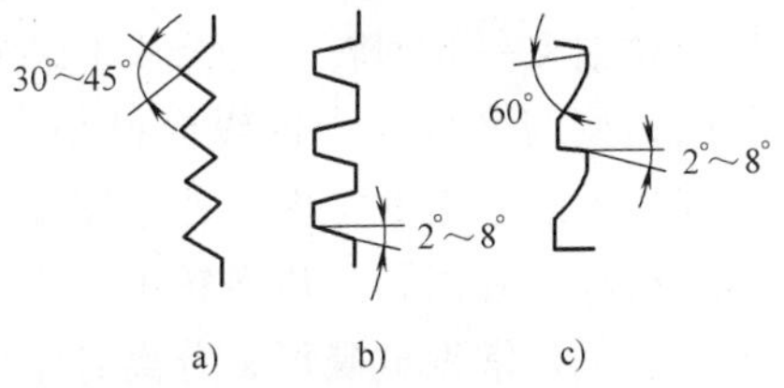

图 14-12　牙嵌离合器的牙型

a) 三角形　b) 梯形　c) 锯齿形

牙嵌离合器传递转矩的能力主要取决于牙的耐磨性和强度。必要时应验算牙面上的压强 p 及牙根弯曲应力 σ_b：

$$p=\frac{2K_A T}{zD_0 A}\leqslant[p] \tag{14-2}$$

$$\sigma_b = \frac{K_A Th}{WD_0 z} \leqslant [\sigma_b] \tag{14-3}$$

式中，z 为半离合器上牙的数目；D_0 为牙的平均直径，单位为 mm；A 为每个牙的接触面积，单位为 mm^2，即 $A=ah$，其中 a 为牙的宽度，h 为牙的高度，单位为 mm；W 为牙的抗弯截面系数；$[p]$ 为许用压强，在静止时接合，$[p]=90\sim120MPa$，在运转时接合，$[p]=50\sim70MPa$；$[\sigma_b]$ 为许用弯曲应力，在静止时接合，$[\sigma_b]=\sigma_s/1.5MPa$，在运转时接合，$[\sigma_b]=\sigma_s/5MPa$。

牙嵌离合器结构简单、尺寸紧凑、能传递较大的转矩。但接合时有冲击，只能在静止或低速时接合。

为提高耐磨性，牙面应有较高的硬度。牙嵌离合器常用材料为低碳钢渗碳淬火或中碳钢表面淬火，热处理后其牙面硬度可达 56~62HRC 或 48~58HRC；不重要的或静止状态接合的离合器也可用铸铁（HT200）制造。

二、圆盘摩擦离合器

圆盘摩擦离合器可分为单片式和多片式两种。

1. 单片式摩擦离合器

如图 14-13 所示，单片式摩擦离合器是由两个半离合器 1、2 组成的。其中，半离合器 1 固定在主动轴上；半离合器 2 安装在从动轴上并可沿导向平键移动；操纵滑环 3 可使半离合器 2 做轴向移动，从而实现离合器的接合及分离。工作时，轴向力 F_a 使两半离合器相互压紧，靠接合面间产生的摩擦力来传递转矩。

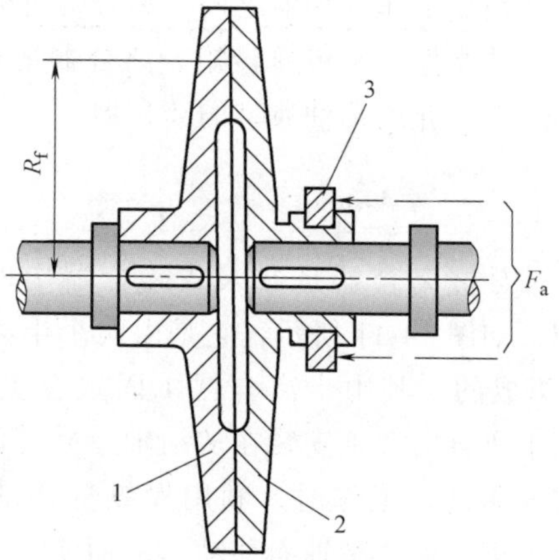

图 14-13　单片式摩擦离合器

单片式摩擦离合器结构简单，但传递的转矩较小，多用于转矩在 2000N · m 以下的轻型机械。

2. 多片式摩擦离合器

如图 14-14 所示，多片式摩擦离合器是由外摩擦片 5、内摩擦片 6 和外鼓轮 2、套筒 4 组成的。外鼓轮 2 安装在主动轴 1 上，套筒 4 与从动轴 3 相连接。外鼓轮中装有一组外摩擦片 5，它的外缘凸齿插入外鼓轮 2 的纵向凹槽中，而它的内孔不与任何零件接触，故外摩擦片可与主动轴 1 一起回转。套筒 4 上装有一组内摩擦片 6，它的外缘不与任何零件相接触，而内孔凸齿则与套筒 4 上的纵向槽相连接，因而带动从动轴 3 一起回转。当滑环 7 向左移动时，杠杆 8 经压板 9 将内、外摩擦片压紧，离合器进入接合状态，靠摩擦片产生的摩擦力使主、从动轴一起回转，传递转矩。当滑环 7 向右移动时，则使两组摩擦片放松，离合器即分离。内摩擦片常做成碟形，分离时摩擦片能自行弹开。另外，螺母 10 用来调整摩擦片间的压力。

多片式摩擦离合器的优点是径向尺寸小而承载能力大、连接平稳、适用载荷范围大，应用较广。其缺点是片数多、结构复杂、离合动作缓慢，并且发热、磨损较严重。

与牙嵌离合器相比，摩擦离合器的优点是：两轴能在任何转速下接合或分离；接合过程平稳，冲击振动小；从动轴的加速过程和所传递的最大转矩是可调节的；过载时会发生打滑，可避免其他零件的损坏。其缺点主要是：结构复杂、成本高；接合、分离时摩擦片产生

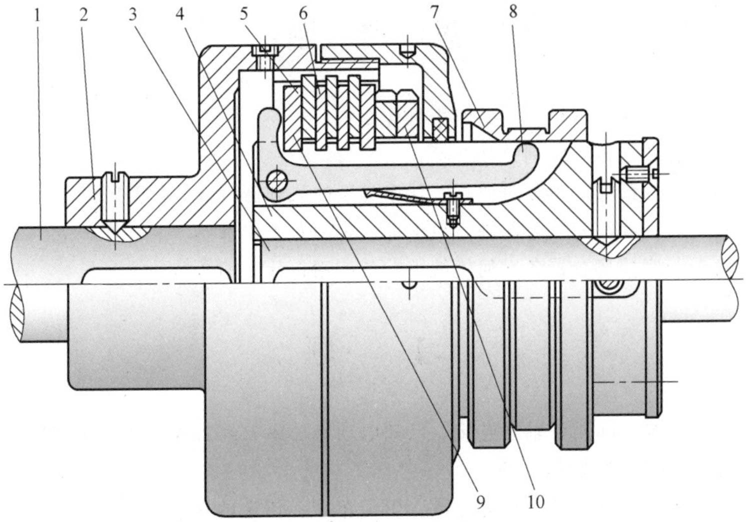

图 14-14 多片式摩擦离合器

1—主动轴 2—外鼓轮 3—从动轴 4—套筒 5—外摩擦片 6—内摩擦片
7—滑环 8—杠杆 9—压板 10—螺母

相对滑动，引起发热及磨损。为了散热和减轻磨损，可以把离合器浸入油中工作。根据是否浸入润滑油中工作，摩擦离合器又分为干式和油式两种。

摩擦离合器除用上述机械操纵外，也可利用电磁力操纵，称为电磁摩擦离合器。电磁摩擦离合器可实现自动控制，快速接合及远距离操纵，因而在数控机床等机械中获得了广泛应用。

三、定向离合器

图 14-15 所示为滚柱式定向离合器，它由星轮 1、套筒 2、滚柱 3 及弹簧顶杆 4 等组成。星轮和套筒均可作为主动件。当星轮主动并做顺时针转动时，滚柱受摩擦力带动朝进一步楔紧的方向滚动，于是套筒随星轮一起回转，离合器处于接合状态；而当星轮反向回转时，滚柱滚向楔形槽的大端，套筒便不随星轮回转，离合器处于分离状态。所以，此离合器只能单向传递转矩，称为定向离合器。

当套筒随星轮做顺时针回转的同时，如果套筒又从另一运动系统获得同旋向而转速较高的运动时，此时从动件套筒的转速超过主动件星轮的转速，将不能带动主动件回转，则离合器处于分离状态，因此又称为超越离合器。

由于滚柱式定向离合器具有定向及超越作用，尺寸小，工作时无噪声，可实现高速中接合，因此常用于车辆、机床等机械中。

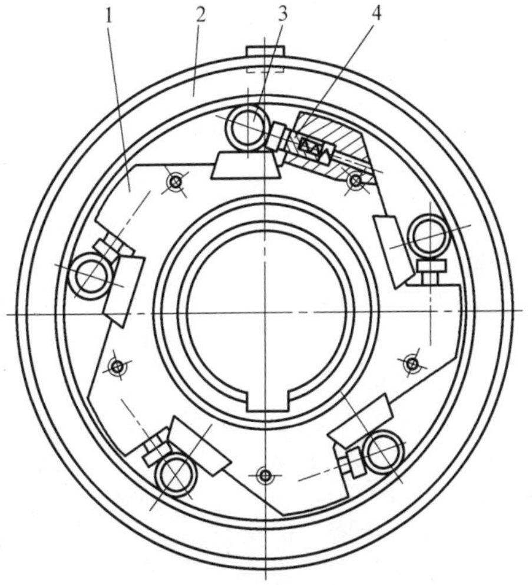

图 14-15 滚柱式定向离合器

1—星轮 2—套筒 3—滚柱 4—弹簧顶杆

思　考　题

14-1　联轴器、离合器在机械设备中的作用是什么？

14-2　联轴器和离合器的根本区别是什么？

14-3　为什么被连接两轴会产生相对偏移？什么类型的联轴器可以补偿两轴的综合偏移？

14-4　为什么挠性联轴器在安装时两轴应该保证一定的对中要求？

14-5　牙嵌离合器与摩擦离合器各有何优缺点？各应用在什么场合？

习　　题

14-1　电动机与离心泵之间用联轴器连接。已知电动机功率 $P=11\text{kW}$，转速 $n=960\text{r/min}$，电动机外伸端直径为 42mm，试选择联轴器型号。

14-2　如图 14-14 所示的滚柱式定向离合器，用于车床，传递的功率为 1.7kW，转速为 500r/min。若 $D_1=80\text{mm}$，$D_2=120\text{mm}$，摩擦片材料用淬火钢，油浴润滑，摩擦片间的压紧力 $F_a=2000\text{N}$，问需要多少片摩擦片才能实现上述要求（注意区分摩擦面数和摩擦片数）？

第十五章

弹　簧

第一节　弹簧的功用和类型

由于弹簧具有承载后变形大而弹性好的特性，所以在机械设备中被广泛地使用。

一、弹簧的主要功用

（1）缓冲和吸振　如汽车、火车车厢下的减振弹簧和精密设备中的隔振弹簧。

（2）控制机构运动及构件位置　如内燃机中的气门弹簧能保证使气门与凸轮保持接触，离合器中的控制弹簧能保证各摩擦片之间保持接触。

（3）测量力的大小　如弹簧秤、测力器中的弹簧都是用来秤重或测力的。

（4）储存能量　如钟表、仪器和玩具中的盘簧都能储存并供给仪表和玩具所需的能量。

二、弹簧的类型

弹簧的类型很多，表 15-1 列出了弹簧的类型、特点及应用。

表 15-1　弹簧的类型、特点及应用

类　型	简　图	特点与应用
圆柱螺旋弹簧	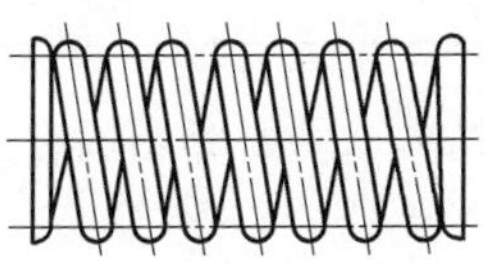	承受压缩。结构简单，制造方便，刚度稳定，应用最广
	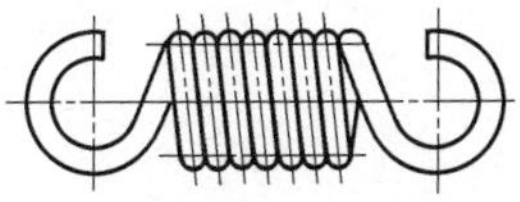	承受拉伸。结构简单，制造方便，刚度较稳定，应用较广
	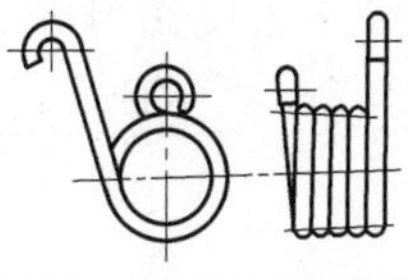	承受扭转。主要用于各种装置的压紧、储能或传递转矩

（续）

类　型	简　图	特点与应用
圆锥螺旋弹簧	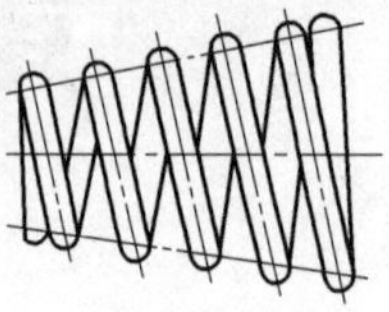	承受压缩。其结构紧凑，稳定性好，可防止共振。主要用于承受较大载荷和减振
碟形弹簧	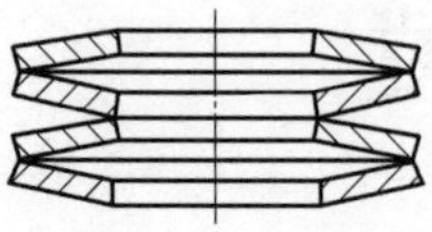	承受压缩。刚度大，缓冲、吸振性强，主要用于要求缓冲和减振能力强的重型机械
环形弹簧	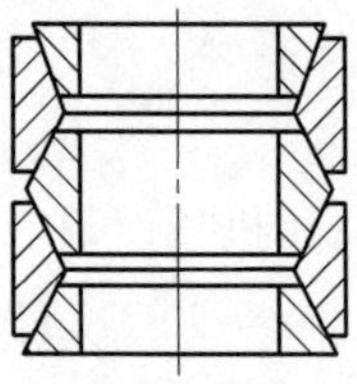	承受压缩。能吸收较多的能量，因此具有很高的减振性。常用于重型设备的缓冲装置
盘簧	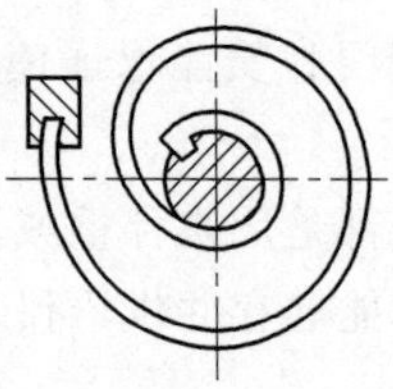	承受扭转。储存的能量随圈数的增多而增大。多用于钟表、仪器的储能装置
板弹簧	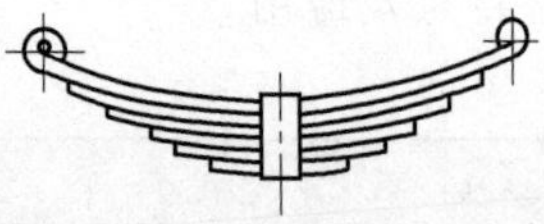	承受弯曲。缓冲减振性好。主要用于汽车、拖拉机、火车车辆等悬挂装置中

由于圆柱螺旋弹簧在机械设备中应用最多，所以本章主要介绍圆柱螺旋弹簧。

第二节　圆柱螺旋弹簧的材料和许用应力

一、弹簧的材料

在机械设备中弹簧不仅要求有较大的变形，而且经常还要受到冲击和交变载荷，因此作为弹簧的材料既要有高的弹性极限和屈服强度，又要具备一定的冲击韧性和疲劳极限，还要具备良好的热处理性能、热稳定性和工艺性能。

常用的弹簧材料有碳素钢、合金钢和青铜，见表15-2。

二、弹簧的许用应力

弹簧的许用应力与材料品质、热处理方法、载荷性质、工作条件以及弹簧丝直径有关。表 15-2 列出了弹簧的许用应力。它主要考虑了以下几方面的因素：

表 15-2 弹簧常用材料和许用应力

材料及代号	许用切应力[τ]/MPa			许用弯曲应力[σ_b]/MPa		推荐使用温度/℃	推荐硬度(HRC)	特性及用途
	Ⅰ类弹簧	Ⅱ类弹簧	Ⅲ类弹簧	Ⅱ类弹簧	Ⅲ类弹簧			
碳素弹簧钢丝 SL 型、SM 型、DM 型、SH 型、DH 型	$0.3\sigma_b$	$0.4\sigma_b$	$0.5\sigma_b$	$0.5\sigma_b$	$0.625\sigma_b$	-40~130		强度高,性能好,用于小尺寸弹簧 65Mn 弹簧钢丝用作重要弹簧
65Mn								
60Si2Mn 60Si2MnA	480	640	800	800	1000	-40~200	40~50	弹性好,回火稳定性好,易脱碳,用于承受大载荷弹簧
50CrVA	450	600	750	750	940	-40~200	40~50	疲劳性能好,淬透性、回火稳定性好
不锈钢丝 1Cr18Ni9 1Cr18Ni9Ti	330	440	550	550	690	-200~300		耐腐蚀,耐高温,有良好的工艺性,适用于小弹簧

注：1. 碳素弹簧钢丝按力学性能及载荷特点分为 SL、SM、DM、SH、DH。

2. 各类螺旋拉、压弹簧的极限工作应力为 τ_{lim}。对于Ⅰ类、Ⅱ类弹簧 $\tau_{lim} \leqslant 0.5\sigma_b$。对于Ⅲ类弹簧 $\tau_{lim} \leqslant 0.56\sigma_b$。

3. 拉伸弹簧的许用应力为表中数值的 80%。

4. 经强压处理的弹簧，其许用应力值可提高 25%。

(1) 载荷性质　按载荷性质将弹簧和许用应力分为三类：

Ⅰ类——受变载荷作用次数在 10^6 次以上以及重要的弹簧，如内燃机弹簧。

Ⅱ类——受变载荷作用次数在 10^3 ~ 10^5 次及承受冲击载荷的弹簧，如一般车辆弹簧。

Ⅲ类——受变载荷作用次数在 10^3 次以下的，这种弹簧可看作承受静载荷作用，如安全阀弹簧。

(2) 重要程度　重要的弹簧（指损坏后能影响到整机性能），应降低许用应力的数值。

(3) 直径大小　线材直径越小，组织越细密，抗拉强度 σ_b 应当越高，碳素弹簧钢丝的抗拉强度 σ_b 与 d 之间的关系见表 15-3。碳素弹簧钢丝按力学性能分 SL 型、SM 型、DM 型、SH 型和 DH 型。

表 15-3 弹簧钢丝的抗拉强度要求（摘自 GB/T 4357—2009）

钢丝公称直径/mm	碳素弹簧钢丝的抗拉强度/MPa				
	SL 型	SM 型	DM 型	SH 型	DH 型
1.25	1660~1900	1910~2130	1910~2130	2140~2380	2140~2380
1.30	1640~1890	1900~2130	1900~2130	2140~2370	2140~2370

（续）

钢丝公称直径/mm	碳素弹簧钢丝的抗拉强度/MPa				
	SL 型	SM 型	DM 型	SH 型	DH 型
1.40	1620～1860	1870～2100	1870～2100	2110～2340	2110～2340
1.50	1600～1840	1850～2080	1850～2080	2090～2310	2090～2310
1.60	1590～1820	1830～2050	1830～2050	2060～2290	2060～2290
1.70	1570～1800	1810～2030	1810～2030	2040～2260	2040～2260
1.80	1550～1780	1790～2010	1790～2010	2020～2240	2020～2240
1.90	1540～1760	1770～1990	1770～1990	2000～2220	2000～2220
2.00	1520～1750	1760～1970	1760～1970	1980～2200	1980～2200
2.10	1510～1730	1740～1960	1740～1960	1970～2180	1970～2180
2.25	1490～1710	1720～1930	1720～1930	1940～2150	1940～2150
2.40	1470～1690	1700～1910	1700～1910	1920～2130	1920～2130
2.50	1460～1680	1690～1890	1690～1890	1900～2110	1900～2110
2.60	1450～1660	1670～1880	1670～1880	1890～2100	1890～2100
2.80	1420～1640	1650～1850	1650～1850	1860～2070	1860～2070
3.00	1410～1620	1630～1830	1630～1830	1840～2040	1840～2040
3.20	1390～1600	1610～1810	1610～1810	1820～2020	1820～2020
3.40	1370～1580	1590～1780	1590～1780	1790～1990	1790～1990
3.60	1350～1560	1570～1760	1570～1760	1770～1970	1770～1970
3.80	1340～1540	1550～1740	1550～1740	1750～1950	1750～1950
4.00	1320～1520	1530～1730	1530～1730	1740～1930	1740～1930
4.25	1310～1500	1510～1700	1510～1700	1710～1900	1710～1900
4.50	1290～1490	1500～1680	1500～1680	1690～1880	1690～1880
4.75	1270～1470	1480～1670	1480～1670	1680～1840	1680～1840
5.00	1260～1450	1460～1650	1460～1650	1660～1830	1660～1830
5.30	1240～1430	1440～1630	1440～1630	1640～1820	1640～1820

注：1. 钢丝按抗拉强度分类为低抗拉强度、中等抗拉强度和高抗拉轻度。
2. 中间尺寸钢丝抗拉强度值按表中相邻较大钢丝的规定执行。

第三节　圆柱螺旋弹簧的设计

一、弹簧的端部结构

拉伸弹簧各圈并紧且端部有挂钩，其端部结构如图 15-1 所示。挂钩结构有 LⅠ型（半圆型）、LⅡ型（圆型）、LⅦ型（可调式）、LⅧ型（可转式）四种结构形式。其中 LⅠ型具有装配空间较小，适宜于装配位置受到空间限制的场合，弯钩处应力较集中，易断裂。LⅡ型弯曲的曲率半径大，常用于旋绕比较小的拉簧；LⅦ型便于调整弹簧有效圈数，从而调整弹簧载荷，主要用于精密、重要和计量弹簧。LⅧ挂钩可任意转动，但钩环加工工艺复杂，非特殊场合不宜采用。

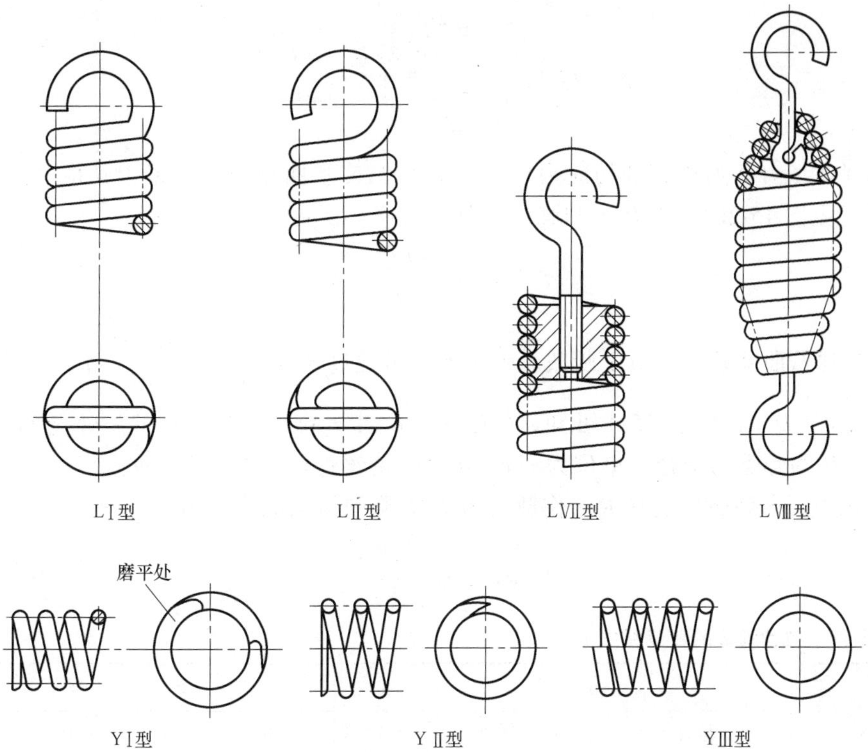

图 15-1　拉伸、压缩弹簧的端部结构

压缩弹簧在不受载荷时各圈间留有间隙 δ；弹簧的有效受力圈数用 n 表示；两端各有 3/4~5/4 圈（称为死圈或支承圈）并紧不参与变形，支承圈端部结构有 YⅠ型（磨平端）、YⅡ型（不磨平端）、YⅢ型（并紧不磨平）三种形式，YⅠ型结构能使弹簧端面与轴线垂直，用于较重要场合；磨平部分长度不应小于 3/4 圈，末端厚度近 $d/8$，d 为弹簧丝直径。

二、弹簧的应力、变形和特性曲线

1. 弹簧的应力与变形

（1）弹簧的应力　图 15-2a 所示为圆柱形螺旋压缩弹簧，F 为其承受的轴向载荷。用截面法分析，可得弹簧丝截面受剪切力 F 及扭矩 $T=FD/2$，扭矩引起的切应力为

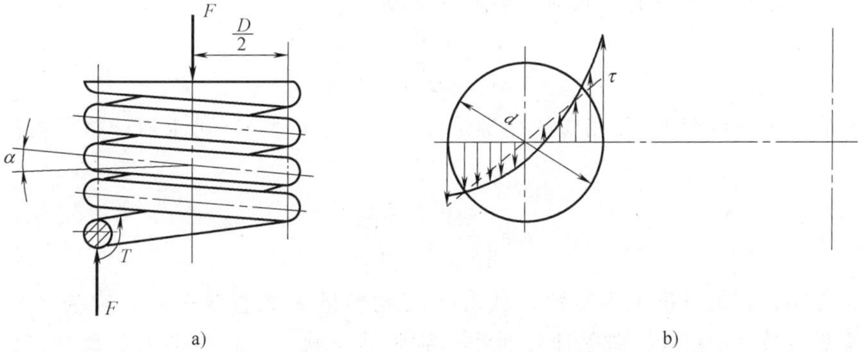

图 15-2　压缩弹簧的受力分析

$$\tau_T=\frac{T}{W_T}=\frac{F\frac{D}{2}}{\frac{\pi}{16}d^3}=\frac{8FD}{\pi d^3}=\frac{8FC}{\pi d^2}$$

考虑到剪切力 F 所引起的切应力以及弹簧呈螺旋状曲率影响，最大切应力 τ 应发生在弹簧内侧（见图 15-2b），其数值与强度条件应为

$$\tau=K\tau_T=K\frac{8FC}{\pi d^2}\leqslant[\tau] \tag{15-1}$$

式中，K 为弹簧曲度系数，对于圆截面弹簧丝，可通过式 $K=\frac{4C-1}{4C-4}+\frac{0.615}{C}$ 计算；C 为旋绕比（表 15-5），$C=D/d$，由表 15-4 可知，C 越大，K 对 τ 的影响越小；F 为弹簧的工作载荷，单位为 N；D 为弹簧的中径，单位为 mm；d 为弹簧丝直径，单位为 mm。

在上式中，若弹簧所受最大工作载荷为 F_2，则弹簧丝的直径为

$$d\geqslant 1.6\sqrt{\frac{KF_2C}{[\tau]}} \tag{15-2}$$

表 15-4　压缩、拉伸弹簧的曲度系数 K

C	4	5	6	7	8	9	10	12	14
K	1.4	1.31	1.25	1.21	1.18	1.16	1.14	1.12	1.1

表 15-5　旋绕比 C 的荐用值

d/mm	0.2~0.5	>0.5~1.1	>1.1~2.5	>2.5~7.0	>7.0~16	>16
C	7~14	5~12	5~10	4~9	4~8	4~16

拉伸弹簧的强度计算方法与压缩弹簧相同。

（2）弹簧的变形　在轴向载荷 F 作用下，弹簧产生轴向变形量 λ（mm）可根据材料力学关于圆柱形螺旋弹簧变形量的公式求得，即

$$\lambda=\frac{8FD^3n}{Gd^4}=\frac{8FC^3n}{Gd} \tag{15-3}$$

式中，G 为弹簧材料的切变模量，单位为 MPa（钢为 80000MPa）。

使弹簧产生单位变形所需的载荷 k 称为弹簧刚度，则

$$k=\frac{F}{\lambda}=\frac{Gd^4}{8D^3n}=\frac{Gd}{8C^3n} \tag{15-4}$$

将弹簧最大工作载荷 F_2 和相应的变形量 λ_2 代入式（15-3）可求得弹簧所需的有效圈数 n 为

$$n=\frac{G\lambda_2d^4}{8F_2D^3}=\frac{G\lambda_2d}{8F_2C^3} \tag{15-5}$$

由上式可知，弹簧刚度 k 为常数，载荷 F 与变形量 λ 成直线关系；旋绕比 C 是影响弹簧性能的重要参数，C 越大，弹簧刚度越小，则弹簧越软，工作时会引起颤动；C 越小，弹簧刚度越大，卷绕时越困难；一般 C 为 4~16，常用范围为 5~10。

2. 弹簧的特性曲线

弹簧特性曲线是表示弹簧在弹性范围内工作时载荷 F 与变形量 λ 之间的关系曲线。利用弹簧特性曲线可以很方便地分析弹簧在工作时的受载与变形关系，它也是弹簧质量检验或实验的重要依据，所以要求弹簧的特性曲线应绘制在弹簧的工作图中。

图 15-3 所示为圆柱压缩弹簧的受力、变形曲线。H_0 为弹簧未受载荷时的自由高度；F_1 为弹簧在安装时为使弹簧紧贴在弹簧座上所加的预压力（弹簧所受最小载荷），此时变形量为 λ_1，弹簧高度为 H_1；F_2 为弹簧在工作中所受最大载荷，与之相应的变形量为 λ_2，弹簧高度为 H_2；F_3 为极限载荷，与之相应的变形量为 λ_3，弹簧高度为 H_3。

弹簧在工作中所承受最大载荷 F_2 时，应保证弹簧丝内的切应力 $\tau \leqslant [\tau]$（$[\tau]$ 为许用切应力）；承受极限载荷 F_3 时，应力 τ 不能超过剪切弹性极限，以免出现塑性变形，所以一般要求：Ⅰ类载荷时 $F_3=1.25F_2$；Ⅱ类载荷时 $F_3=1.2F_2$；Ⅲ类载荷时 $F_3=F_2$。最小载荷 $F_1=(0.2\sim0.5)F_2$。

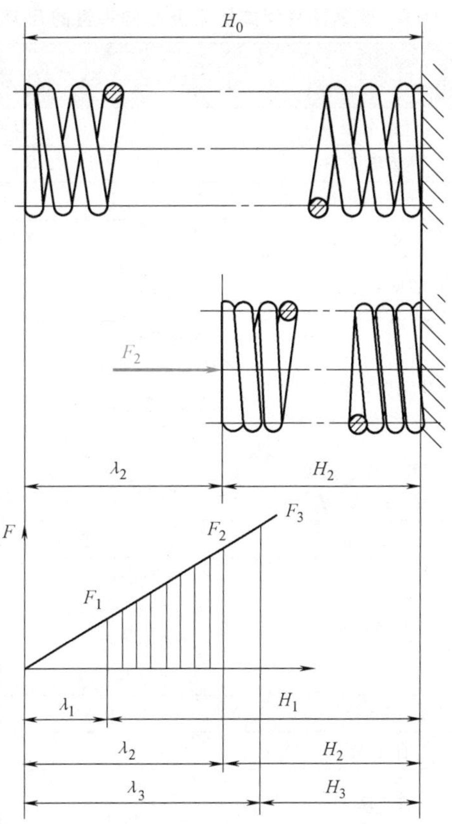

图 15-3 圆柱压缩弹簧的受力、变形曲线

圆柱螺旋拉伸弹簧与压缩弹簧都承受轴向载荷，参与变形部分的结构、尺寸相同，所以其应力、变形计算公式相同，特性曲线也相似。

三、圆柱螺旋弹簧的主要参数及几何尺寸计算

普通圆柱螺旋弹簧的主要参数包括弹簧丝直径 d、弹簧中径 D、有效圈数 n 和自由高度 H_0，其几何尺寸计算见表 15-6。对应的圆柱螺旋压缩弹簧的几何尺寸如图 15-4 所示。

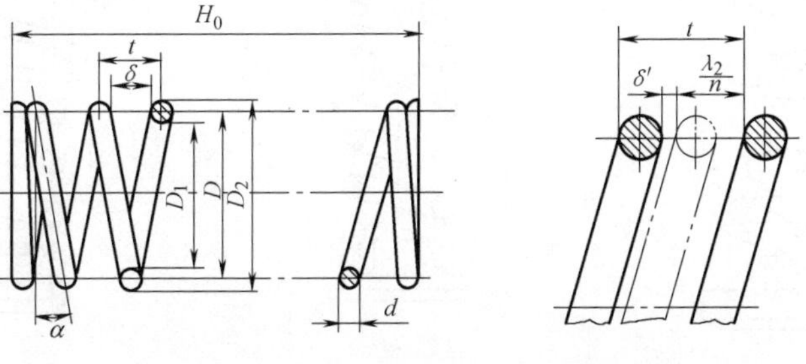

图 15-4 圆柱螺旋压缩弹簧的几何尺寸

圆柱螺旋压缩弹簧的长细比 b 过大时，承压时会丧失稳定，如图 15-5a 所示，一般取 $b\leqslant3.7$；否则，应在弹簧内侧加装导杆（见图 15-5b）或在外侧加装导套（见图 15-5c）。

表 15-6　普通圆柱螺旋压缩及拉伸弹簧的几何尺寸计算公式　　（单位：mm）

参数名称及代号	计算公式		备　　注
	压缩弹簧	拉伸弹簧	
弹簧中径 D	$D=Cd$		取标准值
弹簧内径 D_1	$D_1=D-d$		
弹簧外径 D_2	$D_2=D+d$		
旋绕比 C	$C=D/d$		
压缩弹簧长细比 b	$b=\dfrac{H_0}{D}$		b 在 1～5.3 范围内选取
自由高度或长度 H_0	两端并紧，磨平： $H_0\approx pn+(1.5\sim2)d$ 两端并紧，不磨平： $H_0\approx pn+(3\sim3.5)d$	$H_0=nd+H_h$	H_h 为钩环轴向长度
工作高度或长度 $H_1, H_2, \cdots, H_n$	$H_n=H_0-\lambda_n$	$H_0=H_0+\lambda_n$	λ_n 为工作变形量
有效圈数 n	根据要求变形量计算		$n\geqslant2$
总圈数 n_1	冷卷： $n_1=n+(2\sim2.5)$ YⅡ型热卷： $n_1=n+(1.5\sim2)$	$n_1=n$	拉伸弹簧 n_1 尾数为$\frac{1}{4}$、$\frac{1}{2}$、$\frac{3}{4}$、整圈，推荐用$\frac{1}{2}$圈
节距 p	$p=(0.28\sim0.5)D$	$p=d$	
轴向间距 δ	$\delta=p-d$	$\delta=0$	
展开长度 L	$L=\dfrac{\pi Dn_1}{\cos\alpha}$	$L\approx\pi Dn+L_h$	L_h 为钩环展开长度
螺旋角 α	$\alpha=\arctan\dfrac{p}{\pi D}$		对压缩螺旋弹簧，推荐 $\alpha=5°\sim9°$
质量 m_s	$m_s=\dfrac{\pi d^2}{4}L\gamma$		γ 为材料的密度，对各种钢，$\gamma=7700\text{kg/m}^3$；对铍青铜，$\gamma=8100\text{kg/m}^3$

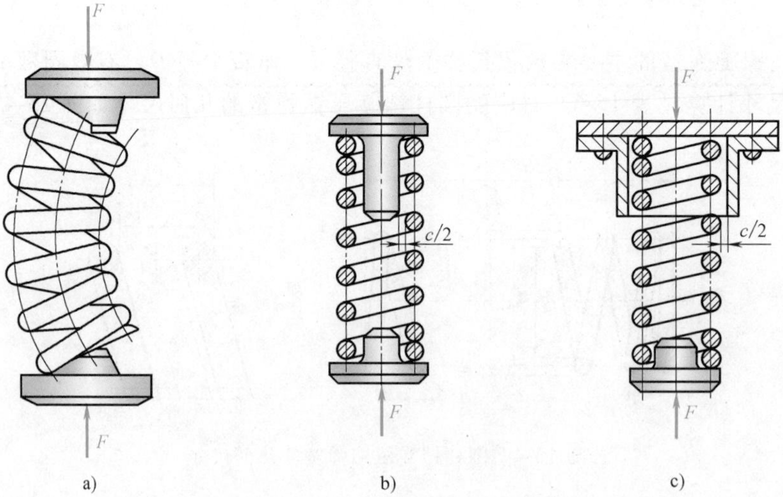

图 15-5　预防压缩弹簧失稳措施

a）失稳　b）加装导杆　c）加装导套

四、弹簧的设计计算

弹簧设计主要是按照使用要求确定弹簧丝的直径和弹簧圈数，保证其对强度、刚度、稳定性及结构的要求。

设计弹簧所需已知条件：工作载荷及相应的变形或行程和空间位置的限制。

设计弹簧的一般步骤：①根据工作情况及具体条件，选择材料并确定力学性能数据；②根据旋绕比，通常可取 5~10，并计算出曲度系数；③根据安装空间初设弹簧中径，根据旋绕比估取弹簧丝直径，并查取弹簧丝的许用应力；④计算弹簧丝的直径；⑤根据变形条件求出弹簧工作圈数；⑥求弹簧的尺寸，并检查其是否符合安装要求，否则重新设计；⑦验算稳定性；⑧验算疲劳强度和静应力强度。必要情况下还要进行振动计算。

例　设计一圆柱螺旋拉伸弹簧。已知弹簧在一般载荷作用下工作，要求弹簧中径 $D=18\text{mm}$，外径 $D_2\leqslant 22\text{mm}$。当弹簧拉伸变形量 $\lambda_1=8\text{mm}$ 时，拉力 $F_1=200\text{N}$；拉伸变形量 $\lambda_2=18\text{mm}$ 时，拉力 $F_2=340\text{N}$。

解　（1）选择材料确定许用应力　因弹簧在一般载荷作用下工作，故可按第Ⅱ类弹簧考虑，选用碳素弹簧钢丝。根据 $d=D_2-D\leqslant(22-18)\text{mm}=4\text{mm}$，暂取 $d=3.5\text{mm}$。由表 15-3 得 $\sigma_b=1550\text{MPa}$，根据表 15-2 可知，且考虑到该弹簧为拉伸弹簧，所以

$$[\tau]=0.4\sigma_b\times 80\%=0.4\times 1550\times 80\%\text{MPa}=496\text{MPa}$$

（2）选择旋绕比　根据表 15-5 取旋绕比 $C=5$，由表 15-4 查得弹簧的曲度系数 $K=1.31$。

（3）计算弹簧丝的直径 d　由式（15-2）得

$$d\geqslant 1.6\sqrt{\frac{KF_2C}{[\tau]}}=1.6\sqrt{\frac{340\times 1.31\times 5}{496}}\text{mm}\approx 3.23\text{mm}$$

因此原取的 d 值 3.5mm 符合强度要求。

弹簧中径　$D=Cd=5\times 3.5\text{mm}=17.5\text{mm}$

弹簧外径　$D_2=D+d=(17.5+3.5)\text{mm}=21\text{mm}$

符合于该题目中的限制条件，合适。

（4）计算弹簧工作圈数 n　弹簧的刚度为

$$k=\frac{F}{\lambda}=\frac{F_2-F_1}{\lambda_2-\lambda_1}=\frac{340-200}{18-8}\text{N/mm}=14\text{N/mm}$$

由于弹簧材料为碳钢，故其切变模量 $G=80000\text{N/mm}$，由式（15-5），得

$$n=\frac{G\,d}{8k\,C^3}=\frac{80000\times 3.5}{8\times 14\times 5^3}=20$$

由表 15-6 可知，弹簧实际总圈数即为 $n=20$ 圈。

（5）结构设计　选定两端挂钩形式为 LⅠ型。

（6）计算弹簧尺寸　弹簧内径

$$D_1=D-d=17.5\text{mm}-3.5\text{mm}=14\text{mm}$$

自由高度（对 LⅠ型）　$H_0=nd+D_2=20\times 3.5\text{mm}+17.5\text{mm}=87.5\text{mm}$

其他尺寸计算忽略。

（7）绘制弹簧工作图（略）。

思　考　题

15-1　弹簧的特性曲线表征弹簧的哪些功能？它在设计中起什么作用？试画出拉伸弹簧的特性曲线。

15-2　说明沙发、火车、小汽车底盘、钟表发条各采用什么弹簧？

15-3　有圆柱螺旋弹簧两个，其弹簧丝直径材料和有效圈数均相同，但旋绕比不同，问弹簧刚度是否一样？哪个大？若受载情况相同，承受的最大切应力哪个大？

15-4　在设计圆柱螺旋压缩弹簧时，弹簧丝直径和弹簧圈数是按什么要求来确定的？

习　　题

15-1　试设计一圆柱螺旋压缩弹簧。已知该弹簧所受载荷循环次数不超过 10^4 次，要求外径限制在30mm以内，工作时所承受的最小工作载荷 $F_1=180\text{N}$，最大工作载荷 $F_2=500\text{N}$，工作行程 $h=20\text{mm}$。

15-2　某机械设备采用一圆柱螺旋压缩弹簧。已知：弹簧丝直径 $d=3.5\text{mm}$，弹簧中径 $D_2=13\text{mm}$，工作圈数 $n=6.5$，弹簧节距 $p=5.2\text{mm}$，弹簧材料为碳素弹簧钢丝，载荷性质为Ⅱ类。端部采用并紧并磨平结构，每端各取1圈为支承圈。两端为回转支承。试求：1）该弹簧能承受的最大工作载荷 F_2 及变形量 λ_2；2）弹簧的自由高度 H_0 和并紧高度 H_b；3）校核弹簧稳定性。

16 第十六章

机械动力学

第一节 机械速度波动的调节

机械是在外力作用下运转的，外力对机械所做功的增减会引起机械运转速度的变化，会在运动副中产生附加动压力，从而使机械的工作效率下降，影响机械的寿命和运转精度。所以调节机械运转中大的速度波动，将其限制在允许的范围内，这对于保证机械有一个良好的工况非常必要，这也就是机械速度波动调节所要解决的问题。

一、机械速度波动的原因和类型

机器的运转过程包括三个阶段，即起动、稳定运转和停车，如图 16-1 所示。

在起动阶段，机器从静止状态到刚开始稳定运转，驱动功大于阻力功，其剩余部分的功用来增加机器的动能，促使机器主轴做加速运转，从而进入稳定运转阶段。在稳定运转阶段，驱动功与阻力功持平，用来稳定机器的运转速度或使其绕某一数值做周期性波动。当需要停车时便撤掉驱动力，此时凭借机器的阻力来消耗掉机器稳定运转时所剩余的动能，机器主轴转速逐渐下降直至停止转动，这就是停车阶段。

显然，在上述三个阶段中，功、能的变化是不同的。根据能量守恒定律，在任意时间间隔内，驱动功和阻力功之差应等于该时间间隔内机器动能的变化值。正是这个机器动能的变化值造成了机器运转速度的波动。

机器的速度波动有两种类型：周期性的速度波动和非周期性的速度波动。对于一般机器而言，如机床等，在稳定运转阶段，其主轴的角速度是周期性变化的，如图 16-2 中实线部分所示（虚线部分为调节以后的速度变化）。机器在运转过程中，机器主轴的角速度 ω 在经过一个运转周期 T 后又回到初始状态。由于在整个运转周期中驱动功等于阻力功，其动能没有增减，所以在运转周期的始末角速度是相等的。但在运转周期中某时间间隔内，驱动功与阻力功却是不等的，有时驱动功大于阻力功（出现盈功）；但也有时驱动功小于阻力功（出现亏功）。这样就出现了速度波动。机器出现的这种有规律的速度波动称为周期性速度波动。

在某些机器中，可能在一段时间内驱动功大于阻力功，造成机器的速度持续上升，这样会使其速度超过机器所允许的极限值，最终导致机器损坏；也可能出现驱动功小于阻力功，致使机器的速度不断下降直至停车。在这种情况下，驱动力或阻力无规律性可寻，致使机器运转速度的波动没有一定的周期，这种情况称为非周期性速度波动。

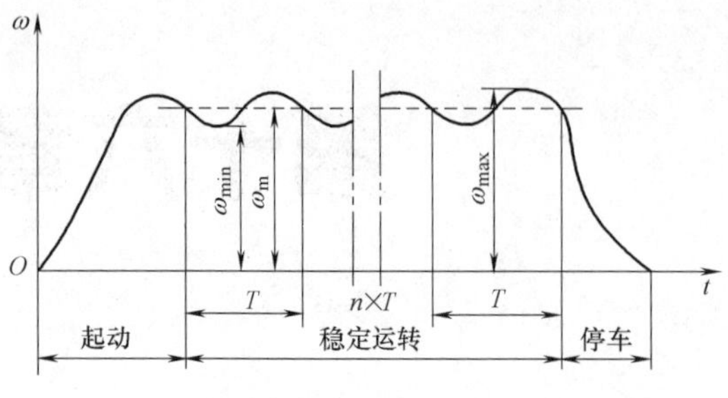

图 16-1 机器的运转过程

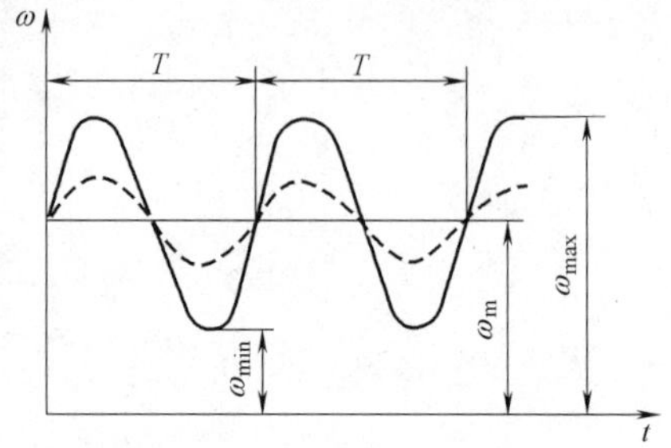

图 16-2 速度波动调节前后对比

二、周期性速度波动的调节

周期性速度波动调节的方法一般是采用在机器的转轴上装一个具有较大转动惯量的回转件——飞轮。当驱动功大于阻力功时，多余的能量以动能的形式储存在飞轮中，来限制机器速度的增幅；反之，飞轮将储存的能量释放出来，来维持机器的速度并使其减幅不大。这样利用飞轮的转动惯量就可控制机器速度波动的幅度。所以问题的关键就是如何来确定飞轮的转动惯量。

1. 机器运转的平均速度和不均匀系数

机器做周期性运转时的平均角速度可根据其主轴角速度的变化规律来求得，但受到速度变化规律复杂性的限制，所以在一般情况下，工程中计算其平均角速度时是采用最大角速度 ω_{max} 和最小角速度 ω_{min} 的平均值来代替的。即

$$\omega_m=\frac{\omega_{max}+\omega_{min}}{2} \tag{16-1}$$

机器主轴角速度波动的大小可用其最大角速度 ω_{max} 与最小角速度 ω_{min} 之差来表示；为了更好地表明机器在工作过程中运转不均匀的程度，工程上经常采用角速度波动幅度与平均角速度的比值来衡量，这个比值称为机械运转的不均匀系数，用 δ 表示。即

$$\delta=\frac{\omega_{max}-\omega_{min}}{\omega_m} \tag{16-2}$$

由上式可知，当 ω_m 一定时，δ 越小，说明 ω_{max} 与 ω_{min} 相差越小，则机器运转越均匀，其平稳性越好。当然不同机械对运转平稳性的要求也不一样，其不均匀系数的许用值 [δ] 也就应当有区别。表 16-1 列出了几种常用机械运转的许用不均匀系数 [δ] 值。

表 16-1 常用机械运转的许用不均匀系数 [δ] 值

机械名称	[δ]	机械名称	[δ]
泵	1/30～1/5	内燃机	1/150～1/80
碎石机	1/20～1/5	压缩机	1/100～1/50
压力机、剪床	1/20～1/7	交流发电机	1/300～1/200
纺纱机	1/100～1/60	直流发电机	1/200～1/100
金属切削机床	1/50～1/20	汽车、拖拉机	1/60～1/20
织布机、印刷机	1/50～1/10	农业机械	1/50～1/10

若已知机械的 ω_m 和 δ 值，可由式（16-1）和式（16-2）求得

$$\omega_{max}=\omega_m\left(1+\frac{\delta}{2}\right) \tag{16-3}$$

$$\omega_{min}=\omega_m\left(1-\frac{\delta}{2}\right) \tag{16-4}$$

$$\omega_{max}^2-\omega_{min}^2=2\delta\omega_m^2 \tag{16-5}$$

2. 飞轮转动惯量的设计计算

飞轮转动惯量 J_f 的计算是飞轮设计的基本问题，在计算过程中是根据机器主轴的平均角速度 ω_m 和许用不均匀系数［δ］来确定的。

在确定飞轮转动惯量时，对于一般机器来讲，飞轮所具有的转动惯量与其他构件相比要大得多，因此在计算时可忽略其他构件的转动惯量，而用飞轮的动能近似代替整个机器的动能。这样当机器飞轮（主轴）具有最大角速度 ω_{max} 和最小角速度 ω_{min} 时，同时具有最大动能 E_{max} 和最小动能 E_{min}。E_{max} 与 E_{min} 之差 ΔE_{max} 表示机器在一个周期内动能的最大变化量，应等于机器的最大盈功（或最大亏功）W_{max}，即

$$\Delta E_{max}=E_{max}-E_{min}=\frac{1}{2}J_f\omega_{max}^2-\frac{1}{2}J_f\omega_{min}^2=\frac{1}{2}J_f(\omega_{max}^2-\omega_{min}^2)=W_{max}$$

将式（16-5）代入上式可得

$$W_{max}=J_f\delta\omega_m^2$$

设飞轮轴的转速为 n（r/min），则 $\omega_m=\frac{\pi n}{30}$，代入上式得飞轮的转动惯量 J_f 为

$$J_f=\frac{W_{max}}{\omega_m^2\delta}=\frac{900W_{max}}{\pi^2n^2\delta} \tag{16-6}$$

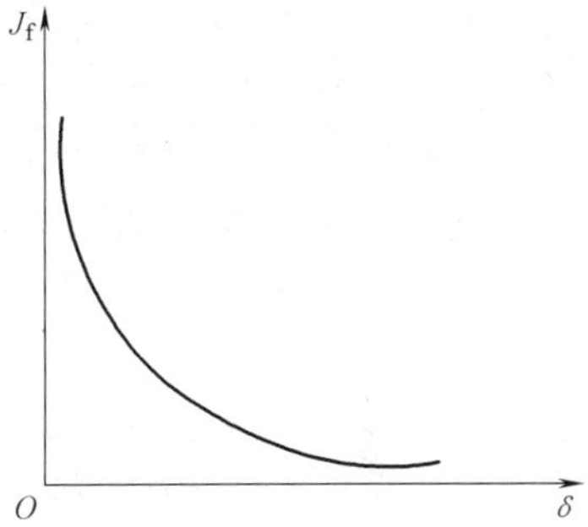

图 16-3　J_f 与 δ 关系

由上式可知：①当 W_{max} 和 ω_m 一定时，飞轮的转动惯量 J_f 与不均匀系数 δ 之间成等边双曲线关系，如图 16-3 所示。当 δ 很小时，飞轮转动惯量可达到很大值。因此，不必过分追求机械运转速度的均匀性以防止飞轮笨重，增加成本。实际上要想使机械运转速度达到绝对均匀就必须使飞轮的转动惯量达到无穷大，当然这是不可能的；②当 W_{max} 与 δ 一定时，J_f 与 ω_m 的平方成反比，因此，为了减小飞轮的转动惯量，应将飞轮安装在高速轴上；③当 J_f 和 ω_m 一定时，W_{max} 与 δ 成正比，说明最大盈亏功越大，机械运转速度越不均匀。

由式（16-6）可知，确定飞轮转动惯量的关键是确定机械在运转过程中最大的盈亏功 W_{max}，图 16-4 为机械在稳定运转一周期内的驱动力矩 M_{ed} 和阻力矩 M_{er} 的变化曲线，两曲线之间所包围部分的面积应是相应转角区段上驱动功和阻力功差值的大小，如图中 W_1、W_3、W_5 为亏功，而 W_2、W_4 为盈功。

以上能量的变化可用能量指示图来表示，如图 16-5 所示，用垂直矢量代表各段的盈亏

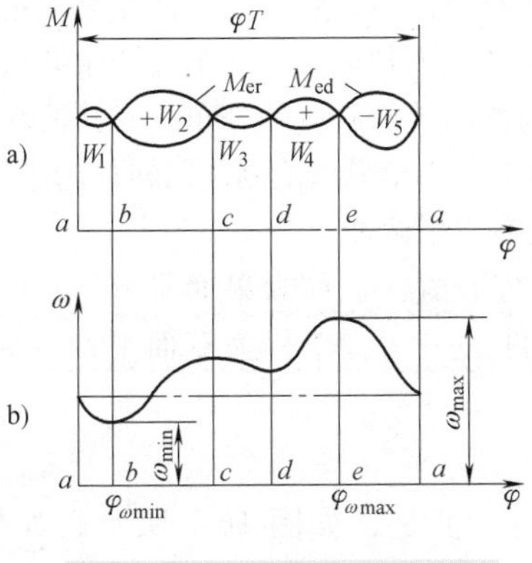

图 16-4　最大盈亏功的确定

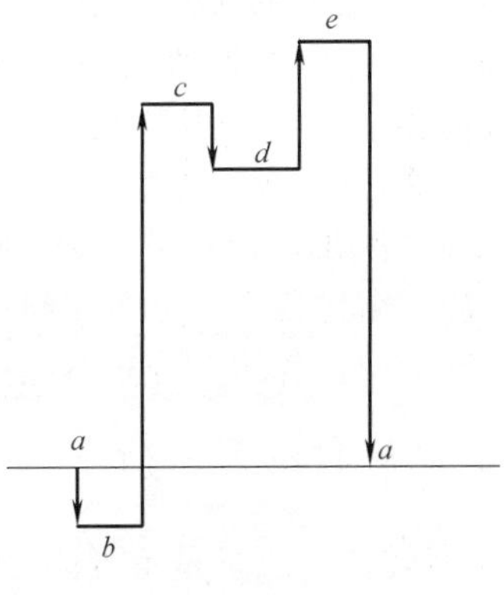

图 16-5　能量指示图

功，盈功取正值，箭头朝上，亏功取负值，箭头朝下，各段依次首尾相连，从而可得到一个封闭矢量图。在作图时可任选一点 a 表示运动循环开始式的机械动能，ab、cd、ea 分别表示亏功 $-W_1$、$-W_3$、$-W_5$，bc、de 分别表示盈功 W_2、W_4。由图可看出，e 处出现最大动能，应对应于 ω_{max}；b 处出现最小动能，应对应于 ω_{min}。W_{max} 应出现在 b 和 e 之间。所以

$$W_{max}=W_2+(-W_3)+W_4$$

飞轮的结构一般采用实心式或轮辐式。飞轮加工完以后还要考虑其平衡。

三、非周期性速度波动的调节

非周期性速度波动的调节由于其运转的不规律性不能用飞轮进行调节，只能采用调速器进行调节。调速器的作用就是当机械输入功和输出功不平衡时，可使输入功和总消耗功相平衡，以达到稳定运转。调速器的种类很多，有纯机械式调速器，也有电子调速器。在这里以机械式调速器来说明其调速原理。

图 16-6 为一常见柴油机离心调速器示意图。其工作过程为：在某一瞬间，当工作机 1 的负荷突然减少时，柴油机 2 的转速就会突然升高。由于离心运动，重球 G 和 G' 将绕轴 A 和 B 向外扩张，推动套筒和压缩弹簧向左移动。通过套杯 6 和小连杆等将节流阀门 V 关小，以减小供油量，使柴油机转速稳定在某个数值附近。

机械式调速器体积大，灵敏度低，已逐渐被电子调速器所替代。

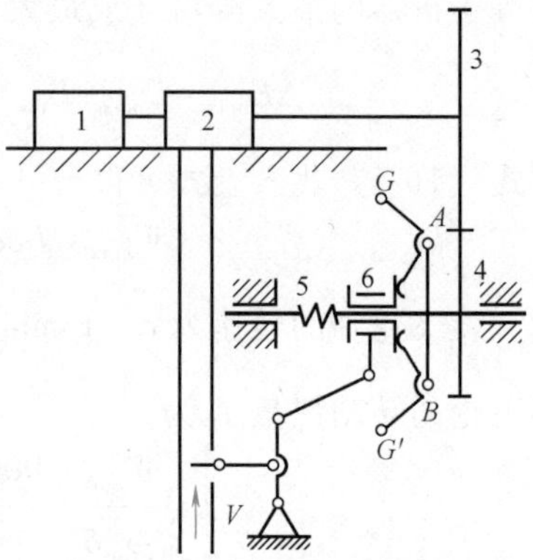

图 16-6 离心调速器

1—工作机 2—柴油机 3、4—齿轮 5—压缩弹簧 6—套杯

第二节 回转件的平衡

在机械中有许多构件是绕轴线做回转运动的，如齿轮、带轮、凸轮、电动机的转子等，这些构件习惯上被称为回转件或转子。有些转子在运转时没有变形或变形很小可忽略不计，称为刚性回转件（或刚性转子）；而有些转子在运转时变形较大而不能忽略不计，称为挠性回转件（或挠性转子）。

回转件由于结构的不对称、材质不均匀或制造偏差等原因，会使其质心（质量分布中心）偏离回转轴线，这样在回转时就必然产生了离心惯性力。由于离心惯性力一般呈周期性变化，它不仅会增大支座的支反力，加速轴承磨损；还会强迫机械及其基础产生强烈振动，甚至会产生共振，严重危及机械的寿命甚至厂房牢固性。因此，必须采取措施，调整回转件质量的分布，使其惯性离心力达到平衡。这对于高速、重型、精密机械中的回转件尤为重要。本章只讨论刚性回转件的平衡问题。按组成回转件各质量分布状况来分，刚性回转件的平衡主要有以下两种。

1）静平衡：各质量分布在同一回转平面内回转件的平衡，也称为单面平衡。

2）动平衡：各质量分布不在同一回转平面内回转件的平衡，也称为双面平衡。

一、回转件的静平衡

一个回转件的质量是不可能分布在同一个平面内的，但是，如图 16-7 所示，如果回转件的外径 D 与长度 l 的比值 $D/l\geqslant5$，或长度 l 比轴承间距 L 小得多（$L/l>2$），就可近似认为

组成转子的质量分布在同一平面内，如齿轮、飞轮、带轮等这类回转件只进行静平衡即可。

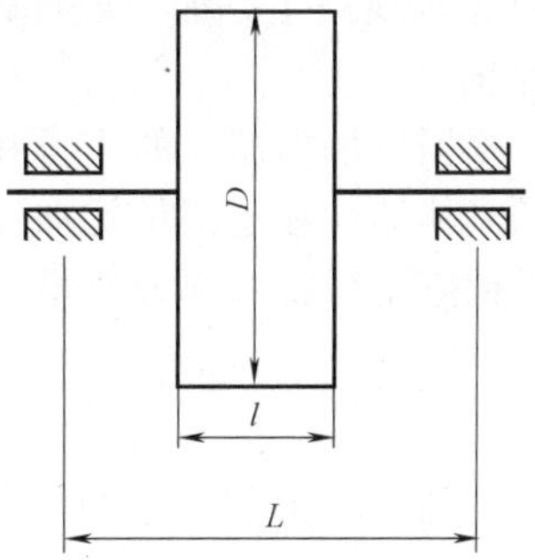

图 16-7　静平衡的回转体

1. 回转件的静平衡计算

图 16-8a 表示回转件质量分布简图，质量 m_1、m_2、m_3 分布在同一平面内，各支点到回转中心的矢径分别为 $\boldsymbol{r}_1$、$\boldsymbol{r}_2$、$\boldsymbol{r}_3$。当转子以等角速度 ω 回转时，各质点产生的离心力分别是 $\boldsymbol{F}_1=m_1\boldsymbol{r}_1\omega^2$、$\boldsymbol{F}_2=m_2\boldsymbol{r}_2\omega^2$、$\boldsymbol{F}_3=m_3\boldsymbol{r}_3\omega^2$，构成离心力的平面汇交力系，其合力为

$$\boldsymbol{F}_1+\boldsymbol{F}_2+\boldsymbol{F}_3=\sum_{i=1}^{3}\boldsymbol{F}_i$$

合力不等于零，则回转件处于静不平衡状态。如在该平面内加上一个校正质量 m_b，其矢径为 $\boldsymbol{r}_\mathrm{b}$，产生的离心力为 $\boldsymbol{F}_\mathrm{b}=m_\mathrm{b}\boldsymbol{r}_\mathrm{b}\omega^2$，与原有各质点离心力合力 $\sum_{i=1}^{3}\boldsymbol{F}_i$ 组成新的离心力系，其合力为零。即

$$\sum_{i=1}^{3}\boldsymbol{F}_i+\boldsymbol{F}_\mathrm{b}=0$$

则回转件达到静平衡。将上式写成通式

$$\sum\boldsymbol{F}_i+\boldsymbol{F}_\mathrm{b}=0 \qquad (16\text{-}7)$$

式中，$\sum\boldsymbol{F}_i$ 为回转件原有各质点产生的离心力合力；$\boldsymbol{F}_\mathrm{b}$ 校正质量产生的离心力。

式（16-7）是回转件静平衡条件，即回转件的离心力系的合力等于零。上式也可写成

$$\sum m_i\boldsymbol{r}_i\omega^2+m_\mathrm{b}\boldsymbol{r}_\mathrm{b}\omega^2=0$$

或

$$\sum m_i\boldsymbol{r}_i+m_\mathrm{b}\boldsymbol{r}_\mathrm{b}=0 \qquad (16\text{-}8)$$

式中，$m_i\boldsymbol{r}_i$ 质量与向径的乘积，称为质径积，单位为 g · mm，是矢量。

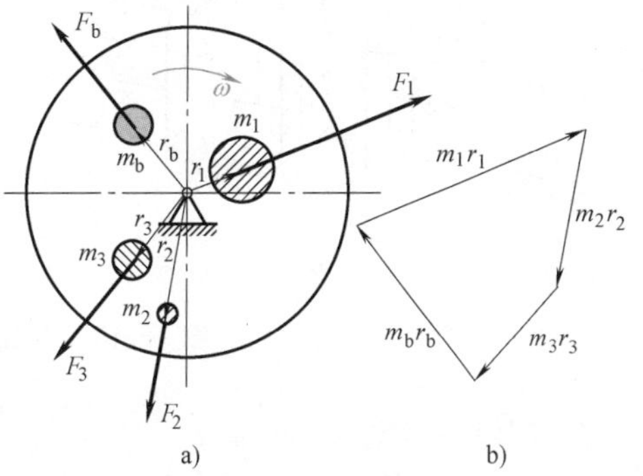

图 16-8　回转件质量分布简图及其离心力的图解

a）回转件质量分布简图　b）离心力图解

$\sum m_i\boldsymbol{r}_i$ 为不平衡质径积的矢量和。回转件的静平衡，就是确定回转件不平衡量的大小和方位，从而确定校正质量的质径积 $m_\mathrm{b}\boldsymbol{r}_\mathrm{b}$ 的大小和方位。确定 $m_\mathrm{b}\boldsymbol{r}_\mathrm{b}$ 的方法有计算法［式（16-8）］、图解法（图 16-8b）和实验法。

2. 回转件的静平衡试验

图 16-9a 所示为导轨式静平衡架。它是利用不平衡回转件的静力矩进行回转件静平衡的。实验时，首先要将静平衡架的导轨调到水平，然后将待平衡的回转件放置在导轨上，若回转件的质心 S 与轴心 O 不重合，回转件在静力矩作用下会在导轨上滚动。停止转动后，回转件的质心 S 应当在轴心 O 铅垂线正下方（不计滚动阻力），如图 16-9b 所示。然后用橡皮泥在轴

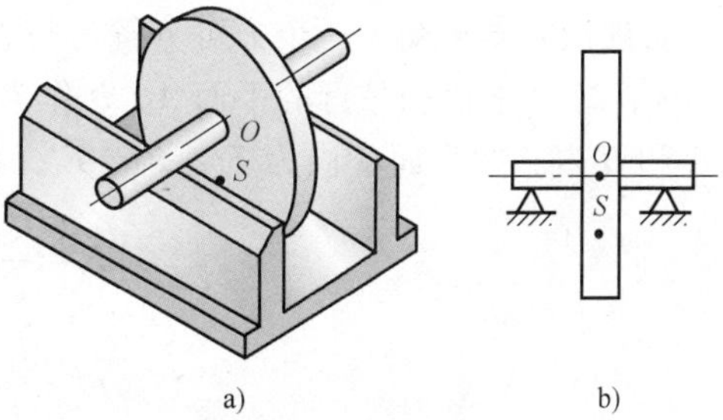

图 16-9　回转件静平衡

心 O 铅垂线正上方加一质量，重复上述实验步骤。直至回转件在任意位置都能保持静止不转为止。

根据所加橡皮泥的质量和位置便可以确定该回转件不平衡量的校核相位。然后根据回转件的具体结构在适当位置加一质量，如采用加螺钉连接、铆接、焊接等方法，或者在与上面相反的方向减去一部分质量，如采用钻孔、磨削等方法，使回转件达到静平衡。

二、回转件的动平衡

如图 16-7 中的回转件，如多缸发动机的曲轴、机床主轴等，如果 $D/l<5$，这些回转件的质点不能再看作分布于同一平面内，而是分布于垂直于轴线的各个平面内。

图 16-10a 所示为一双缸内燃机曲轴，两个曲拐相差 180°布置，相距 L。图 16-10b 是它的质量分布图，m_1、m_2 分别代表每个曲拐的质量，分布在两个不同回转平面内，矢径分别为 $\boldsymbol{r}_1$、$\boldsymbol{r}_2$，且 $m_1=m_2$，$\boldsymbol{r}_1=\boldsymbol{r}_2$。很显然，$m_1\boldsymbol{r}_1+m_2\boldsymbol{r}_2=0$，也就是说该回转件是满足静平衡条件的，但是由于离心力 $\boldsymbol{F}_1$、$\boldsymbol{F}_2$ 分别在两个平面内，当其回转时就构成不平衡力偶 $\boldsymbol{M}=\boldsymbol{F}L$，同样该曲轴处于不平衡状态，这种不平衡状态只有当回转件在运动过程中才能表现出来，所以称为动不平衡。由此看来，要使回转件达到动平衡，除必须使各质量离心力系的合力等于零之外，还要使各离心力系的合力偶矩等于零。

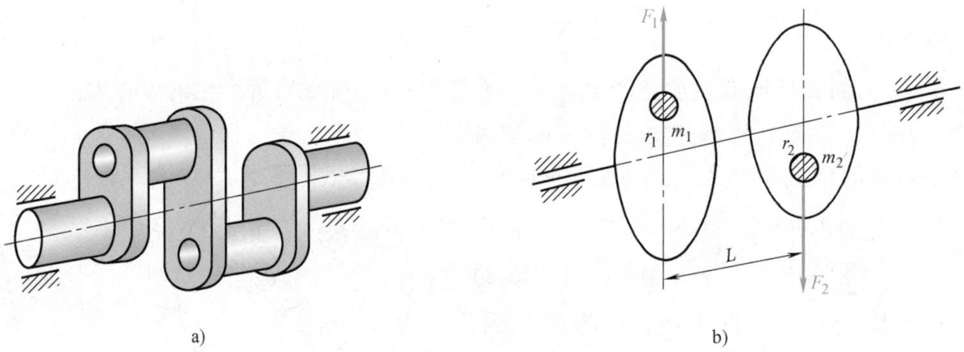

图 16-10　双缸内燃机曲轴及质量分布图

1. 回转件的动平衡计算

如图 16-11 所示，设一回转件的偏心质量 m_1、m_2、m_3 分别位于平面 1、2、3 内，$\boldsymbol{r}_1$、$\boldsymbol{r}_2$、$\boldsymbol{r}_3$ 分别为各不平衡质量中心（质心）距回转轴线的矢径，当此回转件以角速度 ω 回转时，它们所产生的离心惯性力 $\boldsymbol{F}_1$、$\boldsymbol{F}_2$、$\boldsymbol{F}_3$ 将形成一空间力系。

由理论力学可知，一个力可分解为与它相平行的两个分力。根据回转件的结构，选定两个与 1、2、3 平面相平行的平面 A、B 作为平衡基面。将上述各个离心惯性力分别分解到平面 A 和 B 内。在平面 A 内为 $\boldsymbol{F}_1'$、$\boldsymbol{F}_2'$、$\boldsymbol{F}_3'$，在平面 B 内为 $\boldsymbol{F}_1''$、$\boldsymbol{F}_2''$、$\boldsymbol{F}_3''$。其分别为

$$\boldsymbol{F}_i'=\frac{l_i''}{l}\boldsymbol{F}_i=\frac{l_i''}{l}m_i\boldsymbol{r}_i\omega^2$$

$$\boldsymbol{F}_i''=\frac{l_i'}{l}\boldsymbol{F}_i=\frac{l_i'}{l}m_i\boldsymbol{r}_i\omega^2$$

式中，i 为 1、2、3；l 为校正平面 A、B 之间的距离；l_i'为 $\boldsymbol{F}_i$ 力至校正面 A 之间的距离；l_i''

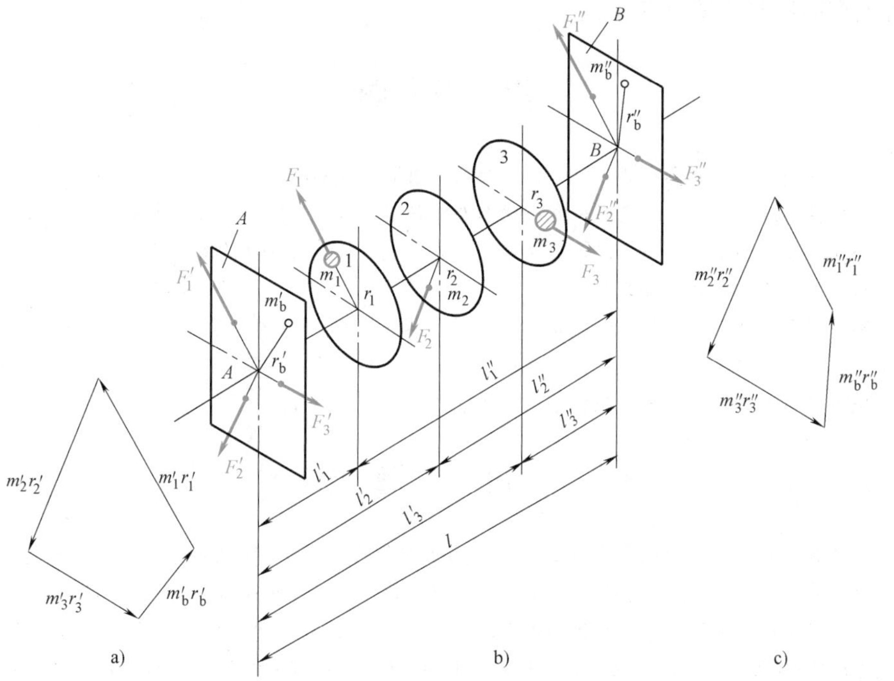

图 16-11　转子动平衡分析

为 $\boldsymbol{F}_i$ 力至校正面 B 之间的距离。

这样处理后，把原来比较复杂的空间力系的平衡问题转化为两个平衡基面上的平面汇交力系的平衡问题。

与前面静平衡方法一样，只要在平面 A、B 内各加一个校正质量 m'_b、m''_b，矢径为 $\boldsymbol{r}'_b$、$\boldsymbol{r}''_b$，所产生离心力分别为 $\boldsymbol{F}'_b$、$\boldsymbol{F}''_b$，使两个平面内的惯性力合力均等于零就可使该回转件达到平衡。即

$$\sum \boldsymbol{F}'_i + \boldsymbol{F}'_b = \sum m'_i \boldsymbol{r}'_i \boldsymbol{\omega}^2 + m'_b \boldsymbol{r}'_b \boldsymbol{\omega}^2 = 0$$

$$\sum \boldsymbol{F}''_i + \boldsymbol{F}''_b = \sum m''_i \boldsymbol{r}''_i \boldsymbol{\omega}^2 + m''_b \boldsymbol{r}''_b \boldsymbol{\omega}^2 = 0$$

将上式简化可得

$$\sum m'_i \boldsymbol{r}'_i + m'_b \boldsymbol{r}'_b = 0$$

$$\sum m''_i \boldsymbol{r}''_i + m''_b \boldsymbol{r}''_b = 0$$

这样，分别在两个平衡基面内，所有质径积的矢量和为零。其质径积可由计算法或图解法求得，如图 16-11a、c 所示。

2. 回转件的动平衡试验

回转件的动平衡不仅要考虑离心惯性力的平衡，而且要考虑离心惯性力偶的平衡，因此必须进行动平衡试验。

利用专门的动平衡试验机可以确定不平衡质量、矢径的大小和位置，从而确定在两个平衡基面上加上（或减去）的平衡质量的大小。动平衡试验机的种类很多，主要有机械式、电子式，以及配备了激光或电子管的精度较高的动平衡机。关于这些动平衡机的详细情况，

可参考有关产品说明和试验指导。

思　考　题

16-1　机器的速度为什么会有波动？为什么要调节机器速度的波动？

16-2　周期性速度波动与非周期性速度波动的特点各是什么？各用什么方法来调节？

16-3　为减轻飞轮的重量，飞轮最好装在何处？能否装在具有自锁性的蜗杆轴上？

16-4　转子不平衡的原因是什么？

16-5　转子的静平衡和动平衡条件各是什么？什么样的回转件需静平衡？什么样的回转件需动平衡？怎样平衡？

16-6　机械的平衡和调速都可以减轻机械上的动载荷，两者有什么区别吗？

习　　题

16-1　机器在稳定运转一个循环内所受阻力矩的变化曲线如图 16-12 所示。若驱动力矩为常数，且主轴的平均角速度 $\omega_m = 25\text{r/s}$，不均匀系数 $\delta = 0.02$，试确定该飞轮的转动惯量 J_f。

16-2　在柴油发电机机组中，柴油机曲轴上的驱动力矩 $M_{ed}(\varphi)$ 曲线和阻力矩 $M_{er}(\varphi)$ 曲线如图 16-13 所示。已知两曲线所围各面积代表的盈亏功为：$W_1 = -50\text{N}\cdot\text{m}$；$W_2 = +550\text{N}\cdot\text{m}$；$W_3 = -100\text{N}\cdot\text{m}$；$W_4 = +125\text{N}\cdot\text{m}$；$W_5 = -500\text{N}\cdot\text{m}$；$W_6 = +25\text{N}\cdot\text{m}$；$W_7 = -50\text{N}\cdot\text{m}$。曲轴的转速为 600r/min，不均匀系数 $\delta = 1/300$。若飞轮装在曲轴上，试求飞轮的转动惯量 J_f。

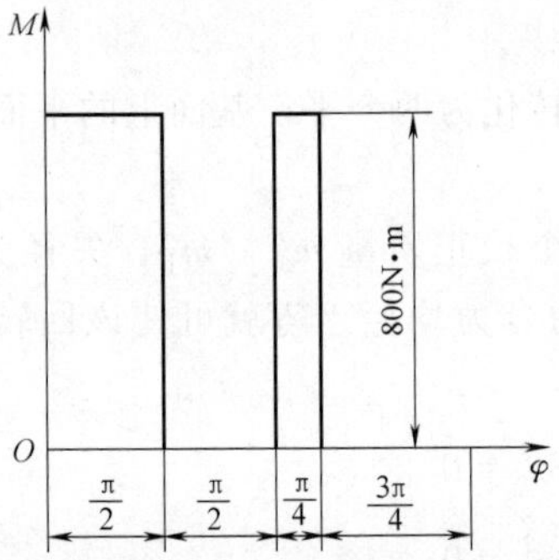

图 16-12　习题 16-1 图

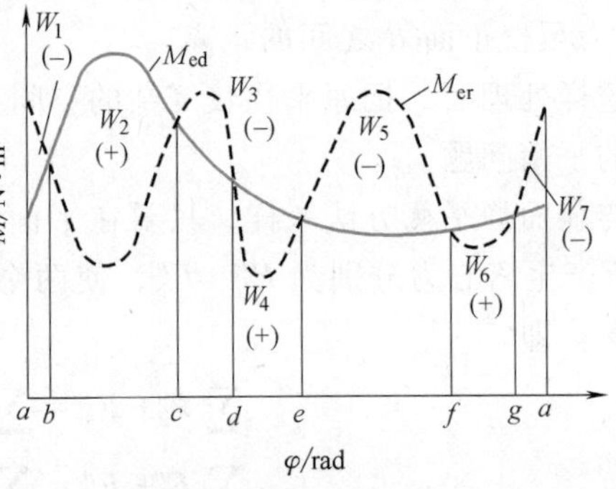

图 16-13　习题 16-2 图

16-3　圆盘回转件上有三个不平衡质量，如图 16-14 所示。$m_1 = 2\text{kg}$，$m_2 = 3\text{kg}$，$m_3 = 2\text{kg}$；$r_1 = 120\text{mm}$，$r_2 = 100\text{mm}$，$r_3 = 110\text{mm}$；$\alpha_1 = 60°$，$\alpha_2 = 30°$，$\alpha_3 = 120°$。1）若考虑在圆盘平面 a—a 中 $r = 150\text{mm}$ 的圆周上加平衡质量，试求该平衡质量的大小和方位。2）若因结构原因需将平衡质量加在图中Ⅰ、Ⅱ平面内，且已知 $L_1 = 150\text{mm}$，$L_2 = 250\text{mm}$，试求平衡平面Ⅰ、Ⅱ内应加的平衡质径积。

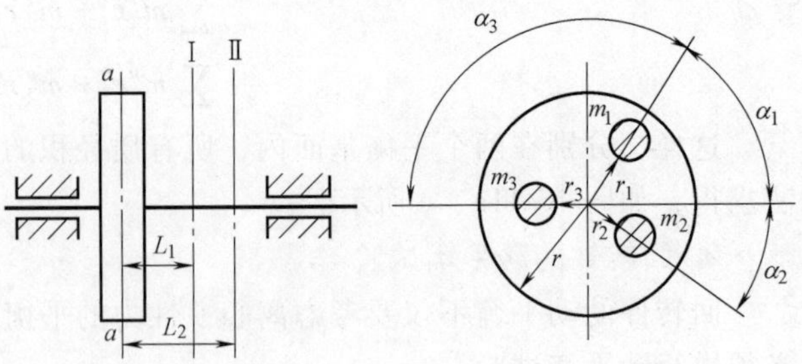

图 16-14　习题 16-3 图

17 第十七章 创新设计与方案设计

第一节 创新设计概述

当今世界，科学技术迅猛发展，特别是近 30 年来，人类在科技方面的发明创造已超过了以往 2000 多年的总和。中国要建设成为创新型国家，要实现振兴华夏的“中国梦”，就必须努力在理论创新、制度创新和科技创新上下功夫。科技创新既是建设创新型国家的核心载体，又是中国企业成为世界加工大国和强国的有力支撑。

在市场竞争激烈的今天，市场因素已成为引发创新设计的主要因素。随着社会的发展，人们更加看重产品的“个性化”。这种现状使得早先定义的为满足人们最基本生活需求而设计生产的大批量产品，已变成目前为满足社会不同阶层生活需求生产的小批量产品。由于产品的“创新”，能占有新的市场份额和带来新的利润增长点，因而创新设计已成为现在与未来设计发展的必然趋势。

提出正确的设计要求是设计成功的关键，各行各业的产品设计人员要及时收集各类相关信息，不断地分析市场需求，并据此制定机器的功能和主要参数。在经过缜密思考和整理后，将其融入自己的设计中去，才可能做出消费者喜好的设计，并能使自身企业在众多竞争对手中更好地生存和发展。

一、机械设计的原则和特征

机械设计的一个重要原则就是创新。无论是完全的开发性设计或是进行局部改动的适应性设计，还是进行全寿命周期设计或绿色设计，着眼点都应放在“创新”上。其目的是生产出试销对路的新产品，以适应区域经济发展方式的转变和产业的转型升级以及国内外愈演愈烈的经济竞争趋势。因此，机械设计工作，不只是简单的模仿和测绘，更重要的是要革新和创造。要把创造性贯穿于设计过程的始终。作为机械工程设计，一般具有以下三个方面的基本特征。

1. 约束性

一般的设计都是在多种因素的限制和约束下进行的，其中包括技术、经济等发展状况和水平的限制，也包括用户或生产厂家所提出的特定要求和条件的限制，另外还有环境、法律、社会心理、地域文化等因素的限制。这些限制和约束构成了一系列的边界条件，从而也勾画出设计人员能去想象和构思的特定的设计空间。要想在这个特定的设计空间中，高水平地完成设计任务，随时都要做到灵活运用、合理取舍、巧妙构思，这样才能协调和处理好各种关系。而这都需要充分地发挥出自己的想象力和创造力才能达到。

2. 多解性

一般而言，解决同一技术问题的方法是多种多样的，而能满足设计要求的设计方案也不是唯一的。任何设计对象本身都包括多种要素构成的功能系统，且参数的选择、结构形式的确定、尺寸的大小等都有很强的可选性。因此，对设计人员而言，即便有一系列边界条件的限制和约束，其创造性思维的活动空间仍然很大。

3. 相对性

一般设计的结果和结论都只是相对准确的。例如，利用优化设计技术对某一系统求解的结果，也只能是接近该系统的数学模型的局部最优解或全局最优解，而这个模型的建立又会因人而异或因条件而异。同时，设计者还会经常处于一种相互矛盾的境地中。如一方面要求降低成本，另一方面又要求提高可靠性、安全性，这种相互矛盾的要求给设计工作增加了难度，加上事先难以预料的一些不确定因素的影响，使得设计者在对设计方案的选择和判定时，只能做到在一定条件下的相对满意和最优。以上这种设计的相对性特征，一方面要求设计者必须具备辨别思考的能力；另一方面，也给设计者提供了显示和发挥自己创造才能的机会。

二、创新设计的基本类型及特点

创新设计的基本类型可归纳为：原理开拓创新类、组合创新类、转用创新类和克服偏见创新类等。原理开拓创新是应用新技术原理进行产品开发和更新换代设计；组合创新是将已有的零部件或技术，通过有机的组合而变为价值更高的新产品、新技术；转用创新是将已知的解决方案创新转用于另一技术领域；克服偏见创新是指反常规的或敢于挑战名人技术的创新设计。

创新设计活动具有“目的与约束、继承与创新，模糊与精确”等辩证关系的特点，是一种有目的的创造活动，但同时又要受到产品设计提出的诸如环境、资源、经济和时间等方面的约束。设计目的和设计约束之间要进行合理的、优化的均衡与协调，才能提供竞争力强的创新产品。

创新设计首先离不开继承，任何一项标新立异的新设计总是在前人基础上的再创造或再革新，只有把继承和创新很好地结合起来，才能卓有成效的达到开拓创新的目的。

例 17-1 在图 17-1 所示的各类无人驾驶轮式越障车的基础上，利用虚拟技术设计一种能应用于反恐作战现场的无人驾驶反恐突击车（概念车）。要求：

1）适应复杂环境。无人驾驶反恐突击车必须满足山地、街巷的作战要求。

2）增设枪炮装置。枪炮系统必须具备防爆安全性与发射可靠性与精确性。

3）动作轻巧敏捷。车身被敌方炮火、爆炸物颠覆后，能快速恢复火力压制。

4）抗干扰能力强。通信及控制系统必须具备高度的可靠性和自适应性。

1. 任务分析

1）为满足上述四点要求，除保留图 17-1 所示原车的越障功能外，对其机械结构与机电液驱动以及控制系统均需进行改型设计。

图 17-1　无人驾驶轮式越障车例图

2）本题的四点要求，都是对国内外瞬息万变的反恐现场实战经验的总结。鉴于此，在无人驾驶反恐突击车的概念设计中，需要注意的主要问题可归纳如下：

① 恐怖分子的活动据点与场所具有多变性，山地、街巷等都可能成为恐怖分子的藏身之地和恐怖活动现场。所以，要求无人驾驶反恐突击车首先应具备在复杂环境中连续作战的越障能力、火力压制能力和续航能力。

② 无人驾驶反恐突击车与恐怖分子对决时，应防止敌方的电子干扰以及火炮、爆炸物等颠覆性和毁灭性打击。所以，要求无人驾驶反恐突击车必须提高抗电子干扰能力和防爆能力。其车身除了要采用耐高温、高强度的轻型复合材料外，轮胎还需换成外加护盖的“无气轮胎”作为防弹轮胎使用。

③ 突击车被颠覆、倾翻后，仍能迅速恢复火力压制，而不给敌方留下喘息机会的要求，是相比前两点更为复杂的难题。如果按照常规思维设计，一般都会将突击车先扶正再恢复火力压制。即先由自动检测装置探得车身位姿数据，再由计算机采样、运算、判定后向车内扶正杆的电液驱动器发出伸缩尺度的指令；在逐步将其翻转复位后，再发出火力压制指令。这种设计需要靠一系列检测件（传感器）、驱动件（电、液驱动）和控制程序等组成的自适应复位系统来完成。然而，进行车身位姿检测和判定并驱动扶正杆对地面支撑、复位的过程，是一个复杂的、需多次反复进行检测、采样、运算、驱动的过程。很明显，这种以常规思维进行的设计既费时、又耗资，还达不到迅速恢复火力压制的作战要求。

2. 设计方案

1）图 17-2 所示为无人驾驶反恐突击车虚拟设计图，其“无气轮胎”外侧安装了耐高温、高强度的轻型复合材料护盖。

图 17-2　无人驾驶反恐突击车虚拟设计图

2）图 17-3 所示为枪械与武器仓虚拟设计图。在实战中，当探测器测出无人驾驶反恐突击车的车身倾斜角超过阈值的瞬间，武器仓将迅速完成枪炮回撤→武器仓正面护盖闭合→武器仓反方向伸出→武器仓背面护盖开启→枪炮在仓内翻转反方向伸出等一系列连续动作。

图 17-3　枪械与武器仓虚拟设计图

3）图 17-4 所示为反恐突击车遭遇袭击时的虚拟动作图，特殊的枪炮翻转装置，使其不但能在突击车倾翻状态下迅速恢复火力压制，而且测控与驱动系统也变得相对简单了。

图 17-4　反恐突击车遭遇袭击时的虚拟动作图

a）反恐突击车行进途中　b）反恐突击车遭遇袭击　c）火炮装置迅速回撤
d）武器仓整体收回　e）火炮装置在仓内迅速旋转　f）火炮装置从车身背面伸出

扫码看视频

以上利用虚拟技术所进行的无人驾驶反恐突击车概念设计，正是在原车型基础上开发研制并解决其迅速恢复火力压制问题的一种创新思维和创新设计。

三、创新设计的定位和决策

创新设计不同于一般的再现性设计，创新设计是处理模糊问题的过程。在设计初始阶段，要广开思路，大胆设想，尽可能多地捕获多种可供选择的设计方案，在发散思考的基础上逐步收敛，向精确的目标迈进。

创新设计的定位包括：需求鉴别、功能分析、技术规格与技术性能以及设计约束的确定。目的是要把模糊的社会需求转化为明确的设计任务。这里着重指出需求鉴别主要指解决产品在需求层次上的定位、产品的时代特征判断以及设计目标的辨识等。创新设计的过程是一个从发散到收敛、搜索到筛选的多次反复过程。如何通过科学的收敛决策，筛选出符合设计要求的优化方案，是最终决定设计成效的关键。设计决策的基本活动主要有：技术可行性决策、经济可行性决策及综合评价与决策。限于篇幅，本章不做展开阐述，读者需要详尽深入了解时，可进一步查阅有关专著和文献。

第二节 机械传动方案设计的一般原则

机械传动方案设计是在进行机械传动装置设计之前，对其传动形式进行反复“分析→预选→评价→决策”的一项前期设计工作。方案设计得好坏将直接影响到传动装置的工作性能、结构尺寸、内在质量以及制造、维护等各项经济技术指标。选择传动方式时，首先要弄清原始条件，即传递功率、转速、传动比、工作条件、生产数量、噪声、振动等要求，根据这些要求进行设计。此外，还应综合考虑传动效率、结构尺寸、可靠性、价格以及结构工艺性等一系列的问题。在方案设计的后期，须对初步拟订的两套或两套以上的预选方案进行评价和决策，必要时还需提交主管部门或专家组进行最终的方案论证。进行方案设计时，一般需注意以下几个方面的问题。

一、合理选择传动形式

1）对于小功率的传动，在满足工作性能的前提下，应选用结构较简单、费用较低的传动，如带传动、链传动、普通精度的齿轮传动等；对于大功率的传动，尤其是对长期连续运行的大功率传动，应选用高精度齿轮传动等，这样可以降低运转和维护费用。

2）传动比要求精确时，应采用齿轮传动、蜗杆传动、同步带传动和链传动等，而避免采用可能打滑的带传动和摩擦传动等。

3）要求结构紧凑、承载能力大时，应优先选用齿轮传动、蜗杆传动等。如硬齿面齿轮传动和承载能力大的新型蜗杆传动等，它们均具有承载能力大、结构紧凑等特点。

4）传动的噪声受到严格限制时，应尽量选用带传动、蜗杆传动、摩擦传动或螺旋传动。如需要采用其他传动时，也需对制造和装配精度、结构等方面采取措施，以降低噪声。

5）对可能出现过载现象的传动，如采矿、碎矿等工作机，应在原动机与工作机之间，采用带传动等以起到过载保护作用。

二、简化传动环节

在保证实现机器的预期功能的条件下，简短的传动链，可使传动环节和构件数目减少，有利于降低制造费用，减轻机器质量和减小外廓尺寸，提高传动的效率和系统的刚性。另外，可以减少由于各零件制造误差而形成的运动链的累积误差，提高机器的工作可靠性。

三、合理安排传动的顺序

在机械传动系统中，各级传动或机构的先后顺序应合理安排，安排的一般原则是：

1）对于斜齿—直齿圆柱齿轮传动，斜齿轮应安排在高速级，以发挥其传动平稳的作用，直齿轮安排在低速级。

2）对于圆锥—圆柱齿轮传动，一般将锥齿轮安排在高速级（尺寸较小，易于制造），圆柱齿轮安排在低速级。

3）对于闭式—开式齿轮传动，闭式齿轮安排在高速级，开式齿轮安排在低速级。

4）对于带传动，一般安排在高速级（如与电动机相连），以发挥其过载保护和缓冲吸振的作用，同时避免靠摩擦传动承载能力较小而使尺寸过大的不足。

5）对于摩擦轮传动，因其结构简单、制造方便，通常不要求用于高速级，但对各类摩擦式无级变速器，由于结构复杂、制造困难，为缩小外廓尺寸，应安排在高速级。

四、合理分配传动比

传动系统总传动比能否合理分配于各级传动机构，将直接影响到系统的传动级数、结构布局、动力传递和外廓尺寸。因此，分配传动比时应注意以下几点：

1）根据机械传动系统的设计实践，各种传动机构均已建立了传动比的合理使用范围。设计时，每一级传动的传动比应在该传动的常用范围内选取。

扫码看视频

2）一级传动的传动比不宜过大，否则其外廓尺寸将会很大。图 17-5 所示为传动比 $i=10$ 的圆柱齿轮减速器的外廓尺寸比较。由图可知，分成两级传动时，其尺寸和质量小很多。所以当齿轮传动的传动比 $i \geqslant 8 \sim 10$ 时，一般应设计成两级传动；$i>40$ 时，常设计成两级以上的齿轮传动。但对于带传动一般不采用多级传动。

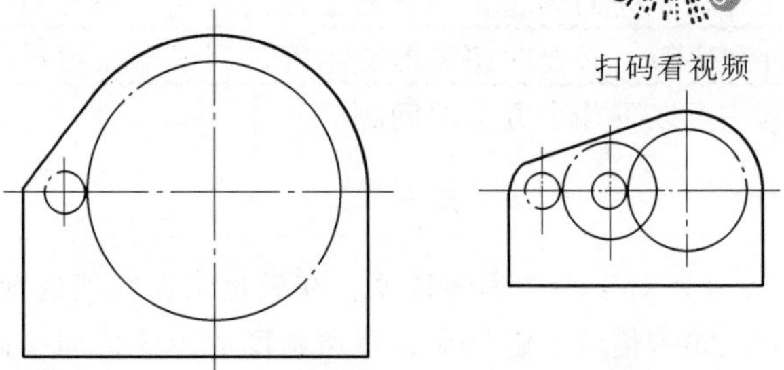

图 17-5 圆柱齿轮减速器外廓尺寸比较

五、机、电、液、气的结合

由于工业技术的不断发展，各种机械的自动化、高效能化程度越来越高，如自动进给、自动切削、自动装配、自动检测和自动运行等，都要求有完善的自动传动装置。在机械传动方案设计时，应注意机、电、液、气的结合，充分利用和发挥各门技术的优势，使设计的方案更为完善、经济。图 17-6a 所示为实现工作位置的曲柄滑块机构传动方案，它的传动路线

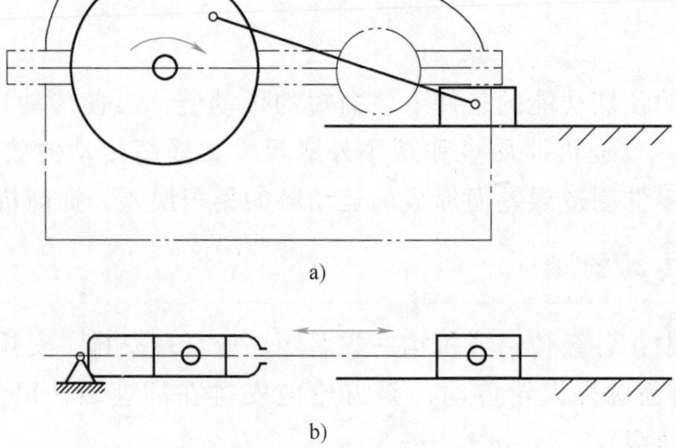

图 17-6 曲柄滑块机构驱动方案

是：电动机→闭式齿轮减速器→曲柄滑块机构。为了使曲柄能停在要求的位置，还设有制动装置。

图 17-6b 所示为利用气缸驱动改变原动件的驱动方式，使得结构大为简化。所以目前许多自动装置中，气缸（或液压缸）驱动的应用十分广泛。

六、考虑经济性要求

在进行传动方案设计的过程中，应综合考虑设计及制造费用、原材料消耗、使用寿命、管理及维护费用等诸多方面的影响，应使所选方案的费用达到最低。例如，在传动系统中，采用较多的由专业厂生产的标准零部件产品，不仅有利于减少传动装置的设计和制造时间，而且可以保证质量和降低成本。当机器的传动系统只进行减速、增速或变速，而对其尺寸、结构没有特殊要求时，可将传动装置设计成独立部件，这样便于选择标准的减速器、增速器系列产品，也有利于安装和维护。

七、传动方案的综合比较

图 17-7 所示为电动机驱动的剪铁机的各种传动方案。剪铁机工作速度较低，载荷与冲击大，活动刀剪除要求适当的摆角、急回速比和增力性能外，其运动规律并无特殊要求。图

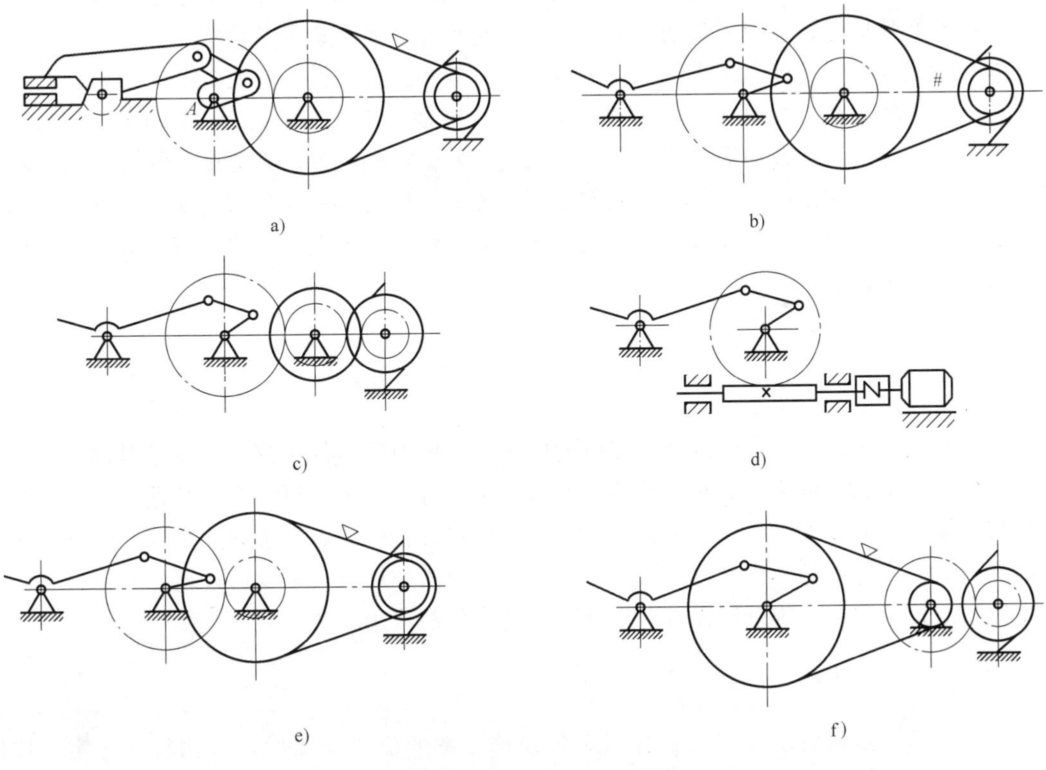

图 17-7　传动方案综合比较

a）电动机→V 带→齿轮→连杆　$i_{带}=6.5$，$i_{齿}=4.8$　b）电动机→链→齿轮→连杆　$i_{链}=6.5$，$i_{齿}=4.8$

c）电动机→齿轮→齿轮→连杆　$i_{齿1}=6.5$，$i_{齿2}=4.8$　d）电动机→蜗杆→连杆　$i_{蜗}=31$

e）电动机→V 带→齿轮→连杆　$i_{带}=4.8$，$i_{齿}=6.5$　f）电动机→齿轮→V 带→连杆　$i_{齿}=4.8$，$i_{带}=6.5$

17-7a、b、c、d、e、f 分别代表方案 a、b、c、d、e、f，几种方案，在电动机到工作轴之间采用了不同的传动机构。它们虽然都能满足总传动比的要求，但各个方案的传动性能却有较大的差异。

方案 a 从电动机到工作轴先采用了 V 带作为第一级传动，这样可发挥其缓冲、吸振的特点，使剪铁时的冲击振动不致影响电动机。维护也比较方便。过载时，V 带在带轮上打滑还能对机器的其他机件起到保护作用。另外，大带轮处于高速级位置，其质量大、转动惯量大，在剪铁机短时最大负载作用下，可起到较大的飞轮惯性的效果。

方案 b 在高速级采用链传动，其噪声、振动大，缓冲吸振不如带传动。

方案 c 采用了两级齿轮传动，虽然效率高，结构尺寸小，但不能缓冲吸振，且成本较高。另外，因尺寸小，转动惯量也小，需要另安装较大的飞轮，才能满足剪切要求。

方案 d 采用了单级蜗杆传动，虽然结构尺寸小、传动平稳，但这并非是剪铁机要解决的主要矛盾；蜗轮制造费用高、采用非铁金属费用也高，而传动效率低、能耗大是其突出的缺点。另外，蜗轮尺寸小，转动惯量也因此减小，反而要另加较大的飞轮，才能符合剪切要求。

方案 e 所选机械类型、排列顺序、总传动比均与方案 a 相同，只是传动比分配不同，方案 a 中 $i_{带}>i_{齿}$，而方案 e 则相反。

方案 f 将齿轮传动放在高速级，尺寸虽小一些，但因转速高，冲击、振动和噪声均大，制造和安装精度以及润滑要求也较高；而带传动放在低速级，不仅不能充分发挥缓冲、吸振、平稳性好的特点，且引起带的根数增多、带轮尺寸和质量也显著增大。

综上所述各方案的优、缺点之后，可得出方案 a 和方案 e 优于其他方案的结论。若再进一步分析、比较，又会发现其中方案 a 更好一些。这是因为方案 a 的 $i_{带}$ 较方案 e 的大，使得大带轮直径、质量、转动惯量都增大了；而 $i_{齿}$ 较方案 e 的小，又使其大齿轮的尺寸减小了。这样一来，在剪铁机短时最大负载作用下，方案 a 所增加的飞轮惯性的效果要比方案 e 的好；而且方案 a 的大齿轮制造成本也比方案 e 低一些，加工更为方便一些。所以，相比之下，方案 a 应为首选方案。

第三节　方案评价与决策

机械传动方案设计是一个复杂而多解的问题，一般所采用的步骤是：通过对设计任务的分析与综合，得到尽可能多的解，然后对经过挑选的可行方案，再逐个进行评价。评价是设计过程中很重要的步骤，而决策则是根据预定目标对评价结果做出选择或决定，以确定出最佳的方案。应注意的是，评价并不仅是进行科学的分析和评定，还要通过评价对方案存在的弱点进行改进和完善。所以，评价对设计可起到优化的作用。

一、评价的目标

评价目标就是相对于预定的目标，对各候选方案的价值及效用进行比较和评定。评价时，是将各种方案进行相互比较，或者是将实际方案与理想方案比较后得出价值比，以此来描述与理想方案的接近程度。评价的第一步是建立评价目标，它是评价的依据。一般评价目标应包含下述三个方面的内容：

(1) 技术性评价目标　即根据系统的功能要求，评价其方案在技术上的可行性和先进性，能否满足预定的技术性能指标及满足的程度。如系统的工作性能指标、可靠性、安全性和使用维护性等。

（2）经济性评价目标　主要是评价方案的经济效益，如成本、利润、盈亏点（盈亏点=固定成本/边际利润）、投资回收期等。

（3）社会评价目标　评价方案对社会产生的效益和影响以及是否符合绿色设计。如对国家科技政策、科技进步与生产力发展、资源的综合利用、环境的保护等诸多方面的影响。

确定评价目标的基本依据是设计要求和约束条件，它包括技术、经济、外观等诸多方面的要求和约束。通过对系统总目标的分析，从众多要求中挑选出最重要的几项（通常不超过 10 项）作为评价目标。各评价目标应尽量做到相互独立，使对一个目标的改进不至于影响对其他目标的评价。

图 17-8 所示为对目标系统建立的目标树。E 为系统的总目标，E_1、E_2 为其子目标，E_3、E_4、E_5、E_6 又分别是 E_1、E_2 的二级子目标。由于最终挑选的各评价目标的重要性有所不同，因此，还需对其设置加权系数，以区别它们的重要程度。各目标加权系数（0~1 之间的数）之和等于 1。

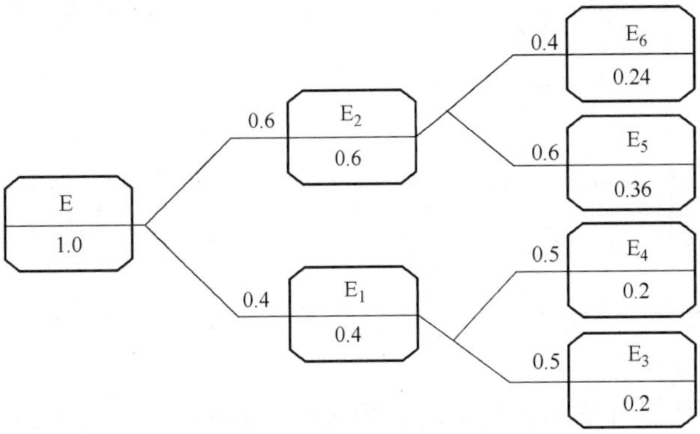

图 17-8　目标树结构图

图 17-8 中，连线上的数字表示下一级目标相对于上一级目标的加权系数；方框内的数字表示该目标相对于总目标 E 的加权系数，其值等于各上级目标加权系数之积。如目标 E_6 关于 E_2 的加权系数为 0.4，而关于 E 的加权系数为 $0.4\times0.6=0.24$。

目标树的建立，清楚地表达了评价目标及其重要程度，使设计者能够方便地检查是否遗漏某些重要目标，使用起来比较方便。

二、评价的方法

评价方法很多，一般可分为三大类：经验评价法、数学分析法和试验评价法等。当问题不太复杂、方案不多时，可采用经验评价法。这种方法主要是根据评价者的经验，采用简单的评价方法，对候选方案进行粗略评价。

1. 评价尺度与评价表

表 17-1 为两种评价尺度。在对拟选方案进行评价之前，先应确定各评价目标相对应的评价尺度，用以衡量评价对象的优劣程度。评价尺度分 0~10 分的 11 级和 0~4 分的 5 级评分尺度两种。前者分级很细，适合于评价对象较具体的场合。当评价对象处于理想状态时取最高分，完全不能用时取 0 分。

表 17-2 为评价表的一个示例。进行评价之前，应先建立评价表，表中需列出评价目标及其相应的加权系数。为使评分时能做出较准确的判断，还应对每一评价目标给出相应的特性值。特性值可以是定量的参数，也可用文字具体说明。

表 17-1　评价尺度对照表

11 级评分	分数	0	1	2	3	4	5	6	7	8	9	10
	意义	不能用	缺点很多	较差	勉强可用	合格	满意	较好	好	很好	超出目标	理想
5 级评分	分数	0		1		2		3		4		
	意义	不能用		勉强可用		合格		好		很好(理想)		

表 17-2　评价表示例

序号	评价目标	加权系数 g_j	特性值	方案一			方案二			…
				特性	评分 p_1	加权分值 p_1g_j	特性	评分 p_2	加权分值 p_2g_j	…
1	燃料	0.3	消耗量	240	4	1.2	300	3	0.9	…
2	质量	0.2	质功比	1.7	3	0.6	2.3	2	0.4	…
3	制造	0.1	工艺性	较差	1	0.1	中等	2	0.2	…
…		$\sum g_j=1$			…				…	
…	W_{ti}	$\dfrac{\sum p_{ij}g_j}{p_{\max}}$								…
…	W_{wi}	$0.7H_z/H_i$								…
n	W_1	$\dfrac{W_{ti}+W_{wi}}{2}$								…

2. 技术、经济综合评价

综合评价的方法是指对技术和经济两方面进行评价的综合。不但考虑了各评价目标的加权系数，而且所得出的技术价和经济价都是相对于理想状态的值，有利于决策时进行判断和选择。技术、经济综合评价的具体做法如下：

（1）技术评价　方案技术性能中各评价目标的加权分值相加得到总价值，然后除以理想价值求出技术价：

$$W_{ti}=\frac{\sum_{j=1}^{m}p_{ij}g_j}{p_{\max}\sum_{j=1}^{m}g_j}=\frac{\sum_{j=1}^{m}p_{ij}g_j}{p_{\max}} \tag{17-1}$$

$$\sum_{j=1}^{m}g_j=1$$

式中，i、j 分别为方案和评价目标的序号；W_{ti} 为第 i 个方案的技术价；p_{ij} 为评价目标的评分值；g_j 为评价目标的加权系数；$p_{\max}$ 为评价目标的理想分值（10 分或 4 分）。

理想方案的技术价 $W_{ti}=1$。若 $W_{ti}<0.6$，则认为此方案需做较大幅度的改进。若 $W_{ti}\geq 0.8$，则是较好的方案。

（2）经济评价　经济评价的目的是求出各方案的经济价 W_{wi}。它等于理想生产成本与实际生产成本之比，即

$$W_{wi}=\frac{H_0}{H_i}=\frac{0.7H_z}{H_i} \tag{17-2}$$

式中，H_0 为理想生产成本；H_i 为实际生产成本；H_z 为允许的生产成本。

一般可取理想生产成本 $H_0=0.7H_z$。

经济价 W_{wi} 越大，经济效果越好，其理想状态是 $W_{wi}=1$，表示实际生产成本与理想生产成本相等。经济价的许用值是 0.7，即实际生产成本等于允许的生产成本。

各方案的技术价和经济价求出后，即可采用技术、经济综合评价方法求得各方案的总价值 W_i。求 W_i 有两种方法，即

1）均值法

$$W_i=\frac{1}{2}(W_{ti}+W_{wi})\quad(i=1\sim n)\tag{17-3}$$

2）双曲线法

$$W_i=\sqrt{W_{ti}\cdot W_{wi}}\quad(i=1\sim n)\tag{17-4}$$

式中，n 为要评价的方案数；W_i 的大小表征了方案综合性能的好坏，通常希望 $W_i\geqslant0.65$。

采用均值法时，当技术价与经济价差值很大时，也能算出较大的总价值，但应看到该方案的均衡性差，并不能算是好解。所以，此时采用双曲线法更恰当一些，不均衡性越大，则乘积引起的降值效果越大，使其总价值降低。

3. 决策

决策的目的就是根据评价的结果确定合适的原理方案，为系统的进一步开发做准备。一般来说，决策时所选定的方案应该是总价值最高的方案，但实际操作中常常会得出几个价值相近的方案。如果仅根据这种形式上的微小差别做出决断，有时往往会出现失误。在这种情况下，必须深入考察评价过程中的误差、弱点及各评价目标价值的均衡性。

例 17-2　设计一连续工作的带式运输机的机械传动系统，要求运动平稳、结构紧凑、维护方便、效率高。已知：传动功率 $P=6\text{kW}$，输入转速 $n_1=1450\text{r/min}$，输出转速 $n_2=95\text{r/min}$，试拟订传动系统的方案。

解　(1) 任务要求　总传动比 $i=\frac{n_1}{n_2}=\frac{1450}{95}=15.26$，根据传动比的大小，可采取两级减速传动。

(2) 方案选择　带式运输机的机械系统的总功能是传递运动和转矩，其中每一级传动均为系统的分功能。列出的形态学矩阵见表 17-3。

表 17-3　传动系统的形态学矩阵

分功能		局部解					
		摩擦传动	啮合传动				
		1	2	3	4	5	6
A	第一级传动	V 带传动	闭式直齿圆柱齿轮传动	闭式斜齿圆柱齿轮传动	闭式人字齿轮传动	闭式锥齿轮传动	蜗杆传动
B	第二级传动		闭式直齿圆柱齿轮传动	闭式斜齿圆柱齿轮传动	开式圆柱齿轮传动	闭式锥齿轮传动	链传动

根据形态学矩阵可组合出 $N=6\times5=30$ 个系统方案的组合原理解。若考虑传动件布置形式和位置，则方案数会更多。为便于分析，应根据各种传动件的特点、适用范围及实际工作条件，先排除一些明显不合理的原理解，如 A1+B6、A4+B5 等，然后从可行方案中初步挑选出四个较有价值的方案作为备选方案。四种传动系统的方案简图如图 17-9 所示。

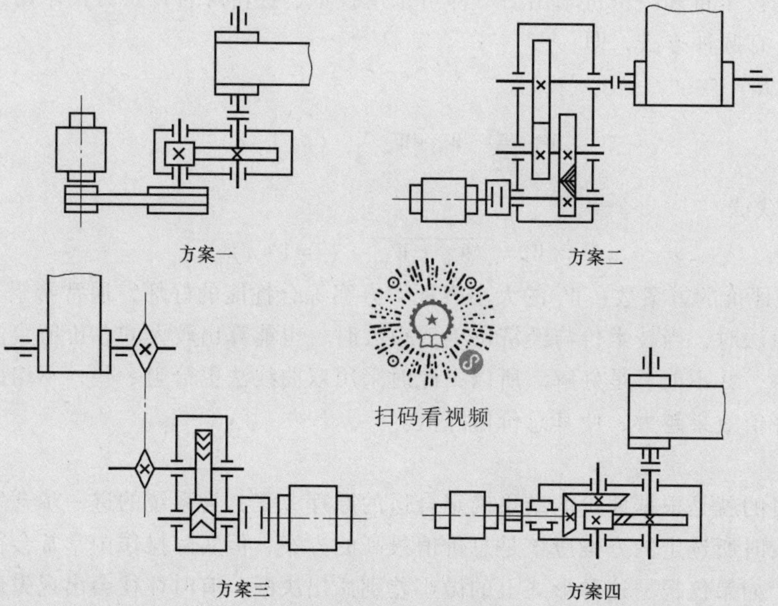

图 17-9　传动系统方案简图

初选四种方案如下：方案一：A1+B2；方案二：A3+B2　方案三：A4+B6　方案四：A5+B3。

（3）方案的评价与决策　表 17-4 所列为方案的评分及评价结果。其中以结构紧凑、效率高、维护方便、制造简单、运转平稳和寿命长等六项要求作为评价目标，采用 5 分制做技术评价，取 $p_{max}=4$，并由式（17-1）求得技术价。

分析可知，方案一、二、四的技术价均超过 0.7，技术性能较好。其中方案二技术价最高，只需一台两级圆柱齿轮减速器。根据评价结果，决定采用方案二。

表 17-4　传动方案评价表

评价目标	加权系数	方案一		方案二		方案三		方案四	
		评分	加权分	评分	加权分	评分	加权分	评分	加权分
结构紧凑	0.2	2	0.4	4	0.8	2	0.4	4	0.8
效率高	0.15	3	0.45	4	0.6	3	0.45	4	0.6
维护方便	0.15	3	0.45	3	0.45	3	0.45	3	0.45
制造简单	0.15	4	0.6	3	0.45	1	0.15	2	0.3
运转平稳	0.15	4	0.6	3	0.45	2	0.3	2	0.3
寿命长	0.2	2	0.4	3	0.6	3	0.6	3	0.6
技术价	W_{ti}	0.725		0.838		0.588		0.763	

思　考　题

17-1　创新设计的基本类型有哪些？试举出两个具体实例来加以说明。

17-2　创新设计的定位包括哪些内容？

17-3　选择某种产品进行市场调研，分析其利弊并提出改进方案。

17-4　传动的噪声受到严格限制时，应选用何种传动形式？为什么？

17-5　机械传动系统方案设计的一般原则是什么？

17-6　对于长期连续运行的大功率传动，应选用何种传动形式？为什么？

17-7　简化传动环节的意义何在？

17-8　在机械传动系统中，安排各级传动或机构先后顺序的一般原则是什么？

17-9　对机械传动系统总传动比进行分配时应注意哪些问题？

17-10　机械传动系统方案的评价目标应包含哪几个方面的内容？

17-11　对机械传动系统方案进行综合评价的具体做法有哪些？应注意哪些问题？

习　题

17-1　针对例题 17-1，在本学期内自学和拓展各自的专业知识，对概念设计中涉及本专业的内容，做进一步的细化设计（大作业）。

17-2　已知某一目标系统的一级子目标 E_1、E_2 相对于总目标 E 的加权系数分别为 0.4 和 0.6，其二级子目标 E_3、E_4 相对于 E_1 的加权系数分别为 0.3 和 0.7；二级子目标 E_5、E_6 相对于 E_2 的加权系数分别为 0.4 和 0.6，试求 E_3、E_4、E_5、E_6 相对于总目标 E 的加权系数，并用目标树图描述此目标系统。

17-3　已知一机械传动系统方案设计的评价目标、加权系数及专家组的评分结果（采用 11 分制做技术评价）见表 17-5，试计算评价表中各方案的加权分和技术价，并对设计方案做出分析和决策。

表 17-5　传动系统方案评价表

评价目标	加权系数	方案一		方案二		方案三	
		评分	加权分	评分	加权分	评分	加权分
结构紧凑	0.10	9		7		8	
效率高	0.25	5		8		7	
维护方便	0.15	6		5		6	
制造简单	0.10	7		6		5	
运转平稳	0.15	3		9		4	
寿命长	0.25	8		7		6	
技术价	W_{ti}						

参 考 文 献

[1] 孙桓. 机械原理 [M]. 7版. 北京：高等教育出版社，2006.
[2] 邱宣怀. 机械设计 [M]. 4版. 北京：高等教育出版社，2004.
[3] 陈铁鸣. 机械设计 [M]. 2版. 哈尔滨：哈尔滨工业大学出版社，1998.
[4] 宋宝玉. 机械设计基础 [M]. 2版. 哈尔滨：哈尔滨工业大学出版社，2002.
[5] 李继庆. 机械设计基础 [M]. 北京：高等教育出版社，1999.
[6] 范顺成. 机械设计基础 [M]. 4版. 北京：机械工业出版社，2007.
[7] 董玉平. 机械设计基础 [M]. 2版. 北京：机械工业出版社，2012.
[8] 成大先. 机械设计手册 [M]. 6版. 北京：化学工业出版社，2016.
[9] 裴文开. 工业设计基础 [M]. 南京：东南大学出版社，1998.
[10] 宋子军. 机械原理 [M]. 北京：机械工业出版社，1998.
[11] 杨可桢. 机械设计基础 [M]. 5版. 北京：高等教育出版社，2006.
[12] 张莹. 机械设计基础 [M]. 北京：机械工业出版社，1997.
[13] 濮良贵. 机械设计 [M]. 9版. 北京：高等教育出版社，2013.
[14] 张春林. 机械创新设计 [M]. 3版. 北京：机械工业出版社，2016.
[15] 陈立德. 机械设计基础 [M]. 3版. 北京：高等教育出版社，2013.
[16] 李继庆. 机械零部件设计手册 [M]. 北京：高等教育出版社，1996.
[17] 朱龙英. 机械设计基础 [M]. 2版. 北京：机械工业出版社，2009.
[18] 廖林清. 现代设计法 [M]. 重庆：重庆大学出版社，2000.
[19] G. 尼曼. 机械零件（第二、三卷）[M]. 余梦生，倪文馨，译. 北京：机械工业出版社，1989.
[20] 俞怀正. 机械设计基础 [M]. 6版. 北京：高等教育出版社，1985.
[21] 申永胜. 机械原理教程 [M]. 3版. 北京：清华大学出版社，2015.
[22] 徐灏. 机械设计手册 [M]. 5版. 北京：机械工业出版社，2010.
[23] 丁振华. 机械设计习题与指导 [M]. 上海：上海交通大学出版社，1990.